Vorwort

Ökonomie hat in erster Linie nichts mit Geld zu tun. Sie setzt sich eigentlich mit dem Erreichen persönlicher Ziele auseinander. Bei der Unternehmensführung stehen Persönlichkeiten im Mittelpunkt, die des Unternehmers, der Familienmitglieder, der Mitarbeiter und die der Kunden. Die praktische Unternehmensführung bewegt sich daher im Spannungsfeld zwischen Unternehmerpersönlichkeiten und Kennzahlen, Kundenwünschen und Qualitätskriterien sowie Mitarbeitern und Organisationsstrukturen.

Diese Themen in ihrer Komplexität so anschaulich darzustellen, dass die wichtigsten Zusammenhänge verständlich und ihre praktische Relevanz deutlich werden, ist das Ziel, das ich mit dem vorliegenden Buch verfolge.

Viele Unternehmer, Kollegen und Studenten haben durch ihre Diskussionsbereitschaft und ihr neugieriges Hinterfragen ohne ihr Wissen, aber nennenswert zur Zusammenstellung der Inhalte beigetragen. Ich würde mich freuen, wenn dieses Buch zu weiteren Diskussionen und Fragen anregt.

Nicht nur ich, sondern auch die Leser sind Sammy Drexler zu außerordentlichem Dank verpflichtet. In welchem Umfang seine unzähligen Anregungen und Verbesserungsvorschläge zur Lesbarkeit und Verständlichkeit beigetragen haben, ist nur für diejenigen nachvollziehbar, die auch die Rohversion lesen mussten.

Robert Göbel

Inhaltsübersicht

Einführung

Abschnitt 1: Ziele & Strategie

Abschnitt 2: Analyse & Planung

Abschnitt 3: Organisation & Qualitätsmanagement

Abbildungsverzeichnis

Abkürzungsverzeichnis

Abb.	Abbildung
a.o.	außerordentliches
Ak	Arbeitskraft
Akh	Arbeitskraftstunden
Bd.	Band
bzw.	beziehungsweise
d.h.	das heißt
et al.	und andere
etc.	et cetera
ERF	Ertragsrebfläche
f.	folgende Seite
Fam-Ak	Familienarbeitskraft
FDW	Forschungsring Deutscher Weinbau
ff.	folgende Seiten
ges.	gesamt
ggf.	gegebenenfalls
GRF	Gesamtrebfläche
GuV	Gewinn- und Verlustrechnung
ha	Hektar
Hrsg.	Herausgeber
i.d.R.	in der Regel
i.e.S.	im engeren Sinne
i.w.S.	im weiteren Sinne
KMU	Kleinere und mittlere Unternehmen
max.	maximal
min.	minimal
RW	Rotwein
S.	Seite
sog.	sogenannt(e)
St.	Steuern
Tab.	Tabelle
u.	und
u.a.	unter anderem
u.U.	unter Umständen
v.a.	vor allem
vgl.	vergleiche
VK	Verkauf/Vertrieb
VK-MA	Verkaufsmitarbeiter
Voll-Ak	Voll-Arbeitskraft
vs.	versus
z.B.	zum Beispiel
z.T.	zum Teil

Einführung

Instrumente der praktischen Unternehmensführung

Die wichtigsten unternehmerischen Entscheidungen werden intuitiv aus dem Bauch heraus getroffen. Das war in der Vergangenheit so und daran wird auch die Entwicklung neuester Informations- und Kommunikationstechnologien vermutlich nichts ändern. Warum sich also Gedanken über Instrumente der Unternehmensführung machen?

Die Antwort darauf lautet, dass Intuition und gute Entscheidungen alleine nicht den Erfolg eines Unternehmens sicherstellen können. Erfolgreiche Unternehmen der Weinbranche unterscheiden sich von den weniger erfolgreichen nicht nur durch eine größere Kreativität zur Weiterentwicklung, sondern auch durch eine größere Systematik und Konsequenz in der Umsetzung ihrer Ideen. Genau hierzu tragen praktische Instrumente der Unternehmensführung maßgeblich bei. Sie ersetzen nicht die unternehmerischen Ideen, aber sie unterstützen die Prüfung auf deren Machbarkeit und Realisierung.

Das vorliegende Buch stellt kleine und mittlere Unternehmen in den Mittelpunkt. Sie bewegen sich im gleichen Umfeld wie die großen. Aber sie unterscheiden sich ganz wesentlich im Bezug auf ihre Struktur, ihre Methoden der Entscheidungsfindung und insbesondere ihre Einbindung der Führungskräfte in das Alltagsgeschäft. Die individuellen Persönlichkeiten der Unternehmer und der Mitarbeiter spielen eine äußerst wichtige Rolle. Ihr Engagement und ihre Stärken bestimmen die Leistungsfähigkeit eines Unternehmens.

Das Engagement der Persönlichkeiten kommt aber nur zur Geltung, wenn es zielgerichtet eingesetzt und nicht durch unnötige Zwänge eines turbulenten Umfeldes unterdrückt wird. In kleinen und mittleren Unternehmen wachsen die Anforderungen an die Führungskräfte. Dies wird verstärkt durch den Zwang, das Unternehmenskonzept und die geplante Entwicklung auch gegenüber Gesellschaftern und Banken glaubhaft darzustellen. Zudem verlagern sich mit zunehmender Betriebsgröße die Aktivitäten der Eigentümer und Führungskräfte weg von ausführenden Aufgaben, hin zu Führungs- und Planungsaufgaben.

Verantwortungsvolle Unternehmer und Führungskräfte erfüllen diese Anforderungen mit praktischen Instrumenten zur Analyse, Planung und Kontrolle ihres Unternehmens. Diese Instrumente müssen so gestaltet sein, dass sie in den praktischen Alltag eines Weinbauunternehmens integrierbar sind und Mehrfachbelastungen von Führungskräften in kleinen und mittleren Unternehmen vermeiden.

Dieses Buch stellt grundlegende Instrumente der Unternehmensführung vor und erläutert deren Zusammenfassung zu einem Gesamtpaket, mit dem Ziel, ein schlüssiges Konzept zur Führung eines Unternehmens zu entwickeln.

Der inhaltliche Aufbau orientiert sich an den grundlegenden Elementen der strategischen Unternehmensführung (Göbel, 2003 b). Dazu gehören die Definition der Unternehmer- und Unternehmensziele, die Entwicklung zielführender Marketingstrategien, die Analyse der Ausgangssituation sowie die Organisation und Steuerung des Unternehmens.

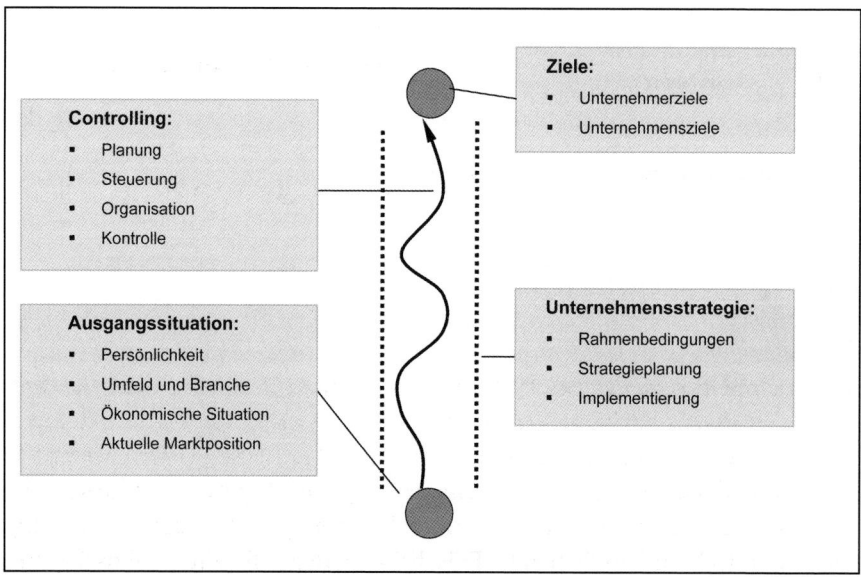

Abb. E-1: Bausteine der strategischen Unternehmensführung

Abb. E-2: Struktur des Buches

Abschnitt 1 beschäftigt sich mit den persönlichen Zielen der Unternehmer, sowie den daraus abzuleitenden Unternehmenszielen und der Entwicklung einer individuellen Marketingstrategie. Es wird herausgestellt, welche zentrale Bedeutung der Formulierung der eigenen Ziele im Rahmen der Unternehmensführung zukommt. Der komplexe Prozess einer Strategieentwicklung wird in einfach zu handhabende Teilschritte zerlegt, die eine praktische und konsequente Umsetzbarkeit gewährleisten.

Abschnitt 2 beinhaltet die Standortanalyse eines Unternehmens zur Klärung der gegebenen strukturellen und ökonomischen Rahmenbedingungen sowie seines Umfelds. Außerdem werden die Instrumente zur Planung einer Unternehmensentwicklung dargestellt und erläutert. Dies umfasst alle Bereiche des Unternehmens, von der strategischen Ebene, über den Absatz- und Produktionsbereich, die Investitions- und Finanzplanung bis zur Kostenplanung und zusammenfassenden Globalplanung. Diese Instrumentarien sind sowohl für die Konkretisierung der ökonomischen Unternehmensentwicklung als auch für die permanente Kontrolle der Zielerreichung geeignet und werden in ihrer praktischen Anwendung erklärt.

Abschnitt 3 beschreibt die Organisation und die Analyse von Unternehmensprozessen mit Erläuterungen und Bewertungen der grundsätzlichen Aufbaustrukturen sowie das Vorgehen bei der Analyse und Optimierung von Prozessabläufen. Schließlich werden noch die praktischen Belange von Qualitätsmanagementsystemen veranschaulicht und die wichtigsten Forderungen von Qualitätsstandards zusammengefasst.

Abschnitt 1: Ziele & Strategie

1 Unternehmens- und Unternehmerziele

Strategische Unternehmensführung bedeutet in erster Linie zielorientierte Unternehmensführung. Alle unternehmerischen Entscheidungen und deren Umsetzung orientieren sich an den übergeordneten Zielen (Heinen, 1971). Prinzipiell wird jede Maßnahme dahingehend geprüft, ob und wie sie zur Erreichung definierter Ziele beiträgt (Hungenberg, 2000). Erst wenn die übergeordneten Ziele und die hierfür notwendigen Zwischenschritte benannt sind, können Entscheidungen getroffen und auf ihre Zweckmäßigkeit und Richtigkeit überprüft werden. Mit anderen Worten: Nur wer seine Ziele kennt, wird Mittel und Wege finden, die Ziele auch zu erreichen.

1.1 Gegenstand, Zweck und Ziele eines Unternehmens

Bevor näher auf den Begriff der Ziele und der Möglichkeiten deren Systematisierung und Einordnung eingegangen wird, werden die Begriffe Gegenstand, Zweck und Ziel(e) eines Unternehmens voneinander abgegrenzt und ihr Zusammenhang verdeutlicht.

Der **Gegenstand** eines Unternehmens kann auch als dessen Betätigungsfeld verstanden werden. Es beschreibt, mit welchen Produkten und/oder Dienstleistungen sich das Unternehmen in weitesten Sinne beschäftigt. Dies wird zunächst abgebildet z.B. durch eine Zuordnung zu einer Branche und schließlich durch das eigentliche Tätigkeitsfeld des Unternehmens charakterisiert.

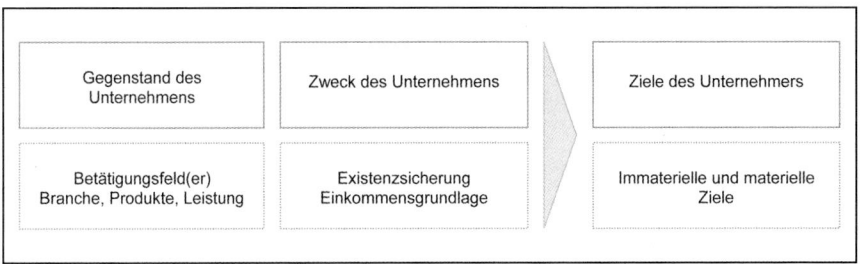

Abb. 1-1: Gegenstand, Zweck und Ziele eines Unternehmens

25

Der **Zweck** einer Unternehmung leitet sich aus der Motivation des Unternehmers für die Gründung eines Unternehmens, dessen Führung oder die Beteiligung am Unternehmen ab. Der Zweck einer Unternehmung kann grundsätzlich monetär, aber auch nicht-monetär begründet sein. Zunächst ist mit einem Unternehmen eine Gewinnerzielungsabsicht verbunden. Der Gewinn ist in Familienunternehmen Grundlage für die Einkommenserzielung und damit die Aufrechterhaltung eines angestrebten Lebensstandards. In Kapitalgesellschaften dominieren i.d.r. die Einkunftsansprüche der Beteiligten und/ oder die Erfolgserwartungen verbundener Unternehmen den Unternehmenszweck. Das eingebrachte Kapital wird mit dem Anspruch einer angemessenen Verzinsung bereitgestellt. Unternehmen sind in manchen Fällen auch Teil einer übergeordneten Institution oder Stiftung. Der Zweck des Unternehmens besteht dann in erster Linie in der Erhaltung oder Förderung dieser Einrichtung.

Mit dem zunächst vordergründig monetär abgeleiteten Unternehmenszweck geht in vielen Fällen eine nicht-monetäre Motivation einher. Am wenigsten ist diese i.d.R. bei Finanzbeteiligungen im eigentlichen Sinne vertreten, z.B. in großen Kapitalgesellschaften. Im anderen Extrem, dem als Freizeitvergnügen betriebenen Hobbyunternehmen steht der nicht-monetäre Antrieb im Vordergrund. Finanzielle Aspekte treten dort allenfalls als begrenzende Faktoren auf. In der überwiegenden Zahl aller Unternehmen spielt eine persönliche Motivation eine bedeutende Rolle. Der Drang zur Selbstverwirklichung setzt die Energie zur Gründung und Entwicklung eines Unternehmens frei, es können jedoch auch Bestrebungen nach Selbständigkeit und Freiheit sein, die dem Engagement des Unternehmers zugrunde liegen.

Der eigentliche Zweck einer Unternehmung ist demzufolge auch schwer zu fassen, denn die Artikulation des eigentlichen Antriebs ist nicht trivial, was besonders im Zuge wissenschaftlicher Befragungen auffällt. Die Formulierungen persönlicher Motivation und Zielsetzungen geben den realen Hintergrund oft nur bruchstückhaft und z.T. stark verzerrt wider. Dies liegt auch daran, dass dem Unternehmer selbst der ursprüngliche Zweck seines Engagements nicht mehr in der Weise klar ist, wie man es angesichts einer oft aufopfernden Leistungsbereitschaft erwarten könnte. In der Zusammenarbeit mit Weinbauunternehmen zeigte sich wiederholt, dass sich Unternehmen „verselbständigen". Der Unternehmer erfüllt nur noch die Aufgaben, die sich im Laufe der Zeit aus der Weiterentwicklung des Unternehmens ergeben haben. Der eigentliche Unternehmenszweck – als ursprüngliche persönliche Motivation – wurde aus den Augen verloren. Die Gefahr hierfür besteht besonders in wirtschaftlich angespannten Situationen. Die Konfrontation mit akuten Problemen verhindert die Auseinandersetzung mit längerfristigen Planungsaufgaben sowie den eigenen persönlichen Ansprüchen. Ein ähnliches Bild zeichnet sich für eine Reihe von Weinbauunternehmen ab, die innerhalb einer Unternehmensgruppe oder als Teil einer Institution zur Existenzsicherung dieser Gruppe bzw. Einrichtung beitragen sollten, letztlich aber selbst von anderen, weinbaufremden Betriebszweigen subventioniert werden. Traditionsgedanken und die langjährige Fortführung des Unternehmens lassen den eigentlichen und ursprünglichen Zweck der Unternehmung vergessen bzw. verdrängen ihn.

Das eigentliche **Ziel** einer Unternehmung schließlich ist es, die Voraussetzung dafür zu schaffen und zu erhalten, den Zweck der entsprechenden Unternehmung tatsächlich zu erfüllen. Unternehmensziele sind als messbare und kontrollierbare Größen die Grundlage für die Realisierung der persönlichen Ziele bzw. des Zwecks des Unternehmens (Hoffmann, 1980; Heinen, 1971). Sie leiten sich aus den persönlichen Zielen ab und sind in Zeitpunkt und Höhe so als Sollwert zu definieren, dass sie die individuelle Zielerreichung gewährleisten. Zweck und Ziel einer Unternehmung stehen deshalb in unmittelbarem Zusammenhang zueinander. Auch lassen sich nicht-monetäre und monetäre Beweggründe bei der Formulierung der Unternehmensziele in den meisten Fällen nicht voneinander trennen. Die konkrete Definition von Unternehmenszielen hat die Aufgabe, persönliche Zielvorstellungen in mess- und kontrollierbaren Größen abzubilden. Erst konkretisierte Unternehmens- und Zwischenziele sowie die Kontrolle ihrer Umsetzung lassen Abweichungen erkennen und erlauben die Auswahl und Gestaltung geeigneter unternehmerischer und betrieblicher Maßnahmen zur Realisierung dieser Ziele. Der Zweck eines Unternehmens als Grundlage für die Ableitung der Unternehmensziele definiert neben Unabhängigkeit und Lebensstandard letztlich den Mindestgewinn eines Unternehmens.

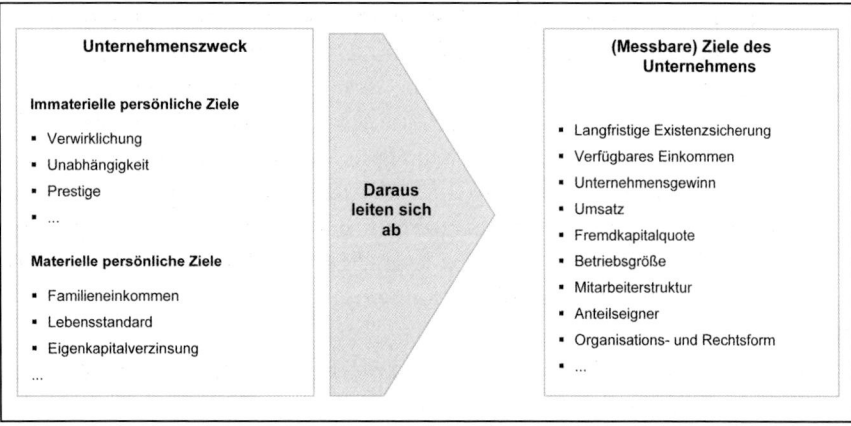

Abb. 1-2: Der Zusammenhang von Unternehmenszweck und Unternehmenszielen

Der Unternehmer ermittelt die Konsequenzen, die sich aus den persönlichen Zielsetzungen für die Zielgrößen des Unternehmens ergeben. Dieser Schritt dient zur Abschätzung der Realisierbarkeit der eigenen Vorstellungen.

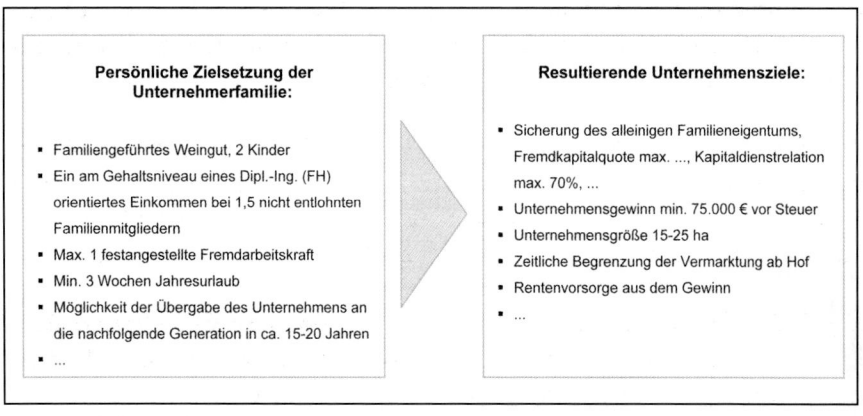

Abb. 1-3: Beispiel einer Ableitung von Unternehmenszielen für ein Familienweingut

Gegebenenfalls stellt sich an dieser Stelle heraus, dass die Rahmenbedingungen nicht geeignet sind oder nicht ausreichen, die mit dem Unternehmen verbundenen Zielsetzungen zu realisieren. Als Folge sind in diesem Fall die Zielvorstellungen zu überdenken, die Rahmenbedingungen zu verändern oder im Extremfall die geplante Unternehmung zu unterlassen bzw. der Ausstieg zu planen.

Als **übergeordnetes Ziel eines Unternehmens** leitet sich die **Existenzsicherung des Unternehmens** ab (Göbel, 2003 a). Nur die Erhaltung des Unternehmens macht den Zweck erreichbar, der mit ihm verbunden ist. Ohne Existenzsicherung ist der Zweck des Unternehmens nicht zu erfüllen. Alle mit der Unternehmung verbundenen persönlichen Zielsetzungen werden dadurch ebenso in Frage gestellt, wie die ökonomischen Ansprüche von am Unternehmen Beteiligten. Die Verantwortung gegenüber allen Beteiligten, insbesondere den Arbeitnehmern und deren Familien, fordert die Existenzerhaltung des Unternehmens als übergeordnetes Ziel.

Aufgabe der gesamten Unternehmensführung ist es deshalb, die strategischen, kontrollierenden, planerischen und organisatorischen Funktionen so zu gestalten, dass das Unternehmen unter den gegebenen sowie zu erwartenden Rahmenbedingungen stets in seiner Existenz gesichert wird.

Die sich verändernden Rahmenbedingungen erfordern die stetige Anpassung des Unternehmens an sein Umfeld in allen Punkten, die von der Unternehmensführung nicht zu beeinflussen sind. Der Entwicklungsprozess darf sich jedoch nicht auf ein passives Reagieren beschränken, sondern bedarf der aktiven Weiterentwicklung des Unternehmens.

Wie in Kapitel 2 eingehend erläutert wird, ist der Erfolg und damit die Erhaltung des Unternehmens von der Fähigkeit abhängig, sich durch eine kreative Profilierung im Wettbewerbsumfeld zu behaupten und sich zugleich in seiner Struktur und Organisation der strategischen Positionierung anzupassen.

Die beiden **für die Existenzsicherung grundlegenden Fähigkeiten** eines Unternehmens bestehen darin, sich erstens an dynamisch verändernde Rahmenbedingungen anzupassen (**Anpassungsfähigkeit**) und zweitens, das Unternehmen kreativ in seinen Stärken weiterzuentwickeln (**Entwicklungsfähigkeit**) (Jaeger, 2000; Timmermann, 2000). Erfolgreiche Unternehmensführung besteht keinesfalls darin, den Vorgaben und Wünschen Dritter nachzulaufen, sondern zu unterscheiden, auf welche Rahmenbedingungen man reagieren muss und durch welche aktive Gestaltung und kreative Weiterentwicklung des eigenen Unternehmens man sich im globalen Umfeld behaupten kann.

29

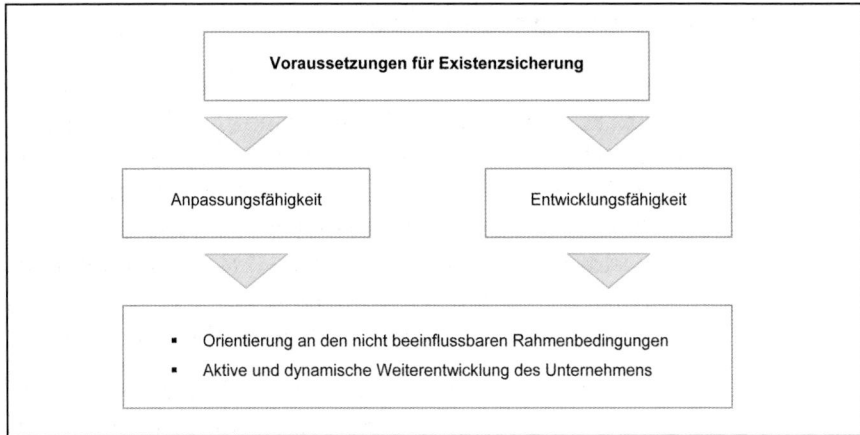

Abb. 1-4: Existenzsichernde Fähigkeiten eines Unternehmens

1.2 Situationsabhängigkeit von Zielen

Jedes Unternehmen dient einem Zweck. In eigentümergeführten Unternehmen besteht er oft darin, persönliche Ziele zu verfolgen und zu erreichen. Grundsätzlich lassen sich materielle und immaterielle Ziele unterscheiden. Materielle Ansprüche leiten sich im Wesentlichen aus dem angestrebten Lebensstandard bzw. Einkommensniveau ab, umfassen jedoch auch die Absicherung im Rentenalter oder die Schaffung einer wirtschaftlichen Basis für nachfolgende Generationen. Der eigentliche Antrieb zum Unternehmertum und seiner Ausgestaltung wird häufig durch die immateriellen Ziele bestimmt.

Materielle und immaterielle Ziele bedingen sich gegenseitig und können nicht losgelöst voneinander betrachtet werden. Diese **Ziele unterliegen einem Wandel** im Laufe der Jahre.

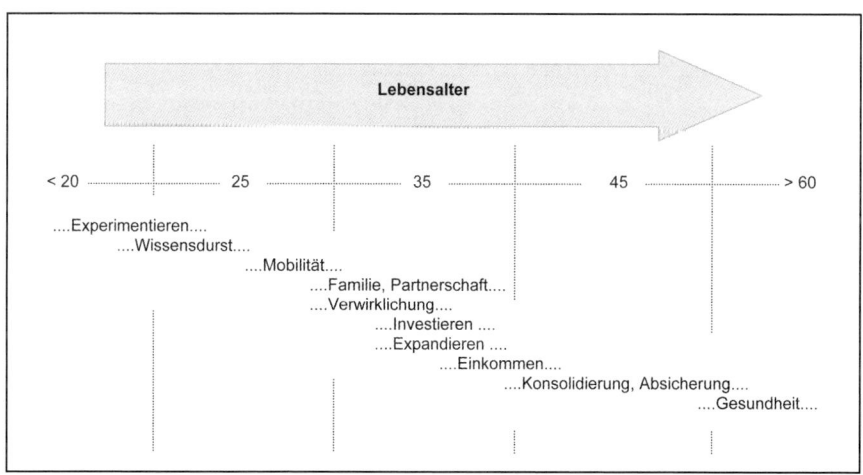

Abb. 1-5: Beispiel für die Verschiebung von Zielschwerpunkten

Zielgrößen, die in jüngeren Jahren nur untergeordnet waren, gewinnen mit zunehmendem Alter an Bedeutung, ohne zu unterstellen, dass Ziele wie z.B. Wissensdurst und Verwirklichung nur den Jüngeren vorbehalten wären. Diese Verschiebungen der persönlichen Schwerpunkte können vor allem in Unternehmen, die von zwei aufeinanderfolgenden Generationen geleitet werden, nicht zu unterschätzende Konfliktpotenziale beinhalten. Deshalb ist die konkrete und offene Auseinandersetzung mit den eigenen Zielvorstellungen und denen der beteiligten Personen die Basis für eine erfolgreiche und auf Nachhaltigkeit angelegte Unternehmensführung.

1.3 Übergeordnete Unternehmensziele

Das übergeordnete Ziel aller auf Dauer angelegten Unternehmen ist deren langfristige Existenzsicherung. Nur ein dauerhaft in seinem Bestand gesichertes Unternehmen ist auch in der Lage, die mit ihm verbundenen Zwecke und persönlichen Ziele zu erreichen. Existenzsicherung basiert auf der Fähigkeit, ausreichend liquide zu sein, d.h. jederzeit seinen Zahlungsverpflichtungen in vollem Umfang nachkommen zu können. Die Zahlungsfähigkeit auch angesichts unvorhersehbarer Ausgaben sicherzustellen, kennzeichnet die Stabilität des Unternehmens. Der Gewinn, der Cash-Flow und eine angemessene Umsatzentwicklung sind wiederum die Voraussetzungen für eine ausreichende Liquidität und Stabilität des Unternehmens (Göbel, 2003 a).

Die Beurteilung eines angemessenen Gewinns orientiert sich in erster Linie an den Einkommensansprüchen der Eigentümer (bzw. an deren Einkommensalternativen außerhalb des Unternehmens) sowie an der Höhe des eingesetzten und zu verzinsenden Eigenkapitals. Ein ausreichendes, d.h. reales Wachstum des Unternehmens erfordert unter Berücksichtigung von Kostensteigerungen und einer durchschnittlichen Inflationsquote ein Umsatzwachstum von mindestens 4-5 % pro Jahr.

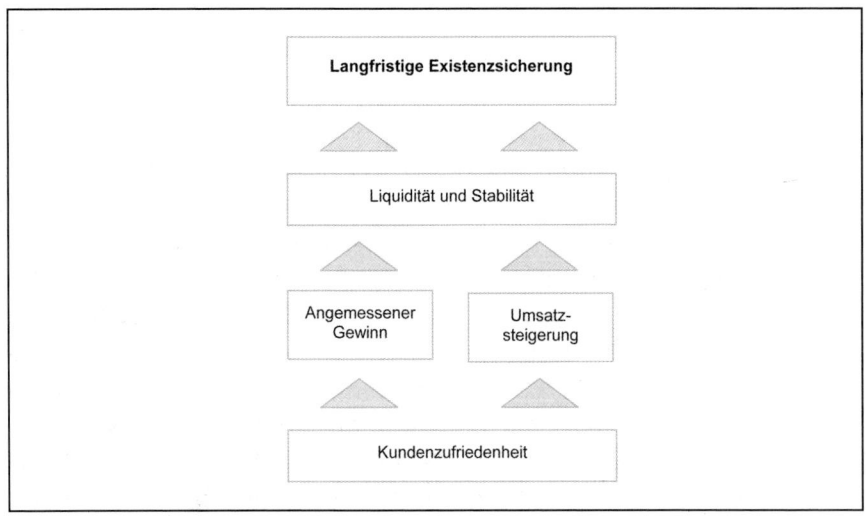

Abb. 1-6: System messbarer und kontrollierbarer Unternehmensziele

Zentrale Voraussetzung für die Realisierung von größeren Absatzmengen und/oder höheren Verkaufspreisen ist die Kundenzufriedenheit (Stauss, 1999; Matzler, 2000). Nur zufriedene Kunden kaufen wieder, kaufen mehr und sind bereit, höhere Preise zu zahlen (Bailom 1996; Simon/Homburg, 1998). Eine möglichst umfassende Zufriedenheit der Kunden ist somit das Basisziel (Maximierungsziel!) eines jeden Unternehmens und Voraussetzung für dessen wirtschaftlichen Erfolg.

Die Möglichkeiten und Notwendigkeiten, ein Unternehmen an den Bedürfnissen, Wünschen und der konkreten Nachfrage der Kunden auszurichten, sind Gegenstand des nachfolgenden Kapitels.

2 Unternehmens- und Marketingstrategie

2.1 Grundlagen des strategischen Denkens

2.1.1 Strategie und Tradition

Die Berufung auf die eigene Tradition genießt – nicht nur in Weinbaukreisen – eine große Aktualität. Hinter dem Bezug auf Brauch, Erbe, Gepflogenheit und Überlieferung alter Werte verbirgt sich der Gedanke, dass Bewährtes und seit Generationen Erfolgreiches nicht schlecht sein kann, denn es hat seine Qualitäten über Jahrzehnte bewiesen. Da liegt es nahe, durch eine „Strategie der Fortsetzung" am Bewährten festzuhalten (Göbel, 2003 a). Dies entspricht auch der Natur des Menschen. Schaffung und Bewahrung des Sicheren liegen ihm mehr als Veränderung und Risiko. Genetisch ist es uns mitgegeben, das Bestehende zu erhalten, in der Hoffnung, dass es sich im langfristigen Überlebenskampf als erfolgreich erweist. Das weniger Erfolgreiche wird im System der Evolution selektiert. Ein Unternehmer im wirtschaftlichen Prozess hat jedoch die Möglichkeit, sich durch seine Entscheidungen verändernden Rahmenbedingungen anzupassen bzw. die eigene Wettbewerbsfähigkeit durch Veränderungen zu stärken. Die unternehmerischen **Stärken und Schwächen** sind nicht als naturgegeben und unveränderlich zu betrachten, sondern als **flexibel und gestaltbar**. Daraus leitet sich für Unternehmer die zentrale Aufgabe ab, das bislang Bewährte fortlaufend einer Überprüfung zu unterziehen, ob es auch für die zukünftige Erhaltung des Unternehmens geeignet ist.

Während Traditionsorientierung zurückblickend den Erfolg in der Vergangenheit beschreibt, sucht das Strategische Management nach Wegen in die Zukunft, die das erfolgreiche Überleben eines Unternehmens langfristig sicherstellen. Nach vorn gerichtete Analyse, Planung und Anpassung an ein dynamisches Umfeld sind Kernelemente strategischen Denkens.

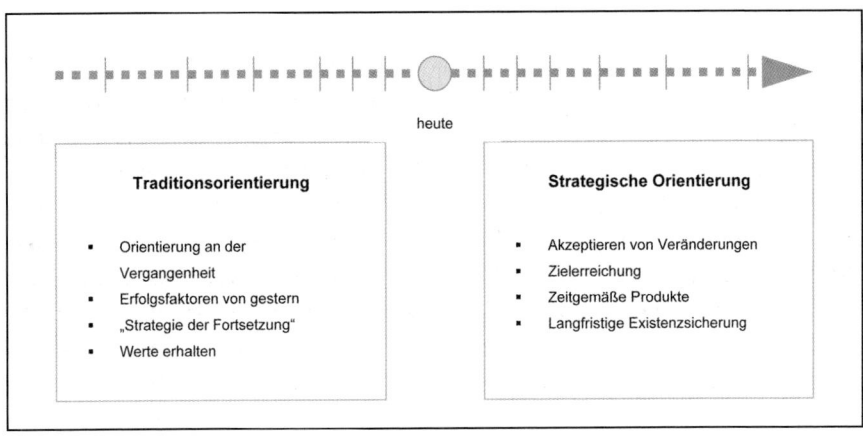

Abb. 2-1: Traditionsorientierung und Strategische Orientierung

Die Tradition ist lediglich eine Form innerhalb der Kommunikation zur Vermittlung von Vertrauen und Kompetenz. So wirbt z.B. Mercedes als Erfinder des Automobils regelmäßig mit seiner Tradition. Auch der VW Käfer lebt in neuer Form weiter. Aber die **aktuellen Produkte** dieser und anderer Hersteller haben – außer dem Prinzip – nichts mehr mit denen der Vergangenheit gemeinsam. Die **Traditionsorientierung ist ein Instrument zur Kommunikation von Werten**, taugt aber nicht zur zukunftsorientierten Ausrichtung von Unternehmen. Gleiches gilt uneingeschränkt auch für Unternehmen der Weinbranche (Göbel, 2003 a).

Strategische Unternehmensplanung beinhaltet die konsequente Ausrichtung an den **aktuellen Erwartungen und Bedürfnissen der Kunden**. Das bedeutet nicht, alle Werte und Einstellungen über Bord zu werfen und sofort jedem Trend zu folgen. Es stellt jedoch das Akzeptieren von grundlegenden Veränderungen in den Erwartungen und Konsumansprüchen der Kunden in den Vordergrund. Zukunftsorientierung umfasst auch das Erkennen von Veränderungen im Wettbewerberumfeld, die Berücksichtigung von Wandlungen im wirtschaftlichen, politischen und technologischen Bereich sowie die frühzeitige Reaktion und Anpassung des Unternehmens an die variablen externen und internen Rahmenbedingungen.

2.1.2 Marktorientierung

Strategische Unternehmensführung stellt – im Sinne einer Maximierung der Kundenzufriedenheit – die **Erwartungen und Präferenzen der Kunden in den Mittelpunkt der Unternehmensausrichtung**. Die marketing-strategische Komponente umfasst die Festlegung der Mittel und Wege zur Sicherstellung von Kundenzufriedenheit und beginnt folgerichtig auf der Vertriebsseite eines Unternehmens. Die im Markt gewonnenen Erkenntnisse und Erfahrungen über aktuelle Kundenerwartungen geben die Ausrichtung der Produktion vor. Maßstab für den Unternehmensbereich „Weinbau" ist nicht das Machbare, sondern sind die vom Bereich „Keller" geforderten Kriterien, die auf den Anforderungen des Vertriebs basieren (vgl. Abb. 2-2).

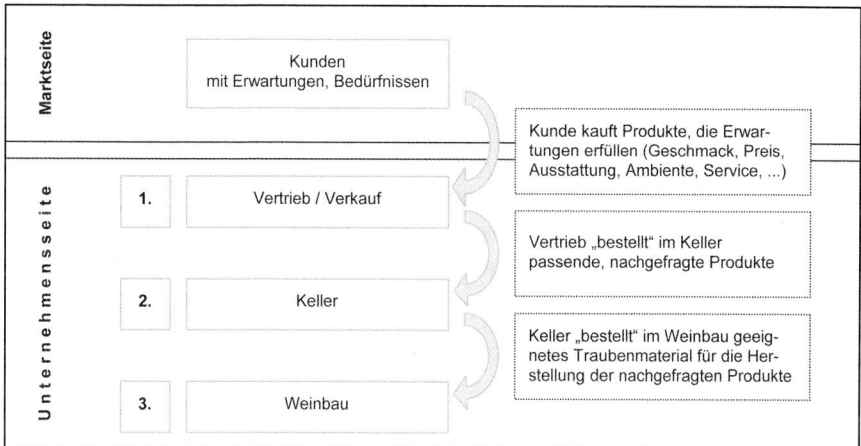

Abb. 2-2: Marktorientierung im Rahmen der strategischen Planung

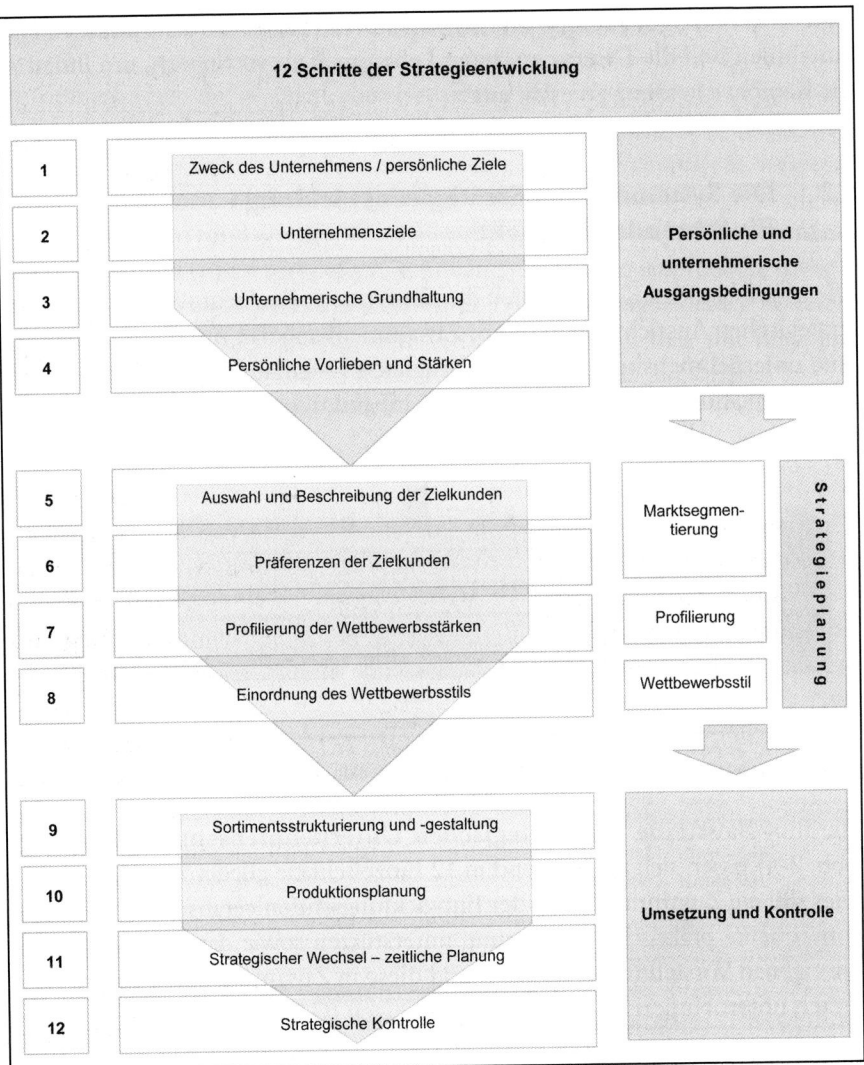

Abb. 2-5: 12 Schritte der Strategieentwicklung

Neben den in Kapitel 1 erläuterten Aufgaben, **persönliche und unternehmerische Ziele** konkret definiert aufeinander zu beziehen, berücksichtigt die strategische Entwicklung zudem die individuellen Wertvorstellungen und Stärken der Entscheidungsträger. Deren kreatives Potential ist Dreh- und Angelpunkt der gesamten Unternehmensführung und Quelle des Unternehmenserfolges.

Den zweiten Block der Strategieentwicklung bilden die Schritte zur **Planung der Marketingstrategie**, die auf grundlegende strategische Instrumente zurückgreifen. Die inhaltliche Ausgestaltung dieser Instrumente, d.h. die Auswahl der „passenden" Kundengruppen, die Wahl der Profilierungs- bzw. Differenzierungsmerkmale und vor allem der Wettbewerbsstil, bestimmen den marktorientierten Auftritt des Unternehmens.

Die Planung der inhaltlichen **Strategieumsetzung und die begleitende Kontrolle** der Ziel- und Zwischenzielerreichung bilden den dritten Abschnitt einer konsequenten Strategieentwicklung. Dieses Thema gewinnt besondere Bedeutung, weil nur ein vergleichsweise geringer Teil weinbautreibender Unternehmen Projekte der Unternehmensplanung und Neuorientierung konsequent und plangemäß umsetzt. In der überwiegenden Zahl der Fälle reduziert sich erfahrungsgemäß nach anfänglicher Euphorie die Umsetzung im Zuge der Konfrontation mit dem täglichen Geschäft auf mehr oder weniger umfangreiche Teilergebnisse. Mit Blick auf die Bedeutung einer klaren und nachvollziehbaren Positionierung des Unternehmens in Zielsegmenten, sind bruchstückhafte Umsetzungen nur in den wenigsten Fällen erfolgsfördernd. Die schriftlich fixierte inhaltliche und zeitliche Planung mit realistisch definierten Zwischenzielen ist daher ein unverzichtbares Werkzeug.

Die Entwicklung einer neuen Strategie und die konkrete Umsetzung einer strategischen Umorientierung ist zu planen und in ihrer Erfolgsentwicklung fortlaufend anhand geeigneter Kennzahlen zu prüfen.

2.3 Umsetzung der Strategieentwicklung

2.3.1 Persönliche und unternehmerische Ausgangsbedingungen

Ein zentraler Grundgedanke der Strategieentwicklung ist die Berücksichtigung der individuellen Rahmenbedingungen eines Unternehmens. Die Kundenstruktur, die betriebliche Organisation und Produktion, der Vertrieb, besonders aber die **Familien- und Persönlichkeitsstruktur** sind von Unternehmen zu Unternehmen grundsätzlich verschieden. Eine Unternehmensplanung geht somit immer von unterschiedlichen Ausgangssituationen aus.

An erster Stelle der Planung müssen die gegebenen Ausgangsbedingungen im Unternehmen und in der Familie Berücksichtigung finden, wenn vermieden werden soll, dass eine neu zu entwickelnde Strategie dem Unternehmen, seinen Eigentümern und Mitarbeitern gleichsam übergestülpt wird. Hierzu zählen die Berücksichtigung erstens der **persönlichen Ziele** und der mit dem Unternehmen verfolgte Zweck sowie die daraus abgeleiteten Unternehmensziele, zweitens der bisherigen Unternehmensentwicklung und drittens der **individuellen persönlichen Stärken und Schwächen** der beteiligten Personen.

Erst die Klärung dieser maßgebenden Rahmenbedingungen ermöglicht eine mittel- und langfristige Unternehmensplanung, die den Interessen der Eigentümer und Mitarbeiter gerecht wird. Oftmals wird die Auseinandersetzung mit diesen Rahmenbedingungen zugunsten konkreter unternehmerischer Maßnahmen oder weiterführender Planungsarbeiten vernachlässigt oder vollständig außer Acht gelassen.

2.3.1.1 Die Unternehmerpersönlichkeit als Ausgangspunkt der strategischen Planung

Die Einbeziehung von Persönlichkeitsstrukturen in die Strategieanalyse von Weinbauunternehmen hat einen deutlichen Zusammenhang zwischen Persönlichkeitseigenschaften und strategischer Ausrichtung bestätigt. Die Unternehmensplanung und die Wahl der Unternehmensstrategie sind ganz entscheidend von den Persönlichkeiten der Unternehmer geprägt. Dieses Ergebnis erlangt besondere Bedeutung für Strategieplanungsprozesse. Einerseits kann von einer deutlichen Differenzierung der Persönlichkeitsprofile zwischen den Unternehmern ausgegangen werden, die jeweils unterschiedliche strategische Ausrichtungen verfolgen. Andererseits konnte nachgewiesen werden, dass die Persönlichkeit selbst von jungen Erwachsenen bereits so verfestigt ist, dass die Bereitschaft und Fähigkeit zur Anpassung persönlicher Denkstrukturen an die Erfordernisse einer bestimmten strategischen Ausrichtung nicht immer möglich ist (Asendorpf/Wilpers, 2000). Dies hat zur Konsequenz, dass die Ausgestaltung der **Unternehmensstrategie von der Persönlichkeit der Betriebsleiter abhängig** gemacht werden soll (Göbel, 2003 a). Nur dann ist eine konsequente Umsetzung der strategischen Positionierung und ein – aus Sicht der Kunden – glaubhafter Unternehmensauftritt möglich.

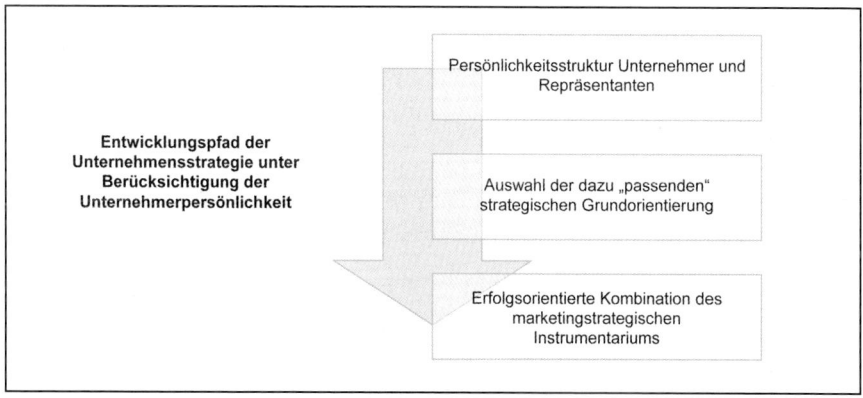

Abb. 2-6: Strategieentwicklung unter Berücksichtigung der Unternehmerpersönlichkeit

Versuche, durch Beratung und Empfehlung Wege der Unternehmensplanung vorzugeben oder vorzuschreiben, führen nicht zum Erfolg, wenn die Entscheidungspersonen die Konzepte nicht mit voller Überzeugung mittragen. Die Berücksichtigung der individuellen Grundüberzeugungen ist demzufolge einer der Grundpfeiler für langfristig erfolgreiche Unternehmensplanung. Dies gilt auch für externe Beratung. Die Persönlichkeiten und ihre Überzeugungen in den Mittelpunkt zu stellen bedeutet jedoch nicht, die Unternehmer von der Notwendigkeit zu befreien, das gesamte marketing-strategische Instrumentarium zielorientiert im Unternehmen umzusetzen und alle bestehenden Vorstellungen und Handlungsweisen einer kritischen Prüfung zu unterziehen. Nur eine konsequente Umsetzung der strategischen Planung wird sich positiv auf den zukünftigen Erfolg auswirken.

2.3.1.2 Unternehmerische Grundhaltung

Die Planung eines bereits existierenden Unternehmens auf Basis einer Strategieentwicklung kann nicht ohne Berücksichtigung der bisherigen Unternehmensentwicklung erfolgen. Die gegebenen Rahmenbedingungen (Eigentumsverhältnisse, Kunden- und Vertriebsstruktur, Sortiments- und Produktstruktur) und räumlichen Verhältnisse beeinflussen die zukünftige Planung. Diese Elemente sind prinzipiell alle veränderbar, wenn auch z.T. nur mit erheblichem Aufwand.

Menschen, ihre Einstellungen und Wertvorstellungen sind nicht, oder nur in eng begrenztem Umfang zu verändern. Die Untersuchung über Unternehmensstrategien von Weingütern hat gezeigt, dass ein sehr enger Zusammenhang zwischen unternehmerischer Ausrichtung und persönlichen Grundhaltungen der Unternehmer besteht (Göbel, 2003 a). Diese Grundhaltungen spiegeln sich i.d.R. sehr deutlich im Auftritt des Unternehmens, seinem Erscheinungsbild und im Sortiment wider und bestimmen auch die Richtung für die Weiterentwicklung.

Die strategische Entwicklung ist grundsätzlich weniger von strukturellen und räumlichen Rahmenbedingungen abhängig zu machen, als vielmehr von **persönlichen Wertvorstellungen**. Diese sind für eine konsequente und glaubhafte Umsetzung äußerst wichtig, die nur erreicht werden kann, wenn die verantwortlichen Entscheider die eingeschlagene Richtung mit „ganzem Herzen" verfolgen.

Es darf hier jedoch nicht der Eindruck entstehen, dass unternehmerisches Handeln keiner Veränderungsbereitschaft bedarf. Ganz im Gegenteil, ein Unternehmen muss auf dynamische Umfeldveränderungen flexibel und teilweise mit tiefgreifenden Anpassungen reagieren. Die Bedürfnisse der Konsumenten, das Kaufverhalten und die individuellen Präferenzen sind und bleiben maßgebend für die marketingstrategische Ausrichtung eines Unternehmens. Individuelle persönliche Ziele des Unternehmers haben jedoch nur eine Chance auf Realisierung, wenn den eigenen Wertvorstellungen bei der Unternehmensausrichtung Rechnung getragen wird.

Zusammengefasst bedeutet dies, dass in Fragen der Unternehmenskultur, der Auswahl von Marktsegmenten und der Profilierung des Unternehmens der Unternehmer „König" ist. Der Kunde entscheidet jedoch auf der Absatzseite des Unternehmens durch Kauf und Wiederkauf „alleine" darüber, ob seine Zufriedenheit umfassend erfüllt wird. Hier ist der Kunde „König".

Der Unternehmer hat im Rahmen der Unternehmensführung und der Unternehmensausrichtung vielfältige Gestaltungsmöglichkeiten, die seinen persönlichen Wertvorstellungen entsprechend realisiert werden können. Bezogen auf das konkrete Vermarkten von Produkten und Leistungen steht jedoch der **Kunde mit seinen Erwartungen** im Mittelpunkt. Es ist deshalb notwendig, sich mit den **eigenen vorherrschenden Wertvorstellungen** auseinander zu setzen, mit dem Ziel, die Umsetzung einer Strategie glaubhaft und nicht im Widerspruch zur eigenen Grundhaltung zu realisieren.

2.3.1.3 Persönliche Vorlieben und Stärken

Bekannt ist, dass Tätigkeiten, die gerne gemacht werden, i.d.R. auch gut bzw. besser ausgeführt werden als weniger beliebte Aufgaben. Die Qualität der Unternehmensführung – und damit der Erfolg – ist ganz entscheidend davon abhängig, ob das Unternehmen in seiner Organisation und seinen Schwerpunkten am Unternehmer oder der Unternehmerfamilie ausgerichtet ist, oder ob es in seiner bestehenden Organisationsform dem Unternehmer in Tätigkeiten zwängt, die nicht zu seinen individuellen Stärken zählen.

Beispielsweise verändert sich das Aufgabenspektrum eines Betriebsleiters grundlegend mit zunehmender Größe des Unternehmens. Der Anteil praktisch-technischer Tätigkeiten, die vom Betriebsleiter selbst durchgeführt werden, verschiebt sich sukzessive hin zu mehr Planungs-, Organisations-, Führungs-, und Kontrollaufgaben.

Als weiteres Beispiel sei die Form und Organisation der Vermarktung genannt. Das Wissen um die Freude und Herzlichkeit, mit der man den direkten Kontakt zum Kunden sucht, oder aber um den Wunsch nach ungestörter Tätigkeit im Keller oder Weinberg, muss bei der Gestaltung der Arbeitsteilung und der Organisation im Unternehmen vorrangige Beachtung finden.

Es konnte wiederholt festgestellt werden, dass innerhalb der Unternehmensplanung die eigenen Vorlieben und Stärken, wie auch die der potenziellen Nachfolger, zu Gunsten vordergründig attraktiver Unternehmensentwicklungen in den Hintergrund gerückt wurden. Wenn auch eine Idealisierung nur in den wenigsten Fällen möglich ist, so hängt der Unternehmenserfolg in (Familien-) Unternehmen doch wesentlich davon ab, inwieweit es gelingt, die **eigenen Präferenzen, Stärken und auch Schwächen bei der Unternehmensplanung zu berücksichtigen**. Sowohl die organisatorische als auch die strategische Planung und Gestaltung der Unternehmensführung müssen sich an den Unternehmerpersönlichkeiten orientieren und nicht umgekehrt.

In der Praxis wird dies dadurch erreicht, dass man sich im Rahmen der Unternehmensentwicklung mit den Tätigkeitsschwerpunkten im Unternehmen auseinandersetzt und die Tätigkeitsbereiche herausstellt, die bezogen auf die Beteiligten besonders gerne gemacht werden und für die man sich besonders kompetent hält. Eine Gegenüberstellung mit den relativen Schwächen bzw. den weniger bevorzugten Aufgabenbereichen kann verdeutlichen, inwieweit die gegebene Unternehmensstruktur die Verwirklichung der individuellen Stärken erlaubt.

In einem weiteren Schritt ist zu überlegen, **welche strukturellen und organisatorischen Veränderungen** zu einer Schwerpunktverlagerung der Aufgabenbereiche hin **zu den individuellen Stärken der Unternehmerpersonen führen**. Im Falle konkreter Überlegungen zur zukünftigen Unternehmensplanung ist zu prüfen, in welcher Weise die vorgesehenen Maßnahmen Einfluss auf die individuellen Aufgabengebiete aller beteiligten Unternehmerpersonen haben.

Diese Überlegungen können dazu führen, dass Tätigkeiten aus dem Unternehmen ausgelagert oder im Rahmen von Kooperationen durchgeführt werden. Im Extremfall muss man sich von Unternehmensbereichen, die nicht den eigenen Kernkompetenzen entsprechen, trennen. Die Unternehmensstruktur, die Betätigungsfelder und schließlich die Vermarktungsform resultieren im Idealfall aus einer Abwägung der personellen Kompetenzen und Vorlieben.

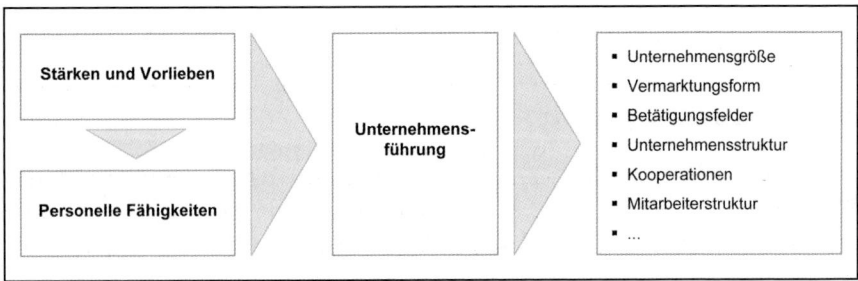

Abb. 2-7: Gegenstand, Zweck und Ziele eines Unternehmens

2.3.2 Grundlegende marketingstrategische Instrumente

Die bisher dargestellten Schritte der Strategieentwicklung dienen dazu, sich der eigenen Vorstellungen und Zielsetzungen bewusst zu werden und diese gemeinsam mit den Beteiligten aufzuzeigen und gegenüber zu stellen. Dies stellt sicher, dass die eigenen Ziele erreicht werden und das Unternehmen zweckgemäß dazu seinen Beitrag leistet.

Die nun folgenden Schritte umfassen die Auseinandersetzung mit den marketingstrategischen Belangen. Es geht um die Frage, welche **Parameter für eine konsequente Strategieentwicklung** von vorrangiger Bedeutung sind. Während die Herausarbeitung der Zielsetzungen einen individuellen, an den persönlichen Interessen der Entscheidungsträger orientierten Prozess darstellt, ist die strategische Positionierung des Unternehmens v.a. unter den Rahmenbedingungen und Anforderungen des Marktes zu gestalten.

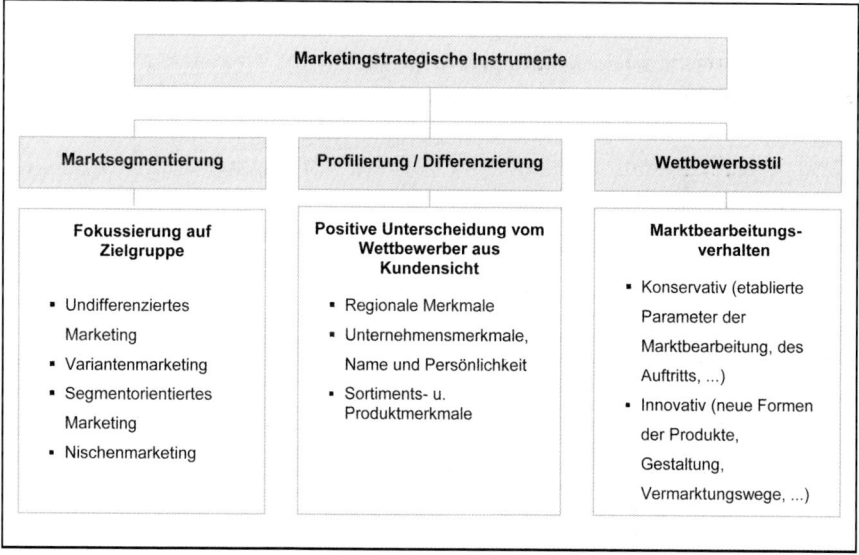

Abb. 2-8: Marketingstrategische Instrumente

Mit einer marketingstrategischen Ausrichtung strebt ein Unternehmen einen Wettbewerbsvorteil an, indem es Kundenbedürfnisse erkennbar umfassender erfüllt als die Konkurrenten (Porter, 1999; Hungenberg, 2000). Voraussetzung hierfür ist eine klare, aus Sicht der Kunden nachvollziehbare Positionierung des Unternehmens und seines Angebotes im Wettbewerberumfeld. **Grund-**

sätzliche **Instrumente einer Marketingstrategie** sind die Marktsegmentierung, die Differenzierung und der Wettbewerbsstil.

Unter **Marktsegmentierung** versteht man die Aufteilung des Gesamtmarktes in homogene Verbraucher-Teilmärkte, z.b. nach demographischen, kaufverhaltensbezogenen oder regionalen Kriterien (Kuß/Tomczak, 2001; Kreilkamp/Nöthel 1996; Becker, 2000). Im Gegensatz zum undifferenzierten Marketing verfolgt die Fokussierung auf ein Marktsegment das Ziel, auf ausgewählte Zielgruppen und deren spezifische Bedürfnisse ausgerichtete Leistungen bzw. Produkteigenschaften anzubieten. Mit anderen Worten: Weil man es nicht jedem recht machen kann, muss man anstreben, der Nachfrage von begrenzten Zielgruppen in möglichst vielen Punkten zu entsprechen. Eine extreme Form der Marktsegmentierung ist das Nischenmarketing mit einem hohen Spezialisierungsgrad innerhalb eines eng umgrenzten Kernsegments.

Das Instrument der **Profilierung** bzw. **Differenzierung** umfasst alle Maßnahmen, die darauf abzielen, sich – in einer aus Sicht des Kunden positiven Weise – von seinen Wettbewerbern abzuheben bzw. zu unterscheiden sowie die individuellen Besonderheiten und Stärken zu profilieren (Kotler/Bliemel, 1992; Meffert, 1994). Differenzierungsansätze umfassen prinzipiell alle vom Kunden erkennbaren Merkmale des Unternehmens (Name und Marke, Erscheinungsbild und Ambiente, Persönlichkeiten, Mitarbeiter, etc.) sowie dessen Produkte (Produkt- und Sortimentsgestaltung, Qualitätsmerkmale, etc.). Differenzierungsmerkmale sind nur dann wirksam, wenn sie zum einen vom Kunden als positiv und wesentlich wahrgenommen werden und sich zum anderen von den Merkmalen der Wettbewerber unterscheiden. Große Bedeutung hat in diesem Zusammenhang die „Marke". Die Verbindung von Markennamen, Markenzeichen und Verpackung ermöglicht die Verankerung eines unverwechselbaren Vorstellungsbildes von Produkt und Unternehmen beim Kunden (Homburg/Schäfer, 2001).

Drittes grundsätzliches Instrument einer Marketingstrategie ist der **Wettbewerbsstil**. Man unterscheidet zwischen innovativem und konservativem Marktbearbeitungsverhalten. Konventionelle Marktbearbeitungsstrategien orientieren sich zur Positionierung im Markt an innerhalb der Branche etablierten Differenzierungsmerkmalen. Innovative Marktbearbeitung ersetzt etablierte Parameter durch neue, z.b. neuartige Produktvarianten und -gestaltung oder neue Wege in der Form der Vermarktung bzw. beim Service (Jenner, 2001).

2.3.2.1 Marktsegmentierung

Grundlegende Voraussetzung für den Erfolg, d.h. die Existenzsicherung des Unternehmens und die Erreichung der persönlichen Ziele, ist die Maximierung der Kundenzufriedenheit. Nur wer mit seinen Produkten den Kunden-Präferenzen hinsichtlich Weinqualität und Optik und Einkaufsempfinden möglichst umfassend entspricht – d.h. den Qualitäts-Gesamteindruck optimiert – kann das Erfolgspotenzial ausschöpfen.

Die Individualität der Verbraucher macht es unmöglich, den Präferenzen aller mit einem einzigen Sortiment umfassend gerecht zu werden. Daraus folgt, dass man sich **auf ausgewählte Marktsegmente** konzentriert und sich ein Bild von den Zielkunden und ihren Lebenswelten macht, sowie deren Präferenzen hinsichtlich Einkaufsverhalten, Produkteigenschaften, Service und Stil kennt. Klare Vorstellungen über die angestrebten Zielgruppen und deren Erwartungen sind Voraussetzung für eine zielgerichtete Kundenorientierung.

2.3.2.1.1 Auswahl und Beschreibung der Zielkunden

Die Weinzielgruppen, ihre Lebenswelt und ihre Einstellung zu deutschem Wein sowie die bevorzugten Weine und Anforderungen an die Produktgestaltung, charakterisiert die Sinus-Studie.

Die Untersuchung der **strategischen Weinzielgruppen**, die erstmals 1992 durchgeführt und 2002 wiederholt wurde, unterscheidet vier Milieus (vgl. Abb. 2-9) anhand ihrer sozialen Lage und ihrer grundsätzlichen Wertorientierung. In den 10 Jahren zwischen den Untersuchungen ist ein deutlicher Rückgang der traditionellen zu Gunsten der modernen Lebenswelten festzustellen. Weltoffene Konsumenten, mit einer Orientierung an internationalen Standards hinsichtlich Geschmack und Ausstattung, dominieren inzwischen den Weinmarkt in Deutschland.

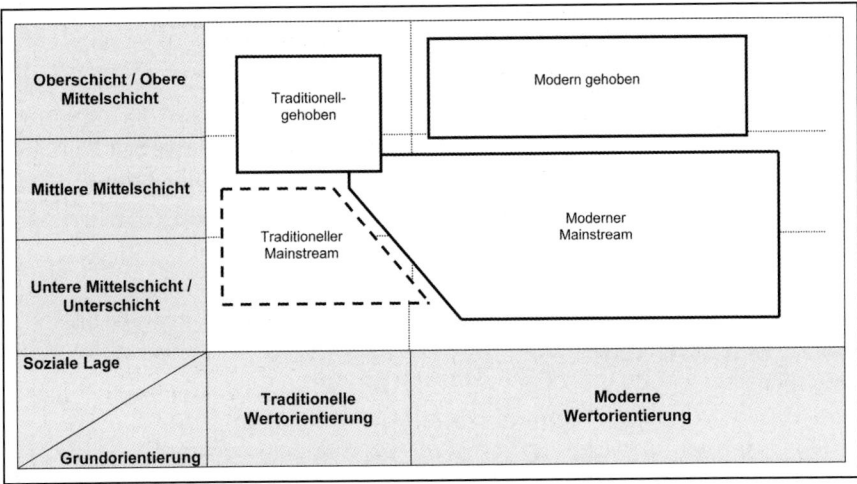

Abb. 2-9: Milieumodell (in Anlehnung an Sinusstudie 2002)

Die Entwicklung der Marktsegmentvolumina ist eine wesentliche Entscheidungsgröße bei der Wahl des individuellen Zielsegments. Ebenso wichtig für den Unternehmenserfolg ist die Auswahl der zum Unternehmen und zu den Grundhaltungen der Entscheidungsträger passenden Segmente. Nur ein glaubhaftes und harmonisches Miteinander mit den Kunden erlaubt es, deren spezifische Präferenzen innerhalb dieser Segmente zu entsprechen.

Eine strategische Unternehmensausrichtung auf Zielsegmente erfordert die Auseinandersetzung mit den **Lebenswelten und Präferenzen der angestrebten Zielkunden**. Es wird deutlich, dass nicht jeder Kunde zum Anbieter passt. Die Wahl sollte deshalb unter dem Blickwinkel erfolgen, mit welchen Kundentypen man am liebsten zu tun hat und mit welchen nicht. Diese Entscheidung lehnt sich sehr eng an die eigenen Wertvorstellungen an, wie sie in Schritt 3 beschrieben wurden. Die eigene unternehmerische Grundhaltung bestimmt somit wesentlich die Auswahl der Zielkunden.

Nachfolgend werden – in Anlehnung an die Lebensweltbeschreibungen der Sinus-Studie – die relevanten deutschen Weinzielgruppen kurz charakterisiert (vgl. Abb. 2-10).

	Lebenswelt	Einstellung zum deutschen Wein
Traditionell-gehoben	• Alter > 50 Jahre • Leitende Angestellte, Selbständige, Freiberufler, Rentner • Bewahrung von Traditionen, gepflegte Umgangsformen • Wertschätzung von Kunst u. Kultur • Distanzierung vom Zeitgeist • Streben nach Gesundheit und Wohlbefinden	• Präferenz für deutschen Wein • Selbsteinschätzung als Kenner mit richtiger Wertschätzung deutschen Weins • Bedauern Unbekanntheit deutschen Weins • Vertrauen auf bewährte Qualität mit kulturellem Bezug
Modern-gehoben	• Ca. 30-50 Jahre • Hohes Bildungsniveau, leitende Berufe • Weltoffen, selbstbewusst und leistungsbewusst • Kennerschaft verbunden mit kulturellen und intellektuellen Interessen	• Zunehmend positive Wahrnehmung deutscher Weine • Kritischer und ernsthafter Umgang • Deutschland wird nicht als klassisches Weinland beurteilt
Moderner Mainstream	• Alter 20-60 Jahre • Mittlere bis gehobene Bildungsabschlüsse • Oft Mehrpersonenhaushalte mit Kindern • Bedürfnis nach harmonischem Leben, Genuss und Komfort • Realitätsbezogenes Anspruchsniveau	• Positive Grundhaltung • Überfordert durch Unübersichtlichkeit für Nicht-Kenner • Mangel an Internationalität und Modernität

Abb. 2-10: Kurzcharakterisierung der wichtigsten deutschen Weinzielgruppen
(in Anlehnung an Sinusstudie 2002)

Über welche Absatzkanäle diese Kunden erreicht werden, ist von den Präferenzen der Zielkunden und den von ihnen bevorzugten Einkaufsformen abhängig. Ebenso große Bedeutung wird den eigenen Stärken in Tätigkeitsschwerpunkten beigemessen, die sich auf die Vermarktungsaktivitäten des Unternehmens beziehen. Besonders der Erfolg in der Direktvermarktung erfordert ein großes Maß an Enthusiasmus und glaubhafter Freude im Umgang mit Menschen. Der Absatz über Fachhandel oder Gastronomie ist hingegen anonymer und beschränkt den persönlichen Kontakt auf wenige Abnehmer, verlangt u.U. eine grundsätzlich andere Organisations- und Vertriebsstruktur.

An dieser Stelle wird erneut deutlich, dass die strategische Unternehmensplanung ein Abwägen verlangt zwischen den Erwartungen und Präferenzen der Kunden, den eigenen Stärken und Vorlieben sowie der resultierenden Organisations- und Vertriebsstruktur.

Diese Parameter können nicht losgelöst voneinander betrachtet werden und bedürfen der Verknüpfung, wie sie in Abbildung 2-11 veranschaulicht wird.

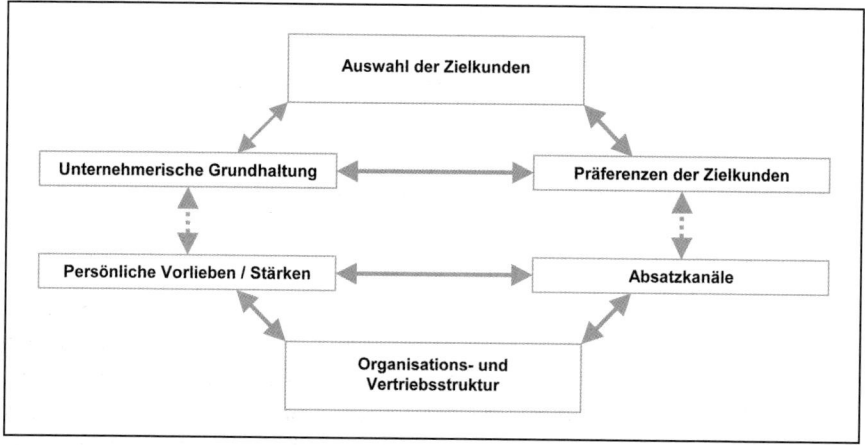

Abb. 2-11: Einflussgrößen der betrieblichen Organisationsstruktur

Die Entwicklung einer Marketingstrategie beginnt zusammengefasst damit, sich mit der Lebenswelt derjenigen Kunden auseinander zu setzten, die erreicht werden sollen und die zum Unternehmen passen, d.h. mit deren Lebenswelt und Wertvorstellungen man sich am ehesten identifizieren kann. Um den Präferenzen dieser Verbraucher möglich umfassend zu entsprechen, wird es notwendig, diese Wertvorstellungen zu erfassen und sich durch eine entsprechende Gestaltung des Unternehmens, des Sortiments und des Vertriebs daran zu orientieren.

2.3.2.1.2   Präferenzen der Zielkunden

Neben der Analyse der Wertvorstellungen bzw. der Lebenswelten von Weinzielgruppen bedarf es einer vertiefenden Auseinandersetzung mit den Konsum-Präferenzen der Verbraucher hinsichtlich

• des Kaufanlasses und der Zahlungsbereitschaft,

• der bevorzugten Weinart und der Geschmacksrichtung,

• des bevorzugten Stils der Ausstattung und der Optik,

• der Wünsche bei Einkauf, Service und Kommunikation.

Unternehmensindividuelle Informationen hierzu existieren i.d.R. nicht oder sehr unvollständig. Nur sehr wenige Unternehmen der Branche haben sich einen umfassenden Informationspool über die bestehenden und die angestrebten Kunden aufgebaut. Oftmals orientieren sie sich – wenn überhaupt – nur an den bestehenden Stammkunden. Konstruktive Kritik von Seiten bestehender Kunden bleibt auf einzelne Ausnahmen beschränkt. Von Kunden, die zu anderen Anbietern wechseln, sind die Gründe für den Wechsel meist nicht bekannt.

In der **individuellen Ansprache von Kunden** liegt ein zukünftiger Wettbewerbsvorteil, v.a. für kleinere Familienunternehmen. Unpersönlicher Weinhandel, klassischer Lebensmitteleinzelhandel und Discountmärkte haben ihre Stärke u.a. in einem überregionalen Angebot und einem attraktiven Preis-Leistungs-Verhältnis. Persönlichkeit und Individualität in Verkauf, Ambiente und Emotionen, Vertrauen und persönliche Beziehungen sind hingegen Qualitätsmerkmale, die den direktvermarktenden Unternehmen vorbehalten sind und einen Großteil ihres Wertschöpfungspotenzials bilden.

Die Stärkung dieses Wettbewerbsvorteils gründet auf der Darstellung dieser Stärken gegenüber den Kunden und Interessenten, indem die Orientierung an ihren individuellen Erwartungen signalisiert wird. Dies setzt voraus, dass man seine Kunden, ihre Lebensverhältnisse und Kaufgewohnheiten im persönlichen Gespräch kennen lernt, dem die Kunden erfahrungsgemäß offen gegenüberstehen. Nur eine **aktive Kommunikation mit Kunden** und Interessenten ermöglicht die Informationsgewinnung, z.B. über deren Einstellung zu den angebotenen Weinen.

Die **Quellen kundenbezogener Informationen** sind vielfältig und werden nur in wenigen Fällen konsequent genutzt. Die Einholung von Informationen muss nicht – wie häufig als Argument für inaktives Verkaufen angeführt wird – aufdringlich erscheinen. Erwartungen und Einstellungen von Kunden bzw. Interessenten ergeben sich aus

- dem ersten Telefonkontakt, dem persönlichen Gespräch über die bislang bevorzugten Weine, dem liebsten Wein im Urlaub oder für den besonderen Anlass,

- dem Nachfragen nach dem Versand der Angebotsunterlagen,

- Fragen nach Gründen für eine unterbleibende Bestellung,

- dem Nachfragen anlässlich einer Bestellung,

- der persönlichen Einladung zu einer Veranstaltung,

- einer detaillierten Kundendateiverwaltung mit Informationen über Einkaufsverhalten, Lebenssituation und Interessen.

Mit eine der wesentlichsten Aufgaben der Strategieentwicklung besteht darin, sich verstärkt und konkret mit den Präferenzen der bestehenden, v.a. aber mit denen der Ziel-, bzw. Neukunden auseinander zu setzen. Nachfolgend werden – in Anlehnung an die Sinus-Studie – einige Informationen zu Präferenzen nach Weinzielgruppen zusammengefasst dargestellt (vgl. Abb. 2-12).

	Bevorzugte Weine	Anforderungen an die Flaschengestaltung
Traditionell-gehoben	• Probierbereitschaft und modische Trends werden abgelehnt • Verfolgen von Ratschlägen von Freunden und Bekannten • Bevorzugen deutsche Weine, daneben französische und italienische • Vorzugsweise aber nicht ausschließlich trockene Weine	• Festhalten an traditioneller deutscher Gestaltung • Reduzierte geschmackvolle Gestaltung • Natur- und Landschaftsmotive, aber nicht kitschig • Traditionell-deutsche Flaschenformen • Vollständige Informationen auf dem Etikett
Modern-gehoben	• Entdeckerfreude • Europäische, außereuropäische und deutsche Weine • Spielerische und situationsabhängige Auswahl • V.a. trockene Weine • Überdurchschnittlicher Rotweinanteil	• Optik hat hohen Stellenwert • Klassische Weinanmutung • Dezent, puristisch, leicht und transparent • Hohe Toleranz, wenn der Wein überzeugt
Moderner Mainstream	• Ausländische Weine mit südländischem Flair • Leichte Präferenz für trockene Weine und Rotweine	• Wichtige Orientierungsfunktion • Soll Lifestyle und Prestige vermitteln • Akzeptanz innovativer, außergewöhnlicher Gestaltung • Ablehnung modischer Übertreibungen • Klare und leicht verständliche Qualitätssignale

Abb. 2-12: Präferenzen nach Weinzielgruppen (in Anlehnung an Sinusstudie 2002)

Präferenzen, Kaufverhalten, ökonomische Rahmenbedingungen und andere, die Kaufentscheidungsprozesse beeinflussende Parameter unterliegen einem stetigen Wandel. Unternehmensführung bedeutet damit zwangsläufig, sich regelmäßig mit Informationen aus der Markt- und Präferenzforschung zu befassen (Hoffmann, Blankenhorn, Seidemann, 2003).

2.3.2.2 Profilierung der Wettbewerbsstärken

Die Marktsegmentierung hat zur Aufgabe, sich auf ausgewählte, zum Unternehmen und seinen Persönlichkeiten passende Weinzielgruppen zu beschränken und deren individuellen Präferenzen möglichst umfassend zu entsprechen. Innerhalb der Marktsegmente herrscht jedoch intensiver, durch die Internationalisierung an Dynamik zunehmender Wettbewerb. Die Wettbewerbsfähigkeit eines Unternehmens hängt davon ab, inwieweit es ihm gelingt, innerhalb des Wettbewerberumfeldes seine Position im Markt klar abzugrenzen und gegenüber den Zielkunden darzustellen (Hungenberg, 2000).

Ziel der Profilierung ist die **Herausstellung individueller Merkmale**, die es dem Unternehmen ermöglichen, sich in einer – aus Sicht der Kunden! – positiven Weise von seinen Wettbewerbern zu unterscheiden. Über die Wirksamkeit und positive Ausstrahlung dieser Merkmale entscheidet letztlich wieder ausschließlich der Kunde. Nur Merkmale, die aus seiner Perspektive erkennbar sind und für ihn Bedeutung haben, tragen auch zur Profilierung des Unternehmens im gewünschten Sinne bei.

Das Instrument der Profilierung / Differenzierung beinhaltet somit zwei Perspektiven:

• Erstens die Orientierung an den Bedürfnissen des Kunden, der nur bereit ist, einen höheren Nutzen mit einem höheren Preis zu honorieren.

• Zweitens die Orientierung an den Konkurrenten. Nur Merkmale, die andere Unternehmen nicht in gleicher Weise einsetzen bzw. kurzfristig imitieren können, ermöglichen die Alleinstellung des Unternehmens aus Sicht des Kunden.

Unterschieden wird zwischen sogenannten tangiblen und intangiblen **Quellen der Differenzierung** (Hungenberg, 2000). Tangible Merkmale kennzeichnen eine Differenzierung, die eine mehr oder weniger objektive Messung erlaubt und die auf erkennbaren Charakteristika aufbaut. Intangible Quellen der Differenzierung beruhen auf subjektiv empfundenen Merkmalen, die das Produkt vermittelt, wie Image, Statusgefühl und besonderes Lebensgefühl. Diese entziehen sich weitgehend einer direkten Messung bzw. einer objektiven Bewertung. Ihnen wird deshalb als Differenzierungsmerkmal eine besondere Bedeutung zugemessen, weil sie schwer oder kaum zu imitieren sind und daher einen nachhaltigeren Wettbewerbsvorteil versprechen. Eine solche psychologische Differenzierung ist besonders dann angebracht und wertvoll, wenn das Produkt – wie der Wein – vergleichsweise wenig Spielraum zur Differenzierung bietet oder der Kunde wenig über das Produkt informiert ist (Meffert, 1994). Der zusätzliche Nutzen für den Kunden besteht hier in seinen Vorstellungen und Erwartungen, die er mit dem Produkt verbindet, z.b. besonderes Prestige oder Lebensgefühl.

Von vorrangiger Bedeutung für Weingüter sind die Profilierung durch den Markennamen (Hoffmann, 2002) und die dahinter stehenden Personen bzw. Persönlichkeiten (beides ist nicht nachahmbar). Eine **Marke** unterscheidet ein Erzeugnis von ähnlichen Konkurrenzprodukten und verankert ein unverwechselbares Vorstellungsbild in der Psyche der Kunden (Homburg/Schäfer, 2001). Diese Vorstellungen bilden sich durch von Konsumenten erfahrene Eigenschaften der gesamten Qualität, d.h. der Produktqualität i.e.S., der Optik und der Einkaufs- bzw. Konsumempfindungen. Eine Marke ruft diese Erfahrungen in komprimierter Form ab und trägt wesentlich zur Einstellung des Kunden gegenüber dem Unternehmen bzw. dem Produkt bei. Eine klare Markierung erleichtert die Identifikation mit dem Produkt bzw. dem Unternehmen, sie ist Orientierungshilfe bei der Produktauswahl, vermittelt einen zuverlässigen Qualitätsstandard und dient der Image- und Vertrauensbildung.

Voraussetzung für eine **differenzierende Wirkung** ist die Bildung und Speicherung eines positiven Bildes in der Vorstellung des Verbrauchers. Der Aufbau einer Marke besteht in der konsequenten Verbindung von Markennamen, Markenzeichen und Verpackung zu einem konsistenten äußeren Erscheinungsbild (Homburg/Schäfer, 2001) und dem Angebot einer annähernd gleichen, verlässlichen Produktqualität bzw. eines markenspezifischen Stils.

Die **Identität einer Marke** kann resultieren aus einem Unternehmens-Namen, einem Symbol bzw. Logo, einem Produktnamen, einer Organisation oder aus Persönlichkeiten. Voraussetzung für einen erfolgreiche Markenaufbau bzw. Markenführung ist die Prägnanz, mit der optisch wie psychologisch eine positive Einstellung und Profilierung erreicht wird.

Ergänzend zu Name und Persönlichkeit können vielfältige Profilierungsmerkmale individuell genutzt werden (vgl. Abb. 2-13), die dazu beitragen, die übergeordnete Marke (den Namen) mit Inhalt zu füllen und in ihrem Profil zu schärfen.

55

Während das Anbaugebiet für erfolgreiche Unternehmen grundsätzlich als Profilierungsmerkmal an Wichtigkeit verliert, wird die Lagenbezeichnung in ihrer Bedeutung sehr unterschiedlich eingeschätzt. Lagennamen können zur Schärfung eines Profils beitragen, wenn für die Zielgruppe die Bezeichnungen wiedererkennbar und relevant sind. Für viele Kundengruppen spielt jedoch die Lagenbezeichnung nur eine untergeordnete, oft verwirrende Rolle.

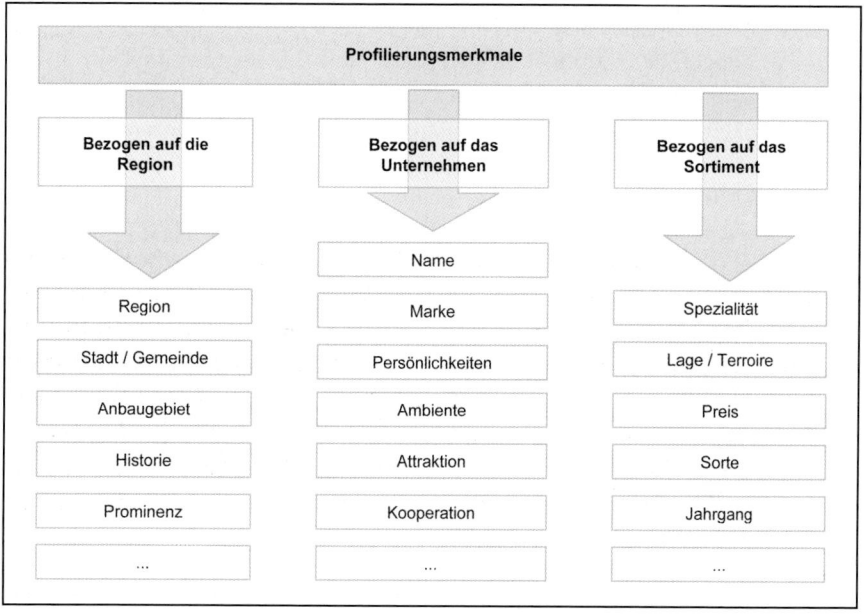

Abb. 2-13: Profilierungsmerkmale

Weitere Profilierungsmerkmale sind u.U. von den gegebenen räumlichen und regionalen Rahmenbedingungen bestimmt. Welche Merkmale bei der Positionierung eines Unternehmens in den Mittelpunkt gestellt werden, ist von der individuellen Entscheidung der Unternehmensführung und den gegebenen Rahmenbedingungen abhängig. Wichtig ist die klare und nachvollziehbare Herausstellung in einer aus Sicht der Kunden positiv und als relevant empfundenen Weise.

Der unternehmerische Erfolg liegt zunehmend in der notwendigen **Kreativität** begründet, das Unternehmen deutlich und nachvollziehbar zu positionieren und **dem Unternehmen** aus der Perspektive der Zielkunden einen **unverwechselbaren Charakter zu verleihen**, der als positiv empfunden wird und in Erinnerung bleibt. Es gilt Argumente und Besonderheiten darzustellen, die – über die Produkteigenschaften im engeren Sinne hinaus – dazu beitragen, Neukunden anzusprechen und an das Unternehmen zu binden. Ausschließlich technische Kompetenzen reichen hierfür nicht aus. Die Schwierigkeiten mit der klaren Herausstellung des eigenen Unternehmens wird oft deutlich, wenn es darum geht, die Besonderheiten, die Einzigartigkeit und die individuelle Ausrichtung des Unternehmens in Form eines prägnanten Leitsatzes zu formulieren, der diese Merkmale auf den Punkt bringt, ohne zum platten Werbespruch zu werden.

2.3.2.3 Wettbewerbsstil

Der Wettbewerbsstil definiert, ausgehend von einer gegebenen Markt- und Konkurrenzsituation, die Verhaltensweise eines Unternehmens gegenüber den aktuellen und potenziellen Konkurrenten sowie seinen **Auftritt gegenüber den Kunden**. Eine wichtige Rolle spielt in diesem Zusammenhang die Frage, ob ein Unternehmen seine Ziele auf der Basis etablierter Spielregeln des Wettbewerbs oder mit Hilfe eines innovativen Ansatzes der Marktbearbeitung zu erreichen sucht. Innovatives Wettbewerbsverhalten unterscheidet sich von konventionellem in der Wahl der innerhalb einer Branche wirksamen Profilierungsparameter (Jenner, 2001).

Konventionelle **Marktbearbeitungsstrategien** orientieren sich an etablierten Differenzierungsmerkmalen. Eine innovative Marktbearbeitung setzt die Ablösung etablierter durch neue, innovative Parameter voraus. Der innovative Ansatz umfasst neuartige Produkte und deren neuartige Gestaltung sowie neue Wege in der Form der Vermarktung bzw. des Services. Voraussetzung für die Umsetzung innovativer Marktbearbeitungsstrategien sind die grundlegende Bereitschaft und Fähigkeit, sich mit neuen Ideen und deren Realisierung auseinander zu setzen. Eine innovative Marktbearbeitung ist mit dem Bruch traditioneller Regeln verbunden und bietet zusätzlich das Potenzial eines Differenzierungsvorteils. Erfolgswirksam kann dieser nur dann sein, wenn die differenzierende Wirkung vom Kunden wahrnehmbar ist, als positiv empfunden wird und darüber hinaus von Konkurrenzunternehmen kurzfristig nicht ohne weiteres zu imitieren ist. Der Vorteil einer konventionellen Positionierung liegt im etablierten, vom Kunden gewöhnten Erscheinungsbild.

Die **Form des bevorzugten Wettbewerbstils** (innovativ oder konservativ-traditionell, offensiv-aggressiv oder defensiv) richtet sich zusätzlich nach den Präferenzen der Kunden innerhalb der Zielsegmente. Der Stil steht jedoch in besonders enger Beziehung zur **Persönlichkeitsstruktur der Unternehmer**. Ein in seiner Grundhaltung mit den betrieblichen und regionalen Traditionen verwurzelter Unternehmer wird nur in wenigen Fällen zum Innovator. Ebenso wird eine auf innovative Entwicklungen und Trends ausgerichtete Persönlichkeit kaum eine regionale Tradition glaubhaft vertreten wollen und können (Göbel, 2003 a).

Eine glaubhafte und nachvollziehbare Positionierung setzt auch voraus, dass neben der Produkt- und Sortimentsgestaltung alle vom Kunden wahrnehmbaren Kommunikationsbereiche (Erscheinungsbild des Betriebes, Verkaufsräume, Angebotsunterlagen, Homepage, Veranstaltungen) im Stil aufeinander abgestimmt sind und einen **harmonischen Gesamtauftritt** gewährleisten. Rustikale, dunkelbraune Eichenholzatmosphäre im Direktverkauf passen beispielsweise nicht zu einem an internationalem, südländischem Flair orientierten Sortiment.

Stilfragen müssen jedoch nicht obligatorisch mit hohen Investitionssummen verbunden sein. Schlichte und bescheidene, aber im Stil harmonische Lösungen führen ebenso zum Ziel wie z.B. eine Umstrukturierung des Vertriebs. Sind die gegebenen räumlichen Verhältnisse für eine stilsichere Gestaltung der Verkaufsräume entsprechend der Kundenpräferenzen nicht möglich, verbleibt das Zurückfahren des Direktvertriebs zu Gunsten alternativer Absatzwege. In anderen Fällen bieten sich unter attraktiven Umfeldbedingungen an, den Direktabsatz – die eigenen Stärken und Schwächen berücksichtigend – auszubauen und das Potenzial eines gegebenen oder aufzubauenden Ambientes zu nutzen.

Die Empfindungen der Konsumenten entscheiden wesentlich über den qualitativen Gesamteindruck (vgl. einführende Kapitel). Die Empfindungen und Erinnerungen rund um den Einkauf, beginnend vom ersten telefonischen Kontakt, über die Angebotsliste bis zur Kaufentscheidung vor Ort, bestimmen diesen Eindruck. Der Wettbewerbsstil spielt im Zuge der **Kommunikation von Werten und Qualitäten** daher eine tragende Rolle.

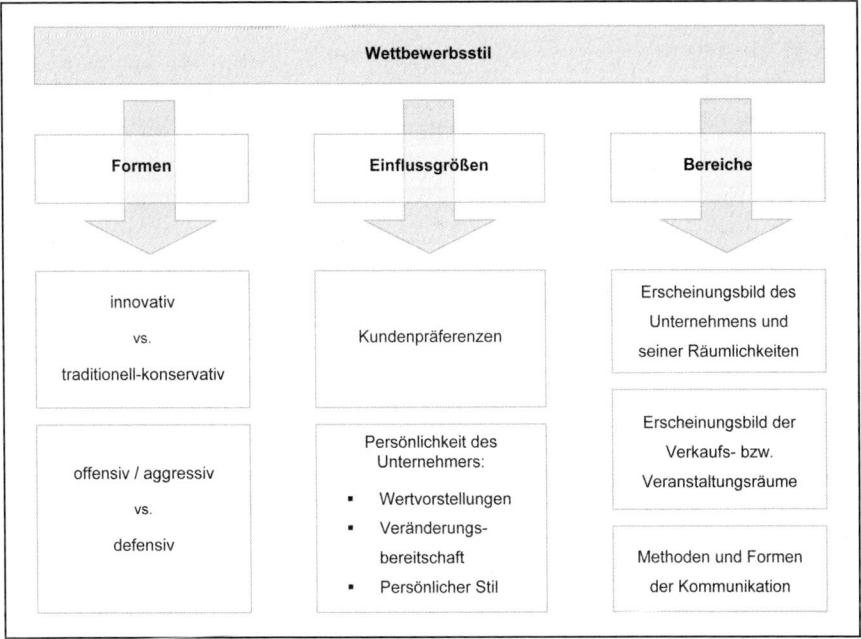

Abb. 2-14: Merkmale zur Prägung eines konsistenten Wettbewerbstils

2.3.3 Umsetzung der strategischen Ausrichtung und Kontrolle der Zielerreichung

Alle bisherigen Schritte dienen der Analyse der Ausgangsbedingungen und der Strategieplanung des Unternehmens unter Berücksichtigung der unternehmerischen und persönlichen Rahmenbedingungen. Ebenso wichtig, wie sich Klarheit über die eigenen Vorstellungen und die Präferenzen der Zielkunden zu verschaffen, ist die konkrete **Umsetzung der Planungsschritte**. Das Ausrichtungs- und Positionierungsziel muss für Außenstehende deutlich und nachvollziehbar sein. Für den Erfolg einer strategischen Neuausrichtung ist alleine die Wahrnehmbarkeit und Beurteilung aus Perspektive der Kunden ausschlaggebend, die über Akzeptanz und empfundene Zufriedenheit „entscheiden". Die Auswahl der für das Unternehmen erstrebenswerten und „passenden" Kundengruppen trifft dagegen der Unternehmer.

Die konsequente Umsetzung einer strategischen Unternehmensplanung ist erst möglich, wenn alle bisherigen Schritte bearbeitet und die mit ihnen verbundenen Fragestellungen beantwortet sind. Dreh- und Angelpunkt der betrieblichen Umsetzung ist die Strukturierung des Sortiments (vgl. Abb. 2-16). Die Struktur des Sortiments und die enthaltenen Produkte sind das wesentliche Bindeglied zwischen Produktion und nachfragendem Konsument. Das Sortiment ist einerseits Ergebnis der Ausrichtung auf ein Ziel-Weinsegment, indem es sich inhaltlich und optisch an den Präferenzen der Kunden orientiert. Andererseits bilden das Sortiment und die Produktdefinitionen die Grundlage für eine bedarfsgerechte Produktion.

Die Formen der marketingstrategischen Ausrichtung durch die Kombinationsmöglichkeiten der strategischen Instrumente (Marktsegmentierung, Profilierung / Differenzierung, Wettbewerbsstil) sind vielfältig und unternehmensindividuell. Voraussetzung für die Strukturierung des Sortiments ist jedoch die Beantwortung aller relevanten, nachfolgend nochmals kurz zusammengefassten, strategischen Fragestellungen (vgl. Abb. 2-15).

Abb. 2-15: Fragestellungen zur Strategieentwicklung im Überblick

Wenn entschieden ist, wem, wie und wo die eigenen Produkte verkauft werden, welche Unternehmensmerkmale im Vordergrund stehen sollen und welcher übergreifende Stil verfolgt wird, dann erst ist ein auf die Zielgruppen ausgerichtetes Sortiment planbar. Strategische Unternehmensplanung beginnt mit der Ausrichtung auf die Präferenzen der Zielkunden und führt schließlich – als letzter Schritt der Planung – zur Definition der Maßnahmen in der Außenwirtschaft.

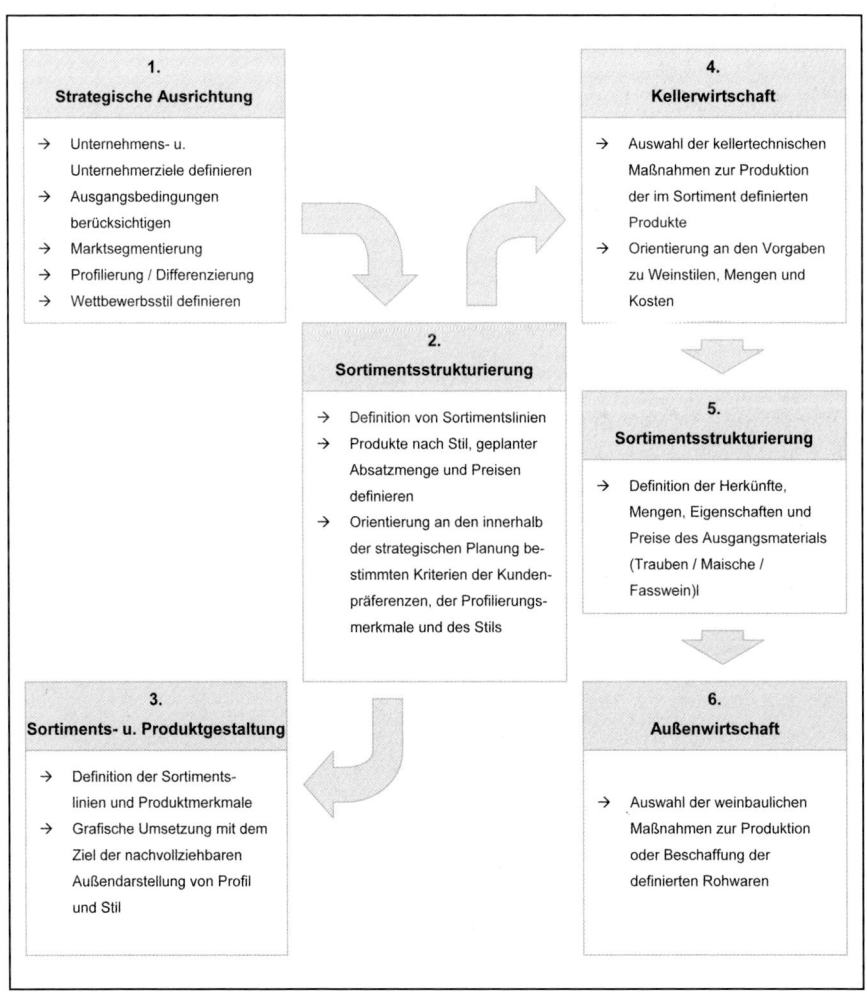

Abb. 2-16: Schritte der strategischen Unternehmensplanung (Göbel, 2003 b)

2.3.3.1 Sortimentsstrukturierung und -gestaltung

2.3.3.1.1 Strukturierung des Sortiments

Das Sortiment stellt in erster Linie – in Form der Angebotsliste – dem nachfragenden Kunden das Produktangebot dar und soll ihn bei seiner Kaufentscheidung leiten und unterstützen. Das im nachhinein durch den Käufer getroffene Urteil über die empfundene Gesamt-Qualität fällt nur dann umfassend gut aus, wenn auch der „richtige", d.h. den Erwartungen und dem Kaufanlass entsprechende Wein gekauft wurde. Das Angebot muss demzufolge in seiner Struktur und Gestaltung so dargestellt werden, **dass der Konsument mit hoher Sicherheit den Wein findet, der seinen Präferenzen und seinem individuellen Kaufanlass entspricht** (Göbel, 2005). Das ist auch dann zu gewährleisten, wenn die Kaufentscheidung ohne Beratung und Verkostung getroffen wird, z.B. beim Einkauf im Handel oder bei Bestellung von zu Hause (Blankenhorn, 1997).

Diesem Anspruch genügt nur ein kleiner Anteil aktueller Angebotslisten direktvermarktender Unternehmen. Es überwiegen nach wie vor traditionelle Konzepte, die das Sortiment nach Geschmackrichtung oder Prädikatsstufen einteilen. Wenige Angebote berücksichtigen das – gemessen an Expertenkenntnissen – eng begrenzte fachliche Wissen der meisten Weinkonsumenten. Der Verunsicherung des durchschnittlichen Weinkunden kann am besten nachgefühlt werden, wenn man sich innerhalb einer fachfremden Branche selbst in die Rolle des Kunden versetzt. Die von einem Laien nicht zu überschauende Informationsflut, beispielsweise beim Kauf eines Computers oder einer Stereoanlage, vermittelt das Gefühl der Unsicherheit, fördert die Angst eine Fehlentscheidung zu treffen und mindert die Freude am Einkauf. Logische Reaktionen der Kunden sind Kaufzurückhaltung oder die Wahl billigerer Varianten, um mögliche Fehlentscheidungen im Ausmaß zu begrenzen.

Kundenfreundlich, qualitätssteigernd und damit umsatzfördernd ist die – aus der Sicht des Kunden und unter Berücksichtigung seines Wissensniveaus –

einfache und nachvollziehbare Angebotsdarstellung, die seine Sicherheit bei der Entscheidung erhöht und das Risiko eines Fehlkaufs vermindert. Eine weithin bekannte und selbst für Laien nachvollziehbare Grundstrukturierung des Sortiments verfolgen die deutschen Automobilhersteller:

* A2, A3, A4, A6, A8 (Audi),

* 1er-, 3er-, 5er-, 6er- und 7er-Reihe (BMW).

* A- , B-, C- , E- , S-Klasse (Mercedes),

* Fox, Polo, Golf, Passat, Phaeton (VW).

Diese als Beispiele herausgegriffenen Produktlinien sind vielen bekannt und – wichtiger noch – jeder hat eine zumindest grobe Vorstellung über den Autotyp, der sich jeweils hinter diesen Bezeichnungen verbirgt. Der **Kaufanlass**, d.h. der Einsatzzweck, der mit einem Autokauf verfolgt wird, begrenzt die Auswahlentscheidung innerhalb der Sortimente bereits zu Beginn auf wenige Alternativen. Der Autokäufer weiß in der Regel sehr schnell, welche Klasse er wählt. Erst die individuelle, stark durch Geschmack und Einstellung beeinflusste Ausgestaltung des Autos (Motor, Farbe, Ausstattungsdetails) bietet eine umfangreiche und den individuellen Präferenzen der Kunden entsprechende Gestaltungsfreiheit.

Dieser Vergleich mit einer anderen Branche hat seine Berechtigung, weil Autokäufer auch Weinkäufer sind. Selbstverständlich sind die Entscheidungs- und Auswahlparameter andere. Das Gefühl der Entscheidungssicherheit und der Wunsch nach Auswahl des richtigen, einsatz- bzw. anlassgerechten Produkts sind für die Käufer aller Branchen immer gleich.

In Anlehnung an ein branchenübergreifendes Konzept bietet sich ein nach Produktlinien strukturiertes Sortiment an (vgl. Abb. 2-17), das sowohl den Kaufanlass als auch die Zahlungsbereitschaft berücksichtigt (Hoffmann, 1997).

„Basis-Linie"	„Standard-Linie"	„Premium-Linie"	„Superpremium-Linie"
z.B. „Schoppenwein"	z.B. „Party-Wein"	z.B. „Dinner-Wein"	z.B. „Kult-Wein"
Einfacher und unkomplizierter Alltagswein	Der bessere Alltagswein für die gemütliche Runde, der die Geselligkeit fördert oder zu zweit genossen wird	Der Wein zum festlichen Essen, für den gehobenen Anspruch	Der Wein für den besonderen Anlass oder als Geschenk
z.B. € 2,- bis € 4,-	z.B. € 3,- bis € 5,-	z.B. € 5,- bis € 15,-	z.B. € 15,- bis € 40,-

Abb. 2-17: Beispiel für anlassbezogene Grundstrukturierung

Die Benennung und Ausgestaltung der Gruppen kann vollständig individuell erfolgen. Alleiniges Ziel ist eine aus Kundensicht nachvollziehbare und den Entscheidungsprozess vereinfachende Struktur des Angebots.

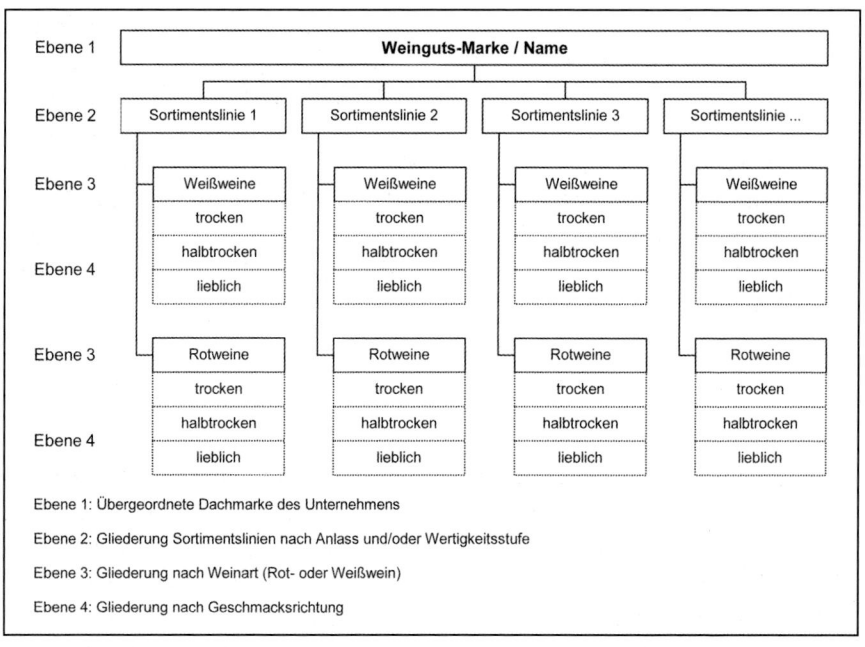

Abb. 2-18: Beispiel für Gliederungsschema eines Sortiments

Abbildung 2-18 stellt ein mögliches **Grundschema zur Sortimentsstrukturierung** dar. Übergeordnet und als Wiedererkennungsmerkmal von größter Bedeutung sind die Marke bzw. der Markenname. Dieser Name steht für alle Produkte, unabhängig von Weinart, Geschmacksrichtung und Preis. Die Marke steht für die Identifikation des Herstellers mit allen angebotenen Produkten. Auf der zweiten Ebene erfolgt die Strukturierung in Sortimentslinien bzw. -klassen. Sie hilft dem Kunden kaufanlass- bzw. trinkanlassbezogen den Wein einer passenden Klasse auszuwählen. Die Ebene 3 gliedert nach Weinart und erleichtert das Auffinden der bevorzugten Weinart. Auf der vierten Ebene findet schließlich die Entscheidung nach der Geschmacksrichtung statt. Dieses Schema gewährleistet dem Kunden, dass er die trinkanlassgerechten Weine findet, die Weinart und die Geschmacksrichtung seiner Präferenz entsprechend auswählen kann und mit hoher Sicherheit auf die Produkte gelenkt wird, die seinen Erwartungen entsprechen. Alternativ können Linien nur Rotweine oder nur edelsüße Weine enthalten. Die Grenzen der Kreativität bei der Strukturierung des Sortiments setzt alleine die Nachvollziehbarkeit durch den Kunden.

Ein weiteres **Hindernis bei der Vereinfachung der Kaufentscheidung** ist ein zu umfangreiches Sortiment. Fehlende Strukturierung und unzählige Produktvarianten nach Sorte, Lage und Geschmacksrichtung erschweren den Einkauf und mindern den vom Kunden empfundenen Gesamteindruck der Qualität. Zufriedenheit und Lust auf Wiederkauf entstehen beim Weinkunden nur, wenn wirklich der passende, d.h. der den Erwartungen entsprechende Wein gefunden wurde. Das Qualitätsurteil fällt selbst bei objektiv gesehen höchster Weinqualität negativ aus, wenn sich der Weintrinker z.B. im Weinstil oder der Geschmacksrichtung (Restsüße) vergriffen hat. Um die richtige Entscheidung zu erleichtern, sollte das Weinangebot eines Unternehmens in seiner Struktur, seinem Umfang und seinen Inhalten an den Erwartungen der Kunden orientiert sein.

In der praktischen Umsetzung bedeutet dies, dass das Angebot eines direktvermarktenden Unternehmens 20 Weine nicht nennenswert überschreiten sollte. Dies gilt auch für größere Weingüter. Eine zu große Angebotsvielfalt, wie sie bei der überwiegenden Zahl direktvermarktender Weingüter in Deutschland zu finden ist, fördert nicht die Attraktivität, sondern verringert die durch den Kunden empfundene Gesamtqualität. Entscheidungsunsicherheit des durchschnittlichen Weinkunden, d.h. sein Sorge, einen Fehlkauf zu tätigen, führt im Sinne der Risikoreduzierung zu geringeren Bestellmengen und zur Auswahl tendenziell billigerer Weine. Leichte und sichere Auswahlentscheidungen helfen den Umsatz zu fördern. Die Reduzierung des Sortimentsumfangs birgt zudem erhebliches Kosteneinsparungspotenzial im Weinausbau, bei der Füllung und Lagerung sowie im Versand.

2.3.3.1.2   Produkt- und Sortimentsgestaltung

Ein zentrales Element der strategischen Ausrichtung ist die optische Gestaltung des Sortiments. Die Gestaltung von Unternehmen, Sortiment, Produkten und Kommunikationsmaterial vermittelt die verfolgte Ausrichtung und den Stil gegenüber den Zielkunden.

Optik und Design spielen in allen Branchen des täglichen Lebens eine immer zentralere Rolle, sei es bei Autos, Einrichtungsgegenständen oder Haushaltsgeräten. Selbst zweckorientierte Produkte, wie Maschinen, LKW und Betriebsausstattung sind nicht mehr alleine eine Kombination technischer Details und Funktionen, sondern werden attraktiv gestaltet und „verpackt". Ohne solche gestalterischen Maßnahmen wären Produkte jeder Branche nicht mehr konkurrenzfähig.

Kritiker betrachten diese Entwicklung mit Sorge, insbesondere wenn die Funktion von Produkten unter dem Diktat der Form leidet. Andere sehen in der Betonung des Äußeren, die sich in fast allen Gesellschaftsschichten abzeichnet, eine zunehmende Oberflächlichkeit oder einen Verlust der eigentlichen Werte. Design würde wichtiger als Inhalt, Schein wichtiger als Sein. In den Kreisen der Weinerzeuger spürt man Vorbehalte gegenüber einer zentralen Bedeutung der Produktgestaltung in ganz besonderem Maße. Die Philosophie und der Ehrgeiz engagierter Erzeuger zielt auf eine Maximierung der Weinqualität und das ist auch Voraussetzung für die Erzielung nachhaltigen Erfolges. Dieser lässt sich nur erreichen, wenn die Erwartungen der Weintrinker hinsichtlich der für ihn wesentlichen Kriterien bei Stil und Geschmack des Weines erfüllt werden. Dennoch muss man akzeptieren, dass der zunehmende Anspruch an die optische Gestaltung von Produkten auch vor der Weinbranche nicht halt machen wird. Die Erfolgsstrategie lautet folgerichtig: Das eine tun, aber das andere nicht lassen.

Die Veränderungen des Kaufverhaltens ist einer der Gründe für die **zunehmende Bedeutung der Produktoptik**. Der treue Stammkunde weicht zunehmend einem Kundentypus, der die Abwechslung sucht. Die Kundenfluktuation nimmt zu. Neben der Erfüllung der Erwartungen der Stammkunden, kommt für das Wein-Marketing daher in zunehmendem Maße die Aufgabe hinzu, Neukunden zum Erstkauf zu überzeugen. Beim Erstkauf eines Weines hat die Produktgestaltung ausschlaggebenden Einfluss auf die Auswahlentscheidung, insbesondere wenn keine Beratung in Anspruch genommen wird bzw. werden kann. Der optische Auftritt ist dann die einzige Orientierungsmöglichkeit des Kunden. Kennt er den Inhalt nicht, greift er zu dem Produkt, dessen optischer Stil und die vermittelten Informationen am ehesten die Erfüllung der eigenen Erwartungen versprechen. Hat ein Kunde die Möglichkeit den Wein vor dem Kauf zu verkosten und Beratung in Anspruch zu nehmen, spielt die Optik eventuell zunächst eine untergeordnetere Rolle. Überzeugende Beratung und Service sowie ein angenehmes Einkaufserlebnis stehen dann bei der Erstkaufentscheidung im Mittelpunkt. Insbesondere im Kreis von Bekannten, Freunden oder Kollegen, nimmt der optische Auftritt des Produktes wieder eine gewichtige Rolle ein, wenn es darum geht, sich tatsächlich umfassend mit dem Produkt zu identifizieren.

Erst die **Identifikation mit einem Produkt** macht einen Wiederkauf wahrscheinlich. Ist ein Wein inhaltlich von enttäuschender Qualität, wird er selbst bei bester optischer Gestaltung nicht mehr gekauft. Aber die Erfahrung zeigt, dass selbst Siegerweine aus Verkostungswettbewerben, die sich in Folge positiver Publikationen zunächst reger Nachfrage erfreuen, eine oftmals enttäuschende Wiederkaufrate haben.

Um das Ziel einer umfassenden und nachhaltigen Identifikation bzw. Verbundenheit mit einem Wein bzw. einem Unternehmen wirklich zu erreichen, reicht die alleinige Orientierung an der Weinqualität nicht aus. Der arg strapazierte Begriff der „Qualität" sollte umfassender verstanden werden und neben dem Wein in gleichem Maße die Optik des Produkts und das Einkaufsempfinden der Konsumenten umfassen.

Sinnvolle **Produkt- und Sortimentsgestaltung** setzt voraus, dass erstens Informationen über die Präferenzen der Zielkunden zur Verfügung stehen, dass man zweitens die relevanten Profilierungsmerkmale des Unternehmens herausgearbeitet hat und sich drittens seines passenden Wettbewerbstils bewusst ist. Diese Elemente der Grundausrichtung definieren im Zusammenspiel mit der Strukturierung des Sortiments die Basis der gestalterischen Umsetzung (vgl. Abb. 2-19). Im Gesamtprozess einer Produkt- und Sortimentsgestaltung besitzen die Schritte der strategischen Ausrichtung und der Sortimentsstrukturierung den größten inhaltlichen und kreativen Wert. Ihnen muss große Bedeutung beigemessen werden, denn sie bestimmen die Ausrichtung, die Ziele und den Weg eines Unternehmens und sind damit existenzentscheidend.

67

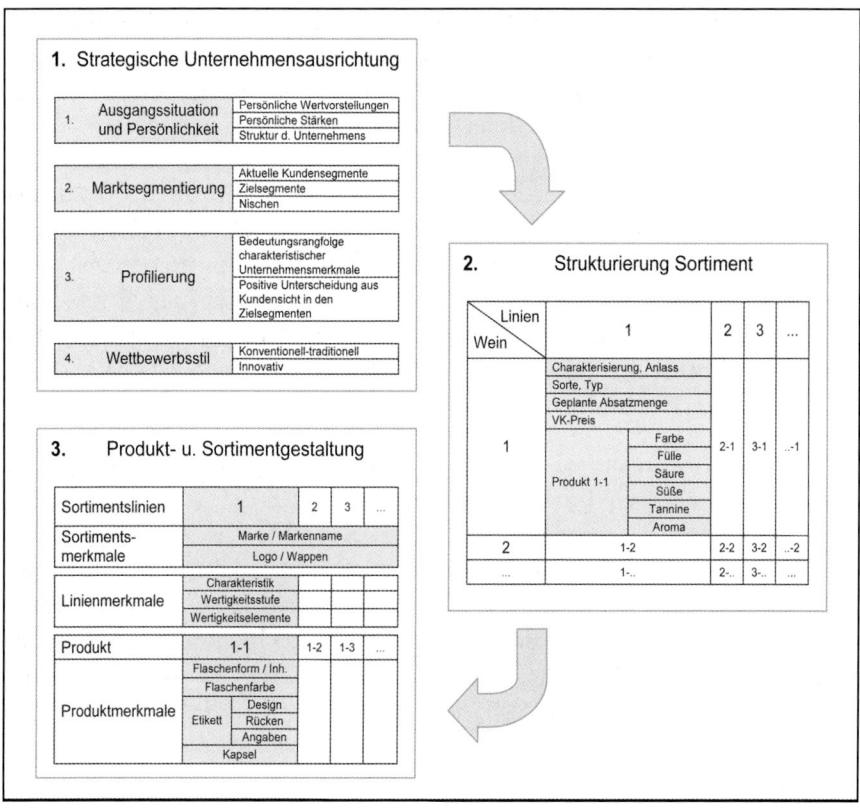

Abb. 2-19: Einordnung der Produkt- und Sortimentsgestaltung
in die strategische Unternehmensplanung (Göbel, 2003 b)

Im Rahmen der gestalterischen Umsetzung ist es die Aufgabe von Grafikern, die Grundbausteine der strategischen Ausrichtung so umzusetzen, dass die marketing-strategischen Zielsetzungen durch den optischen Auftritt unterstützt und verstärkt werden. Dies klingt logisch, entspricht in vielen Fällen leider nicht der Realität. Oft entscheiden die künstlerisch-kreativen Ambitionen von Grafikern über die Darstellung und Ausrichtung der Unternehmen. Die Bedeutung der optischen Gestaltung im Rahmen der strategischen Planung verlangt dagegen vom Grafiker, sich den strategischen Prämissen unterzuordnen und sich im vorgegebenen Gestaltungsspielraum zu bewegen. Dies steht mitunter im Widerspruch zum beruflichen Ehrgeiz der Gestalter und führt zum Interessenkonflikt, der nicht selten zu Lasten des Weingutes ausfällt.

Die in Abbildung 2-19 dargestellte Einordnung der Produkt- und Sortimentsgestaltung in die strategische Planungsstruktur für das Sortiment trägt dazu bei, die inhaltliche und grafische Gestaltung des Sortiments so umzusetzen, dass die marketingstrategischen Zielsetzungen erreicht werden.

Diese Ziele sind, erstens die Marke zu schärfen durch deren klare und deutliche Herausstellung, zweitens die Darstellung des Wettbewerbstils unter Berücksichtigung der unternehmerischen Grundhaltung, drittens die Profilierung in Form einer Beschränkung auf die unternehmensindividuellen Profilierungs- und Differenzierungsmerkmale und deren Akzentuierung und schließlich viertens den Präferenzen der Zielkunden zu entsprechen.

Diese Zielsetzungen herauszuarbeiten und die relevanten Merkmale auszuwählen ist Aufgabe der Unternehmensführung. Die grafische Umsetzung dieser Merkmale ist Aufgabe der Grafiker.

Die Abbildung 2-20 führt entlang relevanter Kriterien durch die Sortimentsstrukturierung und -gestaltung. In der Zusammenarbeit mit Unternehmen bei der Neugestaltung des optischen Auftritts hat sich eine Reihenfolge des Vorgehens als sinnvoll bestätigt, die zügig und erfolgreich zum Ziel führt (Göbel, 2005). Diese Reihenfolge orientiert sich an der Hierarchie, bzw. der **Bedeutung der optischen Elemente und Informationen.**

Obersten Stellenwert innerhalb der optischen Präsentation besitzt die Marke. Dementsprechend besteht der erste Schritt in der **Entwicklung bzw. Überarbeitung der Marke**. Diese setzt sich i.d.R. aus dem Markennamen und einem Symbol, einem Wappen o.ä. zusammen. Die Marke ist das typische und in jeder Form der optischen Kommunikation wiederkehrende Element. Sie muss in klarer Art und Weise auf allen Produkten aller Produktlinien, den Angebotslisten, Werbematerialien bis hin zum Briefbogen herausgestellt werden. Variationen der Marke (Name und Logo) sollten sich auf eine proportionale Anpassung der Größe und ggf. der Wertigkeit begrenzen (Prägung, Goldfarbe, Wasserzeichen). Grafik und Zuordnung von Name und Logo sollen sich hingegen in immer gleicher charakteristischer Weise präsentieren. Auf dem Etikett gehört der Marke der erste Platz, ohne konkurrierendes Beiwerk.

Sortimentsstrukturierung			Linie 1	Linie 2	Linie 3	Linie 4	...
Sortiments merkmale	Markennamen						
	Marke (z.B. Logo)						
Allgemein	Produktlinie (z.B. Bezeichnung in der Preisliste)						
	Weine, Weintyp						
	ca. Anzahl der Weine pro Gruppe (momentan und Zielgröße)						
	Preisgruppe von ... bis € Endverbraucher						
Linienmerkmale	Wertigkeitsstufe im Sortiment						
	Besonderes Charakteristikum						
	Flaschenform						
	Flaschenfarbe						
	Etikett	Charakterisierung					
		Angaben					
		Rückenetikett ja/nein					
	Kapsel						
	Verschluss						

Abb. 2-20: Planungsstruktur zur inhaltlichen und optischen Gestaltung des Sortiments

Im zweiten Schritt der Sortimentsplanung und -gestaltung werden die **Sortimentslinien charakterisiert.** Hierzu gehört die Bezeichung der Linien, wie sie später in der Preisliste erscheinen, die Charakterisierung der Weine und Weintypen, die in den Gruppen vertreten sind und Einordnung der Linien in die Preis- bzw. Wertigkeitsstufen.

Die Sortimentslinien gewährleisten ihrem Zweck entsprechend eine klare Strukturierung des Sortiments, die auch optisch leicht erkennbar wird. Die optischen Elemente tragen dazu bei, die Produkte einer Linie zu verbinden und sie optisch von den Produkten anderer Linien unter Berücksichtigung ihrer Wertigkeit zu differenzieren. Dies geschieht mit dem Ziel, auch dem weniger erfahrenen und durchschnittlich ambitionierten Weintrinker Preisunterschiede plausibel zu vermitteln. Mit der Differenzierung der Produktlinien soll zugleich Klarheit darüber bestehen, welche Merkmale bzw. Eigenschaften die entsprechenden Linien charakterisieren. Die zur Profilierung des Unternehmens ausgewählten Merkmale treten bei der Produktgestaltung in den Vordergrund. Beispielsweise wird innerhalb einer Linie der Lagenweine der Lagenbezeichnung besondere Bedeutung beigemessen. In anderen Linien spielt die Lage ggf. keine oder nur eine untergeordnete Rolle. Flaschenform und -farbe, Etiketten, Verschluss und Kapsel sind weitere Elemente, die – harmonisch aufeinander und auf den Flascheninhalt abgestimmt – zur Sortimentsgestaltung herangezogen werden.

Auf der dritten Ebene folgt die **Produktspezifizierung** (i.d.R. Sorte, Jahrgang und Geschmacksrichtung). Die Angabe der Geschmacksrichtung empfiehlt sich in Deutschland in jedem Fall, nicht nur für trockene Weine. Nachdem sich bei uns weder für Regionen noch für Sorten eindeutige Weinstile durchgesetzt haben und sich auch von der Flaschenform nicht eindeutig auf die Geschmacksrichtung schließen lässt, wie das im internationalen Vergleich viel einfacher der Fall ist, muss dem Konsumenten diese Unsicherheit durch klare Bezeichnungen genommen werden.

Die vierte und fünfte Ebene der Informationen nehmen die **Ergänzungsinformationen** (Weinstil, Barrique etc.) und die sonstigen gesetzlich vorgeschriebenen Angaben ein (Abfüller, A.P.-Nr., Inhalte etc.). Diese haben auf die Gestaltung nur insofern Einfluss, als sie Platz auf dem Etikett einnehmen. Für diese Angaben bietet sich das Rückenetikett an, insbesondere um Gestaltungsspielraum für die primären Informationen zu erhalten. Eine kostengünstigere Alternative ist die seitliche Verlängerung des Etiketts um einen optisch abgesetzten Teil für Ergänzungsangaben. Optisch rückt dieser Abschnitt in den Hintergrund und erspart den Aufwand für ein zweites Etikett. Aber selbst bei Beschränkung auf nur ein Frontetikett, ist die hierarchische Ordnung sinnvoll zu realisieren. Rückenetiketten werden sich zum Standard entwickeln. Sie erleichtern nicht nur die optische Gestaltung, sondern bieten auch Raum für ergänzende Informationen über Produkt oder Erzeuger.

Nach der inhaltlichen Planung erfolgt die **zielkonforme Umsetzung innerhalb eines Zeitrasters**. Eine sinnvolle Vorgehensweise zur kontrollierten Plan-Umsetzung besteht darin, das Zielsortiment für einen realistischen Zeitpunkt – z.B. in 2 Jahren – zu entwickeln, und dann die aktuelle Sortimentsstruktur und optische Gestaltung in Stufen – z.B. mit jeder Neuerscheinung der Angebotsliste – dem definierten Ziel anzunähern. Dies verhindert zum einen die Verunsicherung traditioneller Stammkunden und garantiert zum anderen, das eigene Ziel nicht aus den Augen zu verlieren.

Wie bei allen anderen Planungsschritten auch ist die schriftliche Fixierung der Ziele und Zwischenziele Voraussetzung für deren Realisierung. Ohne festen zeitlichen Ablaufplan, der mit allen Verantwortlichen im Unternehmen abgestimmt ist, beschränkt sich nach anfänglichem Engagement die Umsetzung erfahrungsgemäß auf Teilziele. Viele der notwendigen konsequenten Schritte verlaufen dann unter dem Einfluss des Alltagsgeschäftes im Sande. Erfolgspotenziale bleiben ungenutzt. Im ungünstigsten Fall verschlechtern Teillösungen die Ausgangssituation. Wichtiger als die Form der strategischen Ausrichtung ist deren konsequente Umsetzung.

2.3.3.2 Produktionsplanung

Aus einem durch Produktlinien und Produkte definierten Sortiment leitet sich nicht nur die Produkt- und Sortimentsgestaltung ab, sondern auch die inhaltliche Planung der Produktion vom Sortiment über den Keller bis zur Außenwirtschaft. Damit unterscheidet sich strategische Unternehmensplanung inhaltlich ganz grundsätzlich von der vielerorts noch gängigen Praxis.

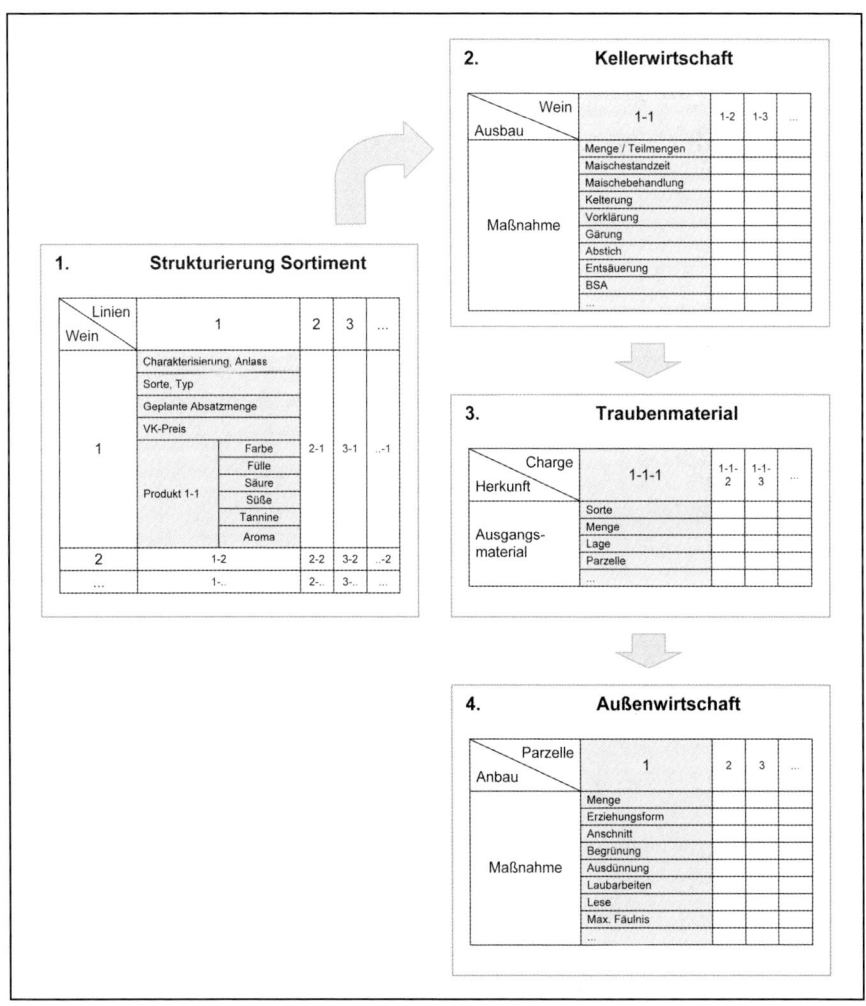

Abb. 2-21: Produktionsplanung im Rahmen der strategischen Planung (Göbel, 2003 b)

Der **Absatz** und nicht die Produktion **ist Dreh- und Angelpunkt der strategischen Unternehmensplanung**. Die auf der Marktseite gewonnenen Erkenntnisse und Erfahrungen über die aktuellen Kundenerwartungen geben die Ausrichtung der Produktion vor. Maßstab für den Unternehmensbereich „Weinbau" ist nicht das Machbare, sondern die vom Bereich „Keller" geforderten Kriterien. Die Kellerwirtschaft wiederum orientiert sich an den geplanten und verkauften Mengen innerhalb der festgelegten Sortimentsstruktur (vgl. Abb. 2-21).

Die Umsetzung der strategischen Positionierung in einem konsistenten Produktionsplan ist in umfassender Form Gegenstand von Abschnitt 3 dieses Buches. Das Qualitätsmanagement nimmt bei der Organisation und Sicherstellung der strategischen Zielsetzungen eine zentrale Rolle ein.

2.3.3.3 Strategischer Wechsel – zeitliche Planung

Mit einer strategischen Neuausrichtung wird die Sicherstellung der langfristigen Existenz des Unternehmens angestrebt. Stammkunden spielen eine tragende Rolle, weil sie das bestehende wirtschaftliche Standbein sind. Diese Basis geht jedoch schrittweise durch Fluktuation verloren. Eine alleinige Beschränkung auf bestehende Stammkunden trägt mittel- und langfristig nicht zur Erreichung der Unternehmensziele bei. Stammkunden alleine rechtfertigen keine Neuausrichtung. Sie sind Kunden, weil sie mit dem gegebenen Angebot zufrieden sind. Eine Neuausrichtung orientiert sich deshalb in erster Linie an Neu- oder Zielkunden, mit denen der angestrebte Umsatzzuwachs realisiert werden muss.

Eine Neuorientierung und gestalterische Neuausrichtung eines Unternehmens bedeutet prinzipiell ein Spagat zwischen der Aufrechterhaltung des Stammkundenpotenzials und dem Hinzugewinnen neuer Kunden. Neue Zielsegmente können erst dann erschlossen werden, wenn die Neuausrichtung – aus der Perspektive der Kunden – bereits wahrnehmbar und nachvollziehbar realisiert ist. Zwischenziel muss es deshalb sein, die Strategieumsetzung zeitlich und inhaltlich so zu entwickeln, dass bestehende Stammkunden zum großen Teil erhalten bleiben und Zielkunden die (nicht zu vermeidende) Fluktuation mindestens kompensieren. Die Liquidität und Stabilität des Unternehmens muss zu jedem Zeitpunkt gewährleistet bleiben.

Eine wirkungsvolle – bei den angestrebten Neukunden erkennbare – Neu-ausrichtung erfordert eine zügige Umsetzung innerhalb eines überschaubaren Zeitraums, ohne jedoch durch einen „radikalen Wandel" das Vertrauen der Stammkunden zu verlieren. Die Erfahrungen zeigen, dass Neuausrichtungen des Sortiments von Stammkunden – abgesehen von wenigen Unzufriedenen – positiv aufgenommen werden. Problematischer und negativ für die wirtschaftliche Entwicklung haben sich dagegen zögerliche und ohne die notwendige Überzeugung durchgeführte Entwicklungsversuche erwiesen.

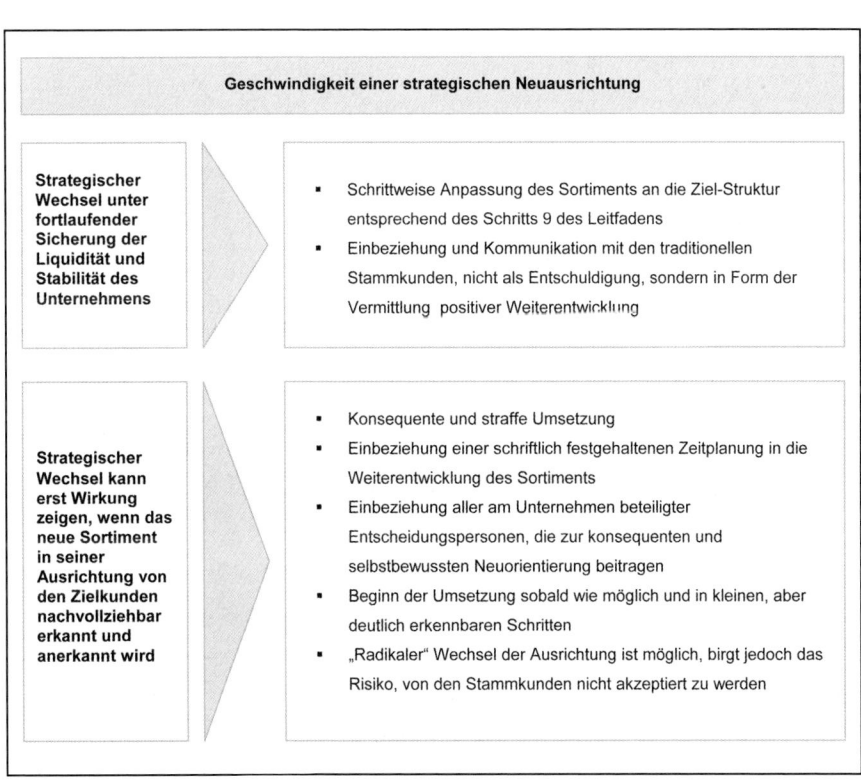

Abb. 2-22: Geschwindigkeit der strategischen Neuausrichtung

2.4 Zusammenfassung

Strategisches Management auf Basis eines konsequent entwickelten strategischen Konzepts stellt auch innerhalb der Weinbranche eine zwingende Voraussetzung für eine langfristige Existenzsicherung eines Unternehmens dar. Dieser Notwendigkeit sehen sich zunehmend auch kleinere Unternehmen und Familienunternehmen ausgesetzt. Eine Strategie darf einem Unternehmen und den Unternehmern nicht in Form einer marketingtechnischen Maxime übergestülpt werden, sondern orientiert sich an den Zielen, Interessen und Stärken der Unternehmerpersönlichkeiten. Der Zweck und die Ziele, die mit einem Unternehmen verfolgt werden, bilden den zentralen Orientierungspunkt der strategischen Ausrichtung. Alle organisatorischen und strategischen Instrumente dienen dazu, diese übergeordneten Zielsetzungen im Zuge einer konsequenten Ausrichtung an den Präferenzen ausgewählter Zielgruppen zu erreichen.

Konsequente strategische Unternehmensplanung basiert auf dem Verständnis des strategischen Denkens und stellt eine logische, systematische und an den individuellen Bedingungen orientierte Verknüpfung der elementaren Bausteine einer Strategieplanung dar. Eine erfolgreiche Neuausrichtung setzt voraus, für sich selbst alle Fragestellungen innerhalb der Planungsschritte der Reihe nach zu beantworten und die dargestellten Entwicklungsstufen schrittweise und aufeinander aufbauend zu bearbeiten. Wichtiger als die Form der Ausgestaltung ist deren konsequente Umsetzung in allen relevanten Bereichen. Die Erfahrungen aus der Praxis legen es nahe, die strategischen Entwicklungsschritte in schriftlicher und nachvollziehbarer Art zu erfassen und dabei alle am Unternehmen beteiligten Entscheidungspersonen einzubeziehen. Eine nachvollziehbare Dokumentation in zumindest einfachster Form ist erstens erforderlich um Diskussionen im Kreis der Entscheidungsträger auf eine sachliche Basis zu stellen und zweitens um das Strategiekonzept schließlich einfließen zu lassen in ein Qualitätsmanagementkonzept. Auch dieses orientiert sich grundsätzlich an den Unternehmens- und Marketingzielen des Unternehmens.

Abschnitt 2: Analyse & Planung

3 Ökonomische Standortbestimmung

Unternehmerische Freiheit ist in vielen Fällen der eigentliche Antrieb zu unternehmerischer Initiative. Die Verwirklichung in einem kreativen Prozess, orientiert an persönlichen Zielen und Wertvorstellungen, motiviert zur Gestaltung und Organisation einer individuellen Unternehmung. Das unternehmerische Handeln vollzieht sich dabei in einem komplexen Wechselspiel interner und externer Einflussgrößen. Jeder Unternehmer ist herausgefordert, eine Fülle von ökonomischen, ökologischen, sozialen und kulturellen Rahmenbedingungen hinsichtlich ihrer Wirkung auf das Unternehmen abzuschätzen und in die Entscheidungsfindung zu integrieren.

Verschafft man sich im Rahmen einer Standortbestimmung Klarheit über die aktuelle Situation des Gesamtunternehmens, müssen verschiedene Ebenen einer Analyse unterzogen werden:

• Analyse der aktuellen Gegebenheiten und der zukünftig zu erwartenden Entwicklungen im Unternehmensumfeld,

• Analyse der ökonomischen Situation des Unternehmens zur Abschätzung der Rentabilitäts- und Liquiditätssituation und deren Ursachen,

• Einordnung des Unternehmens in das Marktumfeld zur Beurteilung der gegebenen und geplanten Absatzpotentiale.

Die Rahmenbedingungen unterliegen fortlaufenden dynamischen Veränderungen. Diese Veränderungen zu erkennen, sich daran anzupassen bzw. das Unternehmen innerhalb dieses Umfeldes aktiv zu führen ist zentrale Aufgabe des Unternehmers. Nicht das Festhalten an überholten Strategien, sondern die kreative Weiterentwicklung des Unternehmens unter Nutzung sich bietender Chancen sichert den langfristigen Erfolg. Sich den Veränderungen zu verschließen, bzw. die Umfeldentwicklungen aus dem eigenen Entscheidungsprozess auszublenden, gefährdet letztlich die Existenz eines Unternehmens.

3.1 Analyse des Unternehmensumfelds

Das Unternehmensumfeld lässt sich in verschiedenen Ebenen zusammenfassen. Erstens die globale Umwelt, zweitens externe Interessengruppen und drittens das Branchenumfeld. Diese Ebenen unterscheiden sich grundsätzlich durch die Dynamik, mit der sie sich verändern, der Intensität, mit der sie das unternehmerische Handeln beeinflussen und der Einflussnahme durch das Unternehmen (Hammer, 1998; Steinmann/Schreyögg, 2002).

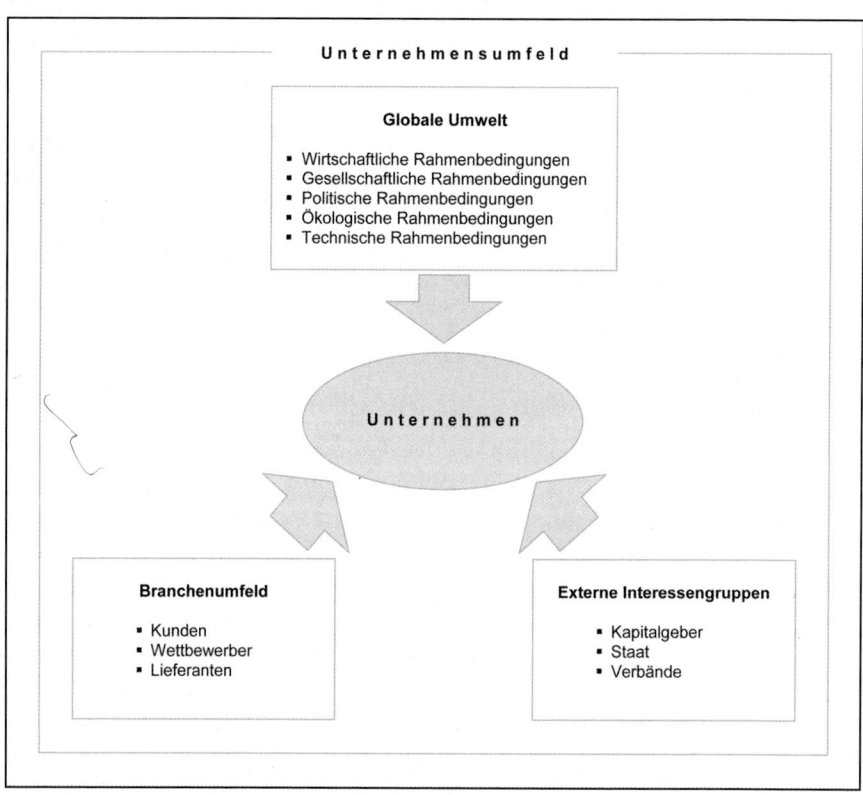

Abb. 3-1: Ebenen des Unternehmensumfelds

3.1.1 Globale Umwelt

Veränderungen vollziehen sich im Makroumfeld vergleichsweise langsam und stetig. Dennoch erfordern Sie von Unternehmern ein frühzeitiges Erkennen und Abschätzen sowie angepasste Entscheidungen im Sinne der langfristigen Unternehmensentwicklung.

Zu den globalen Einflussfaktoren zählt in erster Linie das **wirtschaftliche Wachstum**. Damit eng verbunden ist das reale Einkommenswachstum in der Volkswirtschaft, die Einkommensverteilung und die Sparquote. Diese Komponenten beeinflussen die Kaufkraft im allgemeinen und das Kauf- und Konsumverhalten in den Branchen. Wirtschaftliche Stagnation verbunden mit einer Verunsicherung der Bevölkerung zieht in der Weinbranche beginnend mit dem Jahr 2002 eine Veränderung des Weineinkaufs nach sich, die sich nicht in der Einkaufsmenge und auch nicht in der Käuferreichweite auswirkt, deutlich jedoch in der Wahl der Einkaufsstätten. Profitiert haben insbesondere Discounter. Der wirtschaftlichen Situation wurde von Seiten der Verbraucher nicht mit einer Mengenanpassung Rechnung getragen, sehr wohl aber mit einer Umorientierung auf andere Preissegmente.

Für die marketingstrategische Orientierung eines Unternehmens ist neben den wirtschaftlichen Rahmenbedingungen die **gesellschaftliche**, insbesondere die **demographische Entwicklung**, von besonderer Bedeutung. Aktuelle Entwicklungen sind geprägt von einem explosiven Wachstum der Weltbevölkerung, wobei sich dieser Trend auf die wirtschaftlich weniger entwickelten Regionen der Welt beschränkt. In den Industrienationen stagniert oder schrumpft die Bevölkerung bei gleichzeitig steigendem Lebensstandard. Schwache Geburtenziffern haben weitreichende Konsequenzen auch auf das unternehmerische Entscheidungsumfeld. Geringere Geburtenraten bei gleichzeitig steigender Lebenserwartung ziehen eine Überalterung der Bevölkerung nach sich. Der Anteil der über 50- und über 60-jährigen wird deutlich zunehmen. Gleichzeitig wird sich der Wandel der Familienstrukturen weiter fortsetzen. Wichtige Trends in diesem Zusammenhang sind die Rückläufigkeit der Kinderzahlen, die zunehmende Berufstätigkeit der Frauen, der Anstieg des Heiratsalters und höhere Scheidungsraten. Dementsprechend weist die Zahl der Nicht-Familien-Haushalte eine steigende Tendenz auf. Aus Sicht der Unternehmen hat insbesondere der zunehmende Anteil an Ein- und Zweipersonenhaushalten gegenüber Mehrpersonenhaushalten Auswirkungen auf das Kauf- und Konsumverhalten der Kunden. Die Einkaufsmengen bei Wein werden kleiner, der Einkauf erfolgt spontaner und es wird weniger privat bevorratet. Der individuelle Kaufanlass gewinnt beim Einkauf an Bedeutung.

Auch geographische Bevölkerungsverschiebungen üben Einfluss auf das Unternehmensumfeld aus. Die Öffnung und Weiterentwicklung des europäischen Binnenmarktes verändert das Markt- und Wettbewerbsumfeld der Unternehmen. Die Osterweiterung der EU wird mittelfristig erhebliche Anpassungen des Verbraucher- und Arbeitsmarktes nach sich ziehen. Eine der Folgen wird auch eine Intensivierung der Mobilität der Bevölkerung sein. Die Flexibilisierung des Arbeitsmarktes wird den Trend zur stärkeren Migration weiter intensivieren. Diese Bewegungen vollziehen sich auf internationaler Ebene ebenso wie auf nationaler und regionaler. Für Unternehmen der Weinbranche bedeutet dies, dass sich ehemals regional verbundene Käufergruppen häufiger überregional orientieren. Das nationale und internationale Angebot wird von Weinkonsumenten intensiver berücksichtigt, das traditionell heimatlich-regionale Angebot verliert an Bedeutung.

Der Einfluss **staatlicher Eingriffe** spielt traditionell auf den Agrarmärkten eine besondere Rolle. Die nationalen Maßnahmen werden dabei zunehmend durch EU-weite Regelungen ersetzt bzw. beeinflusst. Eine Vielzahl von preis- und finanzpolitischen Instrumenten dienen der Abschwächung erntebedingter jährlicher Preisschwankungen, der Preisstützung und Übermengenregulierung. Bezogen auf die Weinbranche umfasst die Weinmarktordnung die wichtigsten rechtlichen Rahmenbedingungen.

Tiefgreifende Bedeutung erlangt zukünftig der **Umwelt- und Verbraucherschutz**. Regelungen zur Verminderung bzw. Vermeidung von Umweltschäden werden enger gefasst und strenger überwacht. Die Konsequenzen für Unternehmen der Weinbranche werden hier, wie auch beim Verbraucherschutz, v.a. in einer umfassenderen Dokumentationspflicht liegen. Unter dem Stichwort Rückverfolgbarkeit werden Auflagen zur obligatorischen Aufzeichnung aller umwelt- und gesundheitsrelevanten Maßnahmen im gesamten Produktions- und Vertriebsprozess entwickelt. Für die Weinbranche sind dies im Außenbetrieb der Pflanzenschutz, die Bodenbearbeitung, Düngung und Bewässerung. In der Kellerwirtschaft fallen darunter alle Maische- und Weinbehandlungsmittel sowie Reinigungsmittel.

Strittig ist hierbei nicht der generelle Zweck dieser Auflagen, als vielmehr die sinnvolle Anpassung an branchenspezifische Rahmenbedingungen und Besonderheiten. Fehlinterpretationen und überzogene Ansprüche können für Unternehmen, in denen der gesamte Organisationsprozess im Extremfall einer einzelnen Person unterstellt ist, einen existenzbedrohenden Formalismus darstellen. Die Kleinstrukturierung der Weinbranche erfordert Instrumente, die den bürokratischen Aufwand insbesondere für Klein- und Kleinstbetriebe in einem zu bewältigenden Rahmen halten. Qualitätsmanagementsysteme, die den vom Gesetzgeber formulierten Bedingungen entsprechen, müssen für die besonderen Belange der Weinbranche v.a. unter dem Aspekt der praktischen Umsetzbarkeit in Kleinunternehmen entwickelt werden (vgl. hierzu Kapitel 6).

Der **technische Fortschritt**, bzw. die Entwicklung neuer An- und Ausbaumethoden im Weinbereich, sind weitere wichtige Rahmenbedingungen, die Einfluss auf die langfristige Ausrichtung und Führung von Unternehmen nehmen. Die wichtigsten und tiefgreifendsten Entwicklungen in diesem Bereich waren die Gärkühlung, Flotation, Mostkonzentration und die Mechanisierung im Direktzug. Zukünftig sind weitere Fortschritte der Mechanisierung v.a. für Anwendungen in Seilzuganlagen zu erwarten. Verglichen mit dem rasanten technischen Fortschritt in anderen Branchen, vollziehen sich tiefergehende Entwicklungsschritte in der Weinbranche vergleichsweise gemächlich. Wichtiger als die Verfolgung neuester Trends wird für den Unternehmer der Weinbranche die konsequente Anwendung der gegebenen technischen Möglichkeiten unter Berücksichtigung der individuellen strategischen Positionierung. Neben den Mechanisierungsfortschritten im Weinbau ist v.a. die Anpassung der Ausbaumethodik an die Erwartungen der Konsumenten hinsichtlich Weinstil und Aromatik von Belang.

3.1.2 Externe Interessengruppen

Unter externen Einflussgrößen sind alle Gruppen zusammengefasst, die regulativ auf ein Unternehmen einwirken. An erster Stelle sind die **Kapitalgeber** zu nennen, die innerhalb dieser Gruppe das stärkste Eigeninteresse am Erfolg eines Unternehmens haben. Während Gesellschafter direkten Einfluss auf das Unternehmen und ein damit verbundenes Informationsrecht besitzen, beschränkt sich der Einfluss externer Kapitalgeber zunächst auf den Einblick in mehr oder minder detaillierte Informationsgrundlagen, i.d.R. auf den Jahresabschluss. Der Umfang an Information- und Rechenschaftspflicht ist abhängig von der Erfolgs- und Stabilitätssituation eines Unternehmens. Sich abzeichnende Krisen veranlassen die Kreditinstitute naturgemäß zu einer restriktiveren Vergabe finanzieller Mittel. Geplante Investitionsmaßnahmen werden dann faktisch von den Kapitalgebern mit entschieden. Dabei zeichnet sich das Verhalten von Kreditinstituten nicht immer durch eine verantwortungsbewusste unternehmerische Denkweise aus. Oft ist allein die Sicherheit bzw. die Wahrscheinlichkeit der Rückzahlung das alleinige Entscheidungskriterium und nicht die langfristige Existenzsicherung des Unternehmens. Die Entscheidungsverantwortung liegt deshalb grundsätzlich beim Unternehmer, auch wenn die Kapitalgeber von ihrem regelmäßigen Informationsrecht Gebrauch machen. Nicht in allen Fällen wird durch deren Einfluss die Entscheidungssituation erleichtert bzw. verbessert. Vielmehr ist situationsbedingt die Entscheidungsfreiheit eingeschränkt.

Die unternehmerische Freiheit, die eine grundlegende Antriebskraft für selbständiges Unternehmertum darstellt, hängt entscheidend von der Fähigkeit ab, sich von externen Mit-Entscheidern weitestgehend unabhängig zu machen und zu halten. Voraussetzung hierfür ist zum einen die Führung des Unternehmens unter strenger Berücksichtigung der ökonomischen Belange und zum anderen die Nutzung von geeigneten Steuerungsinstrumenten. Diese sind, konsequent angewandt, zugleich Grundlage zur Dokumentation der Unternehmenssituation und -entwicklung gegenüber externen Interessengruppen.

Bedeutung erlangen diese Instrumente zusätzlich durch die Veränderungen auf dem Kapitalmarkt im Zuge von „Basel II". Bereits heute wachsen für einige Unternehmen die Schwierigkeiten bei der Kreditaufnahme. Immer öfter lehnen Banken diese Planungen ab mit dem Hinweis auf eine zu geringe

Eigenkapitalquote. Hintergrund für diese Entwicklung sind Neuregelungen der Kapitalmarktaufsicht – kurz: Basel II – die Banken dazu zwingt, ihre Eigenkapitalhinterlegung zukünftig stärker an den tatsächlichen Risiken eines Darlehens zu orientieren. Bislang war die Eigenkapitalhinterlegung, d.h. der Teil des insgesamt vergebenen Kreditvolumens, der zur Absicherung der Banken gebunden hinterlegt werden muss, pauschal festgelegt. Zukünftig ist der Prozentsatz umso höher, je größer das Ausfallrisiko eingeschätzt wird. Höhere Risiken binden bei den Banken mehr Kapital und verteuern somit die Kapitalbereitstellung.

Die Kreditinstitute werden gezwungen, die Risiken ihrer Engagements zu messen und zu beurteilen. Dies geschieht zukünftig v.a. auf Basis von Ratings. Hierbei werden Unternehmen hinsichtlich ihrer wirtschaftlichen Situation mit Hilfe quantitativer, auf der Analyse von auf Jahresabschlüssen basierenden Finanzkennzahlen bewertet. Hinzugezogen werden branchenspezifische Vergleichsmaßstäbe (Benchmarks), die eine Einordnung der Finanz- und Ertragslage zulassen.

Diese quantitativen Maßstäbe werden bereits heute innerhalb von Kreditvergabeverfahren berücksichtigt. Neu hingegen ist die systematische Berücksichtigung qualitativer Faktoren erfolgreicher Unternehmensführung, wie Marktposition, Management und Organisation. Die Kreditvergabe setzt voraus, dass ein Unternehmen auf Grundlage eines Stärken-Schwächen-Profils die aktuelle Situation realistisch abbilden und bewerten kann und darüber hinaus klar formulierte Pläne über die weitere Unternehmensentwicklung darstellt. Bestandteil jeder Unternehmensanalyse ist, neben einer Darstellung der Finanz- und Ertragslage, auch eine realistische Markt- und Wettbewerbsbeurteilung, eine nachvollziehbare und fundierte strategische Planung, ein detaillierter und zielorientierter Businessplan und ein überzeugendes Management- und Organisationskonzept mit effizienten Marketing- und Vertriebsstrukturen.

Zusammenfassend ist festzuhalten, dass eine Kreditvergabe – und damit letztlich die selbständige Unternehmensführung – aus eigenem Interesse und im Interesse der Kapitalgeber zukünftig nur noch unter aktiver Nutzung professioneller Instrumente der Unternehmensführung erfolgen kann. Nur wer klare und realistische Vorstellungen der aktuellen Situation im und um das Unternehmen hat und diese auch nachvollziehbar dokumentieren kann, wird in die Lage sein, ein Unternehmen langfristig im Sinne der individuellen Zielsetzungen in seiner Existenz sichern zu können. Wer dies bislang nicht aus eigenem Antrieb angestrebt hat, wird durch das neue Kreditvergabeverhalten der Banken dazu gezwungen.

Zu den regulativen Gruppen gehört der **Staat**, der gesetzlich, z.b. durch Steuergesetzgebung sowie arbeits- und unternehmensrechtliche Bedingungen, den Rahmen für unternehmerisches Handeln absteckt. Von individuellem politischem Engagement abgesehen, ist eine Einflussnahme von einzelnen Unternehmen nicht möglich.

Unternehmen sind regional und national durch **Verbände** vertreten. Für die Weinbranche sind das die Verbände in den Anbaugebieten, der Deutsche Weinbauverband, Verbände ökologischen Weinbaus und Interessensverbände, die gemeinsame übergeordnete Philosophien verfolgen, wie z.b. der Verband der Prädikatsweinerzeuger (VdP), die DLG (Deutsche Landwirtschafts-Gesellschaft) oder regionale Vermarktungsverbände. Ziel der Verbände ist die Interessenvertretung von Gruppen gegenüber dem Gesetzgeber und/ oder das gemeinsame Auftreten im Marktumfeld. Dem Engagement innerhalb eines Verbandes liegt somit das Interesse zugrunde, sich innerhalb einer Gruppe deutlicher artikulieren und präsentieren zu können. Den Kooperationsvorteilen steht i.d.R. ein finanzieller Beitrag gegenüber und der Unternehmer muss sich in seinem Entscheidungsverhalten verbandsinternen Regelungen unterordnen. Diese bedeuten prinzipiell eine Einschränkung der unternehmerischen Freiheit und sind dem Nutzen, den man sich aus der Integration in eine Gruppe verspricht, gegenüber zu stellen und zu bewerten.

Kritisch zu beurteilen ist, wenn Verbände versuchen, Regelungen verbandsübergreifend verpflichtend durchzusetzen und dabei die Freiheit und Wettbewerbsmöglichkeiten der nicht im Verband integrierten Unternehmen einschränken.

Ein wichtiger Aspekt, der bei einer Beurteilung von Gruppen und Verbänden Beachtung finden muss, ist das **gruppenspezifische Entscheidungsverhalten** und die damit verbundene Veränderungs- bzw. Anpassungsfähigkeit an sich verändernde Rahmenbedingungen.

Durch Untersuchungen konnte gezeigt werden, dass die Persönlichkeit von Entscheidungsträgern den Erfolg von Unternehmen beeinflusst. Insbesondere die Veränderungsfähigkeit wirkt sich auf den Erfolg positiv aus und wird darüber hinaus als eine Voraussetzung für die langfristige Existenzsicherung der Unternehmen angesehen (Göbel, 2003 a). Die Fähigkeit zur Veränderung setzt sich zusammen aus der grundsätzlichen Bereitschaft zur Veränderung/ Offenheit und der konsequenten Umsetzung von erkanntem Veränderungsbedarf – z.b. im Rahmen der strategischen Unternehmensplanung – in Form unternehmerischer Entscheidungen. Jeder Entscheidungsprozess unterliegt dabei verschiedenen Auswahl- und Beurteilungskriterien bei der Informationsverarbeitung. Dies gilt ebenso für die Einschätzung der Notwendigkeit zur Veränderung wie für die Entscheidung über die adäquate Form der unternehmerischen Reaktion. Gegebene Rahmenbedingungen und Informationsgrundlagen können demnach zu unterschiedlichen, vom individuellen Entscheidungsverhalten abhängigen unternehmerischen Reaktionen führen. Dies erhält ökonomische Bedeutung, wenn durch das sich verändernde Umfeld notwendig gewordene Anpassungsentscheidungen falsch getroffen oder ganz unterlassen werden.

Einer der Ursachen dafür wird im sog. **Konservatismus-Effekt** gesehen (Klose, 1994). Konservatismus beschreibt die Unterbewertung eingehender Informationen. Entscheidungsträger verharren bei neu hinzukommenden Informationen mehr oder weniger stark bei ihrem a-priori-Wahrscheinlichkeitsurteil, d.h. sie revidieren ihr ursprüngliches Bild von der Entscheidungssituation (z.b. des Marktumfelds) nicht oder nur unzureichend. Dies hat zur Konsequenz, dass unternehmerische Entscheidungen aufrecht erhalten werden, obwohl die Informationslage eine Anpassung fordert. Es wird z.b. auf strategischen Plänen verharrt, anstatt sie den neuen Gegebenheiten anzupassen. Folgende Erklärungen werden für diesen Effekt angeführt (Klose, 1994):

- Entscheider erkennen den Informationsgehalt und bewerten diesen richtig, aber durch begrenzte Informationsverarbeitungskapazität geht ein Teil der Informationen bei der Verarbeitung verloren (Missaggregation).

- Die Informationsverarbeitung erfolgt vollständig, aber der Wert der Informationen (Informationsgehalt) wird unterschätzt.

- Kognitive Heuristiken (Vereinfachungsregeln) können zur Reduzierung des mentalen Informationsverarbeitungsaufwandes führen und Informationsverluste und Fehlbewertungen von Informationen zur Folge haben.

Der Mensch verfügt über ein breites Repertoire an Heuristiken, die er intuitiv und situationsbedingt einsetzt und die es ihm erlauben, schnell, einfach und ohne Rechenaufwand zu entscheiden (Gigerenzer/Selten/Todd, 1999). Die Quellen der Heuristiken sind persönliche Erfahrungen, die Aneignung durch Imitation und soziale Prozesse. Die soziale Umwelt stellt den Zugang zu diesem Entscheidungsinstrumentarium her. Modelle sozialen Lernens sehen das Entscheidungsverhalten von Menschen im Zusammenhang mit der Weitergabe von Informationen in Form von Ideen, Einstellungen und Werten.

Interessant sind in diesem Zusammenhang deshalb die Befunde sozialpsychologischer Gruppenforschung (Klose, 1994). Es konnte gezeigt werden, dass Gruppendenken tendenziell zur Unterdrückung falsifizierender Ereignisse oder neuer Ideen führt. Als Anzeichen für **fehlerhaftes Vorentscheidungsverhalten in Gruppen** werden u.a. die Vernachlässigung relevanter Alternativen, unzulängliche Abschätzung der Risiken einzelner Handlungsalternativen, verzerrte Informationsverarbeitung und mangelnde Erarbeitung von Eventualplänen aufgeführt. Als gruppendynamische Ursachen werden u.a. eine Illusion der Unanfechtbarkeit, kollektive Rationalisierung, der Druck auf Andersdenkende und Selbstzensur genannt. Eine Übertragung individueller Entscheidungsanomalien auf Gruppen und Organisationen lässt den Rückschluss zu, dass Gruppendenken Konservatismuseffekte noch verstärkt.

Mit diesen Ergebnissen soll nicht am Sinn von Verbänden und auch nicht am Nutzen von Kooperationen gezweifelt werden. Vielmehr ist als Konsequenz darauf zu achten, dass Kooperationsvorteile nicht durch gruppendynamisches Fehlverhalten zunichte gemacht werden.

3.1.3 Branchenumfeld

Neben globalen Einflüssen und regulativem Einwirken von Seiten der Kapitalgeber, des Staates und Verbänden, ist ein Unternehmen auf engste Weise mit dem branchenspezifischen Umfeld verflochten. Einerseits wirken die Kräfte aus dem Branchenumfeld unmittelbar auf das Unternehmen ein. Andererseits besteht in den meisten Fällen die Möglichkeit, als Unternehmer aktiv zu reagieren bzw. durch kreative Lösungen eigene, neue Wege zu gehen und im Idealfall die Informationen zum eigenen Vorteil zu nutzen.

An erster Stelle im Umfeld ist die Gruppe der **Kunden** zu nennen. Für marketingorientierte Unternehmen sind die Bedürfnisse und Erwartungen der Zielkunden der zentrale Bezugspunkt. Ausgehend von der strategischen Grundorientierung eines Unternehmens werden die Marketinginstrumente in erster Linie entlang der Rahmenbedingungen entwickelt, die sich aus Markt- und Konsumanalysen ableiten lassen. Produkt-, Preis-, Kommunikations- und Distributionspolitik werden im Idealfall als Resultat der eigenen Unternehmensstrategie und einer darauf abgestimmten segmentorientierten Marketingstrategie individuell gestaltet. Von elementarer Bedeutung ist – im Hinblick auf die langfristige Existenzsicherung – den Bedürfnissen der Zielkunden aktuell und auch zukünftig möglichst umfassend zu entsprechen. Die Kriterien des Qualitätsempfindens optimal auszugestalten bedeutet, die Präferenzen der Zielkunden und den zeitlichen Wandel der Präferenzen fortlaufend zu verfolgen und zu analysieren. Aktive Unternehmensführung erfordert, sich in regelmäßigen Abständen kritisch mit der eigenen strategischen Ausrichtung auseinander zu setzen und sich zu fragen, welche die richtige für einen kurzfristigen, einen mittelfristigen und einen längerfristigen Planungshorizont ist. Der Umfang und die Qualität der Informationen über Kundenstruktur, Präferenzen, Konsumverhalten und Trends entscheiden zukünftig wesentlich über den Erfolg und die Erfolgssicherung.

Unternehmen bewegen sich selbst bei Nischenstrategien nicht alleine im Marktumfeld. Das eigene unternehmerische Verhalten vollzieht sich immer im permanenten Wechselspiel mit den **Wettbewerbern** der Branche. Wichtig ist, die wesentlichen Wettbewerber zu identifizieren und deren Marktverhalten im Bezug auf die eigene Strategie zu beurteilen.

Innerhalb der Weinbranche herrscht in weiten Bereichen eine strenge Zurückhaltung beim **Informationsaustausch**. Hierin spiegelt sich der Konkurrenzgedanke der national tätigen Unternehmen wider. Oft werden von direktvermarktenden Weingütern die regionalen oder örtlichen Unternehmen als Konkurrenz- und Orientierungsmaßstab herangezogen. Betrachtet man sich aber den Gesamtweinmarkt in Deutschland, ist zu erkennen, dass die eigentlichen Konkurrenten nicht die Nachbarunternehmen, sondern die internationalen Anbieter, der Lebensmitteleinzelhandel und die Discounter sind. Deren Zielsegmente und die darauf abgestimmten Sortimentsstrukturen müssen als Maßstab für die Prüfung der eigenen strategischen Ausrichtung herangezogen werden. Sei es, um in den gleichen Zielsegmenten erfolgreich gegenhalten zu können, oder zur Abgrenzung der eigenen Marktsegmente. Von besonderer Bedeutung ist nicht der heutige Zeitpunkt, sondern der mittel- und längerfristige Zeitraum.

Lieferanten haben, in Abhängigkeit von der Produktionsstruktur, unterschiedliche Bedeutung. In Unternehmen der Weinbranche, die den Herstellungsprozess der Rohwaren in eigener Regie durchführen (Traubenproduzenten, Fassweinerzeuger, Direktvermarktende Weingüter, Genossenschaften), beschränkt sich der Einkauf auf Material, Betriebsstoffe, Werkzeuge, usw.. Das Einkaufsvolumen ist gemessen an der gesamten Wertschöpfung des Unternehmens vergleichsweise gering. Die Abhängigkeit des Unternehmens hiervon ist deshalb nicht von zentraler strategischer Bedeutung.

Ein anderes Bild zeichnet sich für Unternehmen, deren Ausrichtung und Weiterentwicklung in nennenswertem Umfang von Rohwarenproduzenten abhängt. In diesen Fällen beinhaltet die Umfeldanalyse die Abschätzung der gegenwärtigen und zukünftigen Möglichkeiten und Rahmenbedingungen, unter denen die Zusammenarbeit mit den Zulieferern erfolgen kann. Wenn der Prozess von der Planung der Traubenproduktion bis zum Marketing zukünftig im Rahmen eines Qualitätsmanagementsystems vollzogen werden muss, dann erlangen Aufgaben der Auswahl und Koordination der Lieferanten langfristig strategische Bedeutung. Mit dem Grad der Bedeutung der in das Planungssystem integrierten Subunternehmen wächst auch die Abhängigkeit von diesen. Die Analyse der aktuellen und zukünftig geplanten Unternehmensposition muss in miteinander verflochtenen Unternehmen im Idealfall auch kooperativ vorgenommen werden.

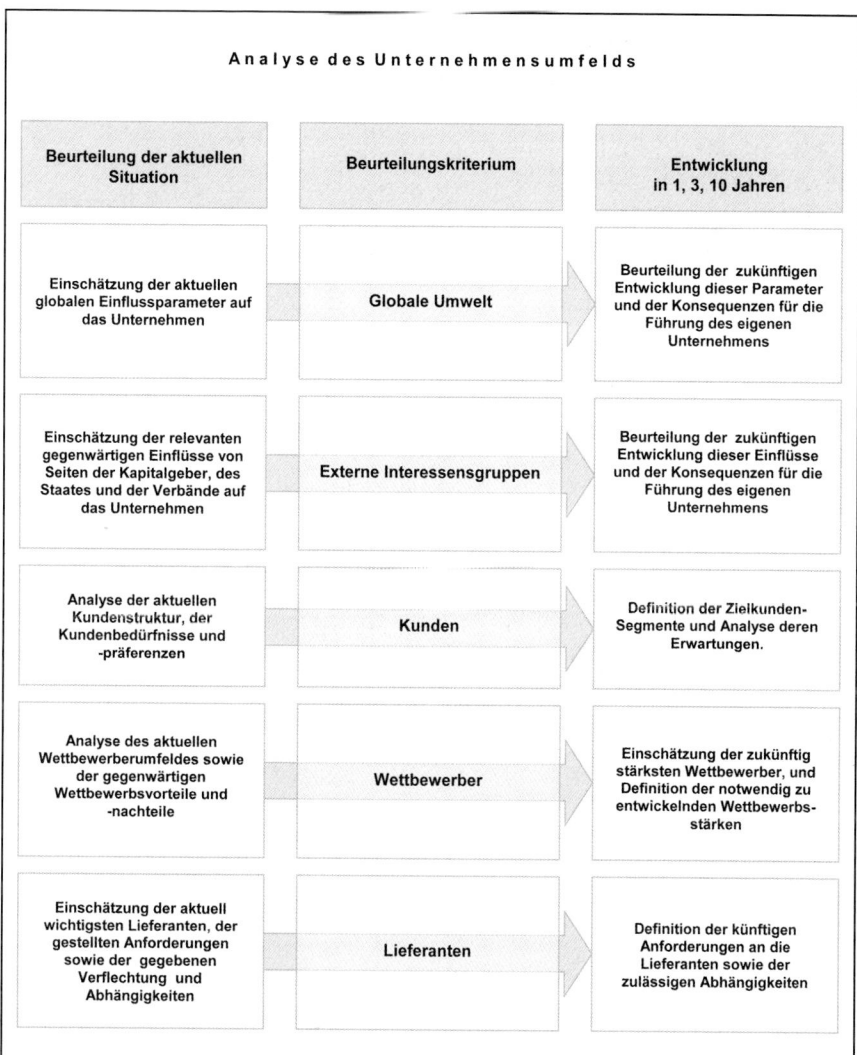

Abb. 3-2: Kriterien der Umfeldanalyse

Zusammenfassend ist festzuhalten, dass im Rahmen der unternehmerischen Standortanalyse im ersten Schritt das Unternehmensumfeld Beachtung finden muss. Die existierenden Verflechtungen beeinflussen die aktuelle wie auch die zukünftige Entwicklung eines Unternehmens. Einige der Einflussgrößen können als gegeben betrachtet werden. Sie entziehen sich einer direkten Zugriffsmöglichkeit. Dennoch ist es wichtig, auch diese Determinanten hinsichtlich ihrer zukünftigen Entwicklung und Wirkung zu bewerten. Unternehmerische Initiative erfordert flexibles Reagieren auf Veränderungen durch geeignete Anpassungsmaßnahmen. Wichtiger noch sind die Einflussgrößen, die unmittelbar das operative und strategische Handeln des Unternehmens betreffen. Je umfassender und vorausschauender eine Beurteilung der Einflüsse auf das Unternehmen erfolgt, um so größer ist die Wahrscheinlichkeit, die richtigen strategischen Entscheidungen zu treffen.

Das Unternehmen einer Standortanalyse zu unterziehen bedeutet also nicht nur, die aktuelle Situation zu beurteilen, sondern vielmehr eine kurz-, mittel- und längerfristige Abschätzung der zu erwartenden Einflüsse vorzunehmen. Damit wird eine wichtige Grundlage zur Existenzsicherung des Unternehmens geschaffen.

3.2 Analyse des Unternehmens

3.2.1 Zielsetzung der Unternehmensanalyse

Während der erste Schritt der unternehmerischen Standortbestimmung – die Analyse des Unternehmensumfeldes – Einflussgrößen erfasst, auf die das Unternehmen in seinen Entscheidungen reagieren muss, orientiert sich der folgende zweite Schritt – die Unternehmensanalyse – auf die unternehmens-internen ökonomischen Zusammenhänge. Diese unterliegen, im Gegensatz zu den externen Faktoren, dem unmittelbaren Einfluss des Unternehmers bzw. der Entscheidungsträger. Über einen längerfristigen Zeitraum betrachtet, sind prinzipiell alle unternehmensspezifischen Rahmenbedingungen aktiv veränderbar. Selbst der räumliche Standort ist nicht fix vorgegeben und unterliegt der unternehmerischen Entscheidung. Während sich also die im vorangegangenen Kapitel 3.1 aufgeführten Einflussfaktoren dem individuellen Einfluss des Unternehmers weitgehend entziehen und Anpassungsreaktionen erfordern, ist die interne Ausgestaltung und Führung des Unternehmens Aufgabe des kreativen Entwicklungs- und Steuerungsprozesses der unternehmerisch handelnden Personen.

Eine an konkret definierten und kontrollierbaren Zielen orientierte Steuerung ist Erfolgsvoraussetzung für eine Unternehmung. Zur Erreichung dieser Ziele sind die vom Unternehmer steuerbaren Größen von entscheidender Bedeutung. Voraussetzung ist, dass man die Ziele als solche und die Instrumente zu deren Erreichung kennt, einzusetzen weiß und kontrollieren kann. Leider zeichnen sich besonders Kleinunternehmen oftmals durch unzureichende Planung und Kontrolle des Unternehmensprozesses und der strategischen Entwicklung aus.

Ein **Instrumentarium der Unternehmensanalyse** muss ermöglichen,

- sich ein klares Bild über die aktuelle Situation des Unternehmens zu verschaffen,

- eine Beurteilung der strukturellen und ökonomischen Lage des Unternehmens vorzunehmen,

- eine Einordnung der Analyseergebnisse in einen überbetrieblichen Vergleich herzustellen und

- Probleme, Potenziale und Grenzen des Unternehmens aufzuzeigen.

3.2.2 Voraussetzungen für eine Unternehmensanalyse

Erste Voraussetzung für die Unternehmensanalyse ist die **Beschaffung und Aufbereitung geeigneten Datenmaterials**. Die Beschaffung und Aufbereitung einer verlässlichen Datengrundlage gestaltet sich in der Praxis oft problematischer als erwartet. Zwar sind gesetzlich vorgeschriebene Datengrundlagen zwingend vorhanden, wie z.B. der steuerliche Jahresabschluss, und bilden geeignete Quellen für erste Schritte einer Unternehmensanalyse (Haupt, 1997). Doch mitunter werden nicht einmal diese Basisdaten zur Beurteilung des eigenen Unternehmens herangezogen, oder aber sie sind für steuerliche Zwecke erstellt und genügen nicht dem Anspruch an eine betriebswirtschaftliche Basisanalyse.

Zweite Voraussetzung ist eine Auswertung, die sich auf **aussagefähiges Datenmaterial** bezieht. Es wird später auf die Grenzen der Aussagefähigkeit zur Verfügung stehender Datenquellen eingegangen. Mitunter ist eine Aufbereitung der Ursprungsdaten notwendig.

Die **Ergebnisse** werden schließlich **interpretiert**, damit sie die Entscheidungsprozesse der Unternehmensführung unterstützen können. Vergleichsmaßstäbe und Ursachenanalysen liefern Hinweise, an welchen Stellschrauben des Unternehmens Maßnahmen angesetzt werden müssen.

3.2.3 Probleme in kleinen und mittleren Unternehmen

Neben den Problemen der Datenbeschaffung und -aufbereitung stößt eine konsequente und regelmäßige Analyse der Unternehmenssituation v.a. in kleinen und mittleren Unternehmen (KMU) an **personelle Kapazitätsgrenzen**. Die Ursache für eine in KMU vernachlässigte Kontrolle und unzureichende informationsbasierte Steuerung ist darin begründet, dass die wichtigsten Verrichtungs- und Planungsaufgaben bei einer oder wenigen verantwortlichen Personen zusammenlaufen (Bussiek, 1994).

In Familienunternehmen der Weinbranche obliegen dem Inhaber in Personalunion wesentliche Aufgaben im Außenbetrieb, im Kellerbereich und im Vertrieb. Im Weinbau geben die Vegetation und das Wetter die notwendigen weinbaulichen Maßnahmen vor, im Keller fordert der Ausbauprozess seine Verfolgung zwingend, und die Kunden erwarten wenigstens eine Reaktion. Alleine die Unternehmensanalyse und Planung bleibt der Eigeninitiative des Inhabers überlassen. Folglich wird dieser Part zugunsten produktions- oder marketingtechnischer Aufgaben vernachlässigt. Das operative Geschäft lässt den Blick für die nahe und weitere Zukunft in den Hintergrund rücken.

Die Bindung personeller Kapazitäten darf unter keinen Umständen ein Argument für die Vernachlässigung der Planung und Kontrolle des Unternehmens sein. Die Existenzsicherung hängt unmittelbar von der Fähigkeit und Bereitschaft ab, diesen Part als Unternehmer konsequent zu erfüllen. Ein fehlender umfassender Überblick über die ökonomische Situation des Unternehmens zählt zu den (vermeidbaren) Ursachen für die Existenzbedrohung. Die Erfahrung zeigt, dass erfolgreiche Unternehmer interne und externe Informationen intensiver nutzen und zur Steuerung bzw. Ausrichtung ihres Unternehmens heranziehen.

Hinzu kommt die im Rahmen von Basel II erläuterte Notwendigkeit, sich im Falle einer Fremdkapitalbeschaffung durch Kreditinstitute messen und beurteilen zu lassen. Diese Beurteilung geschieht zukünftig auf Basis von Ratings (Füser/Heidusch, 2003). Hierbei werden Unternehmen hinsichtlich ihrer wirtschaftlichen Situation auch mit Hilfe von quantitativer, auf der Analyse von auf Jahresabschlüssen basierenden Finanzkennzahlen bewertet. Ein funktionierendes und aussagefähiges Analysesystem ist künftig Voraussetzung für die Kreditgewährung von Seiten der Banken. Zusätzlich hilft es, die eigene Kompetenz zur zielorientierten Unternehmensführung darzustellen und unterstützt die Bereitschaft von externen Interessengruppen, dem Unternehmen Vertrauen entgegenzubringen.

Die unternehmerische Standortbestimmung hat zwei Adressaten. Erstens wird eine Unternehmensanalyse den Entscheidungsprozess unterstützen, indem sie die gegebenen strukturellen und ökonomischen Rahmenbedingungen möglichst objektiv offen legt. Zweitens gewinnt die Unternehmensanalyse an Bedeutung zur externen Darstellung der Unternehmenssituation gegenüber Kapitalgebern und Gesellschaftern.

Die zwingende Notwendigkeit zur regelmäßigen ökonomischen Analyse und die begrenzte personelle Kapazität in Kleinunternehmen definieren zugleich die Bedingungen an die Gestaltung des Controllingkonzeptes. Dieses muss ein ausreichendes Maß an **entscheidungsrelevanten Informationen bei einem minimalen personellen und zeitlichen Einsatz** liefern. Mögliche Vereinfachungen können in der Strukturierung des Analyseschemas oder in einer Auslagerung von Datenerfassung- bzw. Auswertungsaufgaben – z.B. an das Steuerberatungsbüro – bestehen. In diesem Fall muss gewährleistet sein, dass alle Daten sachgerecht verbucht, aufbereitet und ausgewertet werden und der Unternehmensleitung zeitnah zur Verfügung stehen.

3.2.4 Vorgehen und Struktur der Unternehmensanalyse

Zentrale Stellung nimmt die ökonomische Analyse ein. Um diese sinnvoll durchführen zu können, wird die Auswahl und Aufbereitung der wichtigsten Datengrundlagen erläutert. Von Interesse sind insbesondere deren Eignung und Aussagefähigkeit im Rahmen der unternehmerischen Standortbestimmung. Schließlich werden die Instrumente einer Unternehmensanalyse beschrieben und mit Beispielen veranschaulicht bevor abschließend die Einordnung des Unternehmens in sein Marktumfeld als Teilbereich der Unternehmensanalyse erläutert wird.

Das Vorgehen im Rahmen einer Unternehmensanalyse erschließt sich in logischer Weise, wenn man sich in die Rolle eines externen Beobachters versetzt und es sich zur Aufgabe macht, von einem Unternehmen in seiner Gesamtheit ein möglichst realistisches und umfassendes Abbild zu entwerfen. Es handelt sich um den Prozess einer unternehmerischen Standortbestimmung aus Sicht eines neutralen Beraters. Ein solches Vorgehen empfiehlt sich im Grundsatz auch für am Unternehmen Beteiligte und für den Unternehmer selbst. Schwerpunkt dieses Kapitels ist die Analyse der ökonomischen Situation. Diese wird zuvor in einen Zusammenhang mit vorbereitenden und zusammenfassenden Aufgaben einer Gesamtanalyse gestellt.

Zielsetzung ist es, eine komplexe Organisation so zu analysieren und darzustellen, dass sich am Ende ein objektives **Urteil über die Gesamtsituation des Unternehmens** treffen lässt. Voraussetzung für das Gelingen dieser Aufgabe ist die zunächst unüberschaubare Komplexität, ein „unbekanntes" Unternehmen in einzelne, überschaubare Einheiten zu zerlegen. Die Analyse wird deshalb in fünf einzelne Schritte aufgeteilt. Schwerpunkt bildet der Schritt 4. Die Schritte 3 und 5, die sich mit den Personen und ihren Zielen bzw. mit der marketingstrategischen Ausrichtung befassen, wurden bereits in den ersten beiden Kapiteln behandelt. Auf diese Inhalte wird daher nur im Interesse einer Darstellung des Gesamtzusammenhangs verkürzt eingegangen.

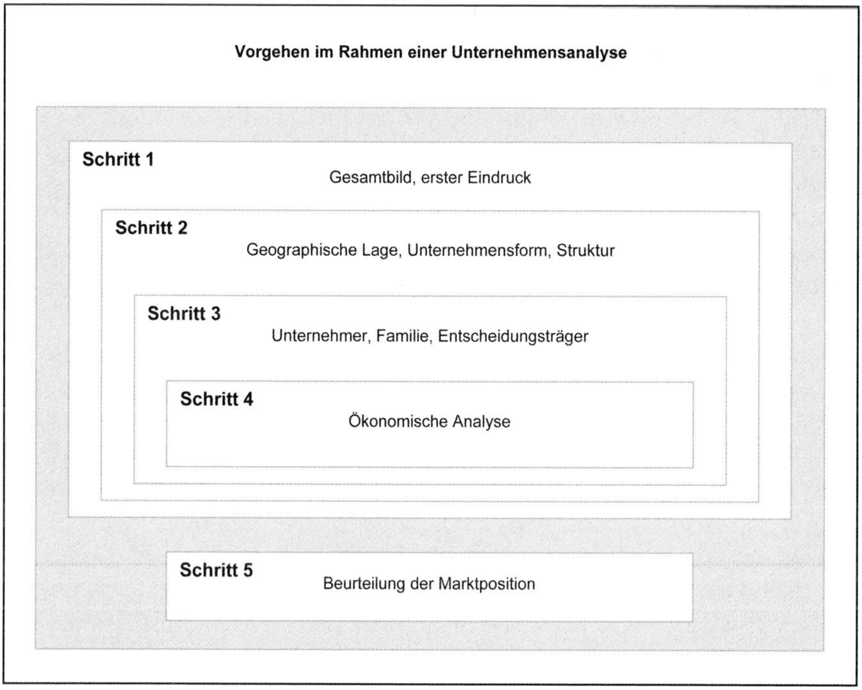

Abb. 3-3: Vorgehen im Rahmen einer Unternehmensanalyse

Sinnvollerweise beginnt die Analyse eines fremden Unternehmens (**Schritt 1**) „von außen nach innen", denn dem Einblick in das „eigene Reich" wird zunächst skeptisch begegnet. Die ersten Schritte eines Beraters dienen dazu, einen ersten Eindruck von der Gesamtsituation zu bekommen. Damit wird zum einen vermieden, dass er mit der Tür ins Haus fällt und den Widerstand des Unternehmers provoziert. Zum anderen sind die ersten Eindrücke von sehr großer Bedeutung, denn sie sind noch unbeeinflusst durch umfangreiche Detailinformationen und einer unvermeidbaren „Betriebsblindheit", die sich auch beim Berater einstellen kann. Das wiederholte Erleben einer Situation bzw. die Gewöhnung an Strukturen und Abläufe erleichtern nicht etwa das Erkennen von hilfreichen Details oder ineffizienten Zusammenhängen. Die Gewohnheit verschleiert vielmehr den Blick für das Detail und verringert die Fähigkeit zur objektiven Analyse. Dem ersten Eindruck und dem Begegnen unternehmerischer Zusammenhänge mit fremden Augen kommt also große Bedeutung zu und muss als Entwicklungspotenzial begriffen werden. Der Vorteil eines sachkundigen Beraters liegt gerade darin, dass er Situationen und

Strukturen unvoreingenommen und frei von gewohnheitsbedingten gedanklichen Einschränkungen vor dem Hintergrund seiner branchenspezifischen Erfahrungen beurteilen kann. Genau diese Vorteile verschwinden, sobald wir beginnen, Zusammenhänge aus Gewohnheit als gegeben zu betrachten und unkritisch hinzunehmen.

Der Schritt, sich einen ersten Eindruck vom Unternehmen zu machen, geht fließend über in die Einordnung des Unternehmens in sein Umfeld (**Schritt 2**). Die geographische Lage, die Verkehrsanbindung, die Lage im Ort und die räumlichen Gegebenheiten geben ersten Aufschluss darüber, wie sich der Betrieb historisch entwickelt hat, wie die Anbindung an Absatzmärkte gestaltet ist und wie sich die weitere betriebliche Entwicklung vollziehen kann. Diese Informationen sind Gegenstand eines ersten Gesprächs mit der Unternehmensführung, im Rahmen dessen auch erste Informationen über die Unternehmensform, die Eigentumsverhältnisse sowie die Absatz- und Produktionsstruktur vermittelt werden.

Ein überaus wichtiger Punkt (**Schritt 3**) im Rahmen einer Unternehmensanalyse ist es, sich mit den beteiligten Personen, dem Unternehmer, den wichtigsten Entscheidungsträgern und ggf. mit der Unternehmerfamilie auseinander zu setzen. Wie bei der strategischen Planung bereits dargestellt, sind es die Vorstellungen, Werte und Ziele, die das Unternehmen prägen und auch seine zukünftige Entwicklung grundlegend beeinflussen. Es ist eine der schwierigsten Aufgaben, authentische Aussagen über die Zielvorstellungen der Unternehmer zu bekommen.

Großen Raum nimmt die Analyse der ökonomischen Situation ein (**Schritt 4**). In den folgenden Kapiteln wird hierauf der Schwerpunkt gelegt. Die ökonomische Situation gibt Aufschluss darüber, inwieweit das übergeordnete Ziel der Unternehmung – die Existenzsicherung – erreicht ist. Eine ökonomische Analyse setzt sich in erster Linie mit der Rentabilitäts- und Liquiditätssituation eines Unternehmens auseinander. Dabei gilt es, die hierfür notwendigen Datengrundlagen zu beschaffen, hinsichtlich ihres Aussagegehaltes zu bewerten und ggf. für die Auswertungsziele aufzubereiten. Die Qualität der Daten bildet das Fundament für eine verlässliche Interpretation der Ergebnisse. Als Basis für weitere Entwicklungsschritte ist es wichtig, dass die Resultate in einer Weise dargestellt werden, die den Entscheidungsträgern bzw. den Adressaten der Auswertung die Informationen in nachvollziehbarer und übersichtlicher Form zur Verfügung stellen.

Im **Schritt 5** einer Unternehmensanalyse wird die aktuelle Marktposition eines Unternehmens bestimmt. Besonders im Hinblick auf eine Erfolgsprognose ist es erforderlich, die Positionierung im Wettbewerberumfeld und die Ausrichtung auf Marktsegmente zu untersuchen. Während die ökonomische Analyse Aufschluss darüber gibt, wie sich die Vermarktungssituation dargestellt hat, soll die Analyse der Marktposition Hinweise darauf geben, welche Risiken und Potenziale sich mittelfristig auf der Absatzseite ergeben können. Dieser Schritt erweitert die tendenziell zeitpunktbezogene Analyse um eine in die Zukunft gerichtete Perspektive.

Um die Ergebnisse der einzelnen Analyseschritte für eine Interpretation der Situation eines Unternehmens zuführen zu können, werden die schrittweise erarbeiteten Resultate zu einem Gesamtbild zusammengefügt. Hierzu werden entsprechend des Vorgehens im Rahmen der Unternehmensanalyse und unter Einbeziehung der Vorarbeiten aus der Strategieentwicklung die Teilergebnisse zusammengefasst dargestellt und zu einem abschließenden Urteil der Unternehmenssituation verdichtet.

Im Nachfolgenden wird auf die Datengrundlagen, ihre Aussagefähigkeit, die Möglichkeiten der Datenaufbereitung sowie die Abbildung in Kennzahlen eingegangen.

3.3 Datengrundlagen

Der Informationswert einer Unternehmensanalyse und damit die Qualität der Gesamtbeurteilung hängt entscheidend von der Güte der zugrundegelegten Daten ab. Der Beschaffung aussagefähiger Daten kommt deshalb eine große Bedeutung zu.

Abb. 3-4: Aufgaben der Datenbeschaffung

Datenbeschaffung bedeutet, analysefähige Daten zur Verfügung zu stellen. Es reicht nicht aus, die Daten im engeren Sinne zu beschaffen. Sie sind hinsichtlich ihrer Aussagefähigkeit zu bewerten, ggf. in Teilen aus einer Analyse auszuschließen, und schließlich noch für das Auswertungsziel zu bereinigen bzw. aufzubereiten.

Bereits die **Beschaffung der Daten** ist nicht immer eine triviale Angelegenheit. Vor allem in kleinen Unternehmen herrscht ein Mangel an notwendigen Daten. Selbst gesetzlich vorgeschriebene Unterlagen, wie z.B. der Jahresabschluss, sind manchmal nicht sofort verfügbar. Dies liegt zum einen an einer sehr unübersichtlichen Administration innerhalb vieler Unternehmen, zum anderen werden Jahresabschlussarbeiten oft durch den Steuerberater und deshalb außer Haus durchgeführt. Die Unterlagen genießen oftmals einen untergeordneten Stellenwert und dementsprechend schwierig gestaltet sich deren Beschaffung.

Selbst unter geordneten Verhältnissen ist die Beschaffung vollständiger Daten oft mit einem hohem zeitlichen Aufwand verbunden. Dies bindet personelle Kapazitäten, denen gerade in kleinen Unternehmen enge Grenzen gesetzt sind. Umso wichtiger ist für KMU eine besonders rationelle und übersichtliche Organisation der Datenverwaltung und -auswertung. Es ist nicht bedeutend, ob die Daten innerhalb oder außerhalb des eigenen Unternehmens geführt werden. Steuerberatern sollten deutlich mehr Aufgaben übertragen werden, als ausschließlich die Erstellung des steuerlichen Jahresabschlusses. Die Informationen müssen aber dem Unternehmen jederzeit als Entscheidungshilfe zur Verfügung stehen.

Einen Informationswert besitzen die Daten aber nur, wenn Sie dem Unternehmen sinnvoll aufbereitet zur Verfügung stehen. Zur **Aufbereitung der Daten** gehört zuerst, dass sie den Auswertungszielen entsprechend bereinigt werden. Für den Steuerberater hat der Jahresabschluss in erster Linie den Zweck der Berechnung des Gewinns bzw. der Steuerbemessungsgrundlage. Alle bilanz- und steuerpolitischen Maßnahmen, die Bewertungsspielräume nutzen, müssen korrigiert werden, sofern sie die betriebswirtschaftlichen Informationen nennenswert verfälschen. Der Erstellung des Jahresabschlusses muss ein Kontenrahmen zu Grunde liegen, der die Auswertungsziele des Unternehmers berücksichtigt.

Schließlich gilt es, die **Aussagefähigkeit der Datenquellen** zu beurteilen. Wie bereits erläutert, ist der Wert von Informationsgrundlagen eng verknüpft mit dem Zweck ihrer Erstellung. Alle Datenquellen müssen dahingehend geprüft werden, ob sie zielgerichtet zur Unterstützung einer Entscheidungsfindung beitragen können. Insbesondere die Aktualität von Informationen bzw. Daten hat großen Einfluss auf deren Aussagefähigkeit. Daten sind, insbesondere wenn sie zur Steuerung eines Unternehmens eingesetzt werden sollen, unbedingt zeitnah zu erstellen und auszuwerten. Jahresabschlussdaten sind zur Zustandsbeschreibung eines Unternehmens sehr hilfreich, zur aktiven Steuerung jedoch nur eingeschränkt nutzbar.

3.4 Der Jahresabschluss als Datengrundlage zur Standortbestimmung

Der Jahresabschluss umfasst drei Teile: Die Bilanz, die Gewinn- und Verlustrechnung sowie den für Kapitalgesellschaften vorgeschriebenen Anhang mit Lagebericht. Mittelgroße und große Kapitalgesellschaften unterliegen zudem einer Prüfungspflicht.

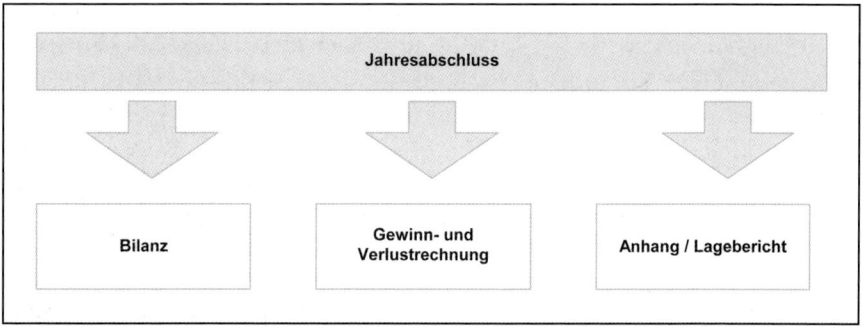

Abb. 3-5: Die Bestandteile des Jahresabschlusses

Der Jahresabschluss dient unterschiedlichen **Interessengruppen** als Informationsgrundlage:

- Dem Unternehmer bzw. Management selbst, indem sie den Jahresabschluss als Instrument zur Kontrolle und Steuerung des Unternehmens heranziehen können. Dieser Verwendungszweck steht nachfolgend auch im Mittelpunkt des Interesses.

- Für die Gesellschafter, die ihr Kapital im Unternehmen investiert haben und somit ein Interesse an der wirtschaftlichen Situation und der Entwicklung des Unternehmens haben.

- Kreditgeber – dies sind bei KMU insbesondere die Hausbanken – verlangen eine regelmäßige Information mittels des Jahresabschlusses, um sich so ein Bild über die Bonität des jeweiligen Unternehmens zu machen.

- Der Jahresabschluss ist die Grundlage zur Gewinnermittlung und damit Steuerbemessungsgrundlage.

Es existieren demnach handels- und steuerrechtlich orientierte Interessen bei der Erstellung des Jahresabschlusses. Theoretisch wäre ein Jahresabschluss nach handelsrechtlichen und ein zweiter nach steuerrechtlichen Grundsätzen zu erstellen. Nach geltendem Recht (Handelsgesetzbuch – HGB) ist die Handelsbilanz maßgebend für die Erstellung der Steuerbilanz. In der Steuerbilanz sind jedoch Bewertungsspielräume möglich, die zu einer Verringerung des Gewinns und damit zu einer verminderten Steuerlast führen können.

Aus den oben formulierten Aufgaben des Jahresabschlusses wird deutlich, dass dieser einen Kompromiss darstellt. Er sollte zum einen als Informationsgrundlage für den Unternehmer ein möglichst realistisches Abbild von der tatsächlichen wirtschaftlichen Situation des Unternehmens widergeben, zum anderen das Unternehmen gegenüber Gesellschaftern und Kreditgebern in einem möglichst positiven Licht darstellen und schließlich den Gewinn in den erlaubten Grenzen so ausweisen, dass sich langfristig eine Minimierung der Steuerlast ergibt.

Dies verdeutlicht, dass es wegen der Erstellungs- und Bewertungsspielräume erforderlich ist, einen Jahresabschluss vor seiner Analyse dahingehend zu beurteilen, für welche Zielsetzungen er erstellt wurde. Je nach Verwendungs- und Auswertungsziel muss ggf. eine Korrektur, d.h. eine Aufbereitung der Daten erfolgen.

Im Folgenden soll der Jahresabschluss ausschließlich als Informationsgrundlage für die Führung eines Unternehmens betrachtet werden. Im Mittelpunkt steht die Frage, wie mit Hilfe der Bilanz und der Gewinn- und Verlustrechnung möglichst realistische und aussagefähige Informationen zur **Abbildung der wirtschaftlichen Lage** eines Unternehmens erstellt werden können.

Um den Jahresabschluss als Informationsinstrument zu nutzen, ist es erforderlich, die enthaltenen Daten erschließen und interpretieren zu können. Hierzu benötigt man den Einblick in den Aufbau der Bilanz und der Gewinn- und Verlustrechnung (GuV) und man muss abschätzen können, welche Positionen aufgrund von Bewertungsspielräumen im Bezug auf ihre Aussagefähigkeit kritisch hinterleuchtet werden müssen. Schließlich benötigt man ein Instrumentarium, das es einem erlaubt, die zunächst unübersichtliche Fülle an Informationen so komprimiert darzustellen, dass alle wesentlichen schnell erfasst und bewertet werden können.

Im Rahmen dieses Buches werden die Bilanzierungsrichtlinien nicht in den Mittelpunkt gestellt. Die Findung steuerlicher Bewertungsspielräume gehört nicht zu den Kernaufgaben von Unternehmern. Dies wird i.d.R. in enger Kooperation mit dem beratenden Steuerfachmann erledigt. Zudem unterliegen die entsprechenden Vorschriften einem fortlaufenden Wandel. Die Bilanzierungsvorschriften, die früher ausschließlich national geregelt waren, werden zukünftig zunehmend von internationalen Regelwerken beeinflusst. Für kapitalmarktorientierte Unternehmen sind Bilanzierungsvorschriften nach dem europäischen IFRS (International Financial Reporting Standards) bereits obligatorisch. Für KMU ist dies in näherer Zukunft nicht zu erwarten, jedoch werden die Bilanzierungsvorschriften nach HGB im Zuge einer internationalen Harmonisierung ebenfalls Veränderungen unterworfen sein. Wenn auch die Bilanzierungsvorschriften und Bewertungsspielräume hier nicht im Detail behandelt werden, so ist es dennoch notwendig, die Bewertungsgrundsätze in ihren Grundzügen zu kennen und die Positionen eines Jahresabschlusses einschätzen zu können, die einem Bewertungsspielraum unterliegen.

3.4.1 Die Bilanz

3.4.1.1 Der Formalaufbau der Bilanz

Eine Bilanz ist die Gegenüberstellung von **Vermögen und Kapital eines Unternehmens**. Das Vermögen stellt die Aktiva dar, d.h. die Gesamtheit aller Wirtschaftsgüter und Geldmittel, die im Unternehmen eingesetzt werden. Das Kapital stellt die Passiva dar, d.h. die Summe aller Schulden des Unternehmens gegenüber Beteiligten und Gläubigern. Der Saldo (Ausgleich) zwischen Bilanzvermögen **(Aktiva)** und den Schulden **(Passiva)** ist das Eigenkapital. Beide Seiten der Bilanz weisen daher die gleiche Summe auf.

Aktiva	**Bilanz**	**Passiva**
Vermögen		Eigenkapital Fremdkapital
Bilanzsumme		Bilanzsumme

Abb. 3-6: Formalaufbau der Bilanz

Vermögen	=	Kapital
Vermögen	=	Eigenkapital + Fremdkapital
Eigenkapital	=	Vermögen - Fremdkapital
Fremdkapital	=	Vermögen - Eigenkapital

Abb. 3-7: Bilanzgleichgewicht

Die Bilanz zeigt die Herkunft der in einem Unternehmen eingesetzten Mittel (Vermögensquellen) und stellt die Verwendung der Mittel (Vermögensformen) gegenüber. Durch die Gegenüberstellung von Passiva und Aktiva wird demnach veranschaulicht, wie das Unternehmen finanziert und investiert.

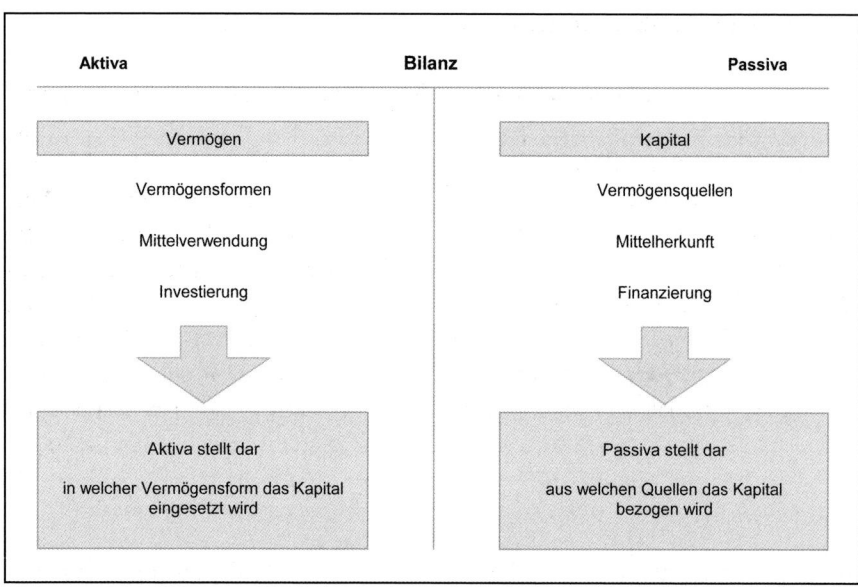

Abb. 3-8: Die Bilanz als Abbild der Mittelverwendung und Mittelherkunft

3.4.1.2 Die Struktur der Bilanz

Für eine Bilanz existiert kein gesetzlich vorgeschriebenes Mindestgliederungsschema. Im Interesse einer grundsätzlichen Vergleichbarkeit und Übersichtlichkeit gibt es jedoch Gliederungsvorschriften, die sich an bestimmten Rechtsformen (z.b. GmbH, AG, eG), Wirtschaftszweigen (z.b. Banken, Versicherungen) oder Größenmerkmalen (z.b. abhängig von der Prüfungs- oder Publizitätspflicht) orientieren. Die Grundstruktur der Bilanz in produzierenden und handelstreibenden Unternehmen ist prinzipiell ähnlich. Dennoch bleibt der Wunsch nach einem verbindlichen Inhalt der Bilanz aufgrund von Bilanzierungsgeboten, -wahlrechten und –verboten letztlich unerfüllt. D.h. es gibt Vermögensgegenstände und Schulden, die aktiviert bzw. passiviert werden müssen. Für manche besteht ein Wahlrecht und andere dürfen nicht bilanziert werden. Die nachfolgenden Ausführungen beschränken sich auf die Darstellung grundsätzlicher Gliederungsschemata einer Bilanz.

In der **Grundstruktur einer Bilanz** teilt sich die Aktivseite in Anlagevermögen und Umlaufvermögen sowie aktive Rechnungsabgrenzungsposten und schließt mit der Bilanzsumme ab. Die Passiva gliedern sich in Eigenkapital, Fremdkapital sowie passive Rechnungsabgrenzungsposten und schließen ebenfalls mit der Bilanzsumme ab.

Aktiva	Bilanz	Passiva
Anlagevermögen		Eigenkapital
Umlaufvermögen		Fremdkapital
Aktive Rechnungsabgrenzungsposten		Passive Rechnungsabgrenzungsposten
Bilanzsumme		Bilanzsumme

Abb. 3-9: Grundstruktur der Bilanz

Das **Vermögen eines Unternehmens (Aktiva)** unterteilt sich in Anlagevermögen und Umlaufvermögen. Das **Anlagevermögen** umfasst Vermögensgegenstände, die dazu bestimmt sind, dauerhaft im Betrieb zu verbleiben und der Leistungserstellung zu dienen. Sie werden im eigentlichen Leistungsprozess nicht verarbeitet bzw. nicht im Umsatzprozess veräußert, unterliegen aber zum Teil einer Abnutzung (z.b. eingesetzte Maschinen) und verlieren sukzessive an Wert.

Das Anlagevermögen lässt sich weiter untergliedern. **Immaterielle Vermögensgegenstände** sind im wesentlichen Rechte, die gegen Entgelt erworben wurden und über einen längeren Zeitraum genutzt werden können, beispielsweise ein eingetragener Gebrauchsmuster- oder Markenschutz bzw. Lizenzen für eine Software. **Sachanlagen** nehmen in einem typischen produzierenden Unternehmen i.d.R. den größten Umfang ein. Unter Sachanlagen fallen erstens Grundstücke und Bauten, zweitens technische Anlagen und Maschinen und drittens andere Anlagen, Betriebs- und Geschäftsausstattung. Zum Anlagevermögen gehören schließlich noch die **Finanzanlagen**. Hierunter fallen Anteile an verbundenen Unternehmen, Beteiligungen und Wertpapiere des Anlagevermögens.

Im Unterschied zum Anlagevermögen sind Vermögensgegenstände des **Umlaufvermögens** nicht dazu bestimmt, dauerhaft im Unternehmen zu verbleiben, sondern sie werden umgesetzt und veräußert. Zum Umlaufvermögen gehören **Vorräte**. Hierunter fallen erstens Roh-, Hilfs- und Betriebsstoffe, zweitens unfertige Erzeugnisse und drittens fertige Erzeugnisse. Teile des Umlaufvermögens sind weiterhin die Positionen **Forderungen** (insbesondere Forderungen aus Lieferung und Leistung) und **Sonstige Vermögensgegenstände**. Diese beziehen sich auf Forderungen gegenüber verbundenen Unternehmen, gegenüber Personal, Umsatzsteuerforderungen sowie sonstigen Vermögensgegenständen, die nicht unter eine der genannten Positionen einzuordnen sind. Schließlich umfasst das Umlaufvermögen noch **Wertpapiere**, d.h. Anteile an verbundenen Unternehmen, eigene Anteile sowie sonstige Wertpapiere, und zuletzt den **Kassenbestand** und **Guthaben bei Kreditinstituten**.

A. Anlagevermögen

I. Immaterielle Vermögensgegenstände

1. Konzessionen, Lizenze, Rechte

00135	EDV-Software	1.500,00	1.500,00

II. Sachanlagen

1. Grundstücke und Bauten

00220	Bodenverbesserung	32.000,00	
00223	Boden weinbaul. Nutzung	520.000,00	
00224	Rebanlagen	200.000,00	
00225	Obstanbauflächen	50.000,00	
00226	Grund u. Boden Maschinenhalle	12.000,00	
00300	Maschinenhalle	130.000,00	
00310	Neue Wirtschaftsgebäude	980.000,00	1.924.000,00

2. Technische Anlagen und Maschinen

00420	Maschinen / Ausstattung Kellerei	115.000,00	
00423	Tanks u. Fässer	80.000,00	
00440	Maschinen / Ausstattung Brennerei	95.000,00	
00450	Betriebsvorrichtungen	25.000,00	
00460	Maschinen / Ausstattung Außenbetrieb	40.000,00	
00470	Ausstattung Weinverkauf	12.000,00	367.000,00

3. Andere Anlagen, Betriebs- u. Geschäftsausstattung

00650	Büroeinrichtung	2.000,00	
00700	Geringwertige Wirtschaftsgüter	1.000,00	
00800	Sonstige BGA	1.000,00	4.000,00

III. Finanzanlagen

1. Beteiligungen

0950	Unternehmen ...	500,00	500,00

2. Wertpapiere des Anlagevermögens

0990	Wertpapiere ...	1.000,00	1.000,00

Summe Anlagevermögen			2.298.000,00

Abb. 3-10: Anlagevermögen – Übersicht mit Beispielen

107

B. Umlaufvermögen

I. Vorräte

1. Roh-, Hilfs- und Betriebsstoffe

01020	Hilfsstoffe	15.000,00	15.000,00

2. Unfertige Erzeugnisse

01050	Fasswein	190.000,00	190.000,00

3. Fertige Erzeugnisse

01112	Flaschenwein	180.000,00	
01113	Sekt	4.000,00	
01114	Spirituosen	10.000,00	
01115	Traubensaft	1000,00	195.000,00

Summe Vorräte			400.000,00

II. Forderungen und sonstige Vermögensgegenstände

1. Forderungen aus Lieferung und Leistung

01210	Forderungen aus L + L	50.000,00	50.000,00

2. Sonstige Vermögensgegenstände

01300	Forderungen gegenüber Personal	0,00	
01340	Umsatzsteuerforderungen lfd. Jahr	6.000,00	
01421	Umsatzsteuerforderungen Vorjahr	4.000,00	
01422	Sonstige Vermögensgegenstände	5.000,00	15.000,00

Summe Forderungen u. sonst. Vermögensgegenstände			65.000,00

III. Kassenbestand und Guthaben bei Kreditinstituten

01600	Kasse	5.000,00	5.000,00
01800	Sparkasse	25.000,00	25.000,00
01850	Volksbank und Raiba	1.000,00	5.000,00

Summe Kassenbestand und Guthaben bei Kreditinstituten			35.000,00

Summe Umlaufvermögen			500.000,00

Abb. 3-11: Umlaufvermögen – Übersicht mit Beispielen

Aufgabe der **Rechnungsabgrenzungsposten (RAP)** ist es, den Erfolg einer Abrechnungsperiode (i.d.R. ein Geschäftsjahr) von der folgenden Abrechnungsperiode abzugrenzen. Aktive RAP weisen im abgelaufenen Geschäftsjahr bereits getätigte Ausgaben aus, die erst für einen Zeitraum nach der Bilanzerstellung einen Aufwand darstellen (z.b. bereits für das Folgejahr gezahlte Versicherungsprämie oder bereits bezahlte Löhne).

C. Rechnungsabgrenzungsposten		
01900	Aktive Rechnungsabgrenzungsposten	2.000,00

Abb. 3-12: Rechnungsabgrenzungsposten – Beispiel

Summe Anlagevermögen	2.298.000,00
Summe Umlaufvermögen	500.000,00
Rechnungsabgrenzungsposten	2.000,00
Bilanzsumme	2.800.000,00

Abb. 3-13: Bilanzsumme – Übersicht mit Beispielen

Das **Kapital** eines Unternehmens (Passiva) ist die Summe aller zur Verfügung stehenden Mittel. Diese werden entweder vom Unternehmer bzw. den Gesellschaftern selbst zur Verfügung gestellt (Eigenkapital) oder dem Unternehmen von Dritten überlassen (Fremdkapital).

Das **Eigenkapital eines Unternehmens** bezeichnet den Wert, mit dem die Eigentümer des Unternehmens selbst zu seiner Finanzierung beitragen und es definiert damit grundsätzlich den Haftungsumfang des Unternehmers bzw. der Gesellschafter. Der Ausweis des Eigenkapitals in der Bilanz ist von der Rechtsform abhängig. Für **Personengesellschaften und Einzelunternehmen** existiert keine explizite Gliederungsvorschrift. Das Eigenkapital wird zum Ende eines Geschäftsjahres um Gewinnanteile und Einlagen der Gesellschafter vermehrt bzw. um Verlustanteile und Entnahmen vermindert. Entnahmen liegen vor, wenn Wirtschaftgüter aus dem Unternehmen entnommen und für betriebsfremde Zwecke verwendet werden. Einlagen sind dagegen Zuführungen betriebsfremder Wirtschaftsgüter in das Unternehmen.

Der Saldo zwischen Anfangs- und Endbestand dieses „variablen Kapitalkontos" ergibt den Erfolg bzw. den Erfolgsanteil für den Gesellschafter des Geschäftsjahres. Für den Fall, dass das Eigenkapital negativ wird, spricht man von einer Unterbilanz. Dies bedeutet, dass die Schulden des Unternehmens die Summe des bilanzierten Vermögens übersteigen. Eine Unterbilanz wird bei Personengesellschaften als positiver Wert auf der Aktivseite der Bilanz eingefügt, bei Kapitalgesellschaften als Negativbetrag auf der Passivseite ausgewiesen.

A. Eigenkapital		
I. Eigenkapital		
02010	Eigenkapital (Anfang)	1.270.000,00
II. Einlagen und Entnahmen		
02100	Privatentnahmen	-250.000,00
02130	Privatverbrauch	-5.000,00
02140	Einkommenssteuer	-10.000,00
02150	Privateinlagen	+ 30.000,00
02210	Landw. Krankenkasse	-9.000,00
02220	Landw. Alterskasse	-5.000,00
02230	Lebensversicherung	-10.000,00
02231	Unfallversicherung	-2.000,00
02240	Priv. Alterversicherung	0,00
02260	Privatspenden	-1.000,00 / - 262.000,00
III. Jahresüberschuss / Jahresfehlbetrag		
01600	Jahresüberschuss	350.000,00
	Eigenkapital (Ende)	1.358.000,00

Abb. 3-14: Gliederung des Eigenkapitals bei Personengesellschaften – Übersicht mit Beispielen

Bei **Kapitalgesellschaften** wird das gezeichnete Kapital passiviert. Gewinne einer Kapitalgesellschaft können entweder an die Gesellschafter ausgeschüttet, einer Rücklagenposition zugeführt oder als Gewinnvortrag passiviert werden. Verluste einer Kapitalgesellschaft werden von der Rücklagenposition abgesetzt oder, falls der Verlust den Wert der Rücklagen übersteigt, als Verlustvortrag ausgewiesen.

A. Eigenkapital

I. Gezeichnetes Kapital

II. Kapitalrücklagen

III. Gewinnrücklagen

1. Gesetzliche Rücklagen

2. Rücklagen für eigene Anteile

3. satzungsmäßige Rücklagen

4. andere Rücklagen

IV. Kapitalrücklagen

V. Jahresüberschuss / Jahresfehlbetrag

Abb. 3-15: Gliederung des Eigenkapitals bei Kapitalgesellschaften – Übersicht

Das **Fremdkapital eines Unternehmens** bezeichnet den Wert des Kapitals, den ein Unternehmen von Dritten in Anspruch nimmt. Zum Fremdkapital zählen die **Rückstellungen**. Unter dieser Position sind Schulden auszuweisen, die dem Unternehmen entstehen werden und zum Zeitpunkt der Bilanzerstellung weder hinsichtlich des Zeitpunkts ihrer Entstehung noch ihrer Höhe nach feststehen. Rückstellungsarten sind z.B. Pensionsrückstellungen und Rückstellungen für eventuell zu erbringende Gewährleistungen oder Garantieansprüche. In diesen Fällen entstehen dem Unternehmen mit einer hohen Wahrscheinlichkeit Zahlungsverpflichtungen, von denen jedoch nicht bekannt ist, wann genau und in welcher Höhe sie anfallen werden.

B. Rückstellungen

1. Rückstellungen für Pensionen und ähnliche Verpflichtungen

| 03010 | Rückstellungen für Pensionen | 40.000,00 | |

2. Steuerrückstellungen

| 03050 | Steuerrückstellungen | 10.000,00 | |

3. sonstige Rückstellungen

| 03090 | sonstige Rückstellungen | 6.000,00 | |

| Summe Rückstellungen | | | 56.000,00 |

Abb. 3-16: Gliederung der Rückstellungen – Übersicht mit Beispielen

C. Verbindlichkeiten

1. Verbindlichkeiten gegenüber Kreditinstituten

03401	Sparkasse kurzfristig	100.000,00	
03402	Raiba kurzfristig	16.000,00	
03403	Darlehen 1 langfristig	700.000,00	
03404	Darlehen 2 langfristig	500.000,00	1.316.000,00

2. Erhaltene Anzahlungen auf Bestellungen

| 03450 | | 0,00 | |

3. Verbindlichkeiten aus Lieferung und Leistung

| 03500 | Verbindlichkeiten aus Lieferung und Leistung | 20.000,00 | |

4. Verbindlichkeiten gegenüber verbundenen Unternehmen

| 03600 | | 0,00 | |

5. sonstige Verbindlichkeiten

| 03700 | Ust. Lfd. | 25.000,00 | |

| Summe Verbindlichkeiten | | | 1.361.000,00 |

Abb. 3-17: Gliederung der Verbindlichkeiten – Übersicht mit Beispielen

Verbindlichkeiten sind hingegen konkrete Schulden, die zum Bilanzstichtag in Höhe und Falligkeitstermin feststehen. Diese Position nimmt in produzierenden und handelstreibenden Unternehmen i.d.R. den größten Teil des Fremdkapitals ein. Verbindlichkeiten stehen dem Unternehmen nur eine vereinbarte begrenzte Zeit zur Verfügung und sind mit einem Rückzahlungsanspruch des Gläubigers verbunden. Dieser Anspruch ist juristisch erzwingbar. Die gängigen Formen sind Verbindlichkeiten gegenüber Kreditinstituten, erhaltene Anzahlungen, Lieferantenverbindlichkeiten und sonstige Verbindlichkeiten.

Die Untergliederung des Fremdkapitals orientiert sich in erster Linie nach den Fristigkeiten der Positionen, d.h. langfristige (> 5 Jahre) vor mittelfristigen (1 bis 5 Jahre) und diese vor kurzfristigen Verbindlichkeiten (< 1 Jahr). Die Fristigkeiten sind in der Bilanz üblicherweise nicht angegeben. Angaben zu Laufzeiten und Bedingungen sind dem Kontennachweis oder den Erläuterungen zur Bilanz zu entnehmen.

Passive Rechnungsabgrenzungsposten dienen analog zu den aktiven RAP der Abgrenzung zweier Abrechnungsperioden. Sie weisen auf der Passivseite der Bilanz erzielte Einnahmen aus, die erst in der Folgeperiode zu einem Ertrag führen.

D. Rechnungsabgrenzungsposten		
01900	Aktive Rechnungsabgrenzungsposten	25.000,00

Abb. 3-18: Rechnungsabgrenzungsposten – Beispiel

3.4.1.3 Datengrundlagen für die Bilanzerstellung

Die Bilanz als Gegenüberstellung von Vermögen und Schulden hat ihre Datenbasis in der **Buchführung**. Aufgabe der Buchführung ist die laufende, lückenlose und planmäßige Erfassung und Aufzeichnung aller Geschäftsvorfälle in einem Unternehmen. Durch diese Aufzeichnungen aller Veränderungen der Vermögens- und Schuldenwerte wird die Ermittlung des Periodenerfolges eines Unternehmens ermöglicht und darauf aufbauend die innerbetriebliche Kontrolle und Steuerung.

Der Gesetzgeber fordert in den **Grundsätzen ordnungsgemäßer Buchführung (GoB)** die Einhaltung formeller Mindeststandards, die sicherstellen, dass die Finanzbuchführung ihren Zweck erfüllt. Zu den GoB gehören im Wesentlichen die Klarheit und Übersichtlichkeit, die ordnungsgemäße Erfassung aller Geschäftsvorfälle, der ordnungsgemäße und sorgfältige Umgang mit Belegen sowie deren ordnungsgemäße Aufbewahrung. Grundsätzlich muss es einem sachkundigen Dritten möglich sein, sich in angemessener Zeit einen Überblick über die Geschäftsvorfälle und die Lage des Unternehmens zu machen. Nur durch die Einhaltung dieser Grundsätze kann die Bilanz ihren Zweck erfüllen, den der Gesetzgeber im Schutz der am Unternehmen im weitesten Sinne beteiligten Interessengruppen sieht. Hierzu gehören die Gläubiger, die Gesellschafter, die Finanzbehörden, die Arbeitnehmer und schließlich die am Unternehmen interessierte Öffentlichkeit. Vor allem aber ist die Bilanz aus Sicht des Unternehmens bzw. Managements eine Grundlage für die Kontrolle des Unternehmens, sofern die Datengrundlage eine realistische Abbildung der tatsächlichen wirtschaftlichen Zusammenhänge ermöglicht.

Um die Zuverlässigkeit der Informationsgrundlage über Schulden und Vermögen abzusichern, ist ein Unternehmen verpflichtet, zum Schluss eines jeden Geschäftsjahres, bei Gründung oder Übernahme bzw. bei Auflösung oder Verkauf des Unternehmens, eine **Inventur** zu erstellen. Sie ist die mengen- und wertmäßige Bestandsaufnahme aller Vermögensgegenstände und Schulden. Die körperliche Inventur ist die mengenmäßige Aufnahme aller körperlichen Vermögensgegenstände (z.B. maschinelle Anlagen, Betriebs- und Geschäftsausstattung, Waren, Barmittel) durch Zählen, Wiegen und Messen mit nachfolgender Bewertung. Die Buchinventur erfasst alle nicht-körperlichen Vermögensgegenstände wertmäßig, z.B. Forderungen, Bankguthaben, Schulden. Sofern die Voraussetzungen dafür erfüllt sind, erlaubt der Gesetzgeber Vereinfachungen, wie z.b. verlegte Inventur, permanente oder Stichprobeninventur.

Die durch die Inventur ermittelten Bestände werden in einem Bestandsverzeichnis, dem **Inventar**, zusammengefasst. Dieses weißt in drei Teilen alle Vermögensgegenstände, Schulden und das Reinvermögen (Eigenkapital) als Differenz aus diesen beiden Teilen aus. Die Gliederung des Inventars entspricht im Grundsatz der der Bilanz.

A. Vermögen	
B. Schulden	C. Eigenkapital

Abb. 3-19: Grobgliederung des Inventars

Inventar		
Vermögen		**2.250.000,00**
Anlagevermögen	**1.100.000,00**	
Grundstücke	100.000,00	
Gebäude	780.000,00	
Fuhrpark	120.000,00	
BGA	100.000,00	
Umlaufvermögen	**1.150.000,00**	
Vorräte	800.000,00	
Forderungen	250.000,00	
Kassenbestände	30.000,00	
Bankguthaben	70.000,00	
Schulden		**750.000,00**
Langfristige Schulden	**600.000,00**	
Hypotheken	200.000,00	
Darlehen	400.000,00	
Kurzfristige Schulden	**150.000,00**	
Verbindlichkeiten aus LL	150.000,00	
Eigenkapital (Reinvermögen)		**1.500.000,00**

Abb. 3-20: Gliederung des Inventars – Übersicht mit Beispielen

115

Die Inventur ist die Grundlage für das Aufstellen eines Inventars. Letzteres bildet die Basis für die Bilanzerstellung.

Inventur	Inventar	Bilanz
körperliche und wertmäßige Erfassung	Bestandsverzeichnis in Staffelform	Kurzgefasste Übersicht in Kontenform

Abb. 3-21: Inventur-Inventar-Bilanz

Der Zusammenhang zwischen Buchführung, Inventur, Inventar und Bilanz ist in ihrer zeitlichen Abfolge in Abbildung 3-22 dargestellt.

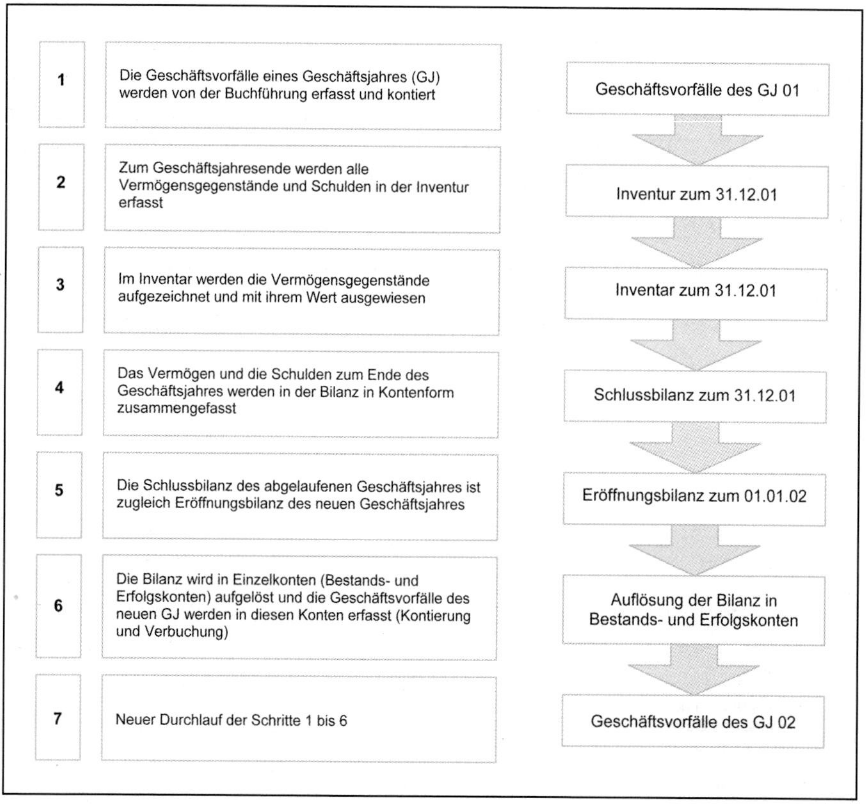

1	Die Geschäftsvorfälle eines Geschäftsjahres (GJ) werden von der Buchführung erfasst und kontiert	Geschäftsvorfälle des GJ 01
2	Zum Geschäftsjahresende werden alle Vermögensgegenstände und Schulden in der Inventur erfasst	Inventur zum 31.12.01
3	Im Inventar werden die Vermögensgegenstände aufgezeichnet und mit ihrem Wert ausgewiesen	Inventar zum 31.12.01
4	Das Vermögen und die Schulden zum Ende des Geschäftsjahres werden in der Bilanz in Kontenform zusammengefasst	Schlussbilanz zum 31.12.01
5	Die Schlussbilanz des abgelaufenen Geschäftsjahres ist zugleich Eröffnungsbilanz des neuen Geschäftsjahres	Eröffnungsbilanz zum 01.01.02
6	Die Bilanz wird in Einzelkonten (Bestands- und Erfolgskonten) aufgelöst und die Geschäftsvorfälle des neuen GJ werden in diesen Konten erfasst (Kontierung und Verbuchung)	Auflösung der Bilanz in Bestands- und Erfolgskonten
7	Neuer Durchlauf der Schritte 1 bis 6	Geschäftsvorfälle des GJ 02

Abb. 3-22: Die zeitliche Struktur der Jahresabschlusserstellung

Eine weitere sehr wichtige Voraussetzung für den Informationswert einer Bilanz bezieht sich auf die **Kontierung**. Um deren Bedeutung im Rahmen der ökonomischen Standortbestimmung eines Unternehmens mittels einer Bilanzanalyse aufzuzeigen, werden im Folgenden zunächst die Abläufe im Zuge der Kontierung und Verbuchung von Belegen sowie die Funktion und die Gestaltungsmöglichkeiten des Kontenrahmens dargestellt.

Jeder Beleg eines Geschäftsvorfalles wird in der Finanzbuchhaltung erfasst und jede einzelne Belegposition wird einem Konto zugeteilt, in dem sachähnliche Positionen zusammengefasst werden. Beispielsweise werden in einem Konto mit der Bezeichnung „Weinbehandlungsmittel" alle Rechnungspositionen verbucht, die im Zusammenhang mit der Beschaffung von Weinbehandlungsmitteln anfallen. Sind auf einem Beleg (z.B. der genannten Rechnung) weitere, diesem Konto nicht zuordenbare Positionen vorhanden, werden diese getrennt entsprechenden Konten zugewiesen (**Kontierung im eigentlichen Sinne**) und schließlich in das zugehörige Konto eingetragen (**Buchung**). Am Ende eines Geschäftsjahres enthält ein Konto dann alle ihm zugewiesenen Positionen. Diese sind im **Kontennachweis** für jedes Konto getrennt chronologisch aufgelistet.

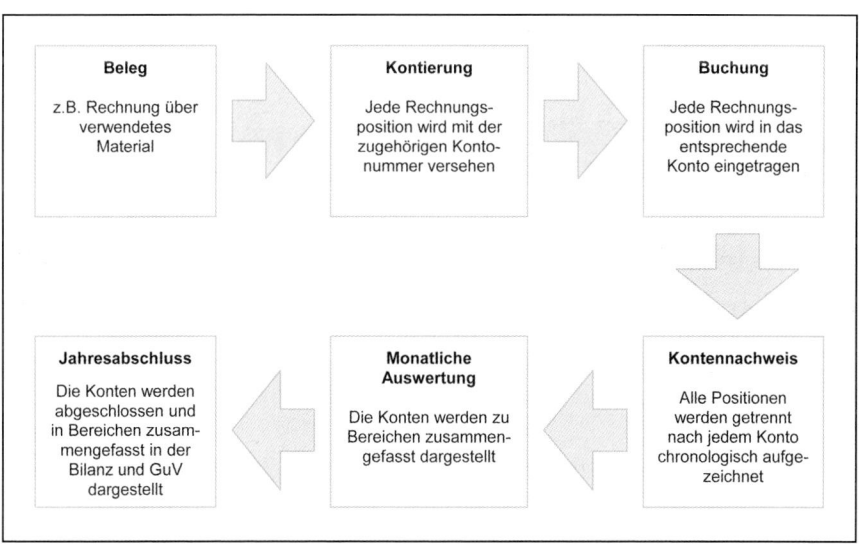

Abb. 3-23: Schematischer Ablauf der Kontierung und Buchung

Die verwendeten Konten sind im **Kontenrahmen** zusammengefasst. Der Kontenrahmen ist ein Organisations- und Gliederungsschema für das gesamte Rechnungswesen, ohne dass dieses in Form oder Struktur gesetzlich vorgeschrieben ist.

Kontenklasse: 4   Konten der Kostenarten

Kontengruppe: 40   Materialkosten und Spezialaufwand

Kontenart: 4000   Spezialaufwand

4010 Spezialaufwand Weinbau
4011 Saat- u. Pflanzgut
4015 Düngemittel
4023 Pflanzenschutz
4030 sonstiger Spezialaufwand Weinbau
4035 Neuanpflanzung Weinberge
4040 Spezialaufwand Kelterung
4050 Spezialaufwand Fassweinausbau
4051 Zucker, Anreicherung
4052 Schönungsmittel
4053 Weinbehandlungsmittel
4054 Filterschichten
4055 sonstige
4060 Spezialaufwand Flaschenfüllung u. Ausstattung
4061 Flaschenfüllung
4063 Flaschen
4064 Korken
4065 Weinprüfung
4066 Ausstattung
4067 Verpackung
4068 Sonderausstattung
4069 Sonstige
4070 Spezialaufwand Vertrieb
4071 Frachten, Transport
4072 Werbung
4074 Provisionen
4075 Bewirtung
4076 Proben
4077 Weinstand
4078 Präsentation
4079 Sonstige
4080 Sonstiger Spezialaufwand
4081 Sektproduktion
4082 Brennerei
4083 Straußwirtschaft
4090 Lohnarbeit, Maschinenmiete
4092 Dienstleistungen, Fremdarbeiten
4094 Treib- u. Schmierstoffe

Abb. 3-24: Gliederung des Kontenrahmens am Beispiel einer Kontenart

Ein Kontenrahmen gliedert sich üblicherweise in **Kontengruppen** und **Kontenarten**. Als grundsätzliche Gliederungsschemata stehen Standardkontenrahmen zur Verfügung.

Eine individuelle Auswertung setzt jedoch voraus, dass die Gliederung des Kontenrahmens auf der Ebene der Konten nach den unternehmensindividuellen Rahmenbedingungen und Auswertungszielen gestaltet wird. Der Arbeitsaufwand, der mit der Erstellung und später mit einer der Gliederung entsprechenden Buchung einhergeht, wäre aus rein datenverwaltungstechnischen Gründen nicht zu rechtfertigen. Sinn dieser individuellen Erfassung muss es sein, im Rahmen einer nachträglichen Analyse nachvollziehen zu können, wo und welche Kontenbewegungen in welchem Umfang stattgefunden haben. Beispielsweise soll eine Betriebsabrechung Informationen über Aufwendungen und Erträgen getrennt nach Betriebsbereichen liefern. Dies ist nur möglich, wenn alle Belege, z.B. über Materialeinsatz, getrennt nach Bereichen kontiert und gebucht werden. Bereits an diesem vergleichsweise simplen Beispiel wird deutlich, dass der Kontenrahmen eine möglichst detaillierte, an den Auswertungszielen der Unternehmensführung orientierte Gliederung aufweisen muss. Mit zunehmendem Detaillierungsgrad des Kontenrahmens werden sowohl die Buchführung, als auch die Auswertung aufwändiger. Dementsprechend soll der Kontenrahmen auf der einen Seite, am Auswertungsziel gemessen, ausreichend detailliert gegliedert sein (so fein wie nötig), auf der anderen Seite ist darauf zu achten, dass die Handhabbarkeit dieses Instrumentariums nicht durch zu große Komplexität behindert wird (so grob wie möglich).

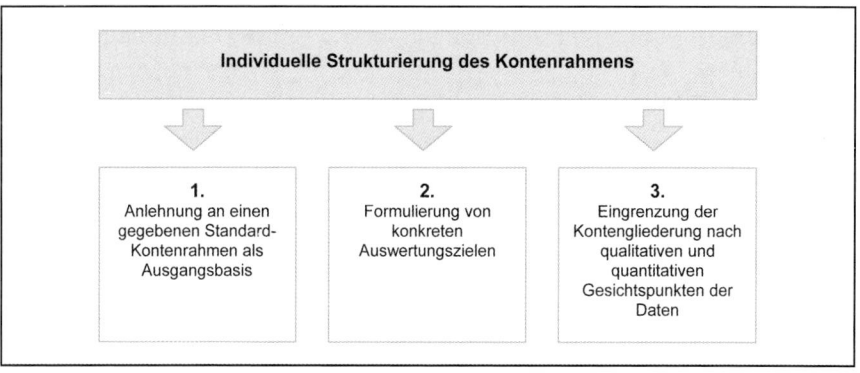

Abb. 3-25: Kriterien der individuellen Erstellung eines Kontenrahmens

Die Entwicklung eines auf die individuellen Belange eines Unternehmens zugeschnittenen Kontenrahmens bezieht sich sinnvoller Weise zunächst auf ein gegebenes Standardschema, das in weiteren Schritten angepasst wird. Die Anpassung richtet sich in erster Linie an den Auswertungszielen der Daten, darf aber die wirtschaftliche Handhabbarkeit nicht vernachlässigen. Dies bedeutet, dass Positionen wegen ihrer qualitativen und/ oder quantitativen Bedeutung für die Entscheidungsrelevanz eigene Konten erhalten. Positionen, bei denen diese Kriterien weniger zutreffen, können in geeignete Konten zusammenfasst werden.

Ein **individualisierter Kontenrahmen** ist als Datengrundlage ausschließlich für betriebswirtschaftliche Analysen eines Unternehmens sinnvoll. Deshalb muss die Initiative für die Anpassung auch von den Entscheidungsträgern innerhalb des Unternehmens ausgehen. Die GoB verlangen diese Anpassungen nicht. Der Jahresabschluss als Steuerbemessungsgrundlage fordert keine Anpassung an individuelle Rahmenbedingungen, denn eine Umstrukturierung des Kontenrahmens hat keinen Einfluss auf die Inhalte, sondern nur auf deren Darstellung im Detail. Zweck der Anpassung ist alleine die Erhöhung des Informationsgehaltes der Daten, die obligatorisch im Rahmen der Finanzbuchhaltung erfasst werden.

Voraussetzung für die Aussagefähigkeit der Auswertung ist, dass die **Belege** den Konten korrekt, d.h. **sachrichtig zugeordnet** werden. In der Praxis ist dies besonders dann schwierig, wenn branchenspezifische Sachkenntnisse für die richtige Zuordnung notwendig sind. Beispielsweise erschließt sich für eine Buchhaltungsfachkraft der Unterschied zwischen einem Weinbehandlungsmittel (Bereich Keller) und einem Pflanzenschutzmittel (Bereich Weinberg) nicht zwangsläufig aus den Belegen, die für die Kontierung Grundlage sind. Eine sachlich nicht richtige Kontierung schränkt das spätere Auswertungsergebnis in seiner Aussagefähigkeit ebenso ein wie eine aufgeblähte Position „Sonstiges". Diese Konten, die in jeder Kontenklasse dazu dienen sollen, unbedeutende und nicht eindeutig zuordenbare Positionen auszuweisen, werden in der Praxis allzu oft als „Ablage" benutzt für aus Unkenntnis nicht korrekt kontierbare Belegpositionen.

In Unternehmen, die alle Aufgaben der Buchführung in eigener Regie durchführen, ist eine Einweisung der entsprechenden Mitarbeiter in die Terminologie der Branche notwendig. Für Unternehmen, deren Finanzbuchhaltung von einem Steuerberatungsbüro geführt wird, hat es sich als zweckmäßig erwiesen, dass die Vorkontierung, d.h. die Kennzeichnung der Belegepositionen mit den entsprechenden Kontennummern, durch einen Mitarbeiter des Unternehmens durchgeführt wird. Die Buchung, die Belegverwaltung und alle weiteren Schritte der Finanzbuchhaltung bis zur Erstellung monatlicher Auswertungen und des Jahresabschlusses können an externe Büros abgegeben werden. Durch dieses Vorgehen ist sichergestellt, dass alle Daten im Hinblick auf eine sinnvolle Nutzung korrekt gebucht werden. Außerdem reduziert sich die zeitliche Belastung des Unternehmens für Verwaltungsaufgaben. Das Hauptaugenmerk kann auf die Analyse und Interpretation der ausgewerteten Informationen gelegt werden.

Die Aufgaben eines Steuerberaters beschränken sich im Idealfall nicht nur auf die Erstellung des Jahresabschlusses, sondern werden für kleinere Unternehmen erweitert, um die Informationsaufbereitung und Bereitstellung von Analysedaten, die zur kontrollierten Unternehmensführung notwendig sind. Ab welcher Unternehmensgröße sich die Integration der Finanzbuchführung in das eigene Unternehmen lohnt, hängt von der Organisation dieses Bereichs und von der Verfügbarkeit geeigneter Mitarbeiter ab. Im Sinne einer Konzentration auf die eigentlichen unternehmerischen Aufgaben, insbesondere der marketingstrategischen Schwerpunktbildung, ist in KMU eine Auslagerung der Finanzbuchhaltung zu empfehlen, sofern man auf eine externe professionelle Dienstleistung zurückgreifen kann, die verlässliche und entscheidungsorientiert aufbereitete Informationsgrundlagen liefert.

3.4.1.4 Aufbereitung der Bilanz unter Berücksichtigung von Bewertungsspielräumen

Die Bilanz wird hier in ihrer Funktion als Grundlage für eine ökonomische Standortbestimmung behandelt. Im Mittelpunkt steht die interne Bilanz für Informationszwecke für den Unternehmer bzw. die Entscheidungsträger. Außenstehenden ist sie nicht zugänglich. Vor allem in KMU wird jedoch i.d.R. nur eine Bilanz erstellt, ohne zwischen einem internen und einem externen Jahresabschluss zu unterscheiden.

Die Bilanz dient folglich nicht nur der Information der Unternehmensführung, sondern sie muss auch die Aufgaben erfüllen, die der Gesetzgeber mit der Bilanz verbindet. Der Jahresabschluss stellt die wirtschaftliche Situation des Unternehmens gegenüber den externen Interessengruppen dar, insbesondere den Gläubigern, Gesellschaftern und den Finanzbehörden. Alle extern am Unternehmen Beteiligten haben ein Interesse daran, dass die Leistungsfähigkeit des Unternehmens möglichst realistisch abgebildet wird. Der Gläubiger im Hinblick auf die Erhaltung der Haftungssubstanz, der Gesellschafter hinsichtlich der mittel- und langfristigen Gewinnausschüttung und der Staat mit Blick auf die Besteuerung der Gewinne.

Der Gesetzgeber fordert die Darstellung der Vermögens- und Schuldensituation eines Unternehmens zum Schutz dieser Interessengruppen. Diese Schutzaufgabe schlägt sich im **Grundsatz der „kaufmännischen Vorsicht"** nieder, der die Bewertung von Vermögensgegenständen in der Bilanz beherrscht. Hintergrund des Vorsichtsprinzips ist es, die wirtschaftliche Situation eines Unternehmens im Sinne von Interessensgruppen, die keinen direkten Zugriff auf das Unternehmen haben, nicht zu optimistisch darzustellen, um so zu vermeiden, dass für Externe ein falsches Bild vom Unternehmen entsteht.

Das Vorsichtsprinzip ist Basis für eine Reihe von Bewertungsprinzipien, die im Interesse der o.g. externen Beteiligten obere Grenzen für die Bewertung von Vermögen und untere Grenzen für die Bewertung von Schulden festlegen. Dadurch wird sichergestellt, dass die wirtschaftliche Lage eines Unternehmens durch die Überbewertung von Vermögensgegenständen und/ oder durch die Unterbewertung von Positionen des Fremdkapitals für Außenstehende nicht optimistischer dargestellt wird, als sie tatsächlich ist.

Vor der Behandlung von Bewertungsprinzipien soll kurz auf die Bedeutung der Bewertungsspielräume für die ökonomische Analyse eines Unternehmens eingegangen werden. Bewertungsspielräume haben einen nennenswerten Einfluss auf die Abbildung der wirtschaftlichen Situation und müssen daher bei einer Bilanzanalyse Berücksichtigung finden. Aufgabe des Unternehmers ist es, diese **Bewertungsspielräume**, die innerhalb des Jahresabschlusses genutzt werden können, zu interpretieren und ggf. vor der Auswertung zu bereinigen. Dies hat zur Konsequenz, dass der Jahresabschluss aufbereitet werden muss, indem bilanzpolitische Maßnahmen beseitigt, bzw. rückgängig gemacht werden, um unverfälschte Auswertungsergebnisse zu erhalten. Alle Bilanzpositionen, für die Bewertungsspielräume genutzt wurden, sind mit Wertkorrekturen in eine eigene, nur für den Zweck der Unternehmensanalyse erstellten Bilanz zu übernehmen.

In der Praxis sind diesen Korrekturen jedoch Grenzen gesetzt. Zum einen sprengt die Prüfung aller Positionen einen akzeptablen Zeitumfang, d.h. man beschränkt sich auf quantitativ bedeutende Korrekturen. Zum anderen ist die Bestimmung des Wertes eines Wirtschaftsgutes objektiv nicht uneingeschränkt möglich. Sonst würden diese Bewertungsspielräume nicht existieren. Der Wert eines Gutes ist abhängig von der Situation und von den Entscheidungsalternativen hinsichtlich der Verwendung des Gutes. Der Wert muss von dem Ziel abhängig gemacht werden, das mit dem Wirtschaftsgut verfolgt wird, sowie von dessen Nutzen.

Um die wichtigsten Bilanzpositionen herausstellen zu können, die für eine Korrektur relevant sind, wird im Folgenden auf die wesentlichsten **Bewertungsprinzipien** bzw. Bilanzierungsvorschriften eingegangen.

Das übergeordnete Prinzip nach HGB ist das Vorsichtsprinzip. Daraus leiten sich vier weitere Bewertungsprinzipien ab. Das **Realisationsprinzip** fordert, dass Gewinne und Verluste erst dann im Jahresabschluss ausgewiesen werden dürfen, wenn sie durch den Umsatzprozess tatsächlich eingetreten sind. Eine Vorwegnahme von Möglichkeiten der Gewinnrealisierung ist ausgeschlossen, ebenso wie Wertsteigerungen von Vermögensgegenständen über die Anschaffungs- bzw. Herstellkosten hinaus. Das **Imparitätsprinzip** schränkt das Realisationsprinzip dahingehend ein, dass Verluste bereits dann auszuweisen sind, wenn sie sich abzeichnen. Das **Niederstwertprinzip** schließlich besagt, dass

Vermögensgegenstände bei möglichen alternativen Wertansätzen (z.b. Anschaffungskosten oder Marktpreis) jeweils mit dem niedrigeren Wert anzusetzen sind. Das **Höchswertprinzip** gilt analog zu dem Niederstwertprinzip für Verbindlichkeiten.

Aufbauend auf diesen Prinzipien existieren eine Reihe von **Bewertungsvorschriften**. Auf die wichtigsten wird hier eingegangen. Gegenstände des Anlagevermögens sind höchstens mit Anschaffungs- bzw. Herstellkosten anzusetzen. Ist die Nutzung zeitlich begrenzt, sind sie um planmäßige Abschreibungen zu vermindern. Treten außergewöhnliche Wertminderungen ein, können diese durch außergewöhnliche Abschreibungen berücksichtigt werden.

Für Gegenstände des Umlaufvermögens sind ebenfalls maximal die Anschaffungs- bzw. Herstellkosten anzusetzen. Ist zum Bilanzstichtag der aus Börsenbzw. Marktpreisen abgeleitete Wert bekannt, so ist der tiefere Wert anzusetzen. Ein niedrigerer Wert ist als Ansatz auch dann möglich, wenn die kaufmännische Vorsicht einen solchen empfiehlt. Gleiches gilt für Positionen der Passiva. Die Höhe von Rückstellungen ist auf Basis vernünftiger kaufmännischer Beurteilung zu bewerten. Verbindlichkeiten sind mit dem Rückzahlungsbetrag auszuweisen.

Bewertungsvorschriften bzw. -wahlrechte können dazu führen, dass in der Bilanz ausgewiesene Positionen einen nach objektiven Maßstäben gemessenen tatsächlich höheren Wert besitzen (Unterbewertung in der Bilanz = stille Reserve) oder aber einen tieferen Wert als ausgewiesen (Überbewertung in der Bilanz). Die Begrenzung der Aktivierung von Anlagevermögen auf Anschaffungs- bzw. Herstellkosten kann z.b. dazu führen, dass Grundstücke oder Rebflächen mit dem Kaufpreis, der ehemals zu entrichten war, in der Bilanz angesetzt sind. Der aktuelle Wert von Grund und Boden weicht jedoch oft nennenswert vom angesetzten Wert ab. Wurden Teile der Grundstücke in der Zwischenzeit als Bauland ausgewiesen, kann der tatsächliche Wert den entsprechenden Bilanzwert um eine Vielfaches übersteigen. Auf der anderen Seite haben Rebflächen z.T. deutlich an Wert verloren. Diese Position wäre dann in der Bilanz überbewertet. Gegenstände des Anlagevermögens, die einem Werteverzehr unterliegen und demnach planmäßig abgeschrieben werden müssen, können im zeitlichen Verlauf ebenfalls deutlich vom Buchwert abweichen. Einerseits werden z.b. Maschinen deutlich länger genutzt, als die im Abschreibungsplan vorgesehene übliche Nutzungsdauer von beispielsweise 10 Jahren, insbesondere bei der Nutzung steuerlich möglicher Sonderabschreibungen (Unterbewertungen). Andererseits können die Wiederbeschaffungskosten für eine Ersatzmaschine auf aktuellem technischen Stand deutlich über den Anschaffungskosten einer aktivierten Anlage liegen. Unter Berücksichtigung einer notwendigen Ersatzbeschaffung ist somit das Vermögen des Unternehmens kleiner, als in der Bilanz ausgewiesen (Überbewertungen). Auch die Gegenstände des Umlaufvermögens können einer Über- oder Unterbewertung unterliegen. Insbesondere unfertige und fertige Erzeugnisse (z.b. Fasswein und Flaschenwein) müssen mit dem aktuellen Marktpreis bewertet werden.

Eine realistische Darstellung der wirtschaftlichen Lage eines Unternehmens ist nur möglich, wenn die Bilanz für interne Zwecke um alle wesentlichen sich aus Bewertungswahlrechten oder Bewertungsvorschriften ergebenden Über- bzw. Unterbewertungen bereinigt wird. Diese Wertkorrekturen beziehen sich auf steuerliche Sonderabschreibungen, aus steuerlichen Gründen unterlassene Zuschreibungen und auf sonstige Über- bzw. Unterbewertungen.

Wertkorrekturen des Eigenkapitals sind insbesondere notwendig, wenn in nennenswertem Umfang Entnahmen und Einlagen getätigt wurden. Entnahmen und Einlagen verändern die Eigenkapitalbildung des Unternehmens unmittelbar. Die tatsächlichen ökonomischen Konsequenzen für das Unternehmen hängen davon ab, ob durch Entnahmen dem Unternehmen auf Dauer Vermögen entzogen wird (z.B. durch Entnahmen für Konsumzwecke des Eigentümers), oder ob die Entnahmen zu einem späteren Zeitpunkt zur Wiedereinlage vorgesehen sind (Entnahme aus finanztechnischen Gründen). In letzterem Fall steht dem Unternehmen das gesamte Vermögen für die mittel- und langfristige unternehmerische Tätigkeit zur Verfügung, auch wenn es formal um den Wert der Entnahmen verringert ist. Gleiches gilt umgekehrt auch für den Fall von Einlagen. Entnahmen und Einlagen sind demzufolge dahingehend zu prüfen und zu unterscheiden, ob sie das Vermögen des Unternehmens tatsächlich auf Dauer verringern bzw. erhöhen, oder ob sie aus finanztechnischen Überlegungen, z.B. zum Zweck der Geldanlage, nur vorübergehend das Vermögen verändern. Diese Überlegungen sind insbesondere für Einzelunternehmen und Personengesellschaften von Bedeutung, die ihr Einkommen aus den Gewinnen des Unternehmens beziehen und Entnahmen für Ausgaben des privaten Lebensunterhalts, bzw. aus dem Privatvermögen Einlagen zur Finanzierung des Unternehmens tätigen.

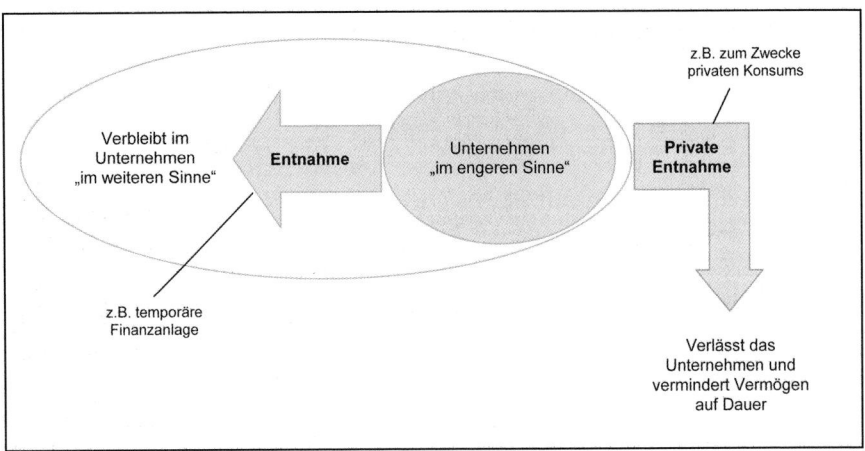

Abb. 3-26: Die Bewertung von Entnahmen und Einlagen im Familienunternehmen

Wie oben erwähnt, sind der Korrektur der Bilanz für interne Zwecke Grenzen gesetzt, insbesondere im hohen zeitlichen Aufwand, mit dem eine Bereinigung der Bilanz verbunden ist. Zudem ist die objektive Bewertung von Vermögensgegenständen keine triviale Aufgabe. Daraus folgt, dass sich in der Realität Korrekturen der Bilanz auf die wichtigsten Positionen konzentrieren müssen. In bestimmten Situationen, wie bei externen Bilanzanalysen, ist man dazu gezwungen, die Bilanz in gegebener Form als Basis einer Unternehmensanalyse zu verwenden. In diesen Fällen muss man sich des zu erwartenden Fehlerpotenzials in der Auswertung bewusst sein und die Ergebnisse einer kritischen Prüfung unterziehen. In den wenigsten Fällen verzerren Bewertungsspielräume alleine das Abbild der wirtschaftlichen Lage so stark, dass sich das Ergebnis nicht sinnvoll interpretieren ließe. Detailliertere Auswertungen, insbesondere die Erfolgsursachenanalysen, können durch unberücksichtigte Korrekturen in ihrer Aussagefähigkeit stark eingeschränkt werden.

3.4.2 Die Gewinn- und Verlustrechnung

3.4.2.1 Aufgaben der Gewinn- und Verlustrechnung

Während in der Bilanz das Vermögen dem Kapital einer Periode gegenübergestellt wird, weist die Gewinn- und Verlustrechung alle **Erträge und Aufwendungen** einer Abrechnungsperiode (eines Geschäftsjahres) aus. Aus dem Saldo sämtlicher Erträge und Aufwendungen ergibt sich der Periodenerfolg des Unternehmens. Die Gewinn- und Verlustrechung ist die **Erfolgsrechnung innerhalb des Jahresabschlusses.**

Die Gewinn- und Verlustrechung grenzt den Erfolg einer Abrechnungsperiode ab, d.h. sie erfasst nur Erträge und Aufwendungen, die in einer Periode verursacht worden sind. Aus- bzw. Einzahlungen, die im entsprechenden Geschäftsjahr angefallen sind, die jedoch einen Aufwand bzw. Ertrag in einer früheren bzw. nachfolgenden Periode bedeuten, werden nicht in der Gewinn- und Verlustrechung berücksichtigt, sondern in die Positionen der Rechnungsabgrenzung der Bilanz übernommen.

3.4.2.2 Gliederung der Gewinn- und Verlustrechnung

Für die Gewinn- und Verlustrechung sind grundsätzlich zwei alternative Gliederungsstrukturen möglich: das Gesamtkostenverfahren oder das Umsatzkostenverfahren. Aus kostenrechnerischer Sicht bietet das Umsatzkostenverfahren gewisse Vorteile. Der Unterschied beider Verfahren liegt in der Behandlung der Bestandsveränderungen. In der deutschen Rechnungslegung spielt das Umsatzkostenverfahren eine untergeordnete Rolle. Im Folgenden beschränken sich die Ausführungen auf das Gesamtkostenverfahren.

Der Jahresüberschuss/Jahresfehlbetrag ergibt sich durch Saldierung aller Ertrags- und aller Aufwandspositionen. Bei Kapitalgesellschaften wird davon ausgehend der Bilanzgewinn ermittelt, unter Berücksichtigung von Gewinn- bzw. Verlustvortrag und Entnahmen/Zuführungen aus bzw. in die Gewinnrücklagen.

Gliederungsschema der Gewinn- und Verlustrechnung (GuV)	
1	Umsatzerlöse
2	Bestandsveränderungen
3	Sonstige betriebliche Erträge
4	Materialaufwand
5	Personalaufwand
6	Abschreibungen
7	Sonstige betriebliche Aufwendungen
8	Erträge aus Finanzanlagen
9	Sonstige Zinsen u. ähnliche Erträge
10	Zinsen u. ähnliche Aufwendungen
11	Außerordentliche Erträge
12	Außerordentliche Aufwendungen
13	Sonstige Steuern
14	Jahresüberschuss

Abb. 3-27: Gliederungsschema der Gewinn- und Verlustrechnung

Produktion und Verkauf stimmen innerhalb eines Geschäftsjahres üblicherweise nicht miteinander überein, d.h. es kommt zum Bilanzstichtag zu Lagerbestandsveränderungen. Beim Gesamtkostenverfahren werden Bestandserhöhungen den Erträgen zugerechnet, wobei die Bestände mit Herstellkosten bewertet werden.

3.4.2.3 Aufbereitung der Gewinn- und Verlustrechnung

Die Gewinn- und Verlustrechnung ist die Erfolgsrechnung innerhalb des Jahresabschlusses. Durch die Gegenüberstellung von Erträgen und Aufwendungen gibt sie Aufschluss über die Entstehung des Erfolges. Damit ist die Gewinn- und Verlustrechnung im Zuge der Erfolgsursachenanalyse eine bedeutende Informationsgrundlage.

Voraussetzung ist, dass die Informationen in übersichtlicher und aussagefähiger Form zur Verfügung stehen. Die gesetzlich vorgeschriebenen Mindestgliederungsschemata sind nur begrenzt tauglich. Deshalb ist es notwendig und mit vertretbarem Aufwand möglich, die Gewinn- und Verlustrechnung im Sinne eines aussagefähigen Informationsinstruments aufzubereiten.

Ein erster Schritt zur deutlichen Veranschaulichung der Erfolgsentstehung ist die Ergänzung der Gewinn- und Verlustrechnung um sinnvolle Zwischensummen. Diese liefern betriebswirtschaftliche Kennzahlen und erlauben einen schnellen Überblick über die Determinanten des Unternehmenserfolgs. Zudem ermöglicht eine tiefergehende Untergliederung eine klarere Abgrenzung zwischen Aufwendungen und Erträgen, die unmittelbar mit dem betrieblichen Leistungsprozess zusammenhängen, und tendenziell betriebsfremden bzw. neutralen Ertrags- und Aufwandspositionen. Für die Erfolgsursachenanalyse und spätere erfolgsorientierte Steuerung eines Unternehmens ist es wichtig zu erkennen, welchen Erfolgsbeitrag die eigentlichen betrieblichen Tätigkeiten leisten.

Der **Betriebsertrag** setzt sich aus den Positionen Umsatzerlöse, Bestandsveränderungen, andere aktivierte Eigenleistungen und sonstigen betrieblichen Erträgen zusammen. Diese Positionen sind getrennt ausgewiesen.

Zu den Umsatzerlösen gehören die Erlöse aus dem Verkauf von Produkten und Waren, Zwischenprodukten und Dienstleistungen. Unter die Umsatzerlöse fallen auch die verrechneten Transportkosten und sonstigen Erlöse. Vermindert wird die Position durch Erlösschmälerungen, wie gewährte Rabatte und Skonti.

Bestandsveränderungen betreffen fertige und unfertige Erzeugnisse. Bestandsveränderungen entstehen, wenn in einem Geschäftsjahr mehr bzw. weniger produziert als abgesetzt wurde. Die Bewertung der Erzeugnisse erfolgt zu Herstellkosten. Veränderungen der Position „Bestandsveränderungen" entstehen nicht nur durch Variation der Mengen. Sie resultieren auch aus veränderten Wertansätzen, wie die Aufdeckung von Unterbewertungen gelagerter Erzeugnisse oder durch deren Abwertung in Folge einer Anpassung an den niedrigeren Marktpreis.

Werden Erträge z.B. aus Versicherungsentschädigungen, aus Beihilfen oder durch Eigenverbrauch von Erzeugnissen erzielt, sind diese unter der Position „sonstige betriebliche Erträge" auszuweisen. Hierunter fallen auch Erträge durch Auflösung von Rückstellungen oder Sonderposten mit Rücklageanteil.

Betriebsertrag			
1. Umsatzerlöse			
04030	Trauben, Maische	10.000,00	
04040	Wein in Flaschen 1,0 l	300.000,00	
04041	Wein in Flaschen 0,75 l	590.000,00	
04042	Sekt	30.000,00	
04050	Verrechnete Transportkosten	5.000,00	
04060	Sonstige Erlöse	25.000,00	
04070	Gewährte Skonti	- 42.000,00	918.000,00
2. Bestandsveränderungen			
04800	Fertige Erzeugnisse	30.000,00	
04801	Unfertige Erzeugnisse	25.000,00	55.000,00
3. Sonstige betriebliche Erträge			
04600	Eigenverbrauch Wein	4.000,00	
04610	Erträge – Auflösung Rückstellungen	2.000,00	
04620	Erträge – Auflösung Sonderposten mit Rücklageanteil	30.000,00	
04630	Versicherungsentschädigungen	3.000,00	
04640	Betriebsbeihilfen	1.000,00	40.000,00
Betriebsertrag			1.013.000,00

Abb. 3-28: Gliederung des Betriebsertrags – Übersicht mit Beispielen

Betriebsaufwand		
4. Materialaufwand		
05010	Pflanz- u. Saatgut	3.300,00
05020	Düngemittel	2.800,00
05030	Sonstiger Spezialaufwand Weinbau	2.200,00
05040	Anreicherung	5.000,00
05050	Schönung, Filter	25.500,00
05060	Flaschen, Korken, Etikette	147.200,00
05070	Preislisten	7.000,00
05080	Proben	2.000,00
05090	Zukauf Fasswein, Trauben	105.000,00	300.000,00
5. Personalaufwand		
06050	Löhne	35.000,00
06060	Gehälter	11.000,00
06070	Aushilfslöhne	15.000,00
06080	Lohnsteuer für Aushilfen	1.000,00
06110	Gesetzliche soziale Aufwendungen	7.500,00
06120	Berufsgenossenschaft	4.000,00
06030	Freiwillige soziale Aufwendungen	1.300,00
06050	Sonstige Personalkosten	200,00	75.000,00
6. Abschreibungen		
06200	Abschreibungen auf immaterielle Vermögensggst.	0,00
06210	Abschreibungen auf Sachanlagen	110.000,00
06220	Abschreibungen auf geringwertige Wirtschaftsgüter	10.000,00
06230	Abschreibungen auf Umlaufvermögen	0,00	120.000,00
7. Sonstige betriebliche Aufwendungen		
06320	Raumkosten	15.000,00
06500	Fahrzeugkosten	20.000,00
06550	Reisekosten	3.400,00
06600	Andere betriebliche Aufwendungen	100.000,00	138.400,00
Betriebsaufwand		633.400,00

Abb. 3-29: Gliederung des Betriebsaufwands – Übersicht mit Beispielen

Der **Betriebsaufwand** umfasst die Positionen Materialaufwand, Personalaufwand, Abschreibungen und sonstiger betrieblicher Aufwand. Der Materialaufwand umfasst alle Aufwendungen, die durch Materialeinsatz in allen Betriebsbereichen entstehen.

Der Personalaufwand setzt sich aus den Löhnen und Gehältern sowie den Aushilfslöhnen zusammen und enthält darüber hinaus alle gesetzlichen und freiwilligen Lohnnebenkosten, Sozialleistungen, Beiträge zur Berufsgenossenschaft sowie sonstige Personalkosten.

Abschreibungen sind ein Ansatz, der den durch Werteverzehr entstehenden Aufwand berücksichtigt. Der Werteverzehr entsteht durch die Nutzung von Vermögensgegenständen des Anlagevermögens, des Umlaufvermögens sowie von geringwertigen Wirtschaftsgütern (GWG). Auch immaterielle Vermögensgegenstände können einem Wertverlust unterliegen und müssen entsprechend abgeschrieben werden.

Die Position „Sonstige betriebliche Aufwendungen" fasst alle Aufwendungen zusammen, die im Rahmen der betrieblichen Tätigkeit anfallen und für die Aufrechterhaltung des Betriebsprozesses notwendig sind, wie Raum-, Fahrzeug- und Reisekosten.

Setzt man von der Summe aller betrieblichen Erträge (Betriebsertrag) den gesamten Betriebsaufwand ab, erhält man als Zwischensumme das **Betriebsergebnis**, das als Ergebnis der eigentlichen betrieblichen Leistungserstellung interpretiert werden kann.

Betriebsergebnis = Betriebsertrag - Betriebsaufwand

Abb. 3-30: Betriebsergebnis

Zieht man vom Betriebsertrag ausschließlich den Materialaufwand ab, erhält man das **Rohergebnis**. Diese Zwischensumme ist begrenzt aussagefähig und gibt im zwischenbetrieblichen Vergleich z.B. Auskunft über die Materialintensität eines Unternehmens.

Rohergebnis = Betriebsertrag - Materialaufwand

Abb. 3-31: Rohergebnis

132

Betriebsfremde Erträge und Aufwendungen resultieren im Wesentlichen aus Finanzaktivitaten des Unternehmens. Erträge werden durch Beteiligungen an anderen Unternehmen erzielt, durch Wertpapiere sowie durch Zinsen und ähnliche Erträge, wie z.b. Zinszuschüsse. Aufwendungen entstehen durch Abschreibungen auf Finanzanlagen und Wertpapiere sowie durch Zinsen und ähnliche Aufwendungen. Diese Geschäftsvorfälle sind zur Aufrechterhaltung der Leistungsprozesse notwendig, stehen aber nicht in unmittelbarem Zusammenhang. Sie werden deshalb als betriebsfremd bezeichnet. Als Saldo aus Finanzerträgen und Finanzaufwendungen ergibt sich das **betriebsfremde Ergebnis** bzw. das **Finanzergebnis**.

Finanzergebnis = Betriebsfremde Erträge (Finanzerträge) - Betriebsfremde Aufwendungen (Finanzaufwand)

Abb. 3-32: Finanzergebnis

Alle bisher aufgeführten Ertrags- und Aufwandspositionen entstehen durch die gewöhnlichen Tätigkeiten des Unternehmens. Das Betriebsergebnis und das Finanzergebnis können deshalb zum **Ergebnis der gewöhnlichen Geschäftstätigkeit** zusammengefasst werden. Diese Position grenzt die durch gewöhnliche Tätigkeiten anfallenden Erträge und Aufwendungen von den außerordentlichen Erträgen und Aufwendungen ab. Fasst man letztere zusammen, erhält man das **außerordentliche Ergebnis**.

Um den **Jahresüberschuss/Jahresfehlbetrag** zu ermitteln, müssen noch die Steuern berücksichtigt werden. Diese setzen sich zum einen aus Steuern von Einkommen und Ertrag zusammen. Zu den Einkommenssteuern zählen Körperschaftssteuer incl. Kapitalertragssteuer, zu den Ertragssteuern die Gewerbeertragssteuer. Zum anderen umfasst die Steuerposition die sonstigen Steuern, wie Vermögens- und Grundsteuer, sowie Kraftfahrzeug-, Mineralöl-, Umsatz- und Versicherungssteuer. Andere Steuern und Abgaben, wie Eingangszölle, sind in den Anschaffungskosten enthalten und als Aufwand anteilig in den Abschreibungen für den jeweiligen Vermögensgegenstand enthalten.

In **Personengesellschaften** und **Einzelunternehmen** errechnet sich der Jahresüberschuss/Jahresfehlbetrag als Saldo aus dem Ergebnis der gewöhnlichen Geschäftstätigkeit, dem außerordentlichen Ergebnis und dem Gesamtbetrag der Steuern, bzw. als Differenz sämtlicher Ertrags- und Aufwandspositionen. In **Kapitalgesellschaften** ist der Jahresüberschuss/Jahresfehlbetrag vom Bilanzgewinn/Bilanzverlust zu unterscheiden.

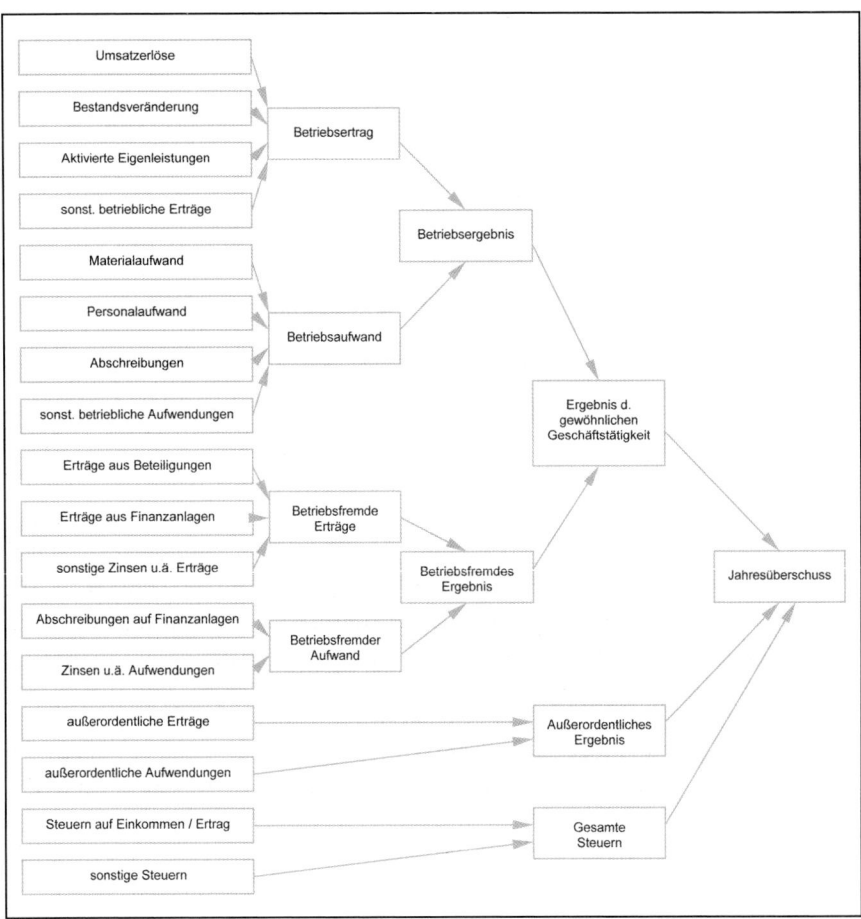

Abb. 3-33: Gliederung der Erfolgsrechnung

Den Bilanzgewinn/-verlust erhält man, wenn der Jahresüberschuss/Jahresfehlbetrag um den Gewinn- bzw. Verlustvortrag aus dem Vorjahr und ggf. um Entnahmenaus den oder Einstellungen in die Gewinnrücklagen bereinigt wird. Die Geschäftsführung eines Unternehmens entscheidet im Rahmen der gesetzlichen Vorschriften über die Teile des Jahresüberschusses/Jahresfehlbetrages, die den Gewinnrücklagen zugeführt werden. Zudem kann der Jahresüberschuss um einen Verlustvortrag aus dem Vorjahr vermindert, oder aber durch Entnahmen aus den Gewinnrücklagen des Vorjahres erhöht werden.

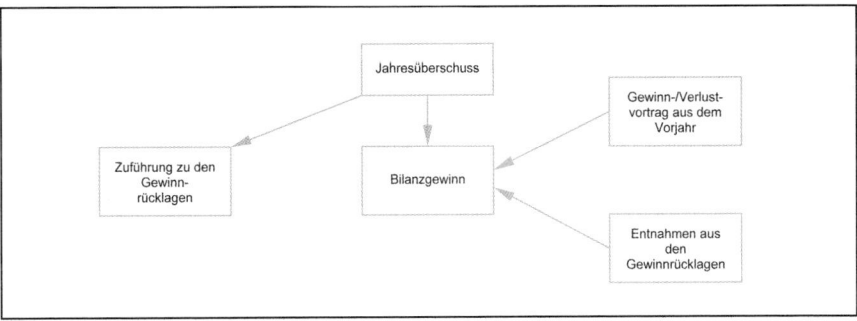

Abb. 3-34: Ermittlung des Bilanzgewinns bei Kapitalgesellschaften

Der Bilanzgewinn ist somit der **verteilungsfähige Gewinn.** Dieser kann größer oder kleiner sein als der Jahresüberschuss/Jahresfehlbetrag, je nachdem ob Gewinne früherer Jahre zur Ausschüttung kommen bzw. Verluste früherer Perioden ausgeglichen oder Rücklagen gebildet werden. Auf diese Zusammenhänge ist besonders zu achten, wenn im Zuge der Erfolgsanalyse durch die Berechnung von Kennzahlen die Erfolgs- bzw. Rentabilitätssituation eines Unternehmens dargestellt werden soll. Kennzahlen können durch bestehende Unklarheiten über die Entstehung und Verwendung des Gewinns in ihrer Aussagefähigkeit beeinträchtigt werden.

Wie oben erläutert, dient die Bildung von Zwischensummen in erster Linie der Übersichtlichkeit und **Veranschaulichung der Entstehung des Unternehmenserfolgs.** Eine weitergehende Gliederung der Gewinn- und Verlustrechnung ist möglich, wenn die Erträge und Aufwendungen detaillierter aufgelöst und darüber hinaus nach Erfolgseinheiten bzw. Betriebsbereichen getrennt dargestellt werden. In der Regel liegen Daten in einem hierfür notwendigen Detaillierungsgrad nicht im Rahmen des Jahresabschlusses vor und bedürfen einer intensiveren Aufbereitung. Als Ergebnis erhält man ein Instrument der Unternehmensanalyse, das einen sehr schnellen Einblick in die Ursachen des Erfolges bzw. Misserfolges eines Unternehmens erlaubt, besonders wenn man die Darstellung in einen zwischenbetrieblichen Vergleich integriert. Eine eingehende Darstellung dieses Instrumentariums ist Gegenstand von Kapitel 3.5.2.3.2.

3.4.3 Anhang und Lagebericht im Jahresabschluss

Aus den Bewertungsspielräumen und Gewinnverwendungsmöglichkeiten bei Kapitalgesellschaften wird deutlich, dass Informationen, die auf Basis des Jahresabschlusses gesammelt werden können, in ihrer Aussagefähigkeit v.a. für externe Beteiligte oder Analysten begrenzt sind. Anhang und Lagebericht haben die Aufgabe, die Informationslücken durch ergänzende Erläuterungen zu schließen, und sind nur für Kapitalgesellschaften verpflichtend.

Einer der wesentlichsten Unterschiede zwischen den Bilanzierungsregeln nach HGB und den internationalen Bilanzierungsvorschriften nach IFRS ist die deutlich größere Bedeutung des Anhangs und des Lageberichts in den internationalen Richtlinien. Die dort gemachten Angaben vervollständigen und erläutern ergänzend das Bild, das sich aus der Analyse der Bilanz und der Gewinn- und Verlustrechnung ergibt.

3.4.3.1 Anhang

Aufgabe des Anhangs ist die Erläuterung einzelner Positionen der Bilanz sowie der Gewinn- und Verlustrechnung. Gegenstand des Anhangs ist insbesondere die Darstellung der angewandten Bewertungsmethoden sowie die Begründung von Änderungen dieser Methoden. Die Informationen im Anhang sollen Einflüsse der verwendeten Bilanzierungswahlrechte auf die Finanz- und Vermögenslage verdeutlichen und die Berechnung des tatsächlichen Gewinns ermöglichen. Damit wird die wirtschaftliche Situation des Unternehmens realistischer dargestellt und Hinweise auf die Vergleichbarkeit von aufeinander folgenden Jahresabschlüssen werden gegeben.

3.4.3.2 Lagebericht

Der Lagebericht ergänzt die Informationen des Jahresabschlusses mit Angaben zur allgemeinen Wirtschaftslage und den wirtschaftlichen und gesellschaftlichen Rahmenbedingungen. Er umfasst die Bewertung von Einflüssen, die das Ergebnis des zurückliegenden Geschäftsjahres wesentlich geprägt haben und macht Aussagen über zu erwartende Entwicklungen. Diese Zusatzinformationen beziehen sich auf die Entwicklung von Absatz- und Beschaffungsmärkten, Preisentwicklungen und Aktivitäten von bedeutenden Konkurrenten oder beteiligten Unternehmen. Der Lagebericht enthält auch Angaben über interne Entwicklungen, z.b. die Belegschaft, Arbeitszeitmodelle, Mitarbeiterschulungen und Gesellschafter.

Anhang und Lagebericht ergänzen den Jahresabschluss in seinem Informationsumfang. Dennoch muss ggf. unterstellt werden, dass die Geschäftsführung die ergänzenden Informationen so darstellt, dass sie das unternehmerische Handeln und bilanzpolitische Entscheiden in einem günstigen Licht erscheinen läßt. Für eine ökonomische Standortbestimmung können diese Angaben sinnvolle Ergänzungen darstellen, sie sind jedoch immer kritisch zu hinterfragen. Für Personengesellschaften und Einzelunternehmen ist ein Anhang und Lagebericht nicht verpflichtend und steht einem externen Analysten meist nicht zur Verfügung.

3.5 Instrumente der ökonomischen Standortbestimmung

Die ökonomische Standortanalyse hat zum Ziel, einem an der wirtschaftlichen Lage eines Unternehmens Interessierten ein möglichst umfassendes und aussagefähiges Abbild zu liefern. Sowohl zum Zweck einer externen als auch internen Analyse ist es notwendig, die zur Verfügung stehenden Daten so aufzuarbeiten, dass eine am Informationsziel orientierte Darstellung der ökonomischen Zusammenhänge möglich wird. Dabei gilt es, die Fülle an Daten für den Nutzer auf die zentralen Kernpunkte zusammenzufassen und zugleich über alle relevanten Bereiche zu erstrecken, die für eine umfassende Beurteilung des Unternehmens notwendig sind. Schließlich bedürfen die Ergebnisse einer Unternehmensanalyse der Einordnung in einen Vergleichsmaßstab. Erst die Orientierung an Vergleichsgrößen, z.B. einem Erfolgsmaßstab, erlaubt die kritische Beurteilung.

Im Folgenden werden drei **grundsätzliche Instrumente der ökonomischen Unternehmensanalyse** dargestellt. Dies sind:

- Kennzahlen und Kennzahlensysteme als Grundlage zur komprimierten Darstellung ökonomischer Zusammenhänge,

- die erweiterte Jahresabschlussanalyse und

- der Betriebsvergleich.

3.5.1 Kennzahlen und Kennzahlensysteme

3.5.1.1 Kennzahlen

Kennzahlen fassen komplexe, quantitativ messbare Zusammenhänge in komprimierter Form zusammen. Sie bilden Sachverhalte auf einem metrischen Skalenniveau ab und dienen durch präzise Aussagen der vergleichsweise schnellen Information von Analysten und Entscheidungsträgern. Kennzahlen sind das Controlling-Instrument schlechthin.

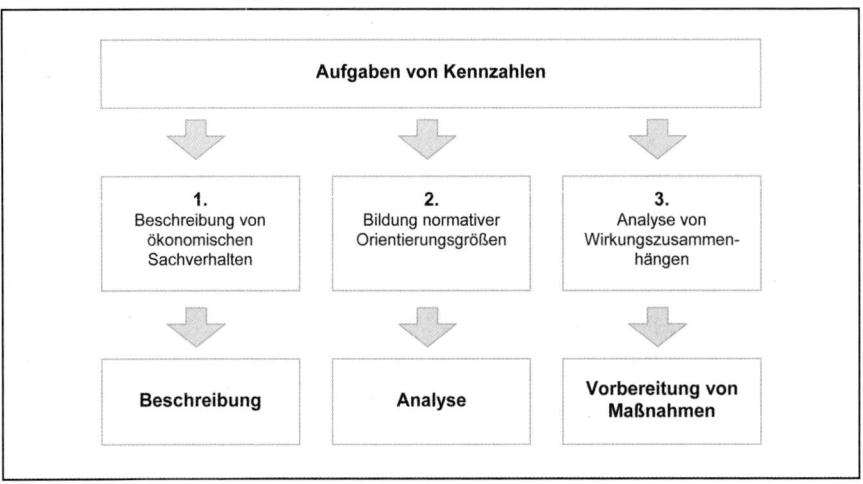

Abb. 3-35: Aufgaben von Kennzahlen

Kennzahlen dienen der Beschreibung von Zusammenhängen (**deskriptive Aufgabe**) in statistischer Form. Absolutkennzahlen sind Einzelkennzahlen wie Summen und Differenzen. Relativkennzahlen setzen ökonomische Größen in Beziehung zueinander oder gliedern Kennzahlen in Gruppen.

Kennzahlen stellen **normative Informationen** zur Verfügung, indem sie Werte oder Zusammenhänge als Vorgabe- bzw. Orientierungsgrößen darstellen. Kennzahlen sind im unternehmerischen Planungs- und Steuerungsprozess das Kontrollinstrumentarium. Durch die Gegenüberstellung von Soll- und Ist-Werten sind sie Hilfsinstrument für die Entscheidungsträger, indem Ziele veranschaulicht und Grundlagen für die Ursachenanalyse von Abweichungen geschaffen werden.

Kennzahlen dienen der Darstellung, der Analyse sowie der Vorbereitung von Korrekturmaßnahmen im Rahmen der zielorientierten Unternehmensführung. Die **Aussagefähigkeit von Kennzahlen** stößt jedoch auch an Grenzen. Sie ist abhängig von der Qualität der zugrundeliegenden Daten bzw. deren Aufbereitung. Zudem bedürfen Kennzahlen der sachgerechten Interpretation. Insbesondere die Isolierung von Einzelwerten aus dem Gesamtzusammenhang kann zu Fehleinschätzungen führen (Staehle, 1969). Deshalb benötigt man ein Hintergrundwissen über das Zustandekommen der Kennzahlen und ihrer Berechnungsgrundlagen. Kennzahlen beschränken sich v.a. auf die Abbildung von quantitativen Größen. Qualitative Bestimmungsfaktoren können oft nur schwer in Kennzahlen zusammengefasst werden. Eine umfassende Beurteilung der ökonomischen Situation und des Erfolgspotentials eines Unternehmens ist daher nicht alleine auf Basis von Kennzahlen möglich, sondern bedarf zusätzlicher Informationen.

3.5.1.2 Kennzahlensysteme

Kennzahlensysteme beschränken sich nicht auf eine Darstellung von Einzelinformationen, sondern **stellen Kennzahlen in Beziehung zueinander**. Sie stellen nicht nur einen Sachverhalt isoliert dar, sondern versuchen den Entscheidungsträger mit einem System auch über dessen Zustandekommens zu informieren. Kennzahlensysteme können sich auf die zusammenfassende Abbildung eines ganzen Unternehmens beziehen. Sie sind gewissermaßen ein Modell des ökonomischen Systems des Unternehmens oder von Teilbereichen. Diese Modelle orientieren sich an ausgewählten bzw. übergeordneten Unternehmenszielen. Durch Komprimierung und geeignete Abbildung der Zusammenhänge werden die wichtigsten Stellschrauben im Unternehmensprozess und deren Einfluss auf die Zielgrößen in anschaulicher Form verdeutlicht.

Kennzahlensysteme haben die **Aufgabe**, den Aussagewert von Einzelkennzahlen zu erhöhen, indem sie in einen Zusammenhang gestellt werden. Dadurch wird die Einsatzmöglichkeit von Kennzahlen im Rahmen der Unternehmensführung verbessert (Reichmann, 2001). Sie sind als Planungs-, Steuerungs- und Kontrollinstrument für Erfolgseinheiten verwendbar. Sie ermöglichen einen komprimierten Überblick über die wirtschaftliche Lage eines Unternehmens und müssen einem Entscheidungsträger die Möglichkeit geben, die Zielsetzungen im Bezug auf ihre Realisierung beurteilen zu können. Voraussetzung hierfür ist, dass man die übergeordneten Ziele in geeigneten Kennzahlen abbildet und diese logisch in ein System von Mittel-Zweck-Beziehungen einordnet. Die meisten Kennzahlensysteme zeigen das jeweils oberste ökonomische Unternehmensziel mittels einer Spitzenkennzahl und leiten davon ausgehend stufenweise Kennzahlen ab, die mit der Erreichung des übergeordneten Ziels in direktem Zusammenhang stehen.

Die **geläufigsten Kennzahlensysteme** stellen die Rentabilität des Unternehmens als Spitzenkennzahl an die oberste Stelle und leiten deren Zustandekommen durch Auswahl und Zusammenfassung der wichtigsten Größen aus dem Jahresabschluss in einem Schaubild ab. Besonders dienen die Zwischensummen aus der Gewinn- und Verlustrechnung als Struktur für eine komprimierte Erfolgsursachenanalyse.

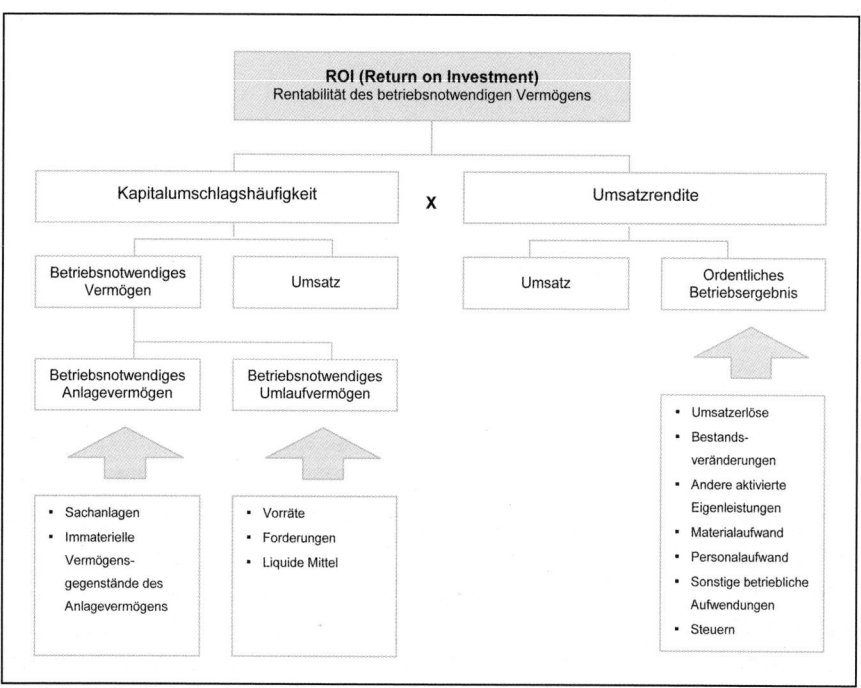

Abb. 3-36: ROI-Kennzahlensystem von Du Pont (abgeändert nach Reichmann, 2001)

Tiefergehende Analysen werden mit dem ZVEI-Kennzahlensystem angestrebt (Betriebswirtschaftlicher Ausschuss des Zentralverbandes Elektrotechnik- und Elektroindustrie (ZVEI) e.V.). Dieses soll zugleich als Analyse- und Planungsinstrument verwendet werden und ist in Wachstumsanalyse und in eine Strukturanalyse unterteilt. Erstere fasst die Entwicklung des Unternehmens und den Erfolg in wenigen isolierten Kennzahlen bzw. Zeitreihen zusammen. Letztere basiert auf einem komplexen Rechensystem, bestehend aus hierarchisch aufeinander aufbauenden Kennzahlen bzw. Kennzahlengruppen. Diese werden entweder als Abbildung der Ertragskraft oder des Risikos interpretiert.

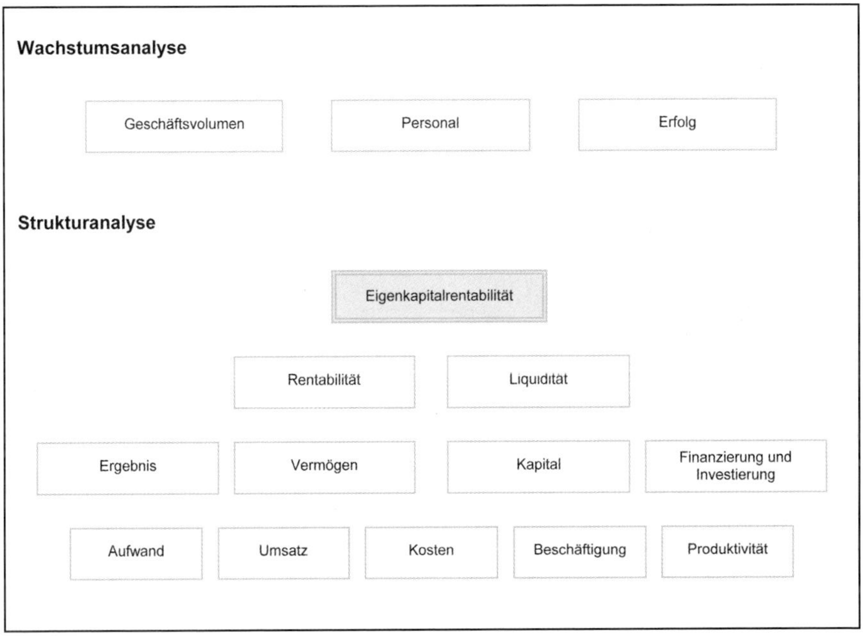

Wachstumsanalyse

Geschäftsvolumen	Personal	Erfolg

Strukturanalyse

Eigenkapitalrentabilität

Rentabilität	Liquidität

Ergebnis	Vermögen	Kapital	Finanzierung und Investierung

Aufwand	Umsatz	Kosten	Beschäftigung	Produktivität

Abb. 3-37: ZVEI-Kennzahlensystem (abgeändert nach Geiss, 1986)

Das RL-Kennzahlensystem (Reichmann, 2001) verzichtet im Gegensatz zum ZVEI-System auf eine komplexe formale Verknüpfung von Kennzahlen, beschränkt sich auf wesentliche entscheidungsrelevante Kennzahlen, und stellt deren wechselseitige Beziehung heraus. Die Spitzenkennzahlen bilden die Rentabilität und die Liquidität des Unternehmens ab. Zentrale Größen des Rentabilitätsteils sind der Jahresüberschuss/Jahresfehlbetrag, die Ergebnisse der Erfolgsrechnung sowie die daraus abzuleitenden Rentabilitäten. Als übergeordnete Größen zur Analyse und Steuerung der Liquidität werden die liquiden Mittel und der Cash-Flow betrachtet. In einem dritten Teil des RL-

Systems sind vertiefende, unternehmensindividuelle Analysen auf der Ebene einer komprimierten Kostenrechnung vorgesehen. Dort wird auf Basis detaillierterer Informationen zur Umsatz- und Deckungsbeitragsverteilung konkrete Unterstützung für die Unternehmensführung bereitgestellt.

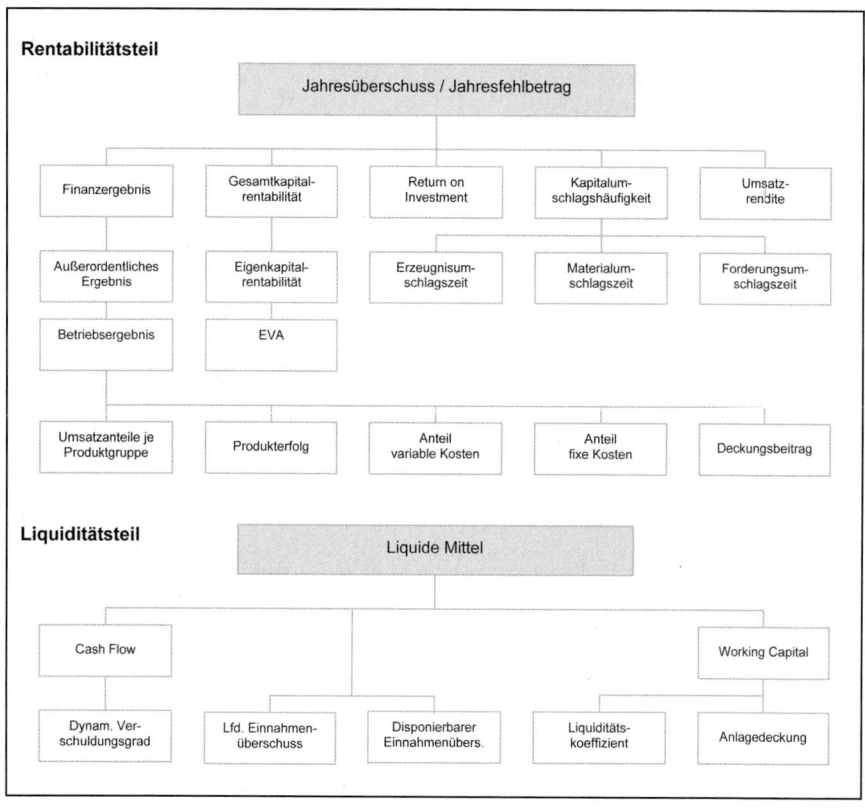

Abb. 3-38: RL-Kennzahlensystem (in Anlehnung an Reichmann, 2001)

Kennzahlensysteme der dargestellten Form sind geeignet, einen Überblick über die wirtschaftliche Situation eines Unternehmens zu erhalten. Einblicke in das Zustandekommen des unternehmerischen Erfolges sind möglich, indem die Jahresabschlussdaten in ihren Zusammenhängen nachvollziehbar veranschaulicht werden. Kennzahlensysteme unterscheiden sich durch Detaillierungsgrad und Zielgrößen. Allen Systemen ist gemeinsam, dass sie die Jahresabschlussdaten als Informationsgrundlage verwenden und so aufbereiten, dass sie als Steuerungsinstrument nutzbar werden.

Diese Systeme basieren auf Vergangenheitsdaten. Die Informationsqualität wird gesteigert, wenn Zeitreihen, d.h. mehrere aufeinanderfolgende Jahresabschlüsse ausgewertet werden. Dennoch zeigen sich deutlich die Grenzen dieser Datengrundlagen als Instrument zur aktiven Unternehmenssteuerung, weil sie nur Vergangenheitsbezug haben. Konkrete und kurzfristige Reaktionen und fortlaufende Planungen im operativen Prozess bedürfen der permanenten Aktualisierung von Informationen. Kennzahlensysteme versuchen dieser Forderung durch kurzfristigere Erstellungsintervalle nachzukommen. Damit ist der Übergang geschaffen von der Standortanalyse eines Unternehmens zu dessen zukunftsgerichteter Planung. Instrumente, die den Schwerpunkt auf letzteren Aspekt legen, sind Gegenstand von Kapitel 4.

Nachfolgend wird die erweiterte Jahresabschlussanalyse als Instrument zur Standortbestimmung dargestellt.

3.5.2 Die erweiterte Jahresabschlussanalyse

Die **Jahresabschlussanalyse** ist die Basis und das zentrale Instrument der ökonomischen Standortbestimmung. Kennzahlen und Kennzahlensysteme bilden das Gerüst zur plastischen Darstellung der Analysen; der Betriebsvergleich (vgl. Kapitel 3.5.3) dient schließlich der Einordnung der Ergebnisse in einen Vergleichsmaßstab.

Vom erweiterten Jahresabschluss soll gesprochen werden, wenn **Ergänzungsdaten** berücksichtigt werden, die im Jahresabschluss in der Regel nicht enthalten sind. Externen Analysten stehen diese Daten nur zur Verfügung, wenn diese im Anhang des Jahresabschlusses explizit aufgeführt sind. Andernfalls ist die Analyse nur für interne Zwecke möglich. Die Aussagefähigkeit einer Unternehmensanalyse steigt erheblich, wenn detaillierte Informationen zur Produktions- und Kapazitätsstruktur, Absatz- und Umsatzstruktur sowie aus Arbeitszeiterfassungen in die Auswertung einfließen.

Im Folgenden werden die Gliederungsstruktur einer Jahresabschlussanalyse und die wichtigsten Kennzahlen hinsichtlich ihrer Berechnung und ihres Aussagewertes dargestellt. Ein eigenes Kapitel ist der Rentabilitäts- und Einkommensanalyse von Einzelunternehmen und Personengesellschaften in landwirtschaftlichen (weinbaulichen) Branchen gewidmet, da sich die Begriffe der

allgemeinen Betriebswirtschaft von denen der landwirtschaftlichen Betriebswirtschaft z.T. deutlich unterscheiden. Die Prinzipien sind die gleichen, doch
rückt bei der Betrachtung von Familienunternehmen der Einkommensaspekts
deutlicher in den Mittelpunkt.

3.5.2.1 Die Gliederungsstruktur der Jahresabschlussanalyse

Die Jahresabschlussanalyse als **zentrales Instrument der ökonomischen
Standortbestimmung** dient der Auswertung und zusammenfassenden Darstellung der verfügbaren betriebwirtschaftlichen Daten. Die Analyse ist die
Grundlage zur Beurteilung des Unternehmens hinsichtlich der Erreichung
wesentlicher Ziele. Abweichungen von den Zielsetzungen sind die Ausgangsbasis für weiterführende unternehmerische Entscheidungen. Die Jahresabschlussanalyse lässt den Erfolg eines Unternehmens in Relation zu den
formulierten Unternehmenszielen messen und dessen Bestimmungsgrößen
analysieren. Die Jahresabschlussanalyse ist einerseits Grundlage für das Lernen aus vergangenen Entscheidungen und dient andererseits der Vorbereitung
zukünftiger Entscheidungen.

Aus der Orientierung an den Unternehmenszielen leiten sich die **Anforderungen** ab, die an Inhalt und Struktur einer Jahresabschlussanalyse gestellt
werden. Sie muss erstens die Ergebnisse in einer übersichtlichen und für die
Entscheidungsträger nachvollziehbaren Weise aufbereiten. Zweitens müssen
die Unternehmensziele mittels geeigneter Kennzahlen abgebildet werden und
drittens muss eine Ableitung die Ursachen für das Zustandekommen des Erfolges bzw. Misserfolges erklären.

Die Jahresabschlussanalyse geht von einem System übergeordneter
Unternehmensziele aus. Wie bereits in Kapitel 1 erläutert, ist das übergeordnete Ziel eines jeden Unternehmens dessen Existenzsicherung. Sie ist kein
originäres Ziel, leitet sich jedoch aus dem Zweck ab, der mit dem Unternehmen verfolgt wird. Die Existenzsicherung hängt unmittelbar mit der Liquidität eines Unternehmens zusammen, d.h. mit der Fähigkeit, allen Zahlungsverpflichtungen jederzeit und in vollem Umfang nachkommen zu können. Ist
dies nicht gewährleistet, droht dem Unternehmen unmittelbar der Konkurs.
Die Fähigkeit, einen ausreichenden Finanzierungsspielraum auch dann aufrecht zu erhalten, wenn Unvorhersehbares die Finanzlage des Unternehmens
belastet, kennzeichnet dessen Stabilität.

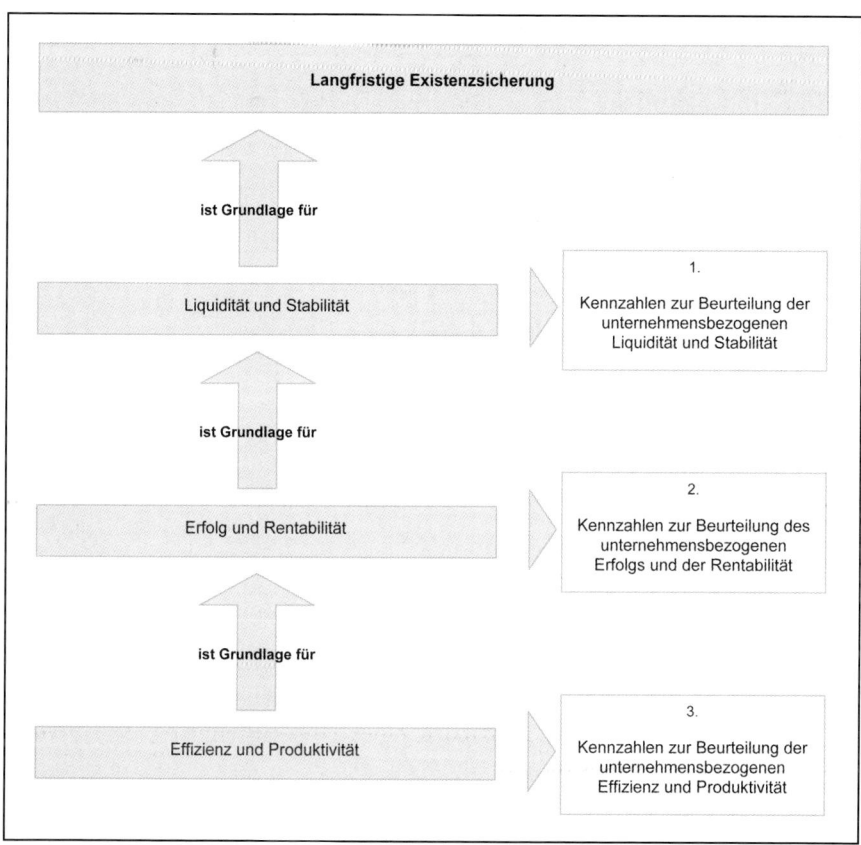

Abb. 3-39: Am unternehmerischen Zielsystem orientierte Jahresabschlussanalyse

Der erste Teil der Jahresabschlussanalyse stellt demzufolge die Analyse der Liquidität und Stabilität in den Mittelpunkt. Er soll Aufschluss darüber geben, inwieweit das Unternehmen sein Ziel der nachhaltigen Bestandsicherung erreicht hat. Der zweite Teil analysiert die grundlegenden Voraussetzungen für den langfristigen Erfolg, der mittels Rentabilitätskennzahlen abgebildet wird. Voraussetzung für die Rentabilität, und damit der dritte Teil der Analyse, ist die effiziente Nutzung der eingesetzten Produktionsfaktoren.

3.5.2.2 Analyse der Liquidität und Stabilität

3.5.2.2.1 Liquidität

Die Liquidität eines Unternehmens bezeichnet seine Fähigkeit, den Zahlungsverpflichtungen jederzeit und in vollem Umfang nachkommen zu können. Zahlungsunfähigkeit bedeutet das Ende der Unternehmung. Eine Beurteilung der Liquidität setzt theoretisch voraus, dass man die anfallenden Auszahlungen den Einzahlungen gegenüberstellt und prüft, ob in jedem Zeitpunkt zumindest ein Ausgleich der Zu- und Abflüsse an liquiden Mitteln möglich ist. Diese Detailplanung ist Aufgabe der Finanzplanung (vgl. Kap. 4). Aber selbst dort ist die laufende Liquiditätsplanung nicht in dieser Exaktheit möglich, denn nicht alle Ein- und Auszahlungen lassen sich genau vorherbestimmen, weder in der Höhe noch im Zeitpunkt. Es bedarf der pragmatischen Vereinfachung. Während die Liquiditätsplanung sehr wohl auf einen regelmäßig zu aktualisierenden Ein- und Auszahlungsplan zurückgreifen muss, bleibt die Jahresabschlussanalyse auf die Analyse der Verhältnisse am Bilanzstichtag beschränkt.

Im Rahmen der Jahresabschlussanalyse wird die Liquiditätssituation durch die Gegenüberstellung von liquiden Mittel bzw. kurzfristig liquidierbaren Vermögensgegenständen zu kurzfristigen Zahlungsverpflichtungen dargestellt. Die Kennzahlen, die diese Relationen abbilden, werden als **Deckungsgrade** bezeichnet.

$$\text{Liquidität 1. Grades} = \frac{\text{Bargeld} + \text{Bankguthaben}}{\text{kurzfristige Verbindlichkeiten}} \cdot 100 \ [\%]$$

Abb. 3-40: Liquidität 1. Grades

$$\text{Liquidität 2. Grades} = \frac{\text{Bargeld} + \text{Bankguthaben} + \text{kurzfristige Forderungen}}{\text{kurzfristige Verbindlichkeiten}} \cdot 100 \ [\%]$$

Abb. 3-41: Liquidität 2. Grades

$$\text{Liquidität 3. Grades} = \frac{\text{Umlaufvermögen}}{\text{Anlagevermögen}} \cdot 100 \ [\%]$$

Abb. 3-42: Liquidität 3. Grades

Die Liquidität 1. Grades bezeichnet das Verhältnis aus liquiden Mitteln zu kurzfristigen Verbindlichkeiten (Verbindlichkeiten gegenuber Lieferanten, kurzfristige Bankkredite). Sie sagt aus, dass das Unternehmen in der Lage ist, seine kurzfristigen Verbindlichkeiten (Laufzeit < 1 Jahr) durch vorhandene liquide Mittel zu decken. Die Liquidität 2. Grades bezieht in die Deckungssumme zusätzlich die Forderungen des Unternehmens mit ein, deren Zahlungen kurzfristig zu erwarten sind. Es wird angenommen, dass diese Forderungen im Zeitraum der Fälligkeit der Verbindlichkeiten eingehen. Die Liquidität 3. Grades schließlich berücksichtigt das gesamte Umlaufvermögen. Es wird unterstellt, dass durch den Verkauf des Umlaufvermögens (insbesondere der Vorräte) und die damit erzielten Erlöse, die kurzfristigen Verbindlichkeiten gedeckt werden können. Während liquide Mittel umgehend zur Verfügung stehen, nimmt die Liquidierung des Umlaufvermögens einen deutlich längeren Zeitraum in Anspruch. Die Werte der Liquiditätsgrade bedürfen daher einer differenzierten Interpretation und müssen eine Liquiditätsreserve beinhalten. Nachdem diese die potentielle Rentabilität des eingesetzten Kapitals mindert, stellt sich die Frage nach einer optimalen Liquidität. Die Frage lässt sich nur mit dem Hinweis auf gängige, in der Literatur angegebene Richtwerte beantworten, die als grobe Orientierung herangezogen werden können.

Liquidität 1. Grades	≈	100 %
Liquidität 2. Grades	>	100 %
Liquidität 3. Grades	>	100 bis 200 %

Abb. 3-43: Orientierungswerte für Liquiditätsgrade

Diese **Orientierungswerte sind nur Anhaltspunkte**, weil die Aussagefähigkeit von Liquiditätsgraden auf Basis der Jahresabschlussanalyse durch die Stichtagsbezogenheit begrenzt ist. Die Positionen, die zur Berechnung der Liquidität herangezogen werden, d.h. Kassenbestände, Bankguthaben, Forderungen und kurzfristige Verbindlichkeiten, können kurz vor und/oder nach dem Bilanzstichtag großen Veränderungen unterworfen sein, und die Zahlungsfähigkeit des Unternehmens erscheint dann in einem völlig anderen Licht. Vernachlässigt werden zudem laufende Zahlungsverpflichtungen wie Löhne, Gehälter, Mieten usw., die im Rhythmus von einem Monat bis einem Jahr anfallen. **Der Stichtagsbezug schränkt die Aussagefähigkeit der Liquiditäts-Kennzahlen in besonderem Maße ein.** Die große Relevanz der Zahlungsfähigkeit eines Unternehmens fordert gerade für die Kontrolle und

Planung der Liquidität Instrumentarien, die eine zeitnahe und permanente Übersicht erlauben.

Die Liquiditätsgrade geben auch keinen Aufschluss über das Eigenfinanzierungspotential eines Unternehmens, d.h. in welchem Umfang es finanzielle Mittel durch eigene Umsatztätigkeit erwirtschaften kann. Eine Kennzahl zur Abbildung der Eigenfinanzierungskraft und der damit einhergehenden Zahlungsmittelüberschüsse ist der **Cash-Flow**. Er stellt Finanzmittel dar, die für Investitionen, Gewinnausschüttung, Aufstockung der Liquiditätsbestände oder zur Schuldentilgung verwendet werden können. Der Cash-Flow ist eine Kenngröße für die Tilgungsfähigkeit eines Unternehmens und somit ein wichtiger Wert zur Bestimmung der nachhaltigen Zahlungsfähigkeit.

Cash- Flow I   = Jahresüberschuss + Abschreibungen

Cash- Flow II = Jahresüberschuss + Abschreibungen + Einlagen – Entnahmen

Cash- Flow III = Jahresüberschuss + Abschreibungen + Einlagen – Entnahmen – Tilgung

Abb. 3-44: Cash-Flow

Der Cash-Flow setzt sich im Wesentlichen aus dem Jahresüberschuss und den Abschreibungen zusammen. Abschreibungen stellen bilanziellen Aufwand dar und schmälern den Gewinn. Sie fließen nicht als Auszahlung ab, sondern berücksichtigen den Werteverzehr von Vermögensgegenständen. Der Cash-Flow stellt damit den Umfang der finanziellen Mittel dar, über den das Unternehmen potentiell in der Abrechnungsperiode verfügen könnte.

Der Cash- Flow ist ein sehr aussagefähiger Wert zur Beurteilung der vorhandenen Zahlungsüberschüsse. Jedoch gelten auch hier die oben zur Liquiditätskontrolle angeführten Einschränkungen. Zur globalen Beurteilung des Unternehmens hinsichtlich seines Eigenfinanzierungspotentials ist der Cash-Flow geeignet, nicht jedoch zur Liquiditätskontrolle im engeren Sinne.

Bei der Bewertung der Finanzierungskraft eines Unternehmens auf Basis des Cash- Flow ist zu hinterfragen, durch welche Größen er im Wesentlichen zustande kommt. Positiv zu bewerten ist es, wenn der Cash-Flow hauptsächlich aus eigenerwirtschafteten Mitteln (Gewinnen) resultiert. Entsteht er jedoch in nennenswertem Umfang aus getätigten Einlagen, dann ist deren Herkunft zu prüfen. Stehen Einlagen nur einmalig oder befristet zur Verfügung, erhöhen sie den Wert des Cash- Flow, ohne die Liquidität bzw. Finanzierungskraft des

Unternehmens nachhaltig zu verbessern. Der Cash- Flow II und III gibt Aufschluss über den Zu- bzw. Abgang von liquiden Mitteln durch Einlagen und Entnahmen, sowie über den Umfang der Tilgung.

3.5.2.2.2 Stabilität

Die Stabilität kennzeichnet die Fähigkeit eines Unternehmens, die Liquidität nachhaltig auch bei unplanmäßig höherem Finanzierungsbedarf zu garantieren. Unerwartete Finanzierungsengpässe ergeben sich aus Einzahlungen, die unter den Plandaten liegen (z.b. Umsatzrückgang, Zahlungsausfälle), oder Auszahlungen, die über den Plandaten liegen (z.b. unvorgesehene Reparaturen). Indikatoren für das sich hieraus ergebende Risiko, bzw. für die Stabilität des Unternehmens, sind der dynamische Verschuldungsgrad, die Kapitalstruktur, die Anlagendeckung sowie die Kapitaldienstdeckung.

Der **dynamische Verschuldungsgrad** ist eine Risikokennzahl, die angibt, wie oft der Cash-Flow eines Geschäftsjahres zur Rückzahlung aller Verbindlichkeiten des Unternehmens eingesetzt werden müsste.

$$\text{Dynamischer Verschuldungsgrad} \; = \; \frac{\text{Verbindlichkeiten}_{ges}}{\text{Cash-Flow}} \cdot 100 \; [\%]$$

Abb. 3-45: Dynamischer Verschuldungsgrad

Je kleiner dieser Wert insbesondere in seiner zeitlichen Entwicklung ist, desto größer ist die Selbstfinanzierungskraft des Unternehmens und umso geringer ist das finanzwirtschaftliche Risiko.

Für die Stabilität eines Unternehmens ist die **Kapitalstruktur** eine wichtige Größe. Die Fremdkapitalquote (Verschuldungsgrad), als Verhältnis des gesamten Fremdkapitals zum Gesamtkapital (Bilanzsumme), begrenzt den Zugang zu kurzfristiger Liquidität in Form zusätzlicher Kredite.

$$\text{Fremdkapitalquote} \; = \; \frac{\text{Fremdkapital}}{\text{Bilanzsumme}} \cdot 100 \; [\%]$$

Abb. 3-46: Fremdkapitalquote

Die Struktur der Verbindlichkeiten zeigt, in welchem Verhältnis sich das gesamte Fremdkapital aus kurz-, mittel- und langfristigen Verbindlichkeiten zusammensetzt. Dies lässt den Rückschluss zu, inwieweit Zahlungsverpflichtungen die kurzfristige Stabilität des Unternehmens beeinflussen, oder ob eine überwiegend langfristige Finanzierung aktuelle Risiken nicht erwarten lässt.

Ein weiteres Maß für die Stabilität ist die **Anlagendeckung**. Diese Kennzahl veranschaulicht, in welchem Umfang das Anlagevermögen durch Eigenkapital (Anlagendeckung I) bzw. durch die Summe aus Eigenkapital und langfristigem Fremdkapital gedeckt ist.

$$\text{Anlagendeckung I} = \frac{\text{Eigenkapital} + \text{Rückstellungen}}{\text{Anlagevermögen}} \cdot 100 \ [\%]$$

Abb. 3-47: Anlagendeckung I

$$\text{Anlagendeckung II} = \frac{\text{Eigenkapital} + \text{Rückstellungen} + \text{langfristiges Fremdkapital}}{\text{Anlagevermögen}} \cdot 100 \ [\%]$$

Abb. 3-48: Anlagendeckung II

Anlagevermögen ist dauerhaft im Unternehmen gebunden und die Grundlage für den betrieblichen Leistungsprozess. Eine Veräußerung des Anlagevermögens zur Überbrückung eines Finanzierungsengpasses gefährdet den Leistungsprozess, zudem ist i.d.R. eine kurzfristige Liquidierung von Anlagevermögen nicht möglich. Daher soll langfristig im Unternehmen gebundenes Vermögen durch langfristig zur Verfügung stehendes Kapital gedeckt sein. Kurzfristig gebundenes Vermögen kann dagegen auch durch kurzfristig zur Verfügung stehendes Kapital finanziert werden. Die **Fristenkongruenz** reduziert das Risiko einer Finanzierungslücke.

Ein Wert für die Anlagendeckung I von größer 100% bedeutet, dass das gesamte Anlagevermögens mit Eigenkapital gedeckt ist. Gemessen an dieser Kennzahl ist das Kriterium der Stabilität erfüllt, weil für kurzfristige Rückzahlungsverpflichtungen keine Vermögensgegenstände des Anlagevermögens angegriffen werden müssen. Unterschreitet der Wert der Anlagendeckung II den Wert von 100%, so ist das ein Hinweis auf ein erhöhtes Risiko durch mögliche Unterdeckung. Der Wert der Anlagendeckung II soll 100% deutlich überschreiten, d.h. das Anlagevermögen im Idealfall durch Eigenkapital gedeckt sein.

```
Anlagendeckung I      >    100 %
Anlagendeckung II     >    100 bis 200 %
```

Abb. 3-49: Orientierungswerte für Anlagendeckung I und II

Um den Finanzierungsspielraum eines Unternehmens zu beurteilen, bzw. dessen Möglichkeiten, dem Kapitaldienst zusätzlichen Fremdkapitals nachkommen zu können, kann die **Kapitaldienstdeckung** als Kennzahl herangezogen werden. Sie berechnet sich als Verhältnis aus den laufenden Zahlungsüberschüssen und dem Betrag aus Zinsen und Tilgung für bereits bestehende Verbindlichkeiten. Die Kennzahl beschreibt die Fähigkeit eines Unternehmens mit den Nettoeinnahmen den Kapitaldienst zu leisten.

$$\text{Kapitaldienstdeckung} = \frac{\text{lfd. Zahlungsüberschuss}}{\text{Zinsen} + \text{Tilgung}} \cdot 100 \ [\%]$$

Abb. 3-50: Kapitaldienstdeckung

Einen ähnlichen Hintergrund hat die Kennzahl der **Kapitaldienstrelation**. Sie setzt den Kapitaldienst (Zinsen und Tilgung für bereits bestehende Verbindlichkeiten) in Relation zur Kapitaldienstgrenze.

$$\text{Kapitaldienstrelation} = \frac{\text{Kapitaldienst}}{\text{Kapitaldienstgrenze}} \cdot 100 \ [\%]$$

Kapitaldienst	= Zinsen + Tilgung (für bestehende Verbindlichkeiten)
Langfristige Kapitaldienstgrenze	= Gewinn – Entnahmen + Einlagen – Tilgung für bestehende Verbindlichkeiten
Kurzfristige Kapitaldienstgrenze	= Gewinn – Entnahmen + Einlagen – Tilgung für bestehende Vblk. + Abschreibungen

Abb. 3-51: Kapitaldienstrelation

Die Kapitaldienstgrenze ist der Teil der Zahlungsüberschüsse, der – um Einlagen und Entnahmen bereinigt und um Tilgung für bereits bestehende Verbindlichkeiten reduziert – zur Bedienung weiterer Verbindlichkeiten maximal zur Verfügung steht. Kurzfristig können auch die Abschreibungen als liquide Mittel zur Bedienung von Fremdkapital herangezogen werden. Die Kapitaldienstrelation bezeichnet somit den Anteil des maximal möglichen Kapitaldienstes, der vom Unternehmen aktuell ausgeschöpft wird. Nimmt diese

151

Kennzahl einen Wert um 100% an, so bedeutet das, dass sämtliche zur Verfügung stehenden Zahlungsüberschüsse für die Bedienung bereits bestehender Verbindlichkeiten ausgeschöpft werden und kein weiterer, aus eigenen Mitteln zu erwirtschaftender Finanzierungsspielraum besteht.

Kapitaldienstrelation	<	50 %	(großer Finanzierungsspielraum)
Kapitaldienstrelation	=	50 bis 75 %	(ausreichender Finanzierungsspielraum)
Kapitaldienstrelation	>	75 %	(Finanzierungsspielraum weitgehend ausgeschöpft)

Abb. 3-52: Orientierungswerte für Kapitaldienstrelation

Zur Sicherung der Stabilität soll die Kapitaldienstrelation bei langfristiger Kapitaldienstgrenze einen Wert von 75% nicht überschreiten. Werte darunter sind ein Zeichen für weiteren Finanzierungsspielraum, der insbesondere in Situationen ungeplanten Finanzierungsbedarfs genutzt werden kann. Bei Werten von über 75% ist eine weitere Fremdkapitalaufnahme zu vermeiden, geplante Investitionsvorhaben zeitlich nach hinten zu verschieben oder das Investitionsvolumen zu verringern.

Die Stabilitätskennzahlen sind auf Basis von Jahresabschlussdaten grundsätzlich zuverlässiger zu ermitteln als Liquiditätskennzahlen, d.h. ihre **Aussagefähigkeit** ist tendenziell größer als die zur Liquidität. Im Gegensatz zur Liquiditätsplanung ist die Kontrolle der Stabilität ausreichend genau in Jahresabständen zu ermitteln. Die Aktualität spielt in diesem Fall eine weniger bedeutende Rolle. Einige wichtige Informationen, wie die exakten Fristigkeiten von Verbindlichkeiten sowie Tilgungspläne, sind im Jahresabschluss i.d.R. jedoch nicht enthalten.

Eine Berechnung der genannten Kennzahlen setzt die Verfügbarkeit dieser Ergänzungsdaten voraus. Die Berücksichtigung von Einlagen und Entnahmen kann bei der Berechnung der Kapitaldienstgrenze das Ergebnis stark verzerren. Wie in Kapitel 3.4.1.4 erläutert, sind auch hier vorab die Verwendung von Entnahmen bzw. die Quellen von Einlagen zu prüfen. Wurden Entnahmen für eine externe Kapitalanlage aus dem Unternehmenskapital abgeführt, und sind diese zu einem späteren Zeitpunkt zur Wiederanlage im Unternehmen vorgesehen, steht dieses Kapital real zur Verfügung. Die Entnahmen sind bei der Kennzahlenberechnung um diese Beträge zu reduzieren. Dementsprechend müssen die Einlagen um die Beträge, die nicht auf Dauer zur Anlage im Unternehmen vorgesehen sind, reduziert werden.

3.5.2.3 Analyse des Erfolges und der Rentabilität

Der betriebswirtschaftliche Erfolg eines Unternehmens resultiert aus der Summe der Erträge abzüglich aller Aufwendungen, die innerhalb eines Geschäftsjahres anfallen. Der Saldo ergibt den Jahresüberschuss (Erträge > Aufwendungen) bzw. den Jahresfehlbetrag (Erträge < Aufwendungen) als zentrale Größe des Unternehmenserfolges. Diese absolute Kennzahl sagt alleine nichts über die Entstehung des Erfolges aus, d.h. wie sich Erträge und Aufwendungen zusammensetzen. Die Ursachenanalyse des Erfolges bedarf der vertiefenden Betrachtung der Erfolgsrechnung (Gewinn- und Verlustrechnung) sowie ihrer Aufbereitung. Zur Beurteilung des Erfolges setzt man die absoluten Erfolgsgrößen in Beziehung zu dem dafür notwendigen Einsatz an Produktionsfaktoren (Rentabilitätsrechnung).

3.5.2.3.1 Erfolgsanalyse

Aufgrund der zentralen Bedeutung des Unternehmensgewinns als Zielgröße und Erfolgsmaßstab, ist die Analyse der Erfolgsentstehung für die Kontrolle und Planung von großer Wichtigkeit. Erst der Einblick in die relevanten Einflussgrößen des Erfolges lassen Rückschlüsse auf dessen aktive Beeinflussbarkeit durch die Unternehmensführung zu. Die Erfolgsanalyse ist vorausblickend Grundlage für die erfolgsorientierte Steuerung des Unternehmens und zurückblickend Basis für die Beurteilung der getroffenen unternehmerischen Entscheidungen und ihrer Wirkungen.

Ausgangspunkt der Erfolgsanalyse ist die Gewinn- und Verlustrechnung. Sinnvoll gegliedert und aufbereitet stellt sie eine sehr aussagefähige Datengrundlage dar, die einen umfassenden Überblick über die Zusammensetzung der Erträge und Aufwendungen erlaubt. Aus den Zwischensummen der aufbereiteten Erfolgsrechnung leiten sich auch die wichtigsten Kennzahlen zur Abbildung des Erfolges ab.

Das **Betriebsergebnis** zeigt den Erfolg aus den Leistungsaktivitäten. Es beinhaltet den Betriebsertrag (als Summe aus Umsatzerlösen, Bestandsveränderungen und sonstigen betrieblichen Erträgen) vermindert um die Betriebsaufwendungen (Material- und Personalaufwand, Abschreibungen und sonstige betriebliche Aufwendungen).

Betriebsergebnis = Betriebsertrag – Betriebsaufwand

Abb. 3-53: Betriebsergebnis

Das **Finanzergebnis** ist die Erfolgskomponente, die aus den Finanzaktivitäten des Unternehmens resultiert und errechnet sich als Differenz aus Beteiligungs- bzw. Zinserträgen und Beteiligungs- bzw. Zinsaufwendungen. Diese Aktivitäten hängen nicht unmittelbar mit der betrieblichen Leistungserstellung zusammen und werden als betriebsfremde Erträge und Aufwendungen bezeichnet. Das Finanzergebnis wird auch **betriebsfremdes Ergebnis** genant.

Finanzergebnis = Finanzerträge – Finanzaufwendungen

analog:

Finanzergebnis (betriebsfremdes Ergebnis) = betriebsfremde Erträge – betriebsfremde Aufwendungen

---

Abb. 3-54: Finanzergebnis

Die Finanzaktivitäten stehen nicht im direkten Zusammenhang zur betrieblichen Tätigkeit eines Unternehmens, dennoch sind sie im Rahmen der unternehmerischen Geschäftstätigkeit üblich. Selbst Kleinunternehmen weisen i.d.R. ein Finanzergebnis aus, das wesentlichen Einfluss auf den Gesamterfolg haben kann. Das Betriebsergebnis wird daher mit dem Finanzergebnis zusammengefasst zum **Ergebnis der gewöhnlichen Geschäftstätigkeit**. Darin sind alle erfolgsrelevanten Größen enthalten, die üblicherweise im Unternehmensprozess anfallen und in i.d.R. auch planbar sind. Diese Kennzahl zeigt den eigentlichen Erfolg des Unternehmens unter Berücksichtigung des Einflusses der Beteiligungs- und Kapitalstruktur.

Ergebnis der gewöhnlichen Geschäftstätigkeit = Betriebsergebnis + Finanzergebnis

---

Abb. 3-55: Ergebnis der gewöhnlichen Geschäftstätigkeit

Alle bislang erläuterten Erfolgskomponenten sind gewöhnlicher, oder anders formuliert, ordentlicher Natur. Daneben beeinflussen außerordentliche Geschäftsvorfälle den Erfolg des Unternehmens. Sie werden im **außerordentlichen Ergebnis** zusammengefasst. Dieses beinhaltet Erträge und Aufwendungen, die außergewöhnlich sind und unregelmäßig oder selten anfallen.

Außerordentliches Ergebnis = a.o. Erträge – a.o. Aufwendungen

---

Abb. 3-56: Außerordentliches Ergebnis

Außerordentliche Erträge und Aufwendungen können das Bild der Erfolgssituation erheblich verzerren, und sie erschweren aufgrund ihrer Unregelmäßigkeit die Erfolgsursachenanalyse. Im Zuge der Unternehmensanalyse gilt es, diesen Einfluss zu eliminieren. Um für die aktive Unternehmensführung relevante Informationen zu erhalten, ist es wichtig, zwischen den Erfolgskomponenten zu differenzieren, die außergewöhnlicher Natur und nicht planbar sind und solchen, die zwar selten oder unregelmäßig auftreten, aber dennoch im Rahmen der gewöhnlichen Geschäftstätigkeit anfallen und planbar sind.

Der **Jahresüberschuss/Jahresfehlbetrag** ergibt sich als resultierende Erfolgskennzahl aus dem Ergebnis der gewöhnlichen Geschäftstätigkeit, bereinigt um das außerordentliche Ergebnis und die gesamten Steuern.

Das stufenweise Herleiten des Erfolges durch die Zerlegung in Teilergebnisse trägt dazu bei, die Erfolgsentstehung transparenter werden zu lassen. Von besonderer Bedeutung für die Unternehmensanalyse ist die Beurteilung der Aussagefähigkeit eines Jahresabschlusses hinsichtlich der tatsächlichen wirtschaftlichen Lage des Unternehmens. Diese hängt auch davon ab, inwieweit die zugrundeliegenden Daten für das Unternehmen als „normal" zu bezeichnen sind, oder ob außergewöhnliche Einflüsse die Erfolgslage zu positiv oder zu negativ erscheinen lassen. Die Bereinigung um außergewöhnliche Daten ist besonders dann notwendig, wenn zu Analysezwecken nur die Daten eines einzigen Abschlusses zur Verfügung stehen und Durchschnittsbetrachtungen nicht möglich sind.

Große Abweichungen einzelner Jahresabschlusspositionen vom mehrjährigen Durchschnitt können zu nennenswerten Verzerrungen der Erfolgsanalyse führen.

Eine Erfolgsbeurteilung setzt voraus, dass nennenswerte Veränderungen bzw. Abweichungen vom Durchschnitt dahingehend beurteilt werden, ob sie einmaliger bzw. außergewöhnlicher Natur sind, und wie sie das Ergebnis zukünftig beeinflussen. Ziel ist es, die zeitpunktbezogene Unternehmensanalyse im Rahmen der Möglichkeiten auf eine Einschätzung der zu erwartenden Entwicklung zu erweitern.

Liegt der Gewinn- und Verlustrechnung das Gesamtkostenverfahren als Gliederungsschema zugrunde, dann sind die **Bestandsveränderungen** einer besonderen Analyse zu unterziehen. Bestandserhöhungen führen zu einem höheren Ergebnis. Der ausgewiesene Erfolg eines Unternehmens stellt sich bei sonst gleichbleibenden Positionen mit höherem Lagerbestand besser dar, weil sich der Betriebsertrag um den mit Anschaffungs- bzw. Herstellkosten bewerteten zusätzlichen Bestand erhöht. Die Erfolgsentwicklung ist jedoch als negativ zu beurteilen, wenn bei gleichbleibender Produktionsmenge eine Lagerbestandserhöhung aus rückläufigen Absatzmengen resultiert. Der Erfolg eines Unternehmens wird in diesem Fall nur „buchmäßig" realisiert. Dies gilt insbesondere, wenn die Bestandsübermengen in den Folgejahren nicht oder nur zu verringerten Verkaufspreisen abgesetzt werden können. Verzerrungen durch die Position „Bestandsveränderungen" ergeben sich gerade in der Weinbranche. Die Bestände durch jahrgangsbedingte Produktionsschwankungen können mengenmäßig und durch Bewertungsspielräume bei unterschiedlichen Produktqualitäten wertmäßig großen Veränderungen unterliegen.

3.5.2.3.2 Vertiefende Erfolgsursachenanalyse auf Basis des Jahresabschlusses

Die Erfolgsanalyse und insbesondere die **Nachvollziehbarkeit der Erfolgsentstehung** kann hinsichtlich ihres Informationsgehaltes deutlich verbessert werden, wenn die Gewinn- und Verlustrechnung in den entscheidungsrelevanten und planbaren Erfolgsdeterminanten tiefergehend gegliedert und aufbereitet wird.

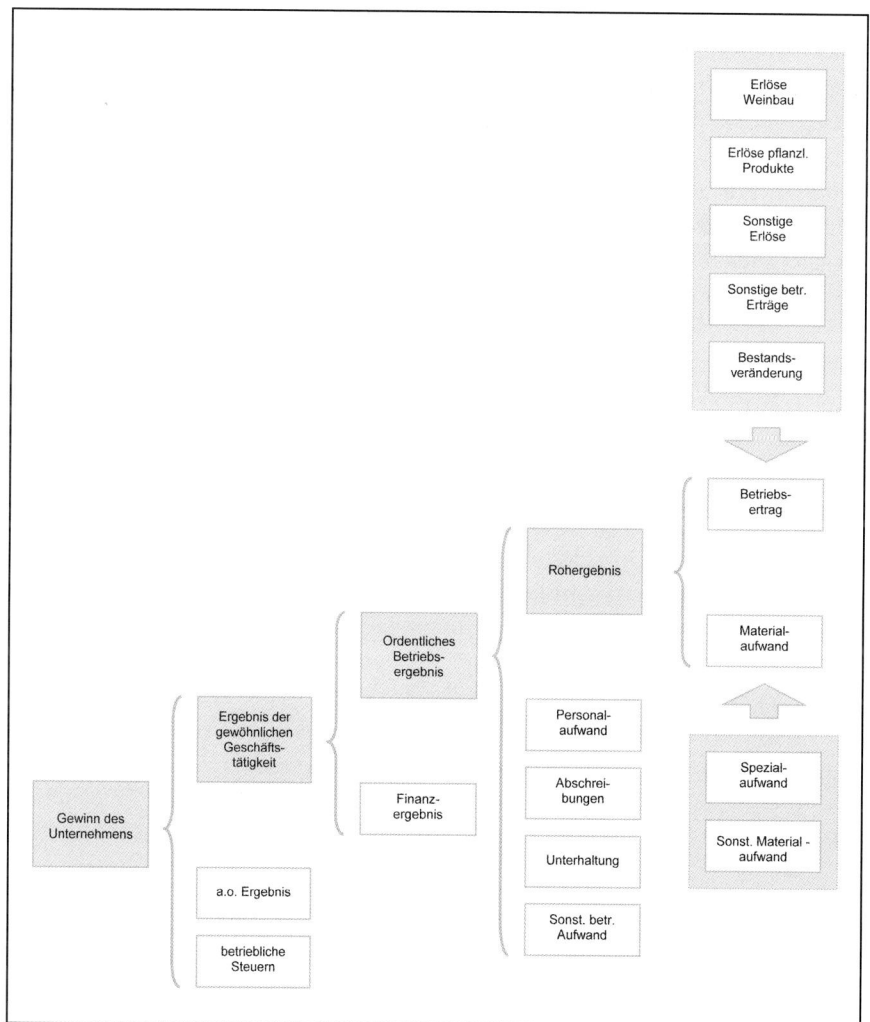

Abb. 3-57: Erfolgsursachenanalyse mit Hilfe der Gewinn- und Verlustrechnung

Abbildung 3-57 veranschaulicht diese Möglichkeit am Beispiel der Komponenten der Gewinn- und Verlustrechnung, die in einen Bereich der Betriebsleistung (Betriebsertrag) und in einen Aufwandsbereich unterteilt ist. Die auf jeder Stufe resultierenden Ergebnisse sind die Erfolgsgrößen, die unmittelbar mit dem betrieblichen Leistungsprozess und damit mit den betriebsorientierten unternehmerischen Entscheidungen in Zusammenhang stehen und gesteuert werden können. Die Analyse, Steuerung und Planung der betrieblichen Ergebnisse und ihrer Determinanten ist eine der zentralen Aufgaben des Betriebsmanagements und ökonomischer Orientierungsmaßstab für die Entscheidungsträger in den Unternehmensbereichen und Abteilungen. Eine Erfolgsanalyse in Form der dargestellten Übersicht erlaubt eine schnelle Orientierung über die individuellen Einflussgrößen des Erfolges. Die Aussagefähigkeit hinsichtlich eines notwendigen Handlungsbedarfes wird deutlich erhöht, wenn den betrieblichen Werten innerhalb jeder Position überbetriebliche Vergleichswerte gegenübergestellt werden.

Die **Steuerung und Planung in Verantwortungsbereichen** ist nur möglich, wenn für die funktionalen Bereiche bzw. Erfolgseinheiten des Unternehmens entscheidungsrelevante Informationen getrennt zur Verfügung stehen.

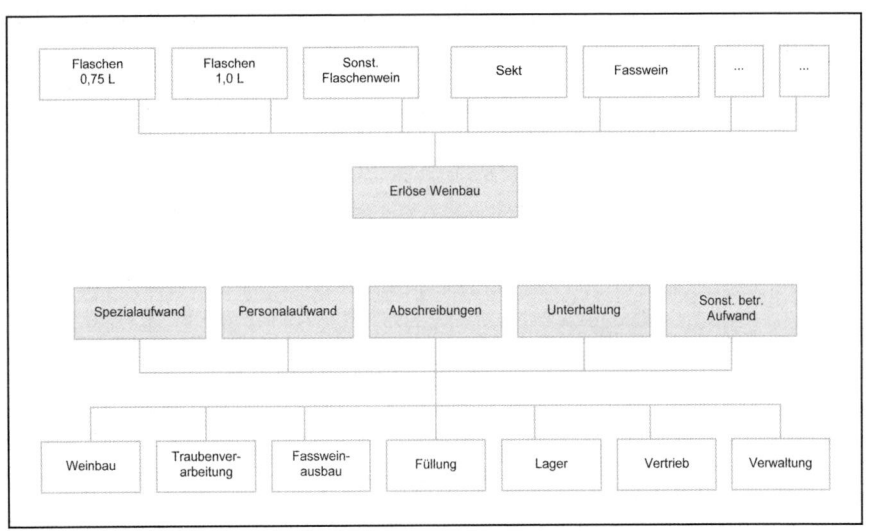

Abb. 3-58: Detailliertere Erfolgsursachenanalyse

Auf der Ertragsseite kann und darf eine Erfolgsanalyse auf Basis der Gewinn- und Verlustrechnung nicht die Umsatz- und Absatzstatistik ersetzen. Sie ermöglicht jedoch z.B. eine betriebszweigspezifische Kurzdarstellung der Umsatzerzielung (vgl. Abb. 3-58). Ebenso ist eine Grobgliederung der Umsätze nach übergreifenden Produktgruppen möglich. Eine solche Darstellung ist für die ökonomische Standortbestimmung völlig ausreichend und kann die Basis für tiefergehende Ursachenanalysen sein.

Auf der Aufwandseite ist die vertiefende Erfolgsanalyse Voraussetzung für eine Betriebsbereich-Analyse. Z.B. werden Material-, Personal- und sonstiger Aufwand getrennt nach Bereichen als Informationsgrundlage für die jeweiligen Entscheidungsträger aufgeführt. Auch hier wird der Informationsgehalt dieser Analyse weiter gesteigert, wenn den Ertrags- und Aufwandspositionen getrennt nach Betriebsbereichen jeweils Orientierungswerte entweder in Form von Ziel- bzw. Soll-Größen oder überbetrieblicher Vergleiche als Maßstab gegenübergestellt werden (vgl. Abb. 3-58). Diese Vergleichswerte sind leider nur in den wenigsten Fällen verfügbar, weil nur ein verschwindend geringer Teil aller kleinen und mittleren Unternehmen der Weinbranche eine systematische und bereichsbezogene Aufwandserfassung verfolgt. Für eine erfolgsorientierte Steuerung und Kontrolle des Unternehmens ist eine Kostenstellen-Analyse unabdingbar.

Mit einer vertiefenden Analyse auf Basis der Gewinn- und Verlustrechnung ist bereits der Schritt von der ökonomischen Standortanalyse hin zur Planung und Steuerung des Unternehmens auf Basis von Jahresabschluss- und Plandaten vollzogen, deren Anwendungen Gegenstand von Kapitel 4 ist.

3.5.2.3.3 Rentabilitätsanalyse

Die Erfolgsanalyse ist auf Basis absoluter Kennzahlen geeignet, die Erfolgsentstehung in einem Unternehmen nachvollziehen zu können. Sie erlaubt jedoch keine Aussage über die Relation des erzielten Ergebnisses und des hierfür notwendigen Einsatzes von Produktionsfaktoren. Die Rentabilitätsanalyse untersucht dieses Verhältnis und bildet es in Rentabilitätskennzahlen ab. Diese lassen in komprimierter Form den Rückschluss zu, inwieweit ein Unternehmen die Produktionsfaktoren rentabel einsetzt.

Eine für Eigentümer bzw. Gesellschafter zentrale Kennzahl ist die **Eigenkapitalrentabilität**. Sie errechnet sich als Verhältnis aus Jahresüberschuss/Jahresfehlbetrag und dem in der Abrechnungsperiode durchschnittlich eingesetzten Eigenkapital.

$$\text{Eigenkapitalrentabilität} = \frac{\text{Jahresüberschuss (Jahresfehlbetrag)}}{\varnothing \ \text{Eigenkapital}} \cdot 100 \ [\%]$$

Abb. 3-59: Eigenkapitalrentabilität

Die Eigenkapitalrentabilität gibt an, wie viel Prozent Gewinn bezogen auf das eingesetzte Eigenkapital erzielt wurde. Diese Kennzahl liefert einen Vergleichsmaßstab zur Beurteilung der Vorteilhaftigkeit von Investitionsalternativen. Sie zeigt dem Eigenkapitalgeber, ob sein im Unternehmen investiertes Kapital im Vergleich zu alternativen Anlagen außerhalb des Unternehmens (gemessen an der Verzinsung) rentabel eingesetzt ist.

Die **Gesamtkapitalrentabilität** gibt die Rendite des gesamten im Unternehmen eingesetzten Kapitals an, und sie bildet die Verwertung des Produktionsfaktors Kapital ab, ohne die Kapitalstruktur zu berücksichtigen.

$$\text{Gesamtkapitalrentabilität} = \frac{\text{Jahresüberschuss (Jahresfehlbetrag) + Zinsaufwand}}{\varnothing \ \text{Gesamtkapital}} \cdot 100 \ [\%]$$

Abb. 3-60: Gesamtkapitalrentabilität

Die Kennzahl der Gesamtkapitalrentabilität berechnet sich als Verhältnis von Jahresüberschuss bzw. -fehlbetrag und des Zinsaufwandes für Fremdkapital zum durchschnittlich eingesetzten Gesamtkapital. Sie verdeutlicht die kapital-

160

bezogene Ertragskraft des Unternehmens und ist Vergleichsmaßstab innerhalb eines Betriebsvergleichs.

Der **Return on Investment (ROI)** ist eine wichtige, aggregierte Zielgröße für die Steuerung des betrieblichen Leistungsprozesses. Der ROI setzt das aus betrieblicher Tätigkeit erwirtschaftete Ergebnis ins Verhältnis zum betriebsnotwendigen Kapital.

$$ROI = \frac{Betriebsergebnis}{betriebsbedingtes\ (Gesamt-)Kapital} \cdot 100 \ [\%]$$

Abb. 3-61: Return on Investment (ROI)

Der ROI lässt außerordentliche und finanzielle Einflüsse auf das Ergebnis außer Acht und wird daher auch als Betriebsrentabilität bezeichnet. Der ROI berücksichtigt eine ergebnis- und eine vermögensseitige Determinante der Rentabilität. Dies veranschaulicht die nachfolgend aufgeführte alternative Berechnungsmethode.

$$ROI = \frac{Betriebsergebnis}{betriebsbedingtes\ (Gesamt-)Kapital} \cdot 100 \ [\%]$$

Abb. 3-62: Return on Investment (ROI)

$$Umsatzrentabilität = \frac{Betriebsergebnis}{Umsatzerlöse} \cdot 100 \ [\%]$$

Abb. 3-63: Umsatzrentabilität

$$Kapitalumschlag = \frac{Umsatz}{betriebsbedingtes\ (Gesamt-)Kapital} \cdot 100 \ [\%]$$

Abb. 3-64: Kapitalumschlag

Die **Umsatzrentabilität** ist das Verhältnis von Betriebsergebnis und Umsatzerlösen. Sie wird wesentlich durch die Marktleistung der Produkte sowie die Kostenstruktur des Unternehmens bestimmt. Die Kennzahl zeigt, welcher Anteil dem Unternehmen von einer Erlöseinheit nach Abzug des Betriebsaufwandes verbleibt. Betriebsfremde und außerordentliche Aufwendungen bleiben unberücksichtigt.

Der **Kapitalumschlag (Kapitalumschlagshäufigkeit)** zeigt an, wie oft das betriebsbedingte Kapital durch den Umsatzprozess umgeschlagen wurde. Diese Kennzahl zeigt, wie intensiv das eingesetzte Vermögen zur Wertschöpfung genutzt wird. Mit steigender Kapitalumschlagshäufigkeit, d.h. je geringer der Kapitaleinsatz bezogen auf den erzielten Umsatz, bzw. je höher der Umsatz bezogen auf das hierfür betriebsnotwendige Kapital ist, nimmt die Betriebsrentabilität (ROI) bei positivem Betriebsergebnis zu.

3.5.2.3.4 Begriffe der Erfolgs- und Rentabilitätsanalyse für Einzelunternehmen und Personengesellschaften

Die bisher dargestellten Zusammenhänge gelten im Grundsatz für alle Unternehmen mit einer übergeordneten ökonomischen Zielsetzung. Für Einzelunternehmen und Personengesellschaften finden insbesondere im Rahmen der Erfolgs- und Rentabilitätsanalyse spezifische Begriffe Verwendung, die nachfolgend erläutert werden.

Die Ursache für die abweichende Terminologie liegt darin begründet, dass Unternehmen der genannten Rechtsformen, v.a. in landwirtschaftlichen Branchen, von Einzelpersonen oder Familien mit dem Zweck der Einkommenserzielung geführt werden. Erfolg und Rentabilität werden in engerer Verknüpfung mit der Einkommenserzielung und dem hierfür notwendigen Einsatz an Produktionsfaktoren betrachtet. Von besonderer Bedeutung ist der Anteil des Faktors Arbeit, der von den Eigentümern selbst bzw. von den Familienmitgliedern erbracht wird. In Kleinunternehmen ist der Umfang und die Effizienz der von den Eigentümern bzw. Familien erbrachten Leistung eine wesentliche Determinante des betrieblichen Erfolges.

In der Bedeutung der Familienarbeitskraft liegt der größte inhaltliche Unterschied zwischen dem landwirtschaftlichen Familienunternehmen mit der Rechtsform „Einzelunternehmen" oder „Personengesellschaft" und der gewerblichen Kapitalgesellschaft. Hieraus resultiert auch der Unterschied in der Terminologie und Berechnung von Erfolgs- und Rentabilitätskennzahlen (Manthey, 1996).

Während sich die Begriffe der landwirtschaftlichen Buchführung den allgemeinen Bestimmungen des Handels- und Steuerrechts angleichen, verbleibt bei der Unternehmensanalyse eine rechtsformbedingte Differenzierung. In Kapitalgesellschaften sind alle Löhne und Gehälter, auch die der Geschäftsführer, als Personalaufwand im Jahresabschluss berücksichtigt. Dagegen wird in eigentümergeführten Einzelunternehmen und Personengesellschaften der Arbeitseinsatz der Eigentümer bzw. der **Familienarbeitskräfte** nicht als Aufwand berücksichtigt. Hier erfolgt deren **Entlohung aus dem Jahresüberschuss** des Unternehmens. Während in der allgemeinen Betrachtung die Betriebsergebnisse als Abbildungen des Erfolges herangezogen werden, müssen die Erfolgskennzahlen bei Einzelunternehmen und Personengesellschaften um nichtentlohnte Produktionsfaktoren bereinigt werden, um zu einem für diese Rechtsformen sinnvollen Erfolgsmaßstab zu gelangen.

Die landwirtschaftliche Betriebslehre unterscheidet dementsprechend den Unternehmens-Gewinn vom **Unternehmer-Gewinn**.

Unternehmergewinn = Unternehmensgewinn – Lohnansatz – Zinsansatz

Abb. 3-65: Unternehmergewinn

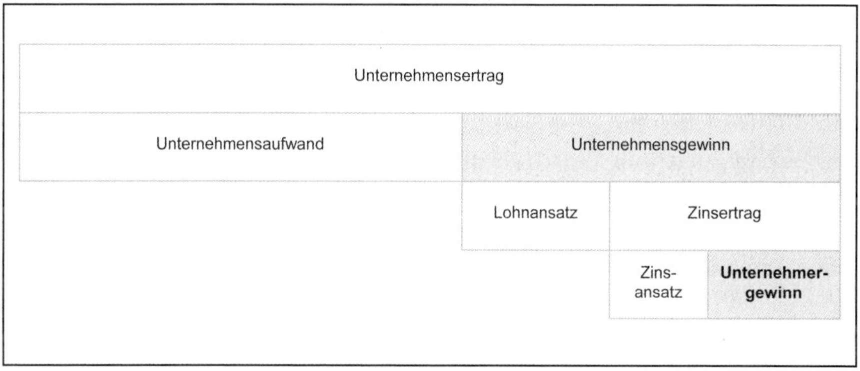

Abb. 3-66: Ermittlung des Unternehmergewinns – Übersicht

Der Unternehmergewinn ergibt sich aus dem Unternehmensgewinn (Jahresüberschuss) nach Abzug eines Lohnansatzes für nicht entlohnte Familienarbeitskräfte und nach Abzug eines Zinsansatzes für das eingesetzte betriebsnotwendige Eigenkapital. Der Maßstab zur Beurteilung des unternehmerischen Erfolges ergibt sich, indem man den Wert der Produktionsfaktoren, die von Unternehmer und Familienmitgliedern quasi unentgeltlich eingebracht werden, vom erzielten Jahresüberschuss abzieht. Die Differenz, der Unternehmergewinn, ist die Entlohnung für die unternehmerische Tätigkeit, d.h. für die eingebrachte Kreativität und das unternehmerische Risiko.

Der Unternehmergewinn ist auch als Vergleichsmaßstab für einen alternativen Einsatz der Produktionsfaktoren Arbeit und Kapital zu definieren. Der Unternehmergewinn ist die Differenz zwischen dem Unternehmenserfolg und dem möglichen Gesamteinkommen der Unternehmer-Familie. Dies setzt sich aus dem Beschäftigungseinkommen in nicht-selbständiger Tätigkeit und den Zinsen aus der Anlage des Eigenkapitals zusammen.

Der **Lohnansatz** ist der Wert, den der Unternehmer und die Familienmitglieder als Einkommen erzielen könnten, wenn sie an Stelle ihres Engagements im Unternehmen einer nicht-selbständigen Beschäftigung nachgehen würden. Es ist offensichtlich, dass es sich dabei um eine individuelle Bewertung handelt, denn die Erreichbarkeit und Vergütung alternativer Einkommensquellen hängen von der persönlichen Situation ab. So kann ein junger Betriebsleiter mit Hochschulabschluss und fachlicher Berufserfahrung ein Alternativeinkommen als Lohnansatz unterstellen, das er in einer angemessenen Position als Nicht-Selbständiger erzielen könnte. Ein älterer Betriebsleiter hingegen wird den Ansatz für ein alternatives Einkommen vernachlässigen, wenn für ihn arbeitsmarktbedingt eine Anstellung nicht mehr möglich ist. Es müssen jeweils realistische Annahmen zugrunde gelegt werden.

Der **Zinsertrag des Eigenkapitals** errechnet sich als Differenz von Unternehmensgewinn und Lohnansatz. Der Zinsertrag entspricht dem Betrag, der aus dem Gewinn zur Entlohnung des Eigenkapitals zur Verfügung steht. Subtrahiert man vom Zinsertrag den Zinsansatz, erhält man schließlich den Unternehmergewinn.

Der **Zinsansatz** ist der Wert, der durch eine Verzinsung des Eigenkapitals bei einer Anlage außerhalb des Unternehmens erzielt werden könnte. Analog zur Ermittlung des Lohnansatzes wird hier die alternative Verwertung des Produktionsfaktors Kapitals zur Ermittlung des Erfolges berücksichtigt. Zur Vereinfachung wird das in der Bilanz ausgewiesene durchschnittliche Eigenkapital zur Berechung herangezogen, verzinst mit einem für langfristige Finanzanlagen üblichen Zinssatz. Betrachtet man die Berechung des Unternehmergewinns als Alternative gegenüber einem nicht-selbständigen Engagement, dann ist der Wert als zu verzinsendes Kapital anzunehmen, der sich durch Verkauf bzw. Zerschlagung des Unternehmens als Liquidationswert ergibt. Dieser Betrag würde dem Unternehmer bzw. der Familie für eine alternative Kapitalanlage zur Verfügung stehen.

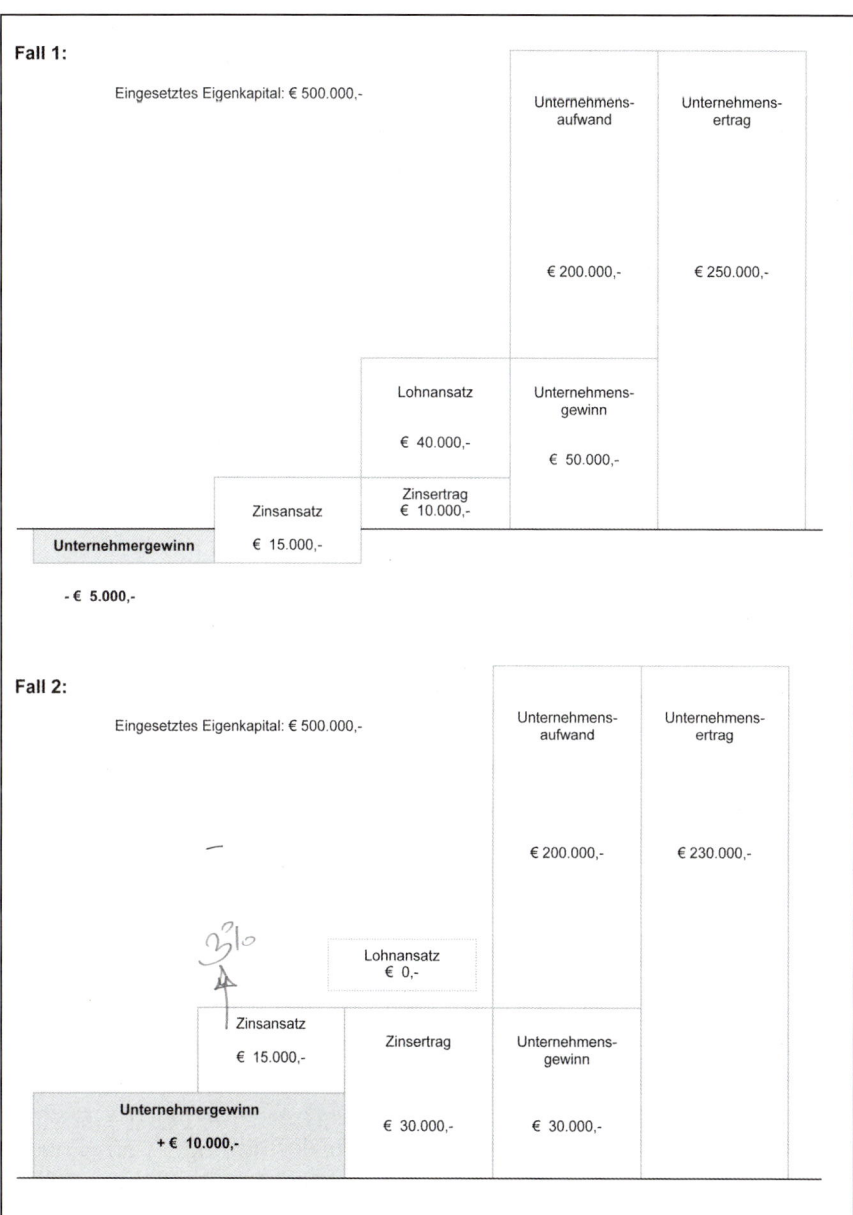

Abb. 3-67: Bewertung des Unternehmergewinns – Fallbeispiele

Abbildung 3-67 stellt zwei Fälle der Erfolgsbeurteilung unter der Annahme unterschiedlicher Einkommensalternativen gegenüber. **Fall 1** stellt die Situation dar, die sich beispielsweise für ein junges Ehepaar bei der geplanten Übernahme eines elterlichen Betriebes ergibt. Das Unternehmen ermöglicht die Erwirtschaftung eines Gewinnes von € 50.000,- bei einem Eigenkapitaleinsatz von € 500.000,-. Unterstellt man ferner, dass einer der beiden seine ganze Arbeitszeit dem Unternehmen zur Verfügung stellen kann und der Partner die Hälfte einer Voll-Arbeitskraft, dann muss als Lohnansatz das mögliche Alternativeinkommen aus nicht-selbständiger Tätigkeit eingesetzt werden.

Für 1,5 Voll-Arbeitskräfte außerhalb des Unternehmens werden im aufgeführten Beispiel € 40.000,- angesetzt. Die Bewertung der Eigenkapitalanlage ergibt einen Zinsansatz von € 15.000,-. Unter diesen Annahmen und Vernachlässigung weiterer Zielsetzungen des Betriebsleiterpaares, wird der Erfolg verglichen mit alternativer Tätigkeit und Kapitalanlage außerhalb des Unternehmens, negativ.

Wird diese Rechnung als Grundlage für zukünftige Entscheidung, z.B. einer geplanten Betriebsübernahme herangezogen, dann müssen die Werte für Ertrag, Aufwand sowie für Lohn- und Zinsansatz gewählt werden, die unter realistischer Annahme mittelfristig mit dem geplanten Unternehmenskonzept erreicht werden können (Planungsrechnung). Wird hingegen der Erfolg eines laufenden Unternehmens beurteilt (Kontrollrechnung), dann sind die Werte des aktuellen und der abgelaufenen Geschäftsjahre heranzuziehen. Im vorliegenden Fall 1 ergibt sich als Konsequenz, dass die Fortführung bzw. die Übernahmen des Unternehmens unter den gegebenen Rahmenbedingungen aus ökonomischer Sicht nicht sinnvoll ist. Es sei denn, ein plausibles Entwicklungskonzept würde eine akzeptable Erfolgssituation in absehbarer Zeit sicherstellen.

Fall 2 des Beispiels veranschaulicht eine Konstellation, wie sie sich für das gleiche Weingut aus Sicht des derzeitigen Inhabers darstellen könnte. Der Eigenkapitalumfang und die Bedingungen für eine mögliche alternative Anlage werden als gleich unterstellt (€ 500.000 verzinst mit 3%). Der Wert für den Unternehmensgewinn ist aufgrund niedrigerer Erträge jedoch geringer. Dennoch ergibt sich in diesem Fall wegen der Annahme eines niedrigeren Lohnansatzes ein positiver Unternehmergewinn. Der Lohnansatz lässt sich aus Sicht des bisherigen Betriebsinhabers damit begründen, dass er auf dem Arbeitsmarkt von keinem oder nur von einem geringen Alternativeinkommen ausgehen kann. Aus seiner Perspektive ist unter den angenommenen Rahmenbedingungen der Erfolg des Unternehmens positiv zu bewerten und die Fortführung aus ökonomischer Sicht sinnvoll.

Die Beispiele verdeutlichen die individuell festzulegenden Größen innerhalb der Erfolgsberechnung. Eine Erfolgsanalyse aus unterschiedlichen Blickwinkeln betrachtet und an spezifischen Rahmenbedingungen ausgerichtet, führt zu unterschiedlichen Ergebnissen. **Erfolg bleibt**, selbst in einer rein ökonomisch geprägten Betrachtungsweise, eine **von den persönlichen Rahmenbedingungen und Zielsetzungen abhängige Größe**. Eine aussagefähige Erfolgsbewertung eines Unternehmens bedarf daher ausreichender Informationen über die Zielsetzungen, Erwartungen und Alternativen der Unternehmer. Der Unternehmergewinn bietet sich für interne Unternehmensanalysen als Erfolgsmaßstab an. Externe Analysen können an Stelle individuell anzusetzenden Parameter nur pauschale Richtwerte einsetzen.

Der Unternehmergewinn ist in der Erfolgsbewertung eine kapitalwirtschaftliche Perspektive. Eine arbeitswirtschaftliche Betrachtungsweise führt über den **Arbeitsertrag**.

$$\text{Arbeitsertrag} = \text{Gewinn} - \text{Zinsansatz}$$

Abb. 3-68: Arbeitsertrag

Der Arbeitsertrag ist der Teil des Unternehmensgewinns, der nach Abzug des Zinsansatzes für die Entlohung der vom Unternehmer und den Familienarbeitskräften erbrachten Arbeitsleistung verbleibt. Durch Addition mit dem Personalaufwand (Löhne und Gehälter für angestellte Arbeitskräfte) erhält man den **Gesamtarbeitsertrag** als den Wert, der für die Entlohnung des gesamten eingesetzten Produktionsfaktors Arbeit und die kreative unternehmerische Leistung zur Verfügung steht.

Werden neben der Arbeit alle im Unternehmen einsetzten Produktionsfaktoren (Boden, Fremdkapital, Arbeit) berücksichtigt, erhält man das sog. **Betriebseinkommen**. Es setzt sich zusammen aus dem Gewinn (Entlohung des Faktors Eigen-Arbeit und des Eigenkapitals), dem Pachtaufwand (Entlohnung des nichteigenen Bodens), dem Zinsaufwand (Entlohnung des Fremdkapitals) und des Personalaufwandes (Entlohnung des Faktors Fremdarbeit).

167

Betriebseinkommen = Gewinn + Pachtaufwand + Zinsansatz + Personalaufwand

Abb. 3-69: Betriebseinkommen

Bleibt der Personalaufwand unberücksichtigt, erhält man das betriebliche **Roheinkommen**.

Roheinkommen = Gewinn + Pachtaufwand + Zinsansatz

Abb. 3-70: Roheinkommen

Betriebseinkommen und Roheinkommen sind als Begriffe der Wertschöpfung eher Teil einer volkswirtschaftlichen Betrachtung und als Kenngrößen für eine unternehmerische Standortbestimmung nur bedingt geeignet.

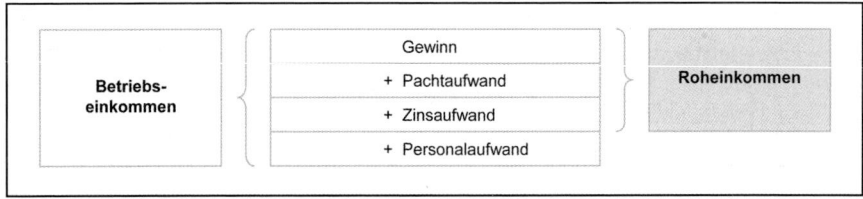

Abb. 3-71: Betriebseinkommen und Roheinkommen

In der landwirtschaftlichen Buchführung wird unterschieden zwischen dem Gewinn laut Buchführung und dem **bereinigten Gewinn (zeitraumechter Gewinn)**. Der buchhalterische Gewinn wird bereinigt um zeitraumfremde Erträge und Aufwendungen, die bei den sonstigen betrieblichen Erträgen und Aufwendungen ausgewiesen sind, sowie um außerordentliche Erträge und Aufwendungen. Der bereinigte Gewinn unterscheidet sich vom Gewinn somit um den Wert des neutralen Ergebnisses (neutrale Erträge abzüglich neutrale Aufwendungen).

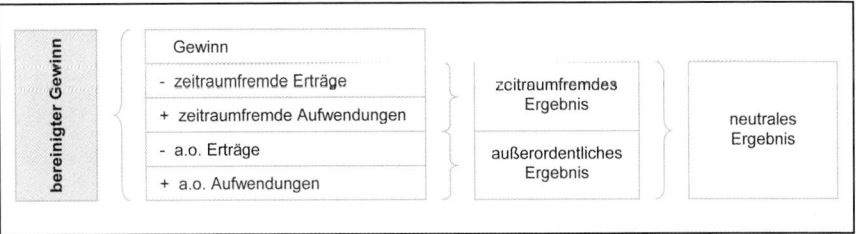

Abb. 3-72: Bereinigter Gewinn

Die **Rentabilitätsmaßstäbe** setzen den Unternehmenserfolg in Beziehung zum Wert der Produktionsfaktoren. Hier unterscheiden sich die Analysen von Einzelunternehmen und Personengesellschaften nicht von der bei Kapitalgesellschaften. Nachdem die Entlohnung des Unternehmers bzw. der Unternehmerfamilie aus dem Gewinn erfolgt, muss bei der Berechnung der Rentabilitätskennzahlen allerdings der Lohnansatz für die nicht-entlohnten Familienarbeitskräfte vom Gewinn abgezogen werden.

$$\text{Eigenkapitalrentabilität} = \frac{\text{Jahresüberschuss (Jahresfehlbetrag)} - \text{Lohnansatz}}{\varnothing \ \text{Eigenkapital}} \cdot 100 \ [\%]$$

Abb. 3-73: Eigenkapitalrentabilität (Einzelunternehmen u. Personengesellschaften)

Die Eigenkapitalrentabilität ergibt sich als Verhältnis von um den Lohnansatz reduzierten Gewinn zu durchschnittlich eingesetztem Eigenkapital. Analog berechnet sich die Gesamtkapitalrentabilität.

$$\text{Gesamtkapitalrentabilität} = \frac{\text{Jahresüberschuss (Jahresfehlbetrag)} - \text{Lohnansatz} + \text{Zinsaufwand}}{\varnothing \ \text{Gesamtkapital}} \cdot 100 \ [\%]$$

Abb. 3-74: Gesamtkapitalrentabilität (Einzelunternehmen u. Personengesellschaften)

Die Bestimmung der **Liquidität** und **Stabilität** auf Basis der Jahresabschlussanalyse unterscheidet sich für Einzelunternehmen und Personengesellschaften nicht.

3.5.2.4 Analyse der Produktivität und Effizienz

Voraussetzung für den Erfolg eines Unternehmens ist der wirtschaftliche Einsatz der Produktionsfaktoren. In Weinbauunternehmen spielt in diesem Zusammenhang aufgrund der hohen Arbeitsintensität zum einen der Faktor Arbeit eine besondere Rolle und zum anderen der Einsatz des Faktors Boden in Form der genutzten Rebflächen. Den Grad der wirtschaftlichen Verwertung dieser Produktionsfaktoren misst man anhand der Produktivität und Effizienz.

Die **Produktivität** ist das Verhältnis eines erwirtschafteten Outputs zu dem geleisteten Input und kann sich auf die eingesetzte Ertragsrebfläche beziehen. Man spricht dann von der **Flächenproduktivität**, die den Ernte-Ertrag (gemessen z.B. in hl) in Beziehung zur entsprechenden Ertragsrebfläche setzt. Dieser Wert spielt auch im Zusammenhang mit den Begrenzungen der Hektarhöchsterträge eine Rolle. Welchen personellen Einsatz der Gesamtbetrieb leisten muss, um diese Ernte zu erzeugen, zu verarbeiten und zu vermarkten, misst die **Arbeitsproduktivität**. Deren Berechnung bezieht sich entweder auf einzelne Betriebsbereiche oder auf den Gesamtbetrieb.

$$\text{Produktivität} = \frac{\text{Output}}{\text{Input}} \cdot 100 \ [\%]$$

Abb. 3-75: Produktivität

$$\text{Flächen-Produktivität} = \frac{\text{Gesamtertrag} \, [\text{hl}]}{\text{Ertragsrebfläche} \, [\text{ha}]}$$

Abb. 3-76: Flächen-Produktivität

$$\text{Arbeits-Produktivität} = \frac{\text{Gesamtertrag} \, [\text{hl}]}{\text{Anzahl Voll-Arbeitskräfte}}$$

Abb. 3-77: Arbeits-Produktivität

Im letzten Fall werden bei der Bemessung der Arbeitskräfte alle Arbeitskraftstunden des gesamten Betriebes einer Abrechnungsperiode berücksichtigt. Voll-Arbeitskräfte sind alle festangestellten Fremd- und die Familienarbeitskräfte. Berücksichtigt wird, welchen Teil der gesamten möglichen Arbeitszeit sie jeweils dem Unternehmen zur Verfügung stellen. Erfahrungsgemäß sind der zeitliche Einsatz von Familienarbeitskräften und deren Effizienz in der Regel deutlich höher als der von Fremdarbeitskräften. Bei der Berechnung einer Voll-Arbeitskraft werden daher, sofern keine Arbeitszeiterfassungen zur Verfügung stehen, für Familienarbeitskräfte ca. 2.380 Stunden und für Fremdarbeitskräfte 1.700 Stunden pro Jahr tatsächlich geleistete Arbeitszeit angesetzt. Die aufsummierten Stunden von Aushilfen und Saisonarbeitskräften werden in Voll-Arbeitskräfte umgerechnet (Haupt, 1997).

Eine wichtige Kennzahl zur Beurteilung der Marktleistung eines Unternehmens ist die **Umsatzproduktivität**. Sie bemisst das Verhältnis zwischen erzieltem Umsatz und der Ertragsrebfläche. Beim Vergleich von Unternehmen, die überwiegend eigenerzeugte Trauben verarbeiten und vermarkten, lässt sich darüber auf die Erträge und/oder die durchschnittlichen Erlöse schließen. Wird die Umsatzproduktivität auf die eingesetzte Arbeitsleistung bezogen, ist dies ein Maßstab dafür, mit welchem personellen Einsatz die gesamte Marktleistung erbracht wurde.

$$\text{Umsatz-Produktivität} = \frac{\text{Umsatz} \left[\euro \right]}{\text{Ertragsrebfläche} \left[\text{ha} \right]}$$

Abb. 3-78: Umsatz-Produktivität bezogen auf die Rebfläche

$$\text{Umsatz-Produktivität} = \frac{\text{Umsatz} \left[\euro \right]}{\text{Anzahl Voll-Arbeitskräfte}}$$

Abb. 3-79: Umsatz-Produktivität bezogen auf die eingesetzte Arbeitsleistung

Erfolgreiche Weinbauunternehmen unterscheiden sich von den weniger erfolgreichen insbesondere durch eine deutlich höhere Umsatzproduktivität, d.h. sie erzielen bezogen auf die Rebfläche deutlich höhere Erlöse. Zudem zeichnen sie sich durch eine deutlich größere Arbeitsproduktivität aus. Höhere Erlöse sind das Ergebnis eines erfolgreicheren, sprich konsequenteren strategischen Marketings. In der höheren Arbeitsproduktivität zeigt sich eine effizientere Organisation des Faktors Arbeit. Die Kombination beider Determinanten ist eine plausible und nachweisbare Erklärung für den erkennbaren Erfolgsunterschied von Weinbauunternehmen.

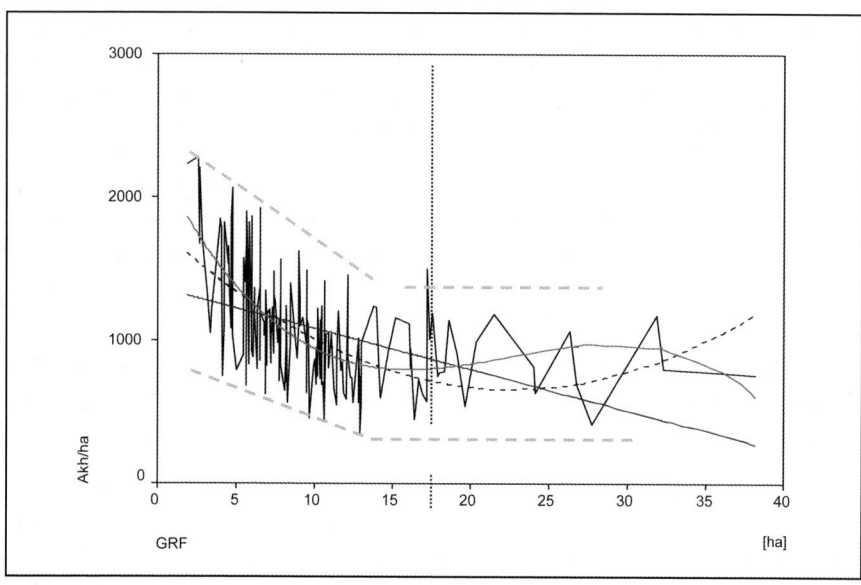

Abb. 3-80: Unternehmensgröße und Arbeitsintensität (Göbel, 2003 a)

Die Arbeitsproduktivität und die Prozesseffizienz sind durch die betrieblichen Rahmenbedingungen bedingt. Hierzu gehört als wichtiger Einflussfaktor auch die **Betriebsgröße** gemessen an der Gesamtrebfläche. Es zeigt sich, dass die Arbeitsstunden bezogen auf die Rebfläche (**Arbeitsintensität**) mit zunehmender Betriebsgröße zunächst stark fallen. Dies ist damit zu erklären, dass Komponenten der Gesamtzeit, wie Rüst- und Anfahrtszeiten, fixen Charakter haben und mit steigender Rebfläche bezogen auf eine Flächeneinheit geringer werden.

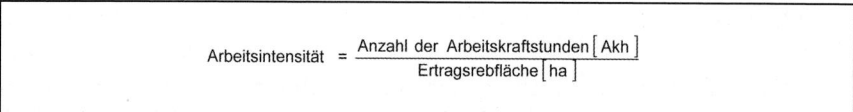

Abb. 3-81: Arbeitsintensität

Dass sich dieser Effekt bei großen Betrieben nicht fortsetzt, ist mit einem zunehmenden Organisationsaufwand zu erklären. Der Kurvenverlauf in Abbildung 3-80 zeigt ab 15-20 ha GRF keine weitere Degression der Arbeitsintensität. Wenn auch durch die geringe Fallzahl in diesem Bereich keine statistisch gesicherte Aussage möglich ist, so bestätigt das Ergebnis dennoch die Erfahrung, wonach viele der großen Betriebe eine deutlich höhere Arbeitsintensität aufweisen. Dies ist zum einen ein Hinweis darauf, dass Führungs- und Organisationskonzepte für größere Weinbauunternehmen nicht existieren bzw. umgesetzt werden. Zum anderen verlangen unterschiedliche Anforderungsprofile auch entsprechende Ausbildungskonzepte.

Die Organisationsaufgabe der Betriebsleiter besteht vorrangig darin, die nicht teilbaren Produktionsfaktoren möglichst effizient einzusetzen. Dies sind u.a. die im Unternehmen aktiven Familienarbeitskräfte sowie Maschinen und Geräte. In Unternehmen mit mehr als 20 ha GRF umfasst der Aufgabenbereich der Betriebsleiter zunehmend die Organisation von Fremdarbeitsleistungen. Das Tätigkeitsbild verschiebt sich sukzessive zu **Führungs- und Organisationsaufgaben**. Damit verändert sich auch das Anforderungsprofil an die Betriebsleiter.

Der sich vollziehende Strukturwandel, durch den viele Kleinstbetriebe auslaufen, ermöglicht durch das Freiwerden der Flächen das weitere Wachstum erfolgreicher Unternehmen. Die Kompetenzen zur Führung großer Betriebe erlangen zunehmende Bedeutung und sind in der Ausbildung verstärkt zu berücksichtigen.

Die Berechnung der Arbeitsintensität umfasst alle im Unternehmen angefallenen Arbeitsstunden zurück. Die Summe ergibt sich aus den geleisteten Arbeitsstunden in allen Betriebsbereichen, vom Außenbetrieb über den Keller bis hin zum Vertrieb und zur Verwaltung. Weil der Erfolg eines Unternehmens wesentlich vom marketingstrategischen Engagement abhängt, ist die Verteilung der Arbeitskraftstunden auf die unterschiedlichen funktionellen Bereiche des Unternehmens wichtig.

Die **Optimierung der Produktionsbereiche** hat zweierlei Konsequenzen: Zum einen reduzieren sich die Personalkosten, wenn die entlohnten Fremdarbeitskräfte effizienter eingesetzt werden. Noch wichtiger aber ist der Effekt, dass eine Optimierung der Effizienz in den Bereichen Weinbau, Kellerwirtschaft und Verwaltung zeitliche Kapazitäten schafft für Vermarktungsaktivitäten. Eine hohe Arbeitsproduktivität und eine vergleichsweise geringe Arbeitsintensität in den Produktionsbereichen ist somit aus Effizienzgesichtspunkten wie auch vor dem Hintergrund einer Intensivierung der Marketingorientierung für den Erfolg von ausschlaggebender Bedeutung (Göbel, 2003 a).

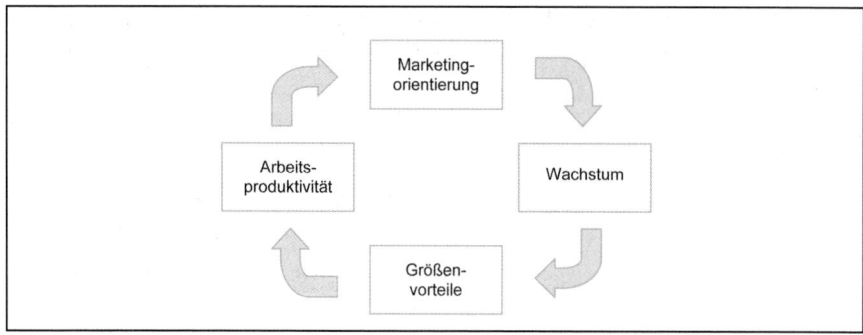

Abb. 3-82: Der Zusammenhang von Arbeitsproduktivität und Marketingorientierung

Die **Effizienz** eines Betriebes bemisst sich durch das Verhältnis der Aufwendungen zu den Erträgen innerhalb eines Wirtschaftsjahres. Sie bildet das Verhältnis ab aus dem Input und dem Output, der jeweils durch den gesamten unternehmerischen bzw. betrieblichen Prozess entstanden ist. Die **Prozesseffizienz** ergibt sich, wenn man die monetären Aufwendungen mit den monetären Erträgen ins Verhältnis setzt. Man unterscheidet die Prozesseffizienz I, die alle unternehmensbedingten Aufwendungen und Erträge einer Abrechnungsperiode berücksichtigen, und die Prozesseffizienz II, bei der nur die Zweckaufwendungen und Zweckerträge in die Berechnung eingehen. Zweckerträge und Zweckaufwendungen sind um neutrale Positionen bereinigten Gesamtaufwendungen und -erträge.

$$\text{Prozesseffizienz I} \ = \ \frac{\text{Aufwand} \ [\text{€}]}{\text{Ertrag} \ [\text{€}]}$$

Abb. 3-83: Prozesseffizienz I

$$\text{Prozesseffizienz II} \ = \ \frac{\text{Zweck} - \text{Aufwand} \ [\text{€}]}{\text{Zweck} - \text{Ertrag} \ [\text{€}]}$$

Abb. 3-84: Prozesseffizienz II

Die Aussagekraft dieser Kennzahlen beschränkt sich im Wesentlichen auf den schnellen Überblick über das Verhältnis von Aufwendungen und Erträgen. Werte von annähernd oder größer 1 weisen auf ein Effizienzproblem des Betriebes hin. Die Prozesseffizienz II berücksichtigt dabei nur Einflussgrößen, die mit dem betrieblichen Zweck in Zusammenhang stehen. Unternehmerische Maßnahmen bedürfen immer einer tiefergehenden Analyse, die Aufschluss über Art und Ort der Effizienzprobleme gibt.

3.5.3 Der Betriebsvergleich

Aussagen über den Informationsgehalt von Kennzahlen lassen sich nur treffen, wenn diese in ein Bezugssystem eingeordnet sind. Erst die Anwendung eines Vergleichsmaßstabs macht die Interpretation von Kennzahlen möglich. Dieser Vergleich kann sich intern auf eine vergangenheitsbasierte Zeitreihenanalyse beziehen, oder extern auf eine zwischenbetriebliche Gegenüberstellung.

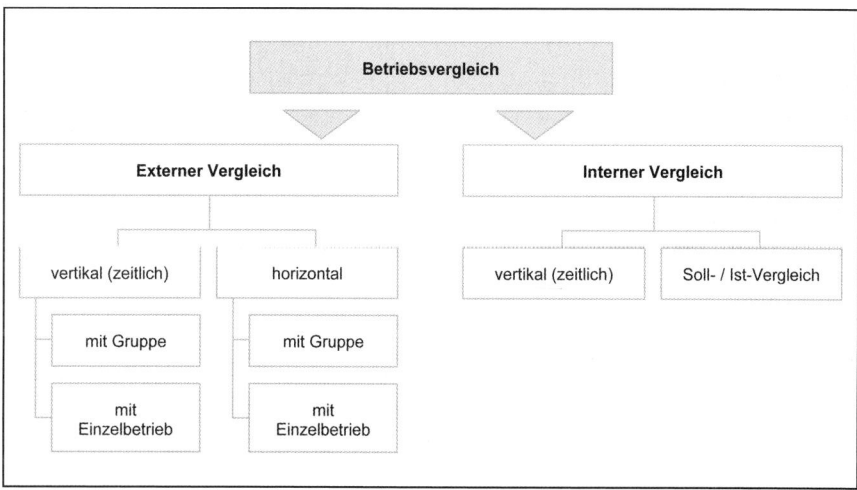

Abb. 3-85: Formen des Betriebsvergleiches

Der Betriebsvergleich ist eine systematische Methode, sich über einen betriebswirtschaftlichen Sachverhalt mittels einer Gegenüberstellung von Kennzahlen Klarheit zu verschaffen. Erkennbare Unterschiede sind Informationsgrundlage und geben Impulse für die Entwicklung unternehmerischer Handlungsalternativen bzw. Reaktionen.

Im **internen Vergleich** wird die Entwicklung wichtiger Erfolgsgrößen im Zeitvergleich anhand von Ist-Kennzahlen hergestellt und als Führungsinstrument verwendet. Ein vertikaler Zeitreihenvergleich stellt die historische Ent-

175

wicklung von betrieblichen Kennzahlen dar und erlaubt Aussagen über die Wirkung von bereits entschiedenen unternehmerischen Maßnahmen. Der vertikale Betriebsvergleich lässt sich als Planungsinstrumentarium heranziehen, wenn Plandaten den tatsächlich realisierten Ergebnissen in ihrem zeitlichen Verlauf gegenübergestellt werden.

Im Rahmen von **externen Betriebsvergleichen** werden betriebliche Kennzahlen einem zwischenbetrieblichen Vergleich unterzogen, indem Werte einer Vergleichsgruppe oder einer Branche als Vergleichsmaßstab herangezogen werden. Der externe Betriebsvergleich kann als vertikale (zeitliche) oder horizontale Analyse Anwendung finden und ist geeignet, die eigene Leistungsfähigkeit zu beurteilen.

Um zu aussagefähigen und verlässlichen Analysedaten zu gelangen, ist eine Reihe von Voraussetzungen zu berücksichtigen. Zunächst müssen geeignete Vergleichsdaten zur Verfügung stehen. Diese Vergleichsmaßstäbe sind für eine Unterstützung der Entscheidungsträger in Unternehmen nur dann aussagefähig, wenn ihr Informationsgehalt zur Orientierung beiträgt. Das wiederum setzt voraus, dass nur Daten von Unternehmen herangezogen werden dürfen, die hinsichtlich bestimmter Kriterien vergleichbar sind. Grundsätzlich sind vor dem Betriebsvergleich die Kriterien festzulegen, nach denen Unternehmen ausgewählt und als **Vergleichsmaßstab** herangezogen werden.

Vergleichbarkeit zwischen Unternehmen besteht grundsätzlich dann, wenn sie erstens der gleichen Branche angehören. Dies ist bei allen Kennzahlen mit produktions- bzw. produktspezifischen Größen zu berücksichtigen. Für Aussagen zur Rentabilität, Liquidität und Stabilität ist auch ein branchenübergreifender Vergleich möglich. Dies wird besonders von Seiten der Kreditgeber genutzt. Banken knüpfen die Konditionen der Kreditvergabe an die Beurteilung individueller Risiken, die im Zuge der Bonitätsprüfung ermittelt werden. Aus Sicht der Banken ist für die Bewertung eines Unternehmens und seiner Bonität nicht das branchenübliche, sondern das branchenübergreifende Niveau von Belang.

Ein zweites Kriterium der Vergleichbarkeit sind die regionalen Anbaubedingungen, die sich durch ihre natürlichen Gegebenheiten sehr stark unterscheiden, z.B. in der Mechanisierbarkeit (Direktzug-, Seilzug-, Terrassenanlagen). Eine Analyse der Prozesse, z.B. im Bereich der Traubenproduktion, setzt vergleichbare Rahmenbedingungen voraus.

Übergeordnete unternehmerische Zielsetzungen, wie beispielsweise ein angestrebtes Gewinn- bzw. Einkommensniveau, müssen losgelöst von regionalen Gesichtspunkten analysiert werden. Regionale Rahmenbedingungen beeinflussen die Realisierung von übergeordneten Zielen. Dennoch dürfen sie nicht als Ausrede für das Nicht-Erreichen eigener Zielsetzungen herangezogen werden. Vergleichbare Anbau- und Absatzbedingungen sind deshalb bei einer Prozessoptimierung im Weinbau zu berücksichtigen, nicht jedoch bei der Beurteilung übergreifender unternehmerischer und persönlicher Zielerreichung.

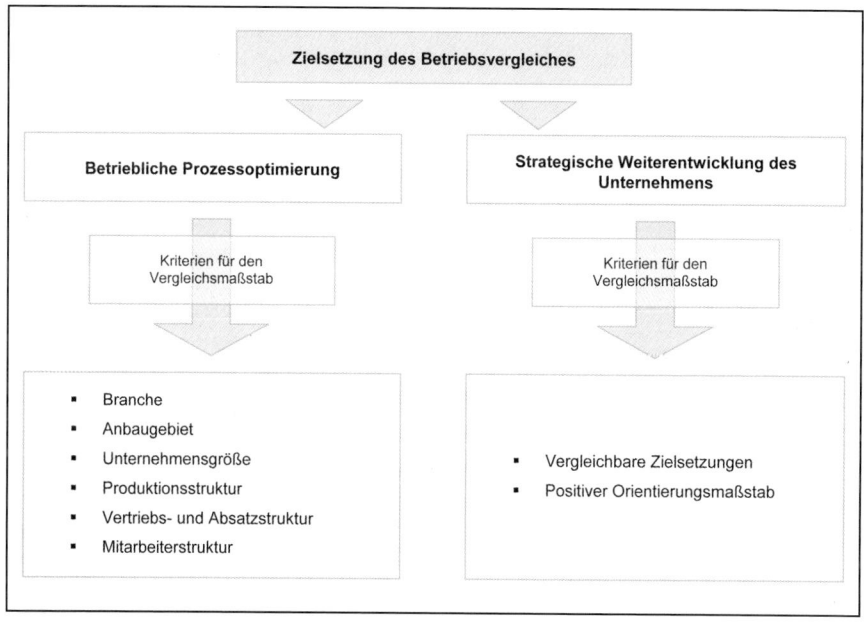

Abb. 3-86: Kriterien zur Auswahl von Vergleichsunternehmen

Ähnliches gilt auch für die Kriterien der Vergleichbarkeit, wie Produktions- und Absatzstruktur sowie Unternehmensgröße. Produktions-, absatz- und organisationsorientierte Vergleiche setzen Unternehmen mit ähnlichen Ausgangsbedingungen voraus. Betriebsvergleiche können dann Aufschluss über die Ursachen von Erfolgsunterschieden geben und mögliche Maßnahmen zur Verbesserung aufzeigen.

Im Mittelpunkt steht jedoch ein weiteres Kriterium. Ein zielorientierter externer Betriebsvergleich, der die Analyse mit einer strategischen Weiterentwicklung eines Unternehmens verbindet, zieht im Idealfall eine Gruppe von Unternehmen als Vergleichsmaßstab heran, die **vergleichbare Zielsetzungen** haben und einen maßgebenden Entwicklungsstand hinsichtlich Struktur und Erfolg erreicht haben. Mit anderen Worten heißt das: Der Vergleich wird nicht mit Unternehmen vorgenommen, die unter ähnlichen Rahmenbedingungen oder Problemen agieren, sondern mit jenen, die gleiche Ziel anstreben oder bereits Ziele erreicht haben, die für das eigene Unternehmen Vorbild sind. Zielorientierte Betriebsvergleiche (**Benchmarking**) haben die Erstellung eines **positiven Orientierungsmaßstabes** zur Aufgabe.

Zusammenfassend ist festzuhalten, dass bei der Auswahl von Vergleichsmaßstäben strukturelle Kriterien im Vordergrund stehen, wenn es um organisationstechnische Analysen eines Unternehmens geht. Ist die strategische Weiterentwicklung des Unternehmens oder seine globale Erfolgsanalyse mit Blick auf dessen Existenzsicherung im Mittelpunkt, dann wird der Betriebsvergleich in aller erster Linie ein Orientierungsmaßstab für das Erreichbare.

3.5.4 Einordnung in die Marktposition

Für die **Selbsteinordnung und Außendarstellung des Unternehmens** gegenüber Beteiligten, insbesondere Kreditgebern, ist es notwendig, eine Kurzanalyse der Marktposition zu erstellen. Auf dieses weitere Instrument der ökonomischen Standortbestimmung wird hier ergänzend eingegangen.

Für die Entwicklung eines Unternehmens sind die Rahmenbedingungen des ihn umgebenden Marktes noch wichtiger, als die aktuelle betriebswirtschaftliche Situation. Die Bonität – und somit die Kreditvergabemöglichkeiten einer Bank – stehen in engem Zusammenhang mit der Einschätzung der marketingstrategischen Entwicklungsmöglichkeiten. Die Marktpositionierung zielt darauf ab, den Kreditgebern eine Einschätzung der Marktsituation sowie der eigenen Positionierung zu geben. Dies ist gerade angesichts eingeschränkter Informationen von branchenfremden Entscheidungspersonen von Bedeutung. Diese können nur auf Basis allgemein zugänglicher Branchendaten entscheiden, die mitunter zu pauschal sind, um die Situation des individuellen Unternehmens realistisch zu bewerten. Insbesondere die aktuelle Situation auf den Weinmärkten – speziell auf dem deutschen – führt aus einer verallgemeinernden Sichtweise zu einer deutlich pessimistischeren Einschätzung, als dies für ein einzelnes Unternehmen mit einer individuellen Strategie der Fall sein muss. Regionale und überregionale Entwicklungen dürfen nicht alleine als Beurteilungsmaßstab herangezogen werden. Wichtiger sind die realistische und konsequente Positionierung sowie die Entwicklung des Einzelunternehmens.

Neben der Außendarstellung des Unternehmens und der Vermittlung der strategischen Entwicklungsplanung dient das Instrument der Positionsanalyse in erster Linie der **Konkretisierung von Ausgangsbedingungen für geplante marketingstrategische Entwicklungsschritte** (Kotler/Bliemel, 1995). Es bietet sich an, eine an den Marktsegmenten orientierte Einordnung in ähnlicher Weise vorzunehmen, wie für die Marktsegmentierung im Rahmen der strategischen Ausrichtung (vgl. Kap. 2).

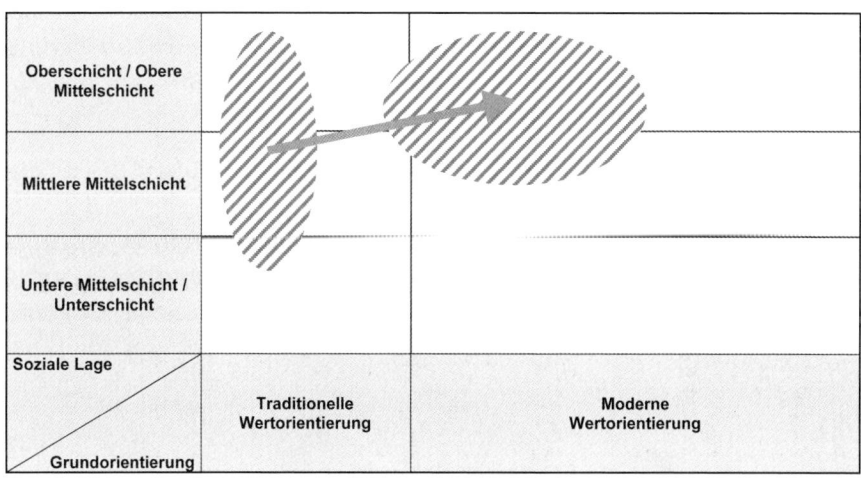

Abb. 3-87: Entwicklungsplanung mit Hilfe der Sinusstudie 2002

Abbildung 3-87 veranschaulicht den geplanten Entwicklungspfad eines Weingutes, das bislang ausschließlich traditionsorientierte Marktsegmente mit Produkten des mittleren und oberen Preisniveaus angesprochen hat und im Zuge eines Generationenwechsels innerhalb der Unternehmensleistung eine strategische Neuausrichtung plant, die international orientierte Produkte im oberen Preissegment in den Mittelpunkt rückt.

Wird diese schematische Darstellung mit den entsprechenden Markt- bzw. Segmentinformationen (Soziodemografische Eigenschaften, Präferenzen zu Weinstil und optischer Gestaltung, Trinkgewohnheiten, etc.) ergänzt, dann sind daraus wesentliche Schritte zur Planung der Entwicklung abzuleiten. Dies bezieht sich auf die notwendigen Maßnahmen im Rahmen der Produktentwicklung und auf die individuelle Entwicklung bzw. Anpassung der notwendigen Marketinginstrumente.

4 Entwicklungsplanung und Controlling

4.1 Zu den Begriffen der Planung und Kontrolle

Während die Analyse der Ausgangssituation eine Vergangenheitsbetrachtung ist, strebt die Unternehmensplanung eine Unterstützung der Zukunftsentwicklung an.

Die **Problematik jeder Planung** ist das Zugrundelegen von Annahmen über die zukünftigen externen und internen Rahmenbedingungen, unter deren Einfluss sich das Unternehmen entwickelt. Planungen können im Regelfall nicht auf den Punkt genau realisiert werden, weil nie vollständige Informationen zur Verfügung stehen. Das Ergebnis der Planungen ist eine Prognose für das Unternehmen, einzelne Bereiche und das Umfeld. Die Qualität dieser Prognosen hängt von der Güte der berücksichtigten Informationen und deren Interpretation ab.

Das große **Potential der Unternehmensplanung,** das dieses Instrument zu einem unverzichtbaren Teil der Unternehmensführung macht, besteht in der Verarbeitung von Informationen, die zukunftsrelevant sind (Hammer, 1998). Die Vergangenheit und die aktuelle Ausgangssituation sind für den Unternehmenserfolg nur von Bedeutung, weil auf dem gegebenen Sockel aus Kompetenz und Vermögen künftig aufgebaut werden kann. Eine Extrapolation vergangener Entwicklungen in die Zukunft ist kein geeignetes Mittel, um ein Unternehmen zukunftsfähig zu gestalten. Ein zu starker Vergangenheitsbezug ist Ursache für existenzbedrohende Unternehmenskrisen. Die Instrumente der Unternehmensplanung bauen auf der strategischen Ausrichtung und der aktuellen Situation des Unternehmens auf und erstellen eine realistische Abbildung von seiner beabsichtigten kurz- und mittelfristiger Entwicklung.

In einem zielorientierten Unternehmen sind **Planung und Kontrolle nicht losgelöst voneinander zu betrachten**. Wie in Kapitel 1 erläutert wurde, setzt eine erfolgreiche Unternehmensführung die Verfolgung konkreter Ziele voraus. Dies gilt für die Unternehmensziele und in besonderem Maße für die persönlichen Ziele der Unternehmer bzw. der Unternehmerfamilie. Das Erreichen der Unternehmensziele ist Voraussetzung für die Realisierung der mit dem Unternehmen verknüpften persönlichen Vorstellungen.

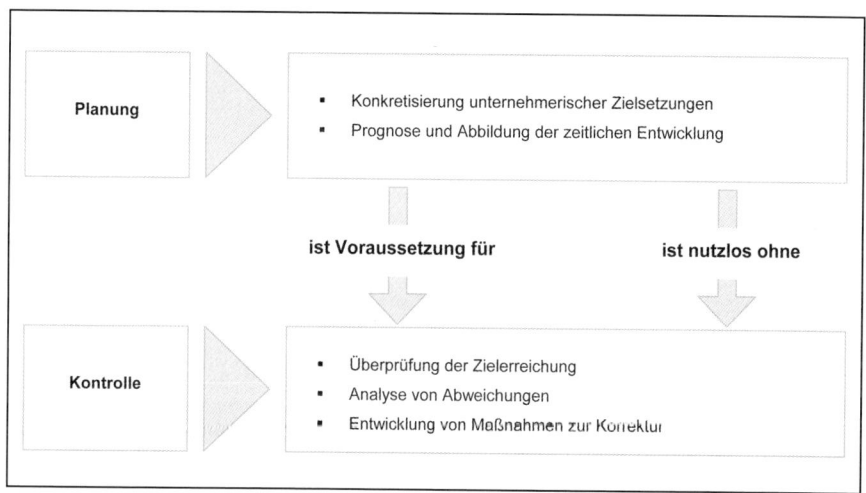

Abb. 4-1: Planung und Kontrolle als elementare Instrumente zielorientierter Unternehmensführung

Aufgabe der Unternehmensplanung ist es daher, die Unternehmensziele mit den sie bestimmenden Einflussparametern zu erfassen und formal in ihrer prognostizierten zeitlichen Entwicklung abzubilden. Dadurch werden die Zielgrößen mess- und kontrollierbar. Die Planung stellt den Rahmen zur Verfügung, der neben der Konkretisierung der Ziele auch deren Kontrolle ermöglicht. **Aufgabe der Kontrolle** ist es, die Zielerreichung zu prüfen, mögliche Abweichungen und deren Ursachen zu erkennen und zu analysieren sowie Maßnahmen zur Korrektur einzuleiten.

Jede Planung bleibt ohne Kontrolle ein nutzloses Instrument. Kontrollierte Unternehmensführung wiederum setzt voraus, dass auf Basis geeigneter Planungsinstrumente ein Orientierungsmaßstab existiert.

Alle nachfolgend erläuterten Planungsinstrumente dienen einerseits der Entwicklung eines Systems zur konkreten Formulierung und Abbildung von Ziel-

bzw. Orientierungsgrößen und andererseits dem Aufbau eines Controllingsystems zur Prüfung der Zielerreichung und Analyse von Zielabweichungen.

4.2 Bedeutung der Unternehmensplanung und -kontrolle in KMU

Vor allem KMU zeichnen sich häufig durch eine fehlende Planung aus. Planungsinstrumente werden in vielen Fällen gar nicht, oder nur bruchstückhaft entwickelt und verwendet. In unternehmergeführten Klein- und Familienbetrieben ist dies auch darauf zurückzuführen, dass die Entscheidungsträger einen das Produkt betreffenden technischen Ausbildungshintergrund haben, aber keine Kenntnisse über professionelle Führungsinstrumente.

Die Durchführung von Planungsaufgaben ist eine Investition in die Zukunft des Unternehmens, deren Vorleistungen sich erst zu einem späteren Zeitpunkt auszahlen. Die Vorleistung bei der **Entwicklung und Anwendung von Planungsinstrumenten** besteht zum überwiegenden Teil aus einem zeitlichen Aufwand für die Erstellung und die Beschaffung sowie Aufbereitung der Informationen. Gerade in KMU sind die personellen Kapazitäten eng begrenzt, weil die Unternehmerpersonen in Personalunion mehrere Aufgabenbereiche zugleich verantworten und abdecken müssen. Routineaufgaben, durch das Kundengeschäft und im Außenbetrieb durch die Vegetation, ergeben sich zwangsläufig und nehmen einen großen Anteil der verfügbaren Zeit in Anspruch. Zukunftsgerichtete Planungsaufgaben werden daher in der Praxis kleinerer Unternehmen auf der Prioritätenliste hinten angestellt. Dieses Vorgehen ist nachvollziehbar, aber es muss erkannt werden, dass das Vernachlässigen von Planungs- und Kontrollaufgaben die langfristige Existenz eines Unternehmens gefährdet.

Die Lösungen bestehen zum einen darin, Instrumente zur Verfügung zu stellen, die mit minimalem zeitlichen Aufwand zu erstellen und zu pflegen sind, und zum anderen in der Überlegung, welche dieser Aufgaben als externe Dienstleistung zu vergeben sind. Die nachfolgend erläuterten Instrumente zur Planung und Kontrolle zielen deshalb darauf ab, die im Rahmen von KMU anwendbaren Methoden zu erläutern.

Als eine weitere Begründung für fehlende Planung in Unternehmen werden die Unwägbarkeiten der zukünftigen Entwicklung, insbesondere die Abhängigkeit von Weinbauunternehmen von Wetter und Vegetationsverlauf angeführt. Die Unmöglichkeit, einen Jahrgang im voraus einzuschätzen, dient als Grund für das Unterlassen von zukunftsgerichteten Planungen, wie sie im Rahmen der strategischen Produktionsplanung notwendig sind.

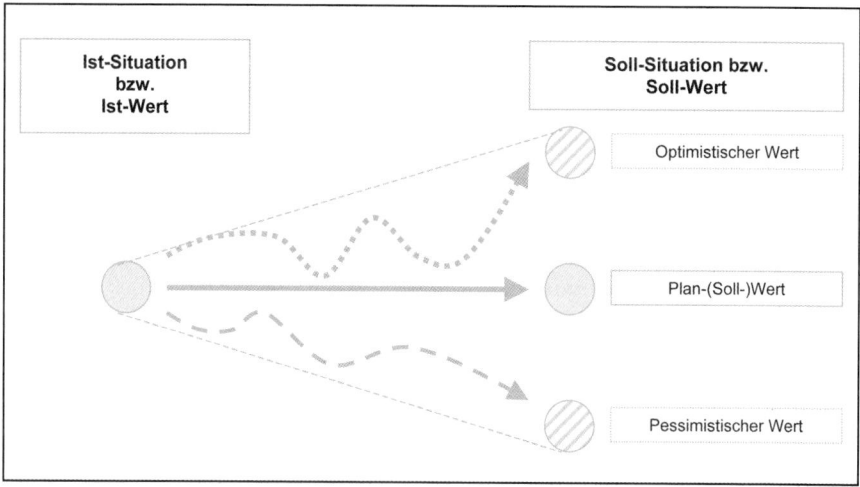

Abb. 4-2: Planwert und Plankorridor

Prognosen können in den seltensten Fällen exakt realisiert werden. Dies jedoch als Argument für die Sinnlosigkeit einer Unternehmensplanung gelten zu lassen, ist nicht akzeptabel. Planung kann nicht das Erreichen der exakten Planziele sicherstellen. Nicht-Planung garantiert hingegen das Nicht-Erreichen von Zielen. Planungen streben nicht das genaue Erreichen definierter Werte an, aber sie sind Grundlage für eine Überprüfung eigener Einschätzungen und dienen der Ursachenanalyse für größere Abweichungen. Plandaten sind deshalb nicht als **Zielwerte**, sondern als **Zielkorridore** zu verstehen und beinhalten grundsätzlich die Annahmen möglicher Abweichungen. Plandaten sind Trendwerte, die implizit eine mögliche Schwankungsbreite zwischen einer optimistischen wie einer pessimistischen Grenze beinhalten. Dies gilt für Umsatzziele ebenso wie für Produktionschargen im Außenbetrieb.

Plandaten sind Grundlage für die Kontrolle und Analyse von Planabweichungen. Die **Analyse von Abweichungen** geschieht mit der Absicht, die Ursachen für das Nichterreichen eines Ziels zu erkennen und in einem weiteren Schritt geeignete Maßnahmen zu treffen, um die weitere Entwicklung zielorientiert zu beeinflussen. Für eine angemessene Reaktion ist es grundsätzlich notwendig, **die Ursachen für Abweichungen tatsächlich zu**

erkennen und die Wirkung der geplanten Maßnahmen zur Zielerreichung realistisch einzuschätzen. In der Praxis wird auf eine unzufriedenstellende Entwicklung bei der Wahl der Gegenmaßnahmen oft mit einer Strategie des „Mehr-desselben" reagiert (Watzlawick, 1985). D.h., geplante Ziele werden mit geplanten Maßnahmen angestrebt und auf Planabweichungen wird mit einem verstärkten Einsatz derselben Maßnahmen reagiert, ohne dass dies zum Erfolg führen muss. Zum Beispiel ist bei einem Rückgang des Betriebsergebnisses zu prüfen, ob und in welcher Weise eine weitere Intensivierung der Vermarktungsaktivitäten zu einer Ergebnisverbesserung beitragen kann. Zu oft legen Unternehmen nach wie vor das Hauptaugenmerk alleine auf die Realisierung von Umsatzsteigerungen, ohne z.b. Deckungsbeiträge bei der Planung zu berücksichtigen. Zudem werden Entscheidungen zur Produktentwicklung losgelöst von der übergreifenden strategischen Ausrichtung getroffen und damit die mittel- und langfristige Wirkung von produktpolitischen Maßnahmen auf die Umsatzentwicklung vernachlässigt.

Im Zuge von **Basel II** wird die Möglichkeit zur Beschaffung von Fremdkapital davon abhängig sein, inwieweit ein Unternehmen seine Planungen auch gegenüber einem Dritten (z.b. der Hausbank) in aussagefähiger und nachvollziehbarer Weise darstellen kann. Die Erstellung fundierter Planungsunterlagen gehört zu den Basisfähigkeiten eines Unternehmers bzw. Managers. Diese qualitativen Faktoren des Unternehmens gehen bei der Beurteilung einer Bonität ebenso ein, wie die kennzahlengestützten quantitativen Größen.

Zusammengefasst ist festzuhalten, dass Planungs- und Kontrollinstrumente gerade in KMU wesentlich zur Zielerreichung und zur Existenzsicherung eines Unternehmens beitragen. Voraussetzung ist, dass einfach zu handhabende Instrumentarien zur Verfügung stehen, die den spezifischen Organisationsbedingungen in Klein- und Familienbetrieben entsprechen. Diese Instrumente müssen zweitens konsequent darauf ausgerichtet sein, Ziele abzubilden und Ursachen für Zielabweichungen zu identifizieren. In weiter wachsenden Betrieben mit einer deutlich größeren Komplexität und angesichts der Professionalität internationaler Konkurrenz ist eine Unternehmensführung „aus dem Bauch heraus", die versucht ohne unterstützende Führungsinstrumente auszukommen, nicht mehr vorstellbar. Auch die Finanzierung durch Fremdkapital fordert vom Unternehmer die Darstellung eines nachvollziehbaren und glaubwürdigen Konzeptes zur Planung und Kontrolle. Nicht der Zwang zum formalen Nachweis der kontrollierten Unternehmensführung darf der

Antrieb zur Planerstellung sein, sondern die Tatsache, dass die Zielsetzungen der Unternehmer mit deutlich größerer Sicherheit erreicht werden, als ohne diese Hilfsmittel. Dies bedeutet nicht, dass unternehmerisches Gefühl und Intuition für den Erfolg unbedeutend wären. Das Gegenteil ist der Fall. Es ist erwiesen, dass die Unternehmerpersönlichkeit einen wesentlichen, wenn nicht den wichtigsten Beitrag zum Gelingen einer Unternehmung beiträgt. Wenn es jedoch um weitreichende und verantwortungsvolle Entscheidungen geht, die alle Beteiligten eines Unternehmens betreffen, dann müssen Intuition und Unternehmergeist begleitet werden durch objektive Planungsinstrumente, die „Bauchentscheidungen" nicht ersetzen, aber überprüfen können.

4.3 Planungsinstrumente und ihre zeitliche Struktur

4.3.1 Überblick über die unternehmerischen Teilpläne

Unter dem Begriff der Unternehmensplanung können alle Aktivitäten zusammengefasst werden, die sich mit der zukünftigen Ausrichtung, Steuerung und Entwicklung eines Unternehmens beschäftigen. Die Gesamtaufgabe der Unternehmensplanung gliedert sich in **Teilbereiche**. Diese werden nachfolgend zunächst zusammengefasst und in ihrem Bezug zueinander dargestellt.

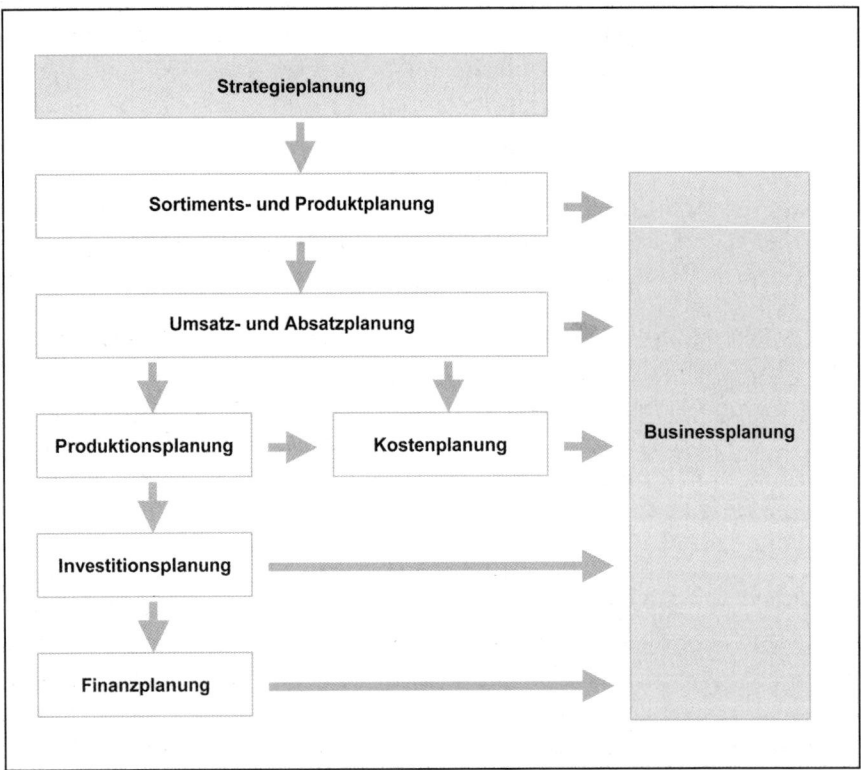

Abb. 4-3: Übersicht der unternehmerischen Teilpläne

Die **Strategische Planung** ist Ausgangspunkt für alle Teilpläne. Sie bildet den Rahmen für die Entwicklungsrichtung, Sortimentsstrukturierung, Vermarktung sowie Produktion und ist die Basis für alle weiteren Teilbereiche der Unternehmensplanung. Bei der strategischen Planung wird definiert, welche materiellen und immateriellen Ziele der Unternehmer bzw. die Unternehmerfamilie mit der Unternehmung verbindet. Materielle Ziele umfassen im Wesentlichen die zu erwartenden Einkommen, die Grundlage für den Lebensunterhalt, die Altersvorsorge und die private Vermögensbildung sind. Diese Vorgaben bestimmen die anzustrebenden Unternehmensgewinne bzw. privaten Entnahmen. Die strategische Planung beeinflusst die strukturelle Gestaltung des Unternehmens, indem individuelle persönliche Vorlieben und Stärken bei der Organisations-, Produktions- und Vermarktungsentwicklung Berücksichtigung finden.

An dieser Stelle wird erneut deutlich gemacht, dass für die Planung und Steuerung eines Unternehmens die Orientierung an den bei der strategischen Planung abgesteckten Rahmenbedingungen eine essentielle Basis für die erfolgreiche Realisierung aller Planungsschritte ist. Alle Teilbereiche der Unternehmensplanung dienen letztlich zusammen nur der Erreichung der auf strategischer Ebene formulierten Absichten und Ziele. Ohne die übergeordnete Ebene der strategischen Ausrichtung bleiben Pläne – und das beweist die Praxis viel zu oft – formale Zahlenwerke ohne konkreten Bezug zu den persönlichen Hintergründen des Unternehmens.

Die Ausarbeitung der strategischen Instrumente, die Zielmarktsegmente, Profilierungsmerkmale und Wettbewerbsstil definieren, mündet zunächst in die Sortimentsstruktur. Das Sortiment bildet den Dreh- und Angelpunkt einerseits für die Definition der Produkte hinsichtlich Produktkern, optischer Gestaltung und deren Zuordnung untereinander, andererseits für die Herstellung der Produkte.

Die Sortimentsplanung ist das Bindeglied zwischen der strategischen Ebene und der **Ebene der operativen Unternehmensplanung**. Hierzu gehört der Absatz- und Umsatzplan. Er resultiert aus einer Planung der Absatzmengen, Preise und Konditionen und ist seinerseits Grundlage für den Produktionsplan, der die Herstellung über die verschiedenen Produktionsstufen entsprechend der definierten Qualitäts- und Mengenanforderungen umfasst. Die Planung von Produktion und Vertrieb gibt vor, welcher Bedarf an Personal-, Material- und Kapitaleinsatz für die Realisation entsteht. Eine Bewertung der Einsatzmengen mit Faktorpreisen ermöglicht eine Kostenplanung. Diese wiederum ist für eine an den Kosten orientierte Vertriebsorganisation notwendig. Bei der separaten Einordnung der Kostenplanung wird deutlich, dass ihr innerhalb der strategischen Unternehmensplanung eine zentrale Rolle zukommt. Die

Kostenplanung kommt einerseits innerhalb der Produktionsplanung zur Anwendung. Andererseits ist die Kostenplanung Grundlage für die Kalkulation der Produkte und den deckungsbeitragsoptimalen Absatz- bzw. Umsatzplan.

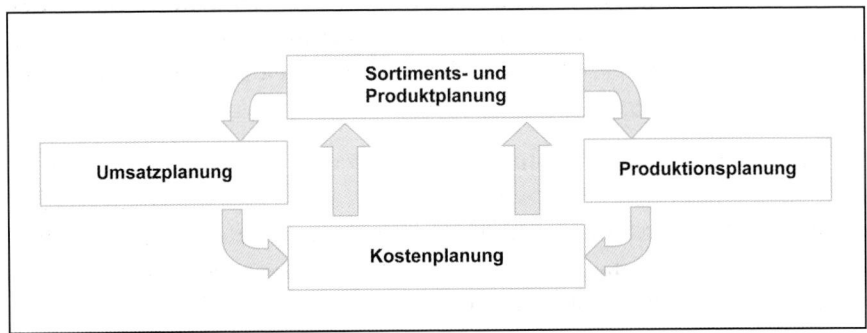

Abb. 4-4: Die Kostenplanung innerhalb der Unternehmensplanung

Aus dem Produktions- und Vertriebsplan leitet sich der Investitionsplan ab. In ihm werden alle Investitionsvorhaben zusammengefasst. Der Finanzplan bildet schließlich die Beschaffung und den Einsatz der finanziellen Mittel zur Erstellung und Aufrechterhaltung der Betriebs- und Unternehmensprozesse ab.

Die genannten Pläne stellen Teilpläne dar, die sich als Übertragung des Strategieplans auf die einzelnen operativen Unternehmensbereiche verstehen. Um die Ergebnisse der unternehmerischen Tätigkeit in zusammengefasster Form beurteilen und im Vorfeld die Machbarkeit der übergeordneten Ziele prüfen zu können und um schließlich eine Vorstellung zu konkretisieren, in welchen zeitlichen Schritten sich die geplante Unternehmensentwicklung vollziehen soll, bedarf es einer aggregierten Übersicht, die alle wesentlichen Informationen aus den Teilplänen zusammenführt. Diese Aufgabe erfüllt der **Businessplan**. Er dient der Darstellung der geplanten Unternehmensentwicklung und bildet als Ergebnis den ökonomischen Erfolg und seine Entstehung innerhalb des Planungshorizontes ab.

4.3.2 Zeitliche Struktur der Unternehmensplanung

Unternehmensplanung und die Kontrolle der Zielerreichung vollzieht sich in unterschiedlichen zeitlichen Dimensionen (Hummel/Zander, 2002). Bei allen unternehmerischen Teilplänen lassen sich grundsätzlich langfristige und kurzfristige Formen unterscheiden. Diese werden im Zuge der expliziten Erläuterung der Teilpläne dargestellt (vgl. nachfolgende Kapitel).

Eine **kurzfristige Planung** umfasst den Zeitraum eines laufenden Geschäftsjahres, oder – wenn es sich um eine rollierende Planung handelt – der vorausliegenden 12 Monate. Kurzfristige Pläne sind Detailpläne zur operativen Steuerung des Unternehmens. Langfristige Pläne übernehmen eher die Aufgabe der globalen und aggregierten Abbildung übergeordneter Zielgrößen und stellen diese mit Blick auf die Prüfung ihrer Machbarkeit in den Gesamtzusammenhang der Unternehmensentwicklung. **Langfristige Unternehmensplanung** bezieht sich auf einen Zeitraum von 5 bis 8 Jahren.

Pläne, die über einen Zeitraum von 5 bis 8 Jahren hinausgehen, dienen nur zum Abstecken allgemeiner Entwicklungsrichtungen. Konkrete, in Werte gefasste Vorgaben sind auf längere Sicht nicht realistisch darstellbar. In der Praxis werden Planungen vorgenommen, die sich über 10 oder 15 Jahre in die Zukunft erstrecken. Deren Aussagegehalt kann man bewerten, indem man einen Blick über 10 bis 15 Jahren in die Vergangenheit wirft und überlegt, welche der heutigen relevanten Rahmenbedingungen zur damaligen Zeit bereits konkret abzusehen und hinsichtlich ihres Einflusses auf die Unternehmensentwicklung einzuschätzen waren. Die Dynamik, mit der sich das unternehmerische Umfeld und die internen Gegebenheiten verändern, legen die Schlussfolgerung nahe, dass Planungen, die über einen Zeitraum von 5 Jahren hinausgehen, für die konkrete Information und Orientierung von Entscheidungsträgern nur geringen Wert besitzen.

Dagegen steht eine Begrenzung der Unternehmensplanung auf einen Zeithorizont von 5 bis 8 Jahren im Widerspruch zu Prinzipien, die untrennbar mit der Realisierung von Unternehmungen verknüpft sind.

Gerade in KMU ist die Erhaltung und Fortführung des Unternehmens eng verbunden mit der Existenzgrundlage von Unternehmerfamilien und zielt in vielen Fällen auf eine Übergabe des Unternehmens an Nachfolgegenerationen ab. Daher muss deutlich unterschieden werden zwischen einer Unternehmensplanung, die sich auf die konkrete Steuerung zur Erreichung von Rentabilitäts-, Liquiditäts- und Stabilitätszielen bezieht, und einer Planung, die Konkretisierung persönlicher Vorstellungen und Ziele beinhaltet. Gerade eigentümergeführte Unternehmen dienen letztlich immer dem Zweck, der individuell mit ihnen verknüpft wird. Die langfristige Unternehmensplanung kann beispielsweise in Schritten von 5 Jahren einerseits die Machbarkeit der gesetzten Ziele auch im Sinne der ökonomischen Existenzsicherung des Unternehmens abbilden und prüfen sowie andererseits die persönlichen Zielsetzungen definieren. Die dynamischen Veränderungen der nicht beeinflussbaren Determinanten erlauben es jedoch nicht, Planungen über einen langfristigen Zeitraum zu fixieren. Im Zuge der stetigen Fortentwicklung der langfristigen Planung gilt es immer wieder zu prüfen, ob die strategischen und die davon abhängigen operativen Ziele und Instrumente nach wie vor geeignet sind, übergeordnete persönliche Vorgaben zu erreichen.

Ein weiterer Widerspruch in der eigentlich sinnvollen zeitlichen Begrenzung von Unternehmensplanungen ist in der Investitionsplanung zu sehen. Investitionen, insbesondere wenn sie die Kapazität eines Unternehmens betreffen (Rebfläche, Gebäude, Maschinen und Betriebseinrichtungen), können nur langfristig getätigt werden. Auch hier ist von der Fortführung des Unternehmens auszugehen und sind Entscheidungen – z.B. über die mit Investitionsmaßnahmen zu entwickelnde Unternehmensstruktur – über einen sehr viel längeren als den sinnvollen Horizont von 5 Jahren zu treffen.

Es wird an dieser Stelle deutlich, dass die Investitions- und Finanzierungsplanung das mit langfristigen Entscheidungen verknüpfte Risiko berücksichtigen muss. Die Rentabilität von Investitionen hängt von Einflussgrößen ab, die zum Zeitpunkt der Entscheidung nicht oder nur unvollkommen eingeschätzt werden können. Dies setzt erstens voraus, dass Investitionen mit geeigneten Methoden beurteilt werden, die beispielsweise alternative Zukunftsentwicklungen berücksichtigen. Zweitens sind Investitionen grundsätzlich im kaufmännischen Sinne „vorsichtig" zu bewerten. Drittens sind bereits begonnene Investitionsprojekte, die sich auf Grund neuer zur Verfügung stehender Informationen als nicht rentabel erweisen, zu beenden oder anderweitig zu verwerten, selbst wenn bereits nennenswerte Auszahlungen getätigt wurden.

Langfristige Unternehmenspläne, die sich auf mehr als 5 Jahre erstrecken, sind auch bei einer Unternehmenssanierung notwendig. Die Machbarkeitsprüfung von Sanierungsvorhaben setzt voraus, dass die langfristige Entwicklung in Abhängigkeit von geplanten strategischen und operativen Maßnahmen analysiert wird. Die Sanierung eines auf Dauer angelegten Unternehmens kann sich auf einen Zeitraum von 5 bis 10 Jahren erstrecken. Diese Zeitspanne ist besonders dann realistisch, wenn das Zurückführen eines Unternehmens auf einen Wachstums- und Erfolgskurs nicht mit der traditionellen Methode der „Gesundschrumpfung", sondern auf der Basis gegebener Potentiale und Kapazitäten realisiert werden soll. In diesem Fall setzt eine zielgeführte Strategie einen Machbarkeitsplan über den gesamten Sanierungszeitraum voraus.

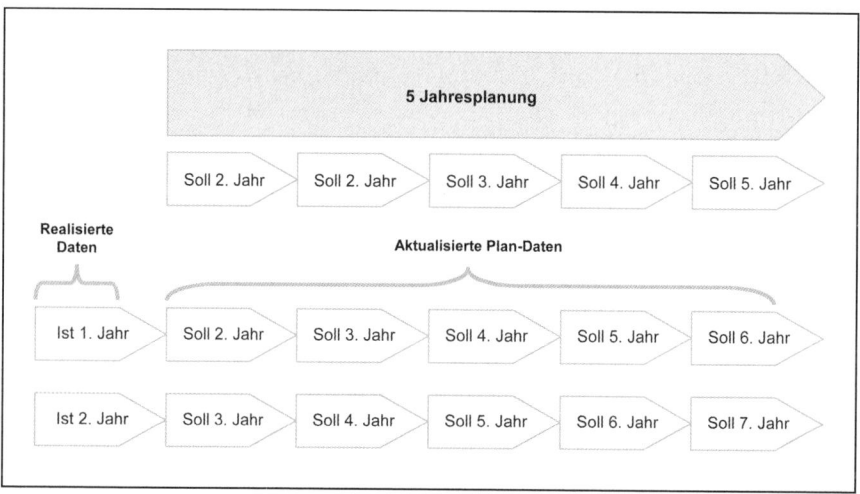

Abb. 4-5: Rollierende Unternehmensplanung

Die dargestellten Zusammenhänge verdeutlichen das Dilemma, mit dem langfristige Unternehmensplanungen einhergehen. Einerseits wird vom Prinzip der Fortführung eines Unternehmens ausgegangen und die Zielsetzungen umfassen mitunter die Interessen zweier aufeinander folgender Generationen. Andererseits sind auch dem unternehmerischen Weitblick Grenzen gesetzt und zuverlässige Aussagen nicht über einen längeren Zeitraum hinweg zu treffen.

Ein Ausweg aus diesem Problem besteht in einer **fortlaufenden (rollierenden) Planung**. Diese aktualisiert für den jeweiligen Zeithorizont eine Planerstellung in regelmäßigen Abständen, ausgehend von der jeweils gültigen Informations- und Datenlage. Für kurzfristige Planungen bedeutet dies, dass Jahresplanungen jeweils am Ende eine Quartals oder Monats, Monatspläne immer zum Ende einer Woche unter Abschätzung der jeweils relevanten Informationen überarbeitet werden. Langfristige Pläne über mehrere Jahre sind am Ende eines Jahres (Geschäftsjahres) zu aktualisieren. Gleiches gilt für die Definition der personenbezogenen Vorstellungen über den Zweck und die Entwicklung des Unternehmens. Veränderungen der Einstellung und Grundhaltung der Entscheidungsträger, der Familiensituation oder der Wertvorstellungen können Anlass geben, die Unternehmensplanung in ihrer langfristigen Ausprägung anzupassen. Andernfalls besteht die Gefahr, dass man seine Vorstellungen an der Entwicklung des Unternehmens orientiert und dieses letztlich nicht leitet, sondern geleitet wird.

Unternehmensplanung stellt auch ein Wirtschaftlichkeitsproblem dar. Dem Nutzen aus der Planung in Form von Informationsgrundlagen für die Entscheidungsfindung stehen Kosten für die Sammlung und Aufbereitung der Daten sowie für die Planerstellung gegenüber. Insbesondere rollierende Planungen erfordern einen stetigen Einsatz zur Aktualisierung. Der Planungsaufwand hängt zudem von der Genauigkeit und dem Detaillierungsgrad ab. Darin liegt eine der Ursachen, warum viele Unternehmen keine regelmäßige Unternehmensplanung erstellen und auf ein für die Existenzsicherung sehr wichtiges Instrument verzichten.

Aufgabe ist die **Entwicklung einer Darstellung**, die erläutert, welche Planungsinstrumente sinnvollerweise mit welcher Genauigkeit zu führen sind und welche Informationen enthalten sein müssen. In den nachfolgenden Kapiteln wird diese Darstellung getrennt nach Aufgabe, zeitlicher Einordnung, theoretischem Hintergrund und praktischer Ausgestaltung für die wichtigsten Teilpläne vorgenommen.

4.3.3 Strategische Planung und Sortimentsplanung

4.3.3.1 Aufgaben der strategischen Planung und Sortimentsplanung

Die strategische Ebene der Unternehmensplanung vereint die persönlichen und übergeordneten Ziele bzw. den Zweck des Unternehmens mit seiner Ausrichtung und Positionierung am Markt. Die strategische Planung bildet die **Grundlage für alle lang- und kurzfristigen Planungs- und Entwicklungsschritte**. Es lassen sich zwei Teilbereiche der strategischen Planung unterscheiden. Erstens die Analyse und Beschreibung der Ausgangssituation und zweitens die Strategieentwicklung im engeren Sinne (Göbel, 2003 b).

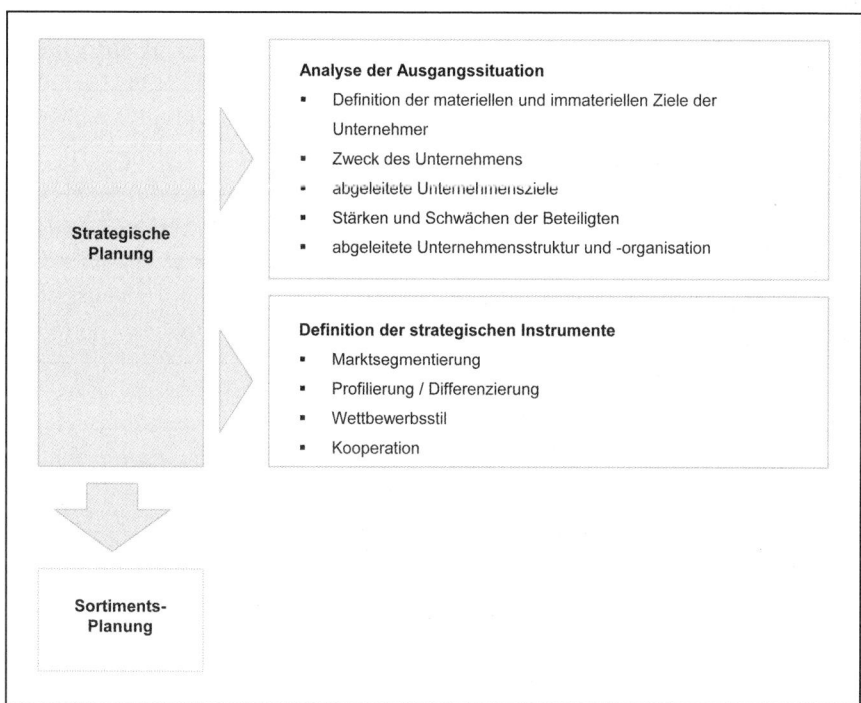

Abb. 4-6: Planung auf strategischer Ebene

Aus der strategischen Planung leitet sich die **Sortimentsplanung** ab. Sind Entscheidungen über Marktsegment und Zielgruppen getroffen, kennt man deren Bedürfnisse und Erwartungen. Würden zudem die Merkmale definiert, mit denen man sich in den Zielsegmenten profilieren und von den Wettbewerbern differenzieren kann, dann ist der Rahmen abgesteckt, innerhalb dessen die Sortiments- und Produktentwicklung vollzogen werden kann. Die Sortimentsplanung besteht aus zwei Teilen, der Sortimentsstrukturierung und der Produktentwicklung.

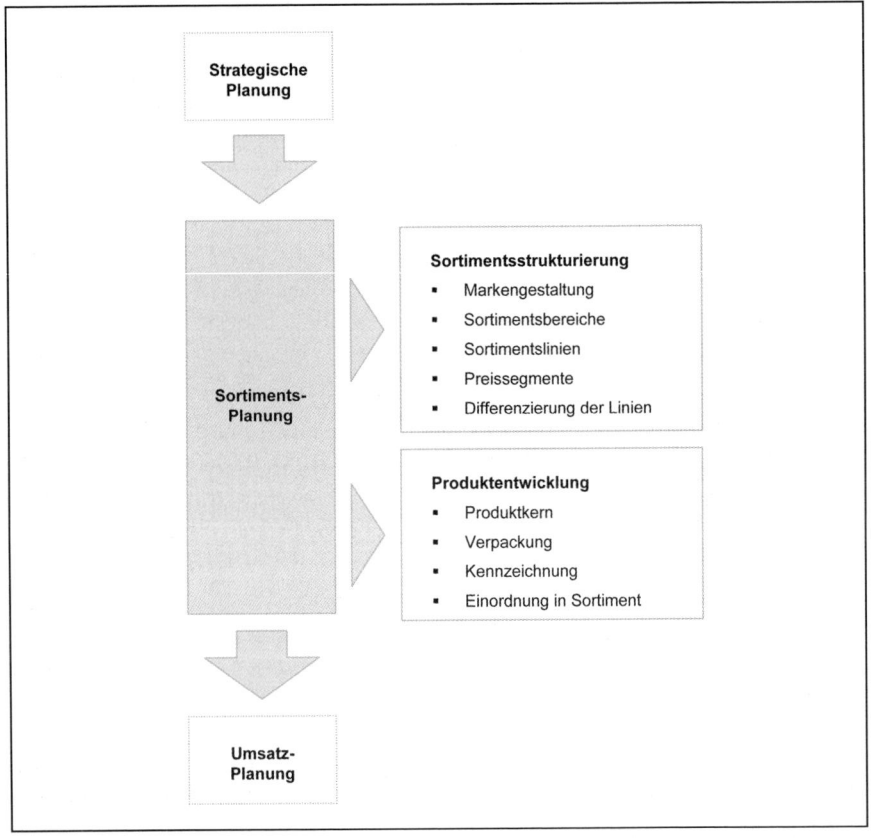

Abb. 4-7: Einordnung und Teilbereiche der Sortimentsplanung

4.3.3.2 Die zeitliche Planungsstruktur auf strategischer Ebene

Die strategische Planung ist langfristiger Natur. Hier werden persönliche Vorstellungen formuliert, die keiner raschen Veränderung unterworfen sind. Auch Entscheidungen zur Marktpositionierung werden nicht kurzfristig getroffen. In Strategieplänen definierte Ziele werden für Zeiträume von 5 bis 20 Jahren beschrieben und einer wiederholten Prüfung auf zeitgemäße Ausgestaltung hin unterzogen.

Die Sortimentsplanung leitet sich direkt aus der strategischen Planung ab und ist ebenfalls langfristig angelegt. Sortimentsentscheidungen, soweit sie die Grundstruktur betreffen, werden für einen Zeitraum von 5 Jahren und länger getroffen. Dies schließt jedoch kurzfristige, von der Nachfrage geforderte Reaktionen nicht aus. Dies gilt besonders für Sonder- und Ergänzungsprodukte. Tiefergehende Nachfrageänderungen sind durch die Umtriebszeit in der weinbaulichen Produktion nur in großen Zeitintervallen zu berücksichtigen. Falsch ist, daraus eine geringe Veränderungs- und Anpassungsfähigkeit von Weinbauunternehmen abzuleiten. Denn zum einen vollziehen sich Nachfrageverschiebungen, auf die man mit umfassenden Anpassungen der Produktionsstruktur reagieren muss, nicht innerhalb weniger Jahre, sondern verlaufen parallel zu gesellschaftlichen Entwicklungs- und Konsumtrends. Zum anderen ist durch den Weinbaubereich eines Unternehmens nur die Sortenstruktur, nicht aber die Weinstilistik und die optische Produktgestaltung festgelegt. Die Produktentwicklung bietet weite Spielräume zur Weiterentwicklung des Sortiments. Dennoch sollten Veränderungen und Ergänzungen des Sortiments immer vor dem Hintergrund des richtunggebenden und profilierenden strategischen Konzepts erfolgen und nicht dazu führen, dass Neuentwicklungen oder Sonderprodukte die Orientierung des Kunden erschweren. Die **langfristige Auslegung der Sortimentsplanung** hat zum Ziel, das am Markt erkennbare Marken-Profil verlässlich und nachvollziehbar darzustellen.

Die langfristige Natur strategischer Planungen lässt sich aus ihrer Aufgabe als Orientierungsmaßstab für die Ausgestaltung operativer Maßnahmen ableiten. Strategische Pläne dienen als Leitlinie und Basis zur Kontrolle übergeordneter Zielsetzungen. Anpassungen der strategischen Ausrichtung sind vorzunehmen, wenn sich entweder eine sprunghafte Anpassung an das Marktumfeld als notwendig erweist, weil Anpassungsschritte in der Vergangenheit versäumt wurden, oder es in der Führungs- und Persönlichkeitsstruktur des Unternehmens zu einem Wechsel gekommen ist.

Bei einer **inkrementalen Veränderung** vollzieht sich die Anpassung der strategischen Ausrichtung kontinuierlich in vielen kleinen Schritten über einen längeren Zeitraum hinweg (Leker, 2000). Vorteil dieses Vorgehens ist, dass vorhandene Strategien innerhalb eines synthetischen Prozesses mehrerer Teilstrategien systematisch und nicht in revolutionären Sprüngen weiterentwickelt werden und ein inkrementaler Wandel weniger Widerstand innerhalb einer Organisation provoziert als ein radikaler.

Dennoch werden durch marktseitig erzwungene Entwicklungen oder Veränderungen der Führungsstruktur im Zuge eines Generationenwechsels tiefgreifende Anpassungen bzw. Neudefinitionen der strategischen Ausrichtung notwendig (Mintzberg, 2001). Strategischer Wandel vollzieht sich dann in vergleichsweise **kurzen, revolutionären Schritten**, die dem Unternehmen eine neue Ausrichtung geben. Diesen Veränderungen steht eventuell eine organisationsimmanente Trägheit entgegen, der man durch Einbeziehung aller Beteiligten in den „Umbau" aktiv begegnet.

In der Praxis weinbaulicher Unternehmen sind beide Formen der strategischen Entwicklung erkennbar. Der dynamische Wandel innerhalb des deutschen und europäischen Weinmarktes und die Existenz noch weitverbreiteter traditioneller Strukturen erfordern zur Existenzsicherung in vielen Fällen tiefgreifende Veränderungen. Vorteil einer raschen Neuausrichtungen ist, dass in der Außendarstellung sehr schnell eine eindeutige Position gefunden wird und den Zielkunden nicht mit vielen, von ihnen schwer nachvollziehbaren Veränderungen die Identifikation mit dem Unternehmen und seinen Produkten erschwert wird.

4.3.4 Umsatz- und Absatzplanung

In marktorientierten Unternehmen nimmt die Umsatz- und Absatzplanung eine zentrale Position ein. Dieses Instrument übersetzt die Sortimentsplanung, die struktureller und produkttechnischer Art ist, in ökonomische Einheiten. Die Umsatzplanung umfasst den Wert, die Absatzplanung die Mengeneinheiten (Flaschen oder Liter) der abgesetzten Leistungen oder Produkte. Die Umsätze gehen vorwiegend in die Erfolgsplanung ein. Absatzmengen sind wichtige Größen zur Steuerung von Prozessen und Kapazitäten. Da Umsatz- und Absatzplanungen nicht voneinander zu trennen sind, wird für beide Teilbereiche nachfolgend synonym der Begriff der Umsatzplanung verwendet.

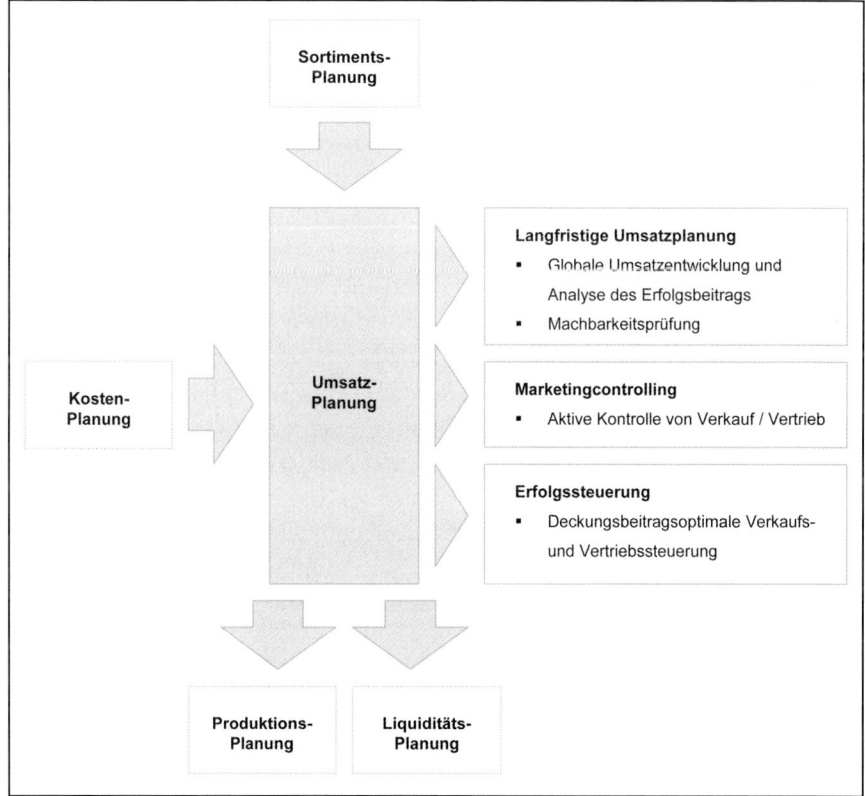

Abb. 4-8: Einordnung und Teilbereiche der Umsatzplanung

4.3.4.1 Aufgaben der Umsatzplanung

Die Umsatzplanung erfüllt drei Aufgaben. Erstens ist sie **Teil der globalen Erfolgsplanung**. Ein globaler Erfolgs- bzw. Businessplan (vgl. hierzu Kap. 4.3.9) dient der Veranschaulichung des langfristigen ökonomischen Unternehmenserfolges. Er zeigt die Erfolgsentstehung und beinhaltet eine Machbarkeitsprüfung der Gesamtplanung. Die Umsatzplanung liefert hierfür die Umsätze innerhalb eines Zeitraumes in aggregierter Form. Aggregierte Umsatzdaten lassen keinen Rückschluss auf die Beiträge verschiedener Produktlinien oder -bereiche zu, sondern zeigen die Gesamterlöse des Unternehmens. Zweck dieser Planung ist die Abbildung der zu erzielenden Gesamtumsätze und deren Beitrag zum geplanten Gesamterfolg.

Der zweite Aufgabenbereich der Umsatzplanung ist die **Unterstützung der Vertriebs- und Verkaufsaktivitäten**. Um ein Unternehmen über seine Vermarktungsaktivitäten aktiv steuern zu können, bedarf es detaillierter, zeitnaher und produkt- bzw. sortimentsbezogener Informationen. Die Umsatzplanung und -kontrolle muss kurzfristige und entscheidungsrelevante Daten über die Umsatzentwicklung liefern. Während die oben erläuterte globale Umsatzplanung z.b. nur im Rhythmus eines Jahres aktualisiert wird, müssen Informationen zu den aktuellen Vermarktungsaktivitäten wöchentlich oder monatlich zur Verfügung stehen. Zusätzliche Rückmeldungen über Umsatzzahlen sind sinnvoll, wenn außergewöhnliche oder zeitlich beschränkte Vermarktungsaktivitäten, wie Veranstaltungen im Betrieb, Messeauftritte oder Mailings durchgeführt werden. Detaillierte Umsatzdaten dienen der Effizienzkontrolle des Vertriebs- und Verkaufsbereichs. Völlig unzureichend ist die Umsatzentwicklung nur auf Basis von Jahresabschlussdaten zu „kontrollieren". In diesen Fällen bleibt die Kontrolle und Analyse der eigentlichen Leistungsfähigkeit des Unternehmens vollständig ausgeblendet. Reaktionen auf Nachfrageveränderungen sind nur rückwirkend möglich. Eine zielgerichtete Ausgestaltung von Marketinginstrumenten ist dann nicht realisierbar und die Wirksamkeit sowie Wirtschaftlichkeit von Vermarktungsaktivitäten bleibt völlig im Dunkeln. Während die Planung des Umsatzes im Rahmen der Erfolgsplanung langfristig erstellt wird, bedarf es zur aktiven Steuerung des operativen Geschäfts einer kurzfristigen Aktualisierung und Kontrolle.

Eine dritte Aufgabe erfüllt die Umsatzplanung, wenn der Beitrag der Produkte bzw. Produktlinien zum Betriebsergebnis bzw. Gewinn des Unternehmens betrachtet wird. Für eine **erfolgsoptimale Vermarktung** sind nicht nur die zu realisierenden Umsätze, sondern vor allem die mit der Erstellung der Leistung bzw. Produkte einhergehenden variablen Kosten entscheidend. Bei der Sortiments- und Umsatzplanung, d.h. bei der Entscheidung über Art und Mengen der Produkte sowie Absatzwege und Konditionen, müssen neben produktionstechnischen Nebenbedingungen die erfolgsoptimalen Alternativen gewählt werden. Die Umsatzplanung hat somit die Aufgabe, neben der Lieferung von langfristigen Plandaten und kurzfristigen Kontrollinformationen, die Umsätze so zu steuern, dass unter den gegebenen Produktionsbedingungen die Produkte erfolgsoptimal, d.h. mit maximalem Deckungsbeitrag abgesetzt werden. Hier wird deutlich, dass die Umsatzplanung eng mit der Produktions- und Kostenplanung verzahnt sein muss.

Durch **Informationen für die kurzfristige Liquiditätsplanung** trägt die Umsatzplanung entscheidend zur Existenzsicherung eines Unternehmens bei. Zielsetzung der Liquiditätsplanung ist die Sicherstellung der Zahlungsfähigkeit. Alle zu erwartenden Ein- und Auszahlungen innerhalb einer kurzfristigen Planungsperiode werden einander gegenübergestellt. Die Informationen über zu erwartende Erlöse tragen dazu bei, den Zahlungsmittelbedarf mit Blick auf die Erhaltung der Zahlungsfähigkeit sowie eine gewinnoptimale Verwendung der eingesetzten finanziellen Mittel zu steuern.

4.3.4.2 Langfristige Umsatzplanung – Möglichkeiten und Grenzen

Im langfristigen Umsatzplan werden die Informationen über die zukünftig zu erwartenden Umsatzwerte und Absatzmengen verarbeitet. Grundlage für die langfristige Umsatzplanung sind die aktuellen Ausgangsbedingungen sowie die Einschätzungen zukünftiger Einflussgrößen innerhalb des Planungszeitraums. **Relevante Einflussgrößen** ergeben sich **extern** aus den gesamtwirtschaftlichen Rahmenbedingungen und der Entwicklungen innerhalb der Branche. Saisonabhängige Schwankungen bleiben in langfristigen Planungen unberücksichtigt. **Interne Einflussgrößen** resultieren aus den geplanten Marketingaktivitäten des Unternehmens und beziehen sich auf den Einsatz des marketingstrategischen Instrumentariums und des Marketing-Mix. Hierunter fallen produkt-, preis-, distributions- und kommunikationspolitische Entscheidungen, die den Umsatz im Planungszeitraum bestimmen. Neben den Marketingaktivitäten müssen produktionstechnische Rahmenbedingungen wie zur Verfügung stehende Kapazitäten im Bereich der Traubenerzeugung bzw. -beschaffung berücksichtigt werden.

Die langfristige Umsatzplanung ist eine Zukunftsbetrachtung, die versuchen muss, mit Hilfe der verfügbaren Informationen ein möglichst realistisches Bild der Entwicklung zu erstellen. Externe Einflussgrößen können nur auf Basis von allgemeinen oder branchenbezogenen Marktforschungs- und Wirtschaftsdaten eingeschätzt werden. Wichtig sind branchenspezifische Analysen, die relevante Trends berücksichtigen. Die Einschätzung interner Determinanten ist einfacher, denn sie unterliegen der direkten Steuerung durch das Unternehmen. Doch auch deren Beurteilung stößt an Grenzen. So sind die Produkte in Mengen und Qualität witterungsbedingt. Mengen- und Umsatzeffekte von Marketingmaßnahmen sind nur aus der Erfahrung zurückliegender Aktivitäten abzuleiten.

Zur Abschätzung zukünftiger Entwicklungen werden statistische Verfahren verwendet. Diese versuchen Einflussgrößen und ihre wechselseitige Wirkung auf die zu erwartenden Umsatzeffekte zu analysieren. Hierzu zählen die Trendextrapolation bzw. die Korrelations- und Regressionsanalyse. Die Eignung dieser Instrumente für die praktische Unternehmensplanung von KMU muss sehr kritisch bewertet werden. In der Realität sind Einflussgrößen und Wechselwirkungen so komplex, dass sie durch Modelle nur sehr unzureichend abzubilden sind.

Die Trendextrapolation ist ein Verfahren, das durch Fortschreibung von Daten mehrerer zurückliegender Perioden eine zukünftige Entwicklung prognostiziert. Dies setzt voraus, dass keine Trendbrüche zu erwarten sind. Für diese Methode spricht ihre einfache Anwendung und Prüfbarkeit.

Komplexere Verfahren basieren auf einer durch Plausibilitätsüberlegungen unterstützten Auswahl von für die Umsatzentwicklung relevanten Determinanten. Diese werden anschließend mit Hilfe einer Korrelationsanalyse auf ihren quantitativen Einfluss auf die Umsatzentwicklung geprüft. Zeitliche Zusammenhänge zwischen den Einflüssen und ihrer Wirkung auf den Umsatz sind zu berücksichtigen. Schließlich werden die quantitativ bedeutenden Determinanten mit Hilfe der Regressionsanalyse auf ihren funktionellen Zusammenhang untersucht.

Verfahren dieser Art sind in einzelnen, sehr einfachen Situationsanalysen anwendbar und werden dem wissenschaftlichen Spieltrieb gerecht. Ihr Nutzen für die sinnvolle praktische Anwendung muss jedoch nicht nur wegen ihres immensen Aufwandes in Frage gestellt werden. Daneben ist die Fehlerwahrscheinlichkeit erheblich und die Überprüfbarkeit – auch mit Hilfe unternehmerischen Kalküls – sehr schwierig. Statistische Verfahren zur Abschätzung zukünftiger Entwicklung müssen an der Komplexität der zu berücksichtigenden Einflussgrößen und ihrer Wechselwirkungen scheitern. Umfangreiche Rechnungen täuschen einen Informationsgehalt und eine Genauigkeit vor, die nicht den realen Gegebenheiten entspricht.

Im Folgenden wird deshalb für die langfristige Umsatzplanung ein Instrumentarium dargestellt, das sich durch seine Einfachheit und Anwendbarkeit auszeichnet und auf komplexe statistische Berechnungsgrundlagen verzichtet.

4.3.4.3 Kumulierte Umsatzplanung

Ein sehr praktikables und zugleich unverzichtbares Instrument ist der kumulierte Umsatzplan. Er stellt die prognostizierten bzw. geschätzten Umsätze und Absatzmengen zusammengefasst den tatsächlich realisierten Umsätzen gegenüber. Wie jede Form der rollierenden Planung geht auch die Umsatzplanung von den zuletzt realisierten Ist-Werten aus und stellt in Jahresschritten unterteilt die prognostizierte Entwicklung der kommenden 5 bis 8 Jahre dar.

Langfristige Umsatzplanung für die Jahre 01 bis 05 (in TEUR)																
Produktgruppe	Ist 01		Soll 02			Soll 03			Soll 04			Soll 05		
	€	%	€	% von gesamt	% Umsatz Vorjahr	€	% von gesamt	% Umsatz Vorjahr	€	% von gesamt	% Umsatz Vorjahr	€	% von gesamt	% Umsatz Vorjahr
Umsatz Weinflaschen	718.	60	799.	65	+11	900.	70	+13	970.	75	+8	1020.	79	+5
Umsatz Fasswein	420.	35	350.	29	-16	300.	24	-14	250.	19	-17	200.	15	-20
Umsatz Sekt	50.	4	60.	5	+20	60.	5	0	60.	5	0	60.	5	0
Umsatz sonstiges	10.	1	10.	1	0	10.	1	0	10.	1	0	10.	1	0
Umsatz gesamt	1198.	100	1219.	100	+2	1270.	100	+4	1290.	100	+2	1290.	100	0

Abb. 4-9: Beispiel für eine langfristige Umsatzplanung nach Produktgruppen

Die langfristige Umsatzplanung enthält keine differenzierte Aufgliederung der Umsatzentstehung, sondern beschränkt sich auf den Ausweis global zu erwartender Größenordnungen. Abb. 4-9 veranschaulicht das Beispiel eines Weingutes, das den Schwerpunkt seiner Marketingaktivitäten auf die Verringerung des Fasswein- zu Gunsten des Flaschenweinanteils gelegt hat. Die Umsatzplanungen gehen auf einen Strategieplan zurück, der aus der globalen Umsatzplanung ebenso wenig hervorgeht wie eine Verteilung der Umsätze nach Produktlinien bzw. Produkten. Auf eine große Genauigkeit vortäuschende Übersicht sollte bei langfristigen Einschätzungen verzichtet werden, denn die Zielsetzung der langfristigen Globalplanung ist lediglich eine Machbarkeitsprüfung der Erfolgsplanung. Es werden die Informationen zusammengefasst herausgestellt, die das ausgewählte strategische Ziel verdeutlichen.

Die zu erwartenden Umsätze sind Basis für weitreichende unternehmerische Entscheidungen. Die Anforderungen an möglichst realistische Annahmen sind daher außergewöhnlich hoch. Zu optimistische Planwerte täuschen eine wirtschaftliche Entwicklung des Unternehmens vor, die Anlass für Fehlentscheidungen sein kann. Insbesondere aus langfristigen Investitionsentscheidungen, die die Prozess-, Kapazitäts- oder Personalstruktur betreffen, können nichtabbaubare fixe Kosten resultieren, die bei verfehlten Umsatzzielen zu Liquiditätsproblemen führen. Um die Entscheidungssicherheit zu erhöhen, empfiehlt es sich, auch bei der Umsatzplanung auf die Zugrundelegung unterschiedlicher **Szenarien** zurückzugreifen. Die nachfolgende Abbildung veranschaulicht eine solche Umsatzplanung am Beispiel einer Planung für drei Produktgruppen.

Umsatzplanung unter Berücksichtigung von Szenarien für die Jahre 02 bis 04 (in TEUR)

Produkt-gruppe	Szenario	01	02		03		04	
		Ist	Soll	Veränderung gegenüber Vorjahr %	Soll	Veränderung gegenüber Vorjahr %	Soll	Veränderung gegenüber Vorjahr %
Liter-flaschen *	Optimistisch (O)	50	51	1 %	51	1 %	52	1 %
	Trend (T)		50	0 %	50	0 %	50	0 %
	Pessimistisch (P)		47	- 5 %	45	- 5 %	43	- 5 %
Basis 0,75 **	Optimistisch (O)	200	220	10 %	242	10 %	266	10 %
	Trend (T)		210	5 %	221	5 %	232	5 %
	Pessimistisch (P)		200	0 %	200	0 %	200	0 %
Edition 0,75 ***	Optimistisch (O)	100	110	10 %	121	10 %	133	10 %
	Trend (T)		105	5 %	111	5 %	117	5 %
	Pessimistisch (P)		101	1 %	102	1 %	103	1 %

Abb. 4-10: Beispiel für Umsatzplanung unter Annahme verschiedener Szenarien

Die Entscheidung über eine umfassende Investition wie in eine Kapazitätsausweitung kann bereits durch die Umsatzplanung unterstützt werden, indem nicht nur einwertige Umsatzdaten zur Verfügung gestellt werden, sondern die Investitionsrechnung mit mehrwertigen, d.h. aus alternativen Szenarien abgeleiteten Informationen entwickelt wird.

Je kürzer der Planungshorizont ist, umso realistischer sind die Einschätzungen über die realisierbaren Absatzmengen und Umsätze. Die globale Umsatzplanung wird dann bezogen auf kurzfristige Ziele nach **verschiedenen Planungskriterien** differenziert gegliedert, beispielsweise nach Unternehmensbereichen, Produktbereichen, Produktlinien, Vertriebswegen oder Kundengruppen.

Umsatzplanung nach Bereichen mit Vorjahresvergleich (in TEUR)											
	Quartal 1						Quartal 2				
Unternehmens-bereich	Jan.		Feb.		März		April		Mai		Juni	
	€	Veränd. Vorjahr	€	Veränd. Vorjahr	€	Veränd. Vorjahr	€	Veränd. Vorjahr	€	Veränd. Vorjahr	€	Veränd. Vorjahr
Umsatz Weingut	80	0 %	80	0 %	100	5 %	120	5 %	200	5 %	200	0 %
Umsatz Weinhaus	10	0 %	30	10 %	50	0 %	80	-2 %	80	-2 %	80	0 %
Umsatz Hotel	0	0 %	0	0 %	10	0 %	20	0 %	40	10 %	30	0 %
Umsatz Lohnarbeit	40	10 %	40	10 %	10	0 %	0	0 %	0	0 %	0	0 %
Umsatz gesamt	140	3 %	150	5 %	170	3 %	220	2 %	320	4 %	310	0 %

Abb. 4-11: Beispiel für eine kurzfristige Umsatzplanung nach Unternehmensbereichen mit Vorjahresvergleich

Entscheidend für die Gliederungskriterien ist das Steuerungsziel. Nicht die Erstellung umfangreicher Datenmengen steht im Vordergrund, sondern die übersichtliche Zusammenfassung entscheidungsrelevanter Informationen. Die Erstellung dieser Planungsübersichten mittels geeigneter EDV ist Voraussetzung für eine in regelmäßigen Abständen zu aktualisierende Auswertung. Im Interesse eines minimalen Verwaltungsaufwandes und einer schnellen Analyse der Ergebnisse ist die Beschränkung auf eine begrenzte und standardisierte Form der Umsatzplanung wichtig.

Im Zentrum des Interesses müssen die fortlaufende Aktualisierung der Plandaten auf Basis neuer zur Verfügung stehender Informationen sowie die Ursachenanalyse von erkennbaren Abweichungen stehen. Eine Überarbeitung der langfristigen Umsatzplanung erfolgt nach Abschluss eines Geschäftsjahres. Die kurzfristige Umsatzplanung mit einem Planungshorizont von 12 Monaten wird monatlich oder wöchentlich aktualisiert.

Kumulierte kurzfristige Umsatzplanung (in TEUR)												
Monat		Jan.		Feb.		März		April		Mai		Juni	
€ des Monats	€ der Periode kumuliert	€	€ kum.	€	€ kum.	€	€ kum.	€	€ kum.	€	€ kum.	€	€ kum.
Umsatz Weinflaschen		90	90	110	200	150	350	200	550	200	750	220	970
Umsatz Fasswein		20	20	0	20	0	20	0	20	0	20	0	20
Umsatz Sekt		0	0	5	5	10	15	20	35	20	55	10	65
Umsatz Sonstiges		10	10	5	15	10	25	10	35	20	55	0	55
Umsatz gesamt		120	120	120	240	170	410	230	640	240	880	230	1110

Abb. 4-12: Beispiel eines kurzfristigen kumulierten Umsatzplans

Zusammenfassend wird nochmals deutlich gemacht, dass **Umsatzplanung und -kontrolle** der Einschätzung von zu erzielenden Umsätzen und der Analyse etwaiger Abweichungen dienen. Die Umsatzplanung ist ein unerlässliches Instrument, um Marketingaktivitäten auf ihre Wirksamkeit zu prüfen. Die Umsatzplanung alleine kann jedoch **keine Entscheidungshilfe bei der Erfolgs- bzw. Gewinnoptimierung** sein. Nicht aus den Umsätzen leiten sich die wichtigsten Informationen für eine erfolgsorientierte Steuerung ab, sondern es bedarf der Ergänzung um eine Deckungsbeitragsrechnung. Erst diese ermöglicht Entscheidungen über eine sortiments- bzw. produktabhängige Vermarktungsstrategie. Liegen geplante und erfolgsoptimierte Absatz- und Umsatzzahlen nach Produktlinien und Produkten fest, dient die Umsatzplanung und -kontrolle als geeignetes Instrument zur Steuerung der Zielerreichung.

4.3.5 Produktionsplanung

Die Produktionsplanung leitet sich aus der Umsatz- und Sortimentsplanung ab. Die Steuerung des mengen- und qualitätsbezogenen Produktionsprozesses und die Definition der charakteristischen Eigenschaften der Produkte erfolgt von der Marketingseite des Unternehmens.

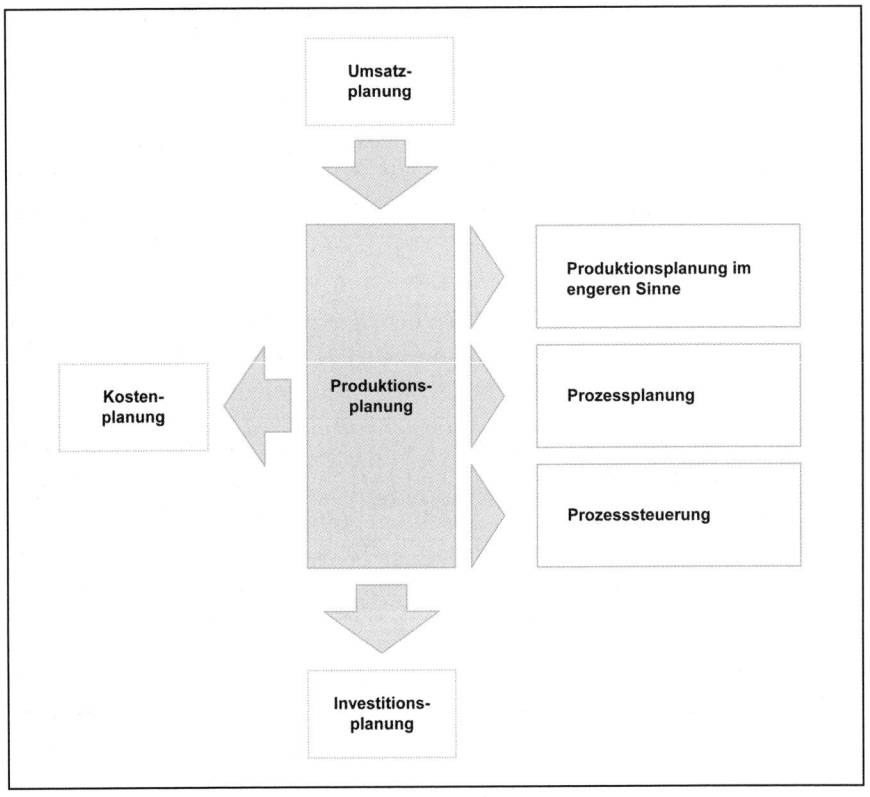

Abb. 4-13: Einordnung und Teilbereiche der Produktionsplanung

Innerhalb der Produktionsplanung wird unterschieden zwischen der Produktionsplanung im engeren Sinne, der Prozessplanung und der Prozesssteuerung. Die **Produktionsplanung i.e.S.** stellt das mengen- und qualitätsbestimmende Gerüst für die geplante Produktion bereit, wie es sich aus der Sortimentsplanung ergibt. Wie in Kapitel 2 erläutert, werden für jede Produktlinie und für jedes Produkt die charakterisierenden Eigenschaften in produktionstechnische Voraussetzungen übersetzt. Bei den Vorgaben handelt es sich um eine idealisierte Zusammenstellung aller Produkte nach Menge, Stilrichtung und Qualitätsniveau, die als Zielkorridor für die Produktionsplanung fungiert. Diese Zusammenstellung bildet die Grundlage für die Planung der keller- und weinbautechnischen Maßnahmen, die notwendig sind, um die von der Verkaufsseite gesteckten Ziele möglichst umfassend zu erreichen. Neben den Entscheidungen in der Eigenproduktion sind von der Produktionsplanung die Möglichkeiten des Zukaufs und der Kooperation zu berücksichtigen.

Wenngleich Weinbauunternehmen von meteorologischen Bedingungen abhängig sind, wird die Notwendigkeit zur Planung der Produktion nicht eingeschränkt. Der Einfluss nicht planbarer Faktoren erfordert die konsequente Berücksichtigung jener unternehmerischer Stellschrauben, die man aktiv steuern kann. Wie in allen anderen Teilbereichen der Unternehmensplanung sind auch die Planungen im Produktionsbereich nicht in vollem Umfang zu realisieren. Deshalb ist ein flexibles Systems notwendig, um auf Abweichungen reagieren zu können. Die Produktionsplanung i.e.S. übernimmt die längerfristige Erstellung von Orientierungsdaten, die für die Ausrichtung des operativen Prozesses den Rahmen bilden.

Innerhalb dieses Rahmens hat die **Prozessplanung** die strukturellen und ablauforganisatorischen Voraussetzungen für den reibungslosen Ablauf aller Produktions-, Lagerungs- und Versandprozesse zu schaffen. Das Prozessmanagement muss deshalb alle Prozesse der Produktion, des Controllings sowie unterstützende Prozesse des Betriebsgeschehens definieren, analysieren und im Zuge von Reorganisationen optimieren (vgl. hierzu Kapitel 6).

Die **Prozesssteuerung** dient der eigentlichen Koordination der betrieblichen Abläufe. Sie reagiert kurzfristig und flexibel auf alle Einflüsse und Anforderungen der Produktionsabläufe und gestaltet diese unter den gegebenen Nebenbedingungen optimal. Zu den wichtigsten Instrumenten der Prozesssteuerung gehören die Arbeitsvorbereitung und die Mitarbeiterführung mit ihren Teilbereichen.

Teilbereiche der Produktionsplanung

Produktionsplanung i.e.S.

- Definition der Mengen entsprechend des Absatz- und Umsatzplanes
- Festlegung der Qualitäten entsprechend des Sortimentsplanes
- Auswahl der keller- und weinbautechnischen Methoden zur Erreichung der Mengen- und Qualitätsziele
- Entscheidung über Zukauf (nach Lieferant, Menge, Qualität)

Prozessplanung

- Planung und Definition betrieblicher Prozesse innerhalb der Vermarktung, Produktion, Lagerung und des Versands
- Analyse, Reorganisation und Optimierung von Abläufen unter Einbeziehung organisationstechnischer, technologischer und personeller Rahmenbedingungen

Prozesssteuerung

- Steuerung und Koordination der betrieblichen Abläufe
- Operative Betriebsführung
- Mitarbeiterführung und Arbeitsvorbereitung

Abb. 4-14: Teilbereiche der Produktionsplanung

Die **Prozessoptimierung** ist gemeinsame Aufgabe der Prozessplanung und Prozesssteuerung. Grundsätzlich besteht die Notwendigkeit zur fortlaufenden Analyse und Optimierung der Betriebsabläufe. Zu unterscheiden ist zwischen geringfügigen Anpassungen der Koordination bzw. Organisation und tiefergehenden strukturellen Veränderungen. Erstere werden fließend in den Betriebsablauf übernommen, letztere führen ggf. zur Unterbrechung der gewohnten Abläufe, machen eine Phase des Eintrainierens notwendig oder verlangen Anpassungen der räumlichen oder technischen Ausstattung.

Ein weiterer wichtiger Teilbereich ist die **Personalplanung**. Sie hat den kurz- bis langfristigen Personalbedarf zu ermitteln und personelle Veränderungen vorzubereiten und zu begleiten, sowie den Einsatz der Mitarbeiter entsprechend dem tatsächlichen Arbeitsaufkommen kurzfristig zu koordinieren (Personaleinsatzplanung und Mitarbeiterführung).

Jede Produktion benötigt Material-, Roh-, Hilfs- und Betriebsstoffe. Deren Organisation und Bereitstellung in richtiger Menge, am richtigen Ort und zur richtigen Zeit ist Aufgabe der **Einkaufs- und Logistikplanung**. Diese hat z.T. einen langfristigen Planungshorizont, wenn es sich beispielsweise um die Kooperationen mit Zulieferern oder bei der Rohwarenerzeugung um Traubenerzeuger handelt. Kurzfristige Aufgaben betreffen die Beschaffung von notwendigen Gütern für den operativen Ablauf. Prozessabläufe des Einkaufs und der Logistik werden in vielen Fällen langfristig definiert und optimiert.

4.3.6 Investitionsplanung

4.3.6.1 Investitionsarten

Jede Form der Verwendung liquider Mittel kann als Investition betrachtet werden. Zahlungsmittelabflüssen zu Beginn und im Laufe der Investitionslaufzeit stehen üblicherweise Rückflüsse bzw. Nutzen gegenüber. Eine Investition ist dann sinnvoll, wenn in einer Gesamtbetrachtung die erzielten Nutzen größer sind als die aufzuwendenden Leistungen. Die Beurteilung einer Investition kann sich auf monetäre (Rentabilitäts-) Gesichtpunkte beschränken oder auch nicht-monetäre Kriterien berücksichtigen. So kann z.B. die Anschaffung einer Maschine aus dem Blickwinkel der Prozesseffizienz bzw. Kostenoptimierung oder hinsichtlich der Verbesserung der Arbeitsbedingungen beurteilt werden.

Investitionen stehen im Zusammenhang mit der Anschaffung von Vermögensgegenständen des Anlagevermögens. Zu unterscheiden sind immaterielle Investitionen (in immaterielle Vermögensgegenstände des Anlagevermögens), Finanzinvestitionen (Beteiligungen) und Sachinvestitionen (Grundstücke und Gebäude sowie Maschinen, Betriebsausstattungen und Geräte) (Olfert, 1998).

Abb. 4-15: Objektbezogene Investitionsarten

Investitionen werden getätigt beim Aufbau eines Unternehmens, bei der strategischen Entwicklung und Umgestaltung, im Zuge von Prozessmodifikationen oder zum Ersatz von bestehendem Anlagevermögen nach Ablauf der wirtschaftlich sinnvollen Nutzungsdauer. Die Art der Investition kann man danach unterscheiden, ob sie zur Erhaltung bzw. Umstrukturierung bestehenden Anlagevermögens dient (Reinvestitionen), oder ob ein Aufbau (Gründung) bzw. eine Erweiterung des Anlagevermögens mit dem Ziel einer Kapazitätserweiterung erfolgt (Erweiterungsinvestitionen) (Olfert, 1998).

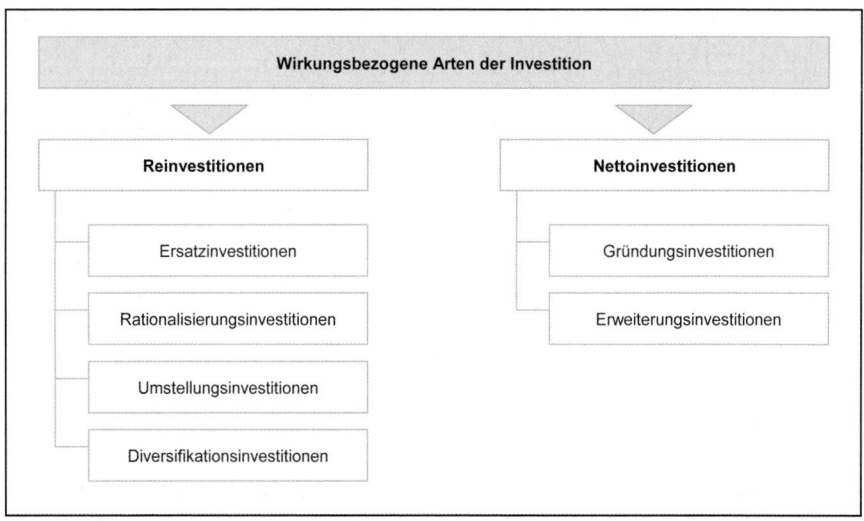

Abb. 4-16: Wirkungsbezogene Investitionsarten

Investitionen werden auf der einen Seite indirekt von der strategischen Planung und unmittelbar von der Produktions-, bzw. Prozess- und Kapazitätsplanung bestimmt. Der Umfang der Produktion, die Gestaltung der Prozesse sowie die hierfür notwendige Kostenanalyse nach Prozessschritten bestimmen die technologischen und räumlichen Rahmenbedingungen. Investitionen beeinflussen auf der anderen Seite in wesentlichem Umfang den Abfluss und Rückfluss finanzieller Mittel. Die Investitionsplanung steht somit in unmittelbarem Zusammenhang mit der Finanz- und Liquiditätsplanung.

4.3.6.2 Aufgaben der Investitionsplanung

Aufgabe der Investitionsplanung ist es, erstens mit der Produktionsplanung das aus produktionstechnischer, strategischer und organisationeller Sicht optimale Umfeld zu schaffen. Das Ergebnis ist die inhaltliche und zeitliche **Übersicht der kurz- und langfristigen Investitionsvorhaben**. Zweitens ist abzuwägen, ob die Investitionen gemessen an dem zu erwartenden Einsatz und Nutzen sinnvoll sind. Mit **Methoden der Investitionsbeurteilung** (Investitionsrechnung bzw. Nutzwertanalyse) wird eine Abschätzung der Erreichbarkeit monetärer und nicht-monetärer Zielsetzungen geprüft. Schließlich gilt es drittens die **Machbarkeit der Investitionsvorhaben** sicherzustellen, indem deren kurz- und langfristige Finanzierbarkeit unter Berücksichtigung von Wechselwirkungen mit allen anderen Zahlungsverpflichtungen des Unternehmens geprüft werden. Die Ergebnisse der Finanzbedarfsplanung fließen in die gesamte Finanzplanung des Unternehmens ein.

Investitionen werden überwiegend für einen langfristigen Zeitraum geplant. Der Planungszeitraum umfasst mindestens die wirtschaftlich sinnvolle Nutzungsdauer der Vermögensgegenstände. In einigen weitreichenden Investitionsentscheidungen wird es notwendig, auch die Folgeentwicklung und Interdependenzen mit anderen Entscheidungen zu berücksichtigen. Kurzfristige Investitionsentscheidungen werden bei außerplanmäßigen Entwicklungen wie Schäden oder Ausfällen, erzwungen.

Die grundsätzliche Problematik, die mit **langfristigen Entscheidungen** verbunden ist, betrifft die Investitionsplanung in ganz besonderem Maße. Zum einen können die ein Investitionsprojekt über den gesamten Zeitraum beeinflussenden Parameter zum Zeitpunkt der Investitionsentscheidung nicht oder nur unvollständig beurteilt werden. Zum anderen werden finanzielle Mittel durch Investitionsprojekte in großem Umfang langfristig gebunden. Investitionen beeinflussen daher die Liquiditätslage und damit die Existenzsicherung eines Unternehmens nachhaltig. Angesichts dieser weitreichenden Bedeutung muss jede nennenswerte Investitionsentscheidung unter Anwendung unterstützender Hilfsinstrumente und mit kaufmännischer Vorsicht getroffen werden.

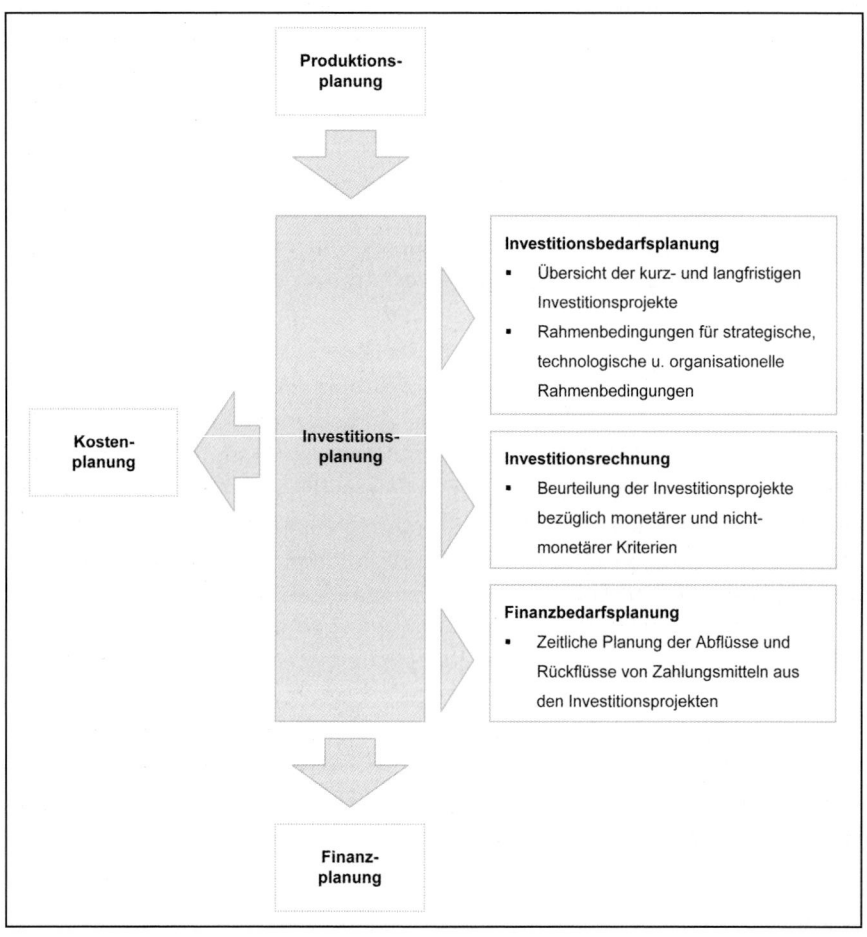

Abb. 4-17: Einordnung und Teilbereiche der Produktionsplanung

4.3.6.3 Investitionsbedarfsplanung

Investitionsbedarf entsteht durch Erweiterung der Kapazitäten im Außen- oder Innenbereich und/oder durch Veränderungen von Prozessen. Die **Anregung zur Investition** erfolgt indirekt aus der strategischen Planung der Unternehmensentwicklung oder unmittelbar aus den Forderungen der operativen Umsetzung strategischer Vorgaben innerhalb der Produktions- und Marketingbereiche. Die Investitionen beziehen sich dabei auf den Bereich Außenbetrieb (z.b. Flächenzukauf, Sortenumstellung, Umstellung des Bewirtschaftungssystems, Maschinen des Außenbetriebs), den Bereich Produktion (z.b. Veränderung der Traubenannahme und -verarbeitung, Fässer und Tanks, Veränderung der Weinausbautechnologie oder Füllung, neue Lagersysteme) oder den Bereich Vermarktung und Vertrieb (z.b. Bau oder Umbau eines Verkaufsraum, Einführung von Logistiksystemen).

In allen Bereichen kann eine Investitionsforderung aus unterschiedlichen Beweggründen erfolgen. Sieht man von Kapazitätserhöhungen ab, können anzustrebende Qualitätsziele, Kostengesichtspunkte, Arbeitsbedingungen und Engpasssituationen ausschlaggebend sein. Die Investitionsplanung stellt zunächst alle vorgesehenen und konkret geplanten Investitionsprojekte in ihrer zeitlichen Einordnung und im finanziellen Umfang in einer Übersicht – dem **Investitionsplan** – dar. Er dient zunächst der Zusammenstellung des Investitionsbedarfs und damit der Errechnung des voraussichtlichen Investitionsvolumens und ist eine der Grundlagen für die Beurteilung der Investitionsvorhaben. Schließlich gehen die zusammengefassten Informationen als wichtiger Bestandteil in die Finanzierungsplanung des Unternehmens ein. Der Investitionsplan fasst das gesamte projektierte Investitionsvolumen zusammen, strukturiert nach den wichtigsten Positionen des Anlagevermögens und aufgeteilt für den relevanten Planungszeitraum.

Investitionsplan für die Jahre 01 bis 07								
	Summe 00-07	01	02	03	04	05	06	07
+ Zugänge immaterielle Vermögensgegenstände								
+ Zugänge Sachanlagen								
- davon Grundstücke und Rebfläche								
- davon Gebäude								
- davon Maschinen und Geräte								
+ Zugänge Beteiligungen								
= Summe der geplanten Investitionen								
+ Vorgesehene Investitionen								
- davon immaterielle Vermögensgegen.								
- davon Sachanlagen								
- davon Beteiligungen								
= Summe Investitionsvolumen								

Abb. 4-18: Struktur eines Investitionsplans

4.3.6.4 Verfahren zur Beurteilung von Investitionsprojekten

Der Investitionsplan hat in erster Linie beschreibenden Charakter. Aus ihm gehen keine Informationen über die Beurteilung der Investitionsvorhaben hervor. Vor der Realisierung der Investitionsprojekte müssen sie entsprechend der angestrebten Zielsetzungen bewertet werden.

Diese Bewertung greift auf unterschiedliche Kriterien zur Beurteilung der Vorteilhaftigkeit von Investitionen zurück. **Quantitative Beurteilungskriterien** werden in den traditionellen Methoden der Investitionsrechnung berücksichtigt und beinhalten Kosten, Gewinn, Rentabilität, Amortisationszeit, Kapitalwert, internen Zinsfuß und Annuität. Neben diesen Kriterien ist der Wert einer Investition aber auch von Maßstäben abhängig, die nicht oder nur schwer quantifizierbar sind. Zu diesen **qualitativen Kriterien** sind technische, soziale und rechtliche Maßstäbe zu zählen. Investitionen erfolgen nicht alleine aus Gründen der Kostenoptimierung, sondern streben auch eine Verbesserung der Arbeitsbedingungen, der Umweltverträglichkeit oder der optischen Darstellung des Unternehmens an.

Die Beurteilung von Investitionsprojekten muss eventuell unter **limitierenden Faktoren** geschehen, die den Spielraum bei der Ausgestaltung der Investition, den Zeitraum der Realisierung oder die Alternativenwahl begrenzen.

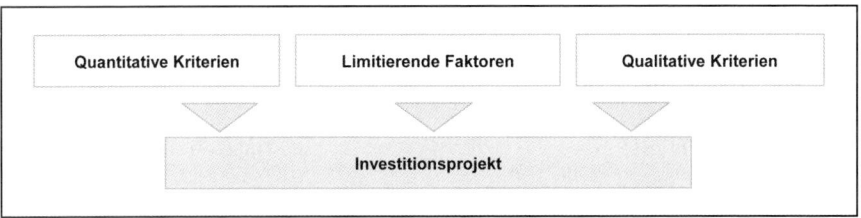

Abb. 4-19: Kriterien zur Beurteilung von Investitionsprojekten

Eine der umfassendsten und wichtigsten Aufgaben der Investitionsbewertung ist die Auswahl und **Beurteilung von Investitionsalternativen**. Üblicherweise wird der Investitionsbedarf aus Zielsetzungen abgeleitet, die sich in marketingstrategischer oder produktionstechnischer Hinsicht ergeben. Die Formulierung von Investitionsbedarf legt nicht zugleich die Ausgestaltung der Investition fest, d.h. es bieten sich i.d.R. mehrere Alternativen an. Die Auswahl der Alternativen geschieht zunächst anhand der begrenzenden Faktoren, wie das zur Verfügung stehende Budget, Erfüllung der technischen und rechtlichen Anforderungen oder Lieferzeit. Nach einer Vorauswahl werden alle verbleibenden Alternativen hinsichtlich der relevanten und gewichteten Beurteilungskriterien verglichen und die vorteilhafteste Variante ausgewählt.

Jede Form der zukunftsgerichteten Unternehmensplanung ist mit dem **Problem der Ungewissheit** der zugrundegelegten Daten konfrontiert. Das gilt ebenso bei der Beurteilung von Investitionsprojekten. Alle Methoden zur Investitionsbeurteilung basieren auf Annahmen zum tatsächlichen Investitionsvolumen, den resultierenden Kosten und Ersparnissen, den resultierenden Erlösen oder Gewinnen sowie zur Nutzungsdauer. Noch schwieriger sind externe Einflüsse zu beurteilen, die sich aus Nachfrage- und Präferenzveränderungen, bzw. wirtschaftlichen, politischen oder rechtlichen Rahmenbedingungen ergeben.

Ein weiterer Punkt, der in der Praxis bei der Planung von Investitionsprojekten oft vernachlässigt wird, ist der Aspekt der **Projektorganisation**. Die zeitliche Planung einer Investition und die Organisation der Umsetzung ha-

215

ben wesentlichen Einfluss auf ihren Erfolg, denn Investitionen nehmen nicht nur finanzielle Mittel in Anspruch, sondern fordern auch umfangreiche vorbereitende, koordinierende und kontrollierende Aufgaben. In KMU fallen diese in die Aufgabenbereiche der Führungskräfte bzw. Eigentümer und gehen nicht selten zu Lasten anderer Tätigkeiten wie der aktiven Vermarktung und der Führung der Mitarbeiter. Die Bindung personeller Kapazitäten wird bei der Konzipierung und zeitlichen Gestaltung von Investitionen oft vernachlässigt. Die Rentabilität und der Nutzen einer Investition hängt somit nicht nur von Einflussgrößen wie Zahlungen oder Rückflüssen bzw. Nutzwerten ab, sondern ganz wesentlich auch von der planmäßigen Umsetzung (Investitionscontrolling) sowie von der Minimierung negativer Interdependenzen mit anderen betrieblichen Aufgaben und Zielen.

In den folgenden Kapiteln werden die wichtigsten **Beurteilungsverfahren** zur Unterstützung von Investitionsentscheidungen zusammengefasst dargestellt, wobei sich die Erläuterungen auf die jeweils zugrundeliegenden Prinzipen beschränken. Zu allen Verfahren sei angemerkt, dass sie in der Praxis von KMU nur sporadisch oder gar nicht zur Anwendung kommen. Oft dominiert intuitives Vorgehen. Der **Intuition** ist auch bei Investitionsvorhaben größte Bedeutung beizumessen. Dennoch sind objektivierte Methoden unerlässlich, um das Risiko weitreichender und existenzbedrohender Fehlentscheidungen auf ein Minimum zu reduzieren. Intuition alleine ist für die Unternehmensplanung ebenso unzureichend, wie sich ausschließlich auf mathematische Methoden zu verlassen. Die Kombination beider Wege führt bei komplexen Entscheidungsprozessen mit größerer Sicherheit zum Ziel.

Jede der nachfolgend erläuterten Methoden kann nur eine grobe Annäherung an die tatsächlich zu realisierenden Ergebnisse sein. Auch wenn diese Verfahren rechnerisch eine große Genauigkeit vortäuschen, so sind die zu berücksichtigenden Einflussgrößen mit viel zu großen Fehlerwahrscheinlichkeiten behaftet, als dass sie zu exakten Resultaten führen können. Dies jedoch als Argument dafür zu benutzen, nicht darauf zurückzugreifen, würde bedeuten, sinnvolle Informationen bei der Entscheidungsfindung zu vernachlässigen. Es wird mit der Darstellung der Beurteilungsverfahren zum Ausdruck gebracht, dass sie zur Prüfung und Unterstützung von Investitionsplanungen sinnvoll und im Sinne eines selbstkritischen Umgangs mit der eigenen persönlichen Entscheidungsfindung unerlässliche Hilfsmittel sind.

4.3.6.4.1   Statische Verfahren

Bei statischen Verfahren der Wirtschaftlichkeitsberechnung handelt es sich um einperiodische Rechenverfahren, d.h. es wird nur eine Periode der Nutzungsdauer oder es werden Durchschnittswerte über alle Perioden berücksichtigt. Eine Betrachtung der zeitlichen Streuung von Kosten und Leistungen über die Nutzungsdauer und die damit verbundenen Zinswirkungen findet nicht statt. Die Vernachlässigung des Zeitfaktors und die Reduzierung der Informationen auf Durchschnittswerte ist ein Nachteil der statischen Verfahren. Ihr Vorteil besteht in der relativ einfachen Anwendung (Eschenbach, 1996).

Bei der **Kostenvergleichsrechnung** werden zwei oder mehrere Investitionsalternativen hinsichtlich der durch sie verursachten Gesamt- bzw. Stückkosten verglichen. Hierzu zählen alle fixen und variablen Kostenbestandteile inklusive der kalkulatorischen Zinsen und Abschreibungen. Als beste Investitionsalternative gilt die mit den geringsten Gesamt- bzw. Stückkosten.

Statische Kostenvergleichsrechnung						
(auf die Periode bezogen)			(auf die Produktionsmenge bezogen)			
Kosten	Alternative 1	Alternative 2	Kosten	Alternative 1	Alternative 2	
Anschaffungskosten	100.000	50.000	Anschaffungskosten	100.000	50.000	
Nutzungsdauer	10	10	Nutzungsdauer	10	10	
max. Leistungsmenge	20.000	20.000	max. Leistungsmenge	19.500	20.000	
geplante Produktionsmenge	20.000	20.000	geplante Produktionsmenge	19.500	20.000	
Fixe Kosten	Afa	10.000	5.000	Fixe Stück- kosten	Afa	
	Zinsen (5%)	2.500	1.250		Zinsen (5%)	
	Gehälter Gemeinkosten Löhne	5.000	5.000		Gehälter Gemeinkosten Löhne	1,08	0,69
	Sonstige	3.500	2.500		Sonstige	
	gesamt	21.000	13.750		gesamt	
Variable Kosten	Löhne Lohnnebenkosten	45.000	55.000	Variable Stück- kosten	Löhne Lohnnebenkosten	2,31	2,75
	Material	95.000	100.000		Material	4,87	5,00
	Sonstige	7.500	8.000		Sonstige	0,38	0,40
	gesamt	147.500	163.000		gesamt	7,56	8,15
Gesamtkosten		168.500	176.750	Gesamtkosten pro Stück		8,64	8,84
Kostendifferenz		8.250		Kostendifferenz pro Stück		0,20	

Abb. 4-20: Beispiel für statische Kostenvergleichsrechnung

Eine Variante der Kostenvergleichsrechnung ist die **Maschinenstundensatzrechnung**. Sie bietet sich an, wenn man bei einer angenommenen durchschnittlichen Jahresauslastung bzw. Produktionsmenge (z.b. Abfüllung oder Filtration) verschiedene Maschinen- oder Anlagenalternativen bewerten möchte, die sich hinsichtlich Kapital- bzw. Arbeitsintensität unterscheiden (Reichmann, 2001). In der Wirtschaftlichkeitsberechnung sind dann die laufenden Kosten (z.b. Personalkosten und sonstige Fertigungskosten), die einmaligen Zahlungen (Anschaffungskosten) sowie die Kapitalkosten (kalkulatorische Abschreibungen und kalkulatorische Zinsen) einzubeziehen, wobei jeweils Durchschnittswerte für die gesamte Nutzungsdauer unter Annahme der Entwicklung für Preise, Löhne, Lohnnebenkosten und Wiederbeschaffungskosten anzusetzen sind.

Unterscheiden sich Erträge bzw. Umsatzerlöse bei den Alternativen von Investitionsprojekten, dann werden im Rahmen der **Gewinnvergleichsrechnung** neben den Kosten auch die Haupt- und Nebenerlöse berücksichtigt. Nach diesem Verfahren ist die Alternative zu wählen, die durch Erlöse und nach Abzug aller Betriebs- und Kapitalkosten den größten Gewinnbeitrag liefert oder den größten Deckungsbeitrag, wenn nur variable Kosten berücksichtigt werden.

Statische Gewinnvergleichsrechnung		
Kosten und Erlöse	Alternative 1	Alternative 2
Anschaffungskosten	160.000	220.000
Nutzungsdauer	10	10
max. Leistungsmenge	18.000	12.000
Fixe Kosten pro Stück	2,44	4,04
Variable Kosten pro Stück	16,22	14,21
gesamte Kosten pro Stück	18,66	18,25
Erlöse pro Stück	23,10	23,10
gesamte Kosten pro Jahr	335.880	219.000
gesamte Erlöse pro Jahr	415.800	277.200
Gewinnbeitrag pro Jahr	**79.920**	**58.200**
Differenz des Gewinnbeitrags	**21.720**	

Abb. 4-21: Beispiel für statische Gewinnvergleichsrechnung

Ein Verfahren zur Messung der durchschnittlichen Verzinsung eines Investitionsprojektes ist die **Rentabilitätsvergleichsrechnung**. In ihr werden der durchschnittliche Gewinn oder eine relative Kostenersparnis auf das durch die Investition durchschnittlich gebundene Kapital bezogen. Eine Investitionsalternative erweist sich dann als die wirtschaftlichere, wenn sie eine zuvor definierte Mindestrentabilität erreicht und die höchste Rentabilität im Vergleich mit den bewerteten Alternativprojekten aufweist.

$$\text{Rentabilität} = \frac{\text{Erträge pro Periode} \; - \; \text{Kosten pro Periode}}{\text{durchschnittlicher Kapitaleinsatz}} \cdot 100 \; [\%]$$

Abb. 4-22: Rentabilität eines Investitionsprojektes

Die Rentabilitätsvergleichsrechnung basiert auf den Ergebnissen der Kosten- und Gewinnvergleichsrechnung. Zu beachten ist, dass es sich bei den Annahmen zu Gewinn bzw. Kostenersparnissen um durchschnittliche repräsentative Werte für die gesamte Nutzungsdauer handeln muss. Außerdem müssen zur Berechnung des durchschnittlich gebundenen Kapitals auch die Größen berücksichtigt werden, die indirekt aus der Realisierung der Investition resultieren, wie z.B. Umlaufvermögen in Form von bevorrateten Erzeugnissen. Nicht abnutzbare Vermögensgegenstände und Gegenstände des Umlaufvermögens werden mit den Anschaffungskosten angesetzt, Anlagegüter, die einem Werteverzehr unterliegen, mit den halben Anschaffungskosten (Olfert, 1998).

Ebenfalls zu den statischen Verfahren der Investitionsrechnung zählt die **Amortisationsrechnung**. Die Amortisationsdauer (Pay-Off-Periode) ist der Zeitraum, in dem das für die Investition eingesetzte Kapital aus den zusätzlichen Erlösen, oder bei Rationalisierungsprojekten durch Kostenersparnisse, wieder zurückfließt. Der Rückfluss umfasst neben den Gewinnen bzw. Kostenersparnissen die kalkulatorischen Abschreibungen und kalkulatorischen Zinsen, sofern deren Ansatz über dem durchschnittlichen Fremdkapitalzinssatz liegt.

$$\text{Amortisationsdauer} = \frac{\text{Anschaffungskosten}}{\text{zusätzlicher jährlicher Gewinn} \; + \; \text{jährliche zusätzliche Afa}}$$

Abb. 4-23: Amortisationsdauer eines Investitionsprojektes

$$\text{Amortisationsdauer} = \frac{\text{Anschaffungskosten}}{\text{jährliche Kostenersparnis} \; + \; \text{jährliche zusätzliche Afa}}$$

Abb. 4-24: Amortisationsdauer einer Rationalisierungsinvestition

Die Amortisationsrechnung ist sinnvollerweise nur in Ergänzung zu anderen Verfahren als Beurteilungsmaßstab einzusetzen, weil die Betrachtung des Investitionsprojektes nur für den Zeitraum der Amortisation erfolgt. Eine Bewertung seines Beitrages zum Unternehmenserfolg ist somit nicht möglich.

Nachdem die Bewertung der Wirtschaftlichkeit eines Investitionsvorhabens mit zunehmendem zeitlichen Abstand vom Entscheidungszeitpunkt einem immer größeren Risiko unterliegt, ist die Amortisationsdauer auch ein Maß für das Risiko selbst. Die Annahme von Durchschnittswerten über die gesamte Nutzungsdauer hinweg erlaubt nicht zwingend den Rückschluss, dass Investitionsprojekte mit einer längeren Amortisationszeit auch tatsächlich die mit dem höheren Risiko sind. Sie sind dann zu realisieren, wenn sie beim Erreichen einer definierten Erfolgsgröße zudem eine maximale Grenze der Amortisationsdauer nicht überschreiten oder im Vergleich eine Amortisation innerhalb eines kürzeren Zeitraums erwarten lassen.

4.3.6.4.2 Dynamische Verfahren

Im Gegensatz zu den statischen Verfahren werden bei den dynamischen Investitionsrechnungen über **alle Perioden** der gesamten Nutzungsdauer die zu erwartenden Ein- und Auszahlungen separat betrachtet und **auf den Zeitpunkt der Entscheidungsfindung bezogen** bewertet (Eschenbach, 1996). Dies geschieht bei allen Methoden der dynamischen Investitionsrechnung durch eine Abzinsung zukünftiger Ein- und Auszahlungen auf den Zeitpunkt zu Beginn der Investition (Barwertverfahren) oder eine Aufzinsung auf einen Zeitpunkt zum Ende des Investitionsprojektes (Endwertverfahren).

Der **Abzinsung** liegt die Logik zugrunde, wonach jeder Wert eines Guthabens oder einer Verbindlichkeit mit zunehmendem zeitlichen Abstand zur Realisation an Bedeutung verliert, oder in finanziellem Sinne eine alternative Anlagemöglichkeit der zur Verfügung stehenden Mittel möglich wäre. Die Abzinsung entspricht somit sowohl der intuitiven Abwertung von zukünftigen Zahlungen, und sie entspricht zudem dem Zinssatz, zu dem finanzielle Mittel unter Berücksichtigung eines individuellen Risikos aufgenommen bzw. angelegt werden könnten.

Dynamische Investitionsverfahren entsprechen damit dem Investitionskalkül weit besser als statische Verfahren und sind bei der Bewertung von Investitionsprojekten die aussagefähigeren. Wie bei allen zukunftsgerichteten Planungsmethoden unterliegen auch die in dynamischen Beurteilungsmethoden zugrunde gelegten Einflussgrößen einer Unsicherheit bzw. einem Risiko hinsichtlich Zeitpunkt und Umfang ihres Eintretens. Deshalb gilt auch für diese Verfahren, dass sie als Unterstützung für Entscheidungen herangezogen werden können, jedoch unter Berücksichtigung zukünftiger Unwägbarkeiten.

Die Ergebnisse der Investitionsrechnungen sind u.a. abhängig von den zukünftig absetzbaren Mengen, der Preisentwicklung und den Lohn-, Rohstoff- und Energiepreisen. Die Entwicklung dieser Größen kann nur geschätzt werden und entzieht sich v.a. bei längeren Planungszeiträumen einer realistischen Beurteilung. Diesen Unsicherheiten wird Rechnung getragen, indem der Abzinsungsfaktor „vorsichtig", d.h. für zukünftig geplante Zahlungsrückflüsse höher und für Abflüsse niedriger zu wählen ist. Vorteilhafter ist die Verwendung mehrwertiger Verfahren, die unterschiedliche objektive oder subjektive Wahrscheinlichkeitsverteilungen für das Eintreten zukünftiger Rahmenbedingungen in der Rechnung berücksichtigen. Komplexere Verfahren integrieren mehrere Einflussgrößen und zeigen sie in ihrer Wirkung differenzierter. Dies führt nicht zwangsläufig zu aussagefähigeren Ergebnissen, täuscht mitunter nur eine unrealistische Genauigkeit vor und erschwert deren Prüfung. Mit Blick auf die Anwendung in KMU und ihre Entscheidungsstrukturen beschränken sich die folgenden Erläuterungen auf die methodischen Prinzipien der dynamischen Investitionsrechnungen.

Bei der **Kapitalwertmethode** wird der **Barwert** aller zukünftigen Ein- und Auszahlungen durch deren Abzinsung auf den Zeitpunkt direkt vor Beginn des Investitionsprojektes bestimmt. Die Summen der Barwerte aller Einzahlungsüberschüsse abzüglich der Anschaffungskosten wird als **Kapitalwert** bezeichnet. Dieser kann auch als der Wert interpretiert werden, um den das Vermögen nach Abschluss des Investitionsvorhabens unter Berücksichtigung aller damit verbundenen Zahlungsströme bezogen auf den Zeitpunkt t=0 gewachsen ist.

$$\text{Kapitalwert} \; = \; \sum_{t=1}^{ND} \frac{\left(E_t - A_t \right)}{\left(1 + i \right)^t}$$

ND = Nutzungsdauer
t = Periode
E_t = Einnahme in der Periode t
A_t = Ausgabe in der Periode t
i = Zinssatz

Abb. 4-25: Ermittlung des Kapitalwerts

Kapitalwertmethode				
Jahr	Geplante Einnahme €	Geplante Ausgabe €	Rückfluss € (Einnahmen-Ausgaben)	Abzinsungsfaktor (i = 0,08)	Barwert
1	110.000	85.000	25.000	0,92593	23.148,25
2	95.000	70.000	25.000	0,85734	21.433,50
3	105.000	70.000	35.000	0,79383	27.784,05
4	100.000	65.000	35.000	0,73503	25.726,05
5	90.000	80.000	10.000	0,68059	6.805,90
				Summe der Barwerte	104.897,75
				Anschaffungskosten	100.000,00
				Kapitalwert	**+ 4.897,75**

Abb. 4-26: Beispiel für die Ermittlung des Kapitalwerts

Eine mit der Kapitalwertmethode beurteilte Investition ist dann sinnvoll, wenn der Kapitalwert größer 0 ist. Bei Investitionsalternativen ist diejenige mit dem größten Kapitalwert die vorteilhafteste. Für i wird ein einheitlicher Kalkulationszinssatz angenommen, der – sofern keine Risikoberücksichtigung durch den Zinssatz erfolgt – üblicherweise dem durchschnittlichen Satz für langfristige Kredite entspricht.

Die **Methode des internen Zinssatzes** entspricht im Prinzip der Kapitalwertmethode. Hier wird jedoch der Zinssatz i* berechnet, der zu einem Kapitalwert von 0 führt. Bei der Investitionsbeurteilung wird zuvor eine Mindestverzinsung definiert, bei deren Überschreitung das Projekt sinnvoll wird. Beim Vergleich mehrerer Alternativen ist diejenige mit der höchsten Verzinsung zu wählen. Methodische Probleme der Internen-Zinsfuß-Methode legen nahe, dieses Verfahren nur zur Beurteilung von Investitionsprojekten heranzuziehen, die nach einer Reihe von Auszahlungsüberschüssen nur noch geplante Einzahlungsüberschüsse aufweisen (Eschenbach, 1996).

$$\text{Interner Zinssatz } i^\star = p_1 - K_{01} \cdot \frac{p_2 - p_1}{K_{02} - K_{01}}$$

p_1 = Versuchszinssatz 1
p_2 = Versuchszinssatz 2
K_{01} = Kapitalwert bei Zinssatz 1
K_{02} = Kapitalwert bei Zinssatz 2

Abb. 4-27: Ermittlung des internen Zinssatzes

Methode des internen Zinssatzes					
		Versuchszinssatz p_1 = 8 %		Versuchszinssatz p_2 = 16 %	
Jahr	Rückfluss €	Abzinsungsfaktor (i = 0,08)	Barwert	Abzinsungsfaktor (i = 0,16)	Barwert
1	10.000	0,92593	9.259	0,86207	8.620
2	35.000	0,85734	30.006	0,74316	26.010
3	25.000	0,79383	19.845	0,64066	16.016
4	35.000	0,73503	25.726	0,55229	19.330
5	30.000	0,68059	20.417	0,47611	14.283
		Summe der Barwerte 1	105.253	Summe der Barwerte 2	84.259
		Anschaffungskosten	100.000	Anschaffungskosten	100.000
		Kapitalwert $_{01}$	**+ 5.253**	**Kapitalwert $_{02}$**	**- 15.741**

Abb. 4-28: Beispiel für die Ermittlung des internen Zinssatzes

Zur Bestimmung der Amortisationsdauer kann man auf die **dynamische Amortisationsrechnung** zurückgreifen. Mit ihr ist die Kapitalrückflusszeit unter individueller Berücksichtigung aller Perioden der Nutzungsdauer und unter Abzinsung von Einzahlungsüberschüssen zu ermitteln. Eine Investition hat sich unter Annahme der geplanten Werte dann amortisiert, wenn der Kapitalwert erstmals mindestens den Wert 0 erreicht. Die Amortisationsdauer kann mit den gleichen Einschränkungen wie beim entsprechenden statischen Verfahren als Risikomaß definiert werden. Dabei wird unterstellt, dass angesichts einer mit zunehmender Laufzeit wachsenden Unsicherheit der zugrundegelegten Einflussgrößen ein möglichst schneller Kapitalrückfluss das Risiko verringert.

4.3.6.4.3 Verfahren zur Berücksichtigung von Risiko und Unsicherheit

Die grundlegende Problematik aller Methoden der Investitionsrechnung ist die größere Fehlerhäufigkeit mit zunehmendem zeitlichen Abstand vom Planungszeitpunkt. Die Rechnungen sind detailliert und genau und täuschen einen Aussagewert vor, den sie nicht liefern können. Jede Form der Korrektur durch Risikozuschläge erhöht ggf. die „Reserve", verringert jedoch zugleich die Genauigkeit, weil jedes pauschale Risikomaß eine willkürliche Annahme ist (Olfert, 1998; Reichmann, 2001).

Bei der Berücksichtigung von Ungewissheiten wird unterschieden zwischen **Risiko** und **Unsicherheit**. Bei ersterer liegen objektive Informationen über empirisch-statistische Eintrittswahrscheinlichkeiten von Einflussgrößen vor. Häufiger ist der zweite Fall, in dem lediglich subjektive Wahrscheinlichkeitsurteile existieren, die von der persönlichen Risikoaversion der Entscheider geprägt sind.

Bei **pauschaler Berücksichtigung von Unsicherheit**, z.B. durch Abschläge bei Rückflüssen, Aufschläge bei Abflüssen, Verringerung der Liquidationserlöse oder Verringerung der geplanten Nutzungsdauer, bleiben die Wirkungen der Einflussfaktoren unberücksichtigt, unabhängig davon, ob mit ihnen eine Unsicherheit einhergeht oder nicht. **Szenarioanalysen** enthalten grundsätzlich verschiedene Varianten, wobei für die wichtigsten Determinanten und ihre möglichen Ausprägungen die Kapitalwerte für optimistische, trendmäßige und pessimistische Szenarien ermittelt werden. Die Szenarioanalyse bietet sich an, wenn in einer langfristigen strategischen Planung Investitionsprojekte so gestaltet werden sollen, dass sie unterschiedlichen zukünftigen Rahmenbedingungen angepasst werden können. Dies ist sinnvoll, wenn irreversible Investitionen für eine hohe Kapitalbindung und damit nicht-abbaufähige fixe Kosten verantwortlich sind und zugleich die Nutzung zweckgebunden eng begrenzt ist, wie bei Gebäuden. Eine weitere Methode zur Berücksichtigung von Unsicherheit ist die **Ermittlung von Erwartungswerten** für die jeweilig zu analysierenden Zielgrößen. Hierbei werden die Ergebnisse verschiedener Alternativen mit subjektiven Wahrscheinlichkeiten bewertet. Die resultierenden Erwartungswerte sind dann als Entscheidungskriterien heranzuziehen. Handelt es sich um eine Folge von Investitionsschritten, die bei jeder Entwicklungsstufe Alternativentscheidungen zulassen – wie bei einer sich über mehrere Jahre erstreckenden Umstrukturierung oder Erweiterung eines Betriebes – kann im Vorfeld mit Hilfe eines Entscheidungsbaumes, in den die Determinanten und ihre Eintrittswahrscheinlichkeiten integriert sind, eine Bewertung der sich eröffnenden Alternativen erfolgen. Zur Auswahl gelangen Entwicklungsschritte, die den Zielwert maximieren (z.B. den Kapitalwert).

In vielen Fällen bleiben die Entscheidungen trotz Anwendung der genannten Methoden schwierig. Keine zukunftsgerichtete Methode kann sichere Ergebnisse liefern. Sie sind dennoch unabdingbar zur Unterstützung und Prüfung intuitiver unternehmerischer Entscheidungen, besonders wenn mehrere Entscheider eine gemeinsame Lösung anstreben. Gerade in Gruppenentscheidungen – wie sie in familiengeführten Unternehmen üblich sind – besteht die Gefahr, dass sich individuelle Wahrscheinlichkeitsurteile über zukünftige Entwicklungen oft weit von rational nachvollziehbaren Korridoren wegbewegen. Schematische und objektivierende Verfahren tragen dann dazu bei, die Entscheidungsfindung zu rationalisieren.

4.3.6.4.4 Nutzwertanalyse von Investitionsprojekten

Die bisher dargestellten statischen und dynamischen Verfahren der Investitionsrechnung verwenden ausschließlich monetäre und quantitativ messbare Kriterien zur Beurteilung der Vorteilhaftigkeit von Investitionsprojekten. Wichtige Kriterien einer Investition sind nicht oder nur schwer mit monetären Maßstäben zu erfassen, wie Arbeitsbedingungen, Gesundheit, Sicherheit, Umweltverträglichkeit, Anpassungsfähigkeit oder Außenwirkung. Rechnerische Verfahren stoßen zudem an Grenzen, wenn es um komplexe Investitionsvorhaben wie die Integration von Mitarbeitern, Maschinen und Gebäuden geht.

Die Nutzwertanalyse bewertet in einem **Zielsystem** die Alternativen nach ihrer Eignung, diese Ziele zu erreichen. Durch den Grad der Zielerreichung, eine Gewichtung der Ziele und eine analytische Gegenüberstellung der Ergebnisse lässt sich eine Bewertung erreichen, die komplexe Zusammenhänge berücksichtigt und quantitative sowie qualitative, monetäre und nicht-monetäre Kriterien einer Investition in die Beurteilung einbindet (Olfert, 1998).

Das folgende Beispiel veranschaulicht die Anwendung der Nutzwertanalyse bei einer geplanten Erweiterung der Gebäude eines Weingutes um kombinierte Verkaufs- und Büroräume (vgl. Abbildung 4-29). Drei Alternativen stehen zur Verfügung, die sich in ihren qualitativen **Kriterien** unterscheiden. Im ersten Schritt werden die Kriterien für eine Nutzenanalyse **definiert und gewichtet**. Es wird angenommen, dass die Zufriedenheit, Leistungsfähigkeit und Motivation der Mitarbeiter vorrangig zu berücksichtigen sind. Ebenfalls wichtig ist die Anbindung an die Verkaufsräume zur Betreuung der Kunden. Geringerer Bedeutung wird der optischen Außengestaltung beigemessen. Den Zielerreichungsgraden durch die alternativen Projekte werden im nächsten Schritt **Nutzwerte** in Form von Punkten zugeordnet. Maximale Erreichung wird mit 10 Punkten, unzureichende Erfüllung eines Kriteriums mit 2 Punkten bewertet. Im weiteren Vorgehen wird jeder Alternative getrennt nach den Bewertungskriterien eine Punktzahl zugeordnet.

Bewertungskriterien für den Neubau:

- **A**: Atmosphäre der Büroarbeitsplätze
- **B**: Anbindung Büro an Verkaufsraum
- **C**: Anbindung Verkaufsraum an Lager
- **D**: optische Außenwirkung

Gewichtung:

A: 0,4
B: 0,3
C: 0,1
D: 0,2

Nutzwert der Kriterien

- **A**: 10 – sehr gut; 8 – gut; 6 – mit Einschränkungen; 4 – nur an einem Platz; 2 – unbefriedigend
- **B**: 10 – sehr gut; 8 – gut; 6 – weite Wege; 4 – nicht einsehbar; 2 – unbefriedigend
- **C**: 10 – sehr gut; 8 – gut; 6 – weite Wege; 4 – kompliziert befahrbar; 2 – umständlich
- **D**: 10 – sehr gut; 8 – gut; 6 – mit Begrünung i.O.; 4 – unharmonisch; 2 – nicht einladend

Ermittlung der Teilnutzen

Bewertungskriterium	Alternative 1	Alternative 2	Alternative 3
	Punkte	Punkte	Punkte
A	2	6	6
B	10	8	10
C	4	10	8
D	2	8	10

Ermittlung der Nutzwerte mit Gewichtung der Kriterien

Bewertungskriterium	Gewichtung	Alternative 1	Alternative 2	Alternative 3
		Punkte	Punkte	Punkte
A	0,4	0,8	2,4	2,4
B	0,3	3	2,4	3
C	0,1	0,4	1	0,8
D	0,2	0,4	1,6	2
Nutzwert gesamt	**1,0**	**4,6**	**7,4**	**8,2**

Abb. 4-29: Beispiel für die Teilschritte einer Nutzwertanalyse

Diese Punktvergabe kann subjektiv oder anhand weiterer Kriterien wie Messung von Laufwegen, Helligkeit am Arbeitsplatz oder der Befragung Dritter erfolgen. Bei Gruppenentscheidungen können die Zuordnungen der Werte getrennt oder im Zuge gemeinsamer Diskussion erfolgen. Die festgehaltenen Bewertungen werden im letzten Schritt mit den zuvor festgelegten Faktoren gewichtet. Im dargestellten Beispiel erweist sich Alternative 3 als die mit dem größten Nutzwert.

Problematisch ist, dass die Nutzwertbestimmung eine **subjektive Bewertung** ist, die der Willkür und Manipulation unterliegen kann und die Gefahr von Fehlurteilen beinhaltet. Im Beispiel ändert sich das Ergebnis, wenn man die Gewichtung der Kriterien 3 und 4 tauscht. Wird die Anbindung an das Lager höher eingeschätzt als die Außengestaltung, dann hat die Alternative 2 den größeren Nutzwert. Die Ergebnisse der Nutzwertanalysen ergeben nicht zwangsläufig eindeutige Resultate. Alternativen, die sich als sehr gleichwertig erweisen, müssen zusätzlich einer vertiefenden Beurteilung unterzogen werden. Ebenso ist eine klare Trennung von monetär quantifizierbaren und qualitativen Kriterien notwendig, wenn vermieden werden soll, dass quantitative Aspekte vorschnell intuitiv bewertet werden.

Die Nutzwertanalyse ist ein sehr sinnvolles **Instrument zur Entscheidungsunterstützung**, weil sie komplexe und subjektiv-intuitiv zu analysierende Aufgaben in mehrere Teilbewertungen untergliedert und Verzerrungen durch Globalurteile zu vermeiden hilft. Durch ihre universelle Einsetzbarkeit bietet sich dieses Verfahren als ergänzendes Beurteilungsinstrumentarium an. Die Qualität der Ergebnisse hängt im Wesentlichen davon ab, inwieweit es gelingt, die Auswahl der Bewertungskriterien und ihre Gewichtung zu objektivieren. Auf rechnerische Verfahren sollte nicht verzichtet werden, wenn monetäre Kriterien eine dominierende Rolle spielen.

4.3.7 Finanzplanung

4.3.7.1 Langfristige Finanzierungsplanung

Mit dem Ziel einer langfristigen ausgeglichenen Finanzierungs- und Investitionsstruktur gibt das gesamte langfristige Finanzierungsvolumen den Rahmen für das langfristige Investitionsvolumen vor. Durch den Finanzplan wird das mögliche **Innen- und Außenfinanzierungsvolumen** dargestellt. Während die Investitionsplanung den langfristigen Mittelbedarf (Mittelverwendung) zusammenfasst, werden mit Hilfe der Finanzplanung die Finanzierungsmöglichkeiten (Mittelherkunft) abgebildet.

Finanzplan für die Jahre 01 bis 07								
	Summe 00-07	01	02	03	04	05	06	07
+ Abschreibungen								
- davon auf immaterielles AV								
- davon auf Sachanlagen								
- davon auf Finanzanlagen des AV								
+ Abgänge von Anlagevermögen								
= Summe Minderung des AV								
+ Zugang Eigenkapital (inkl. 50% Sonderposten mit Rücklageanteil)								
+ Erhöhung der langfristigen Rücklagen (inkl. 50% Sonderposten mit Rücklageanteil)								
- Tilgung langfristiger Kredite								
+ Neuaufnahme langfristiger Kredite								
= Summe Veränderung des langfr. Kapitals								
Summe Minderung des AV								
± Summe Veränderung des langfr. Kapitals								
= gesamtes Finanzierungsvolumen								

Abb. 4-30: Struktur eines Finanzplans (in Anlehnung an Reichmann, 2001)

Die Finanzierungsquellen sind zum einen Abschreibungen auf Sachanlagen, immaterielles Anlagevermögen und Finanzanlagen. Zum anderen wird der Finanzierungsspielraum bestimmt durch Veränderungen des Eigenkapitals (bei Personengesellschaften und Einzelunternehmen durch den um Einlagen und Entnahmen bereinigte Gewinn, bei Kapitalgesellschaften durch Rücklagenzuführung, Kapitalerhöhungen und den 50%-Anteil von Erhöhungen der Sonderposten mit Rücklageanteil), der Einstellungen und Auflösungen langfristiger Rückstellungen sowie der Tilgung bzw. Neuaufnahme von Krediten.

Langfristige Zahlungsüberschussplanung für die Jahre 01 bis 07								
		01	02	03	04	05	06	07
+	Netto Umsatzerlöse							
+	Sonstige betriebliche Einzahlungen							
-	Betriebliche Auszahlungen (Pers., Mat., sonstige)							
-	Sonstige betriebliche Auszahlungen							
=	**Laufender betrieblicher Zahlungsmittelüberschuss**							
+	Betriebsfremde Einzahlungen							
-	Betriebsfremde Auszahlungen							
=	**Laufender Zahlungsmittelüberschuss**							
+	Einzahlungen aus Desinvestitionen							
-	Auszahlungen aus Investitionen							
=	**Zahlungsmittelüberschuss nach Investitionen**							
+	Einzahlungen aus langfr. Fremdkapitalaufnahme							
-	Tilgung							
=	**Zahlungsmittelüberschuss nach Investitionen und langfristiger Finanzierung**							
-	Auszahlungen für Fremdkapitalzinsen							
-	Auszahlungen für Ertrags- und Substanzsteuern							
-	Ausschüttung							
=	**Langfristiger Zahlungsmittelüberschuss ± Veränderung der Liquiditätsreserve**							

Abb. 4-31: Struktur einer Zahlungsüberschussplanung (in Anlehnung an Reichmann, 2001)

Der zweite Bereich der langfristigen Finanzplanung ist die **langfristige Zahlungsüberschussplanung** zur Ermittlung der langfristigen Unter-

bzw. Überdeckung der jeweiligen Perioden innerhalb des Planungszeitraums (Reichmann, 2001). Die Unter- bzw. Überdeckung ist das bei Realisierung der Plandaten kurzfristig zu finanzierende oder anzulegende Volumen. Die Zahlungsüberschussplanung entspricht in ihrer Struktur der kurzfristigen Liquiditätsplanung, sie fasst nur die Einzahlungs- und Auszahlungsströme zu übergreifenden Größen zusammen. Eine detailliertere Übersicht, wie sie in der Liquiditätsplanung erfolgt, macht für größere Planungszeiträume keinen Sinn, weil die Fehler- und Abweichungswahrscheinlichkeit der Werte keine aussagefähigen Detailinformationen für die Unternehmensführung zulassen.

Das nachfolgende Kapitel zeigt die kurzfristige Zahlungsmittelüberflussrechnung bzw. Liquiditätsplanung. Sie hat für die praktische Unternehmensführung auch in KMU größte Bedeutung und ist ein unverzichtbares Instrument zur Sicherung der Liquidität und damit der Existenz eines Unternehmens.

4.3.7.2 Kurzfristige Liquiditätsplanung

4.3.7.2.1 Aufgaben und Bedeutung der kurzfristigen Liquiditätsplanung

Die Liquidität eines Unternehmens definiert dessen Fähigkeit, den Zahlungsverpflichtungen jederzeit und in vollem Umfang nachkommen zu können. **Nachhaltige Zahlungsunfähigkeit** beendet die Existenz eines Unternehmens. Eine der zentralen Führungsaufgaben ist es deshalb, die Einzahlungen und Auszahlungen in Umfang und Zeitpunkt so zu koordinieren, dass jederzeit eine ausreichende Deckung des Zahlungsmittelbedarfs gewährleistet ist. Die kurzfristige Planung ist im Gegensatz zur langfristigen von besonderer Relevanz, weil Zahlungsunfähigkeit auch dann eintreten kann, wenn die Auftrags- und Absatzsituation gut ist, aber aktuelle Zahlungsverpflichtungen die verfügbaren Zahlungsmittel übersteigen. Wenn weder selbst erwirtschaftete Mittel noch weitere Fremdmittel für die geforderten Auszahlungen zur Verfügung stehen, ist der Fortbestand des Unternehmens konkret bedroht, unabhängig von den sonstigen Rahmenbedingungen. Im Gegensatz zur langfristigen Planung reicht es für die praktische Unternehmensführung nicht aus, Grobplanungen aufzustellen und mögliche Abweichungen zu berücksichtigen. Liquiditätsplanung bedeutet die fortlaufende und zeitnahe **Kontrolle und Steuerung von kurzfristigen Einzahlungen und Auszahlungen**.

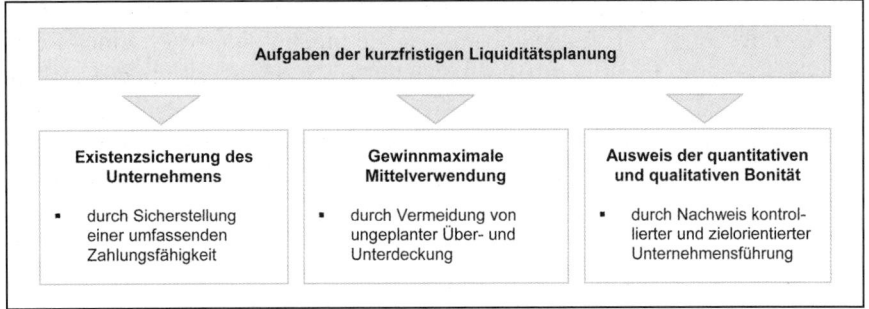

Abb. 4-32: Aufgaben der kurzfristigen Liquiditätsplanung

Neben der Erhaltung der Zahlungsfähigkeit erfüllt die Liquiditätsplanung auch den Zweck der **gewinnmaximalen Mittelverwendung**. Liquiditätsengpässe, die kurzfristig durch Fremdkapital oder teure Überziehungskredite ausgeglichen werden müssen, verringern den Erfolg eines Unternehmens. Gleiches gilt für eine deutliche und ungeplante Überdeckung. Auch hier werden Erträge aus möglichen Anlageformen nicht genutzt.

Ein weiteres Argument für die konsequente Nutzung eines kurzfristigen Liquiditätsplans sind die Konditionen der Fremdkapitalaufnahme, die im Zuge von Basel II deutlich höhere Anforderungen an die Unternehmer stellen. Der Liquiditätsplan hat dabei in zweierlei Hinsicht größte Bedeutung. Zunächst spielt die Liquidität bei der quantitativen **Bewertung der Bonität eines Unternehmens** eine zentrale Rolle. Daten aus dem Jahresabschluss sind aufgrund ihres Bezuges auf einen Stichtag und ihrer geringen zeitlichen Aktualität für die Berechnung der Liquidität nur begrenzt tauglich. Der regelmäßig erstellt Liquiditätsplan ist die einzige zuverlässige Basis für Informationen über die konkrete Zahlungsfähigkeit eines Unternehmens. Alle anderweitig errechneten Kennzahlen geben nur grobe Hinweise bezüglich der Zahlungsfähigkeit eines Unternehmens. Darüber hinaus ist ein Liquiditätsplan ein qualitatives Merkmal für die Beurteilung eines Unternehmens und seiner Entscheidungsträger. Er lässt auf die Kompetenz der Unternehmensführung schließen. Eine Liquiditätsplan ist der Ausweis einer zielorientierten Führung und konsequenten Kontrolle.

Dass dennoch viele Unternehmen der Weinbranche auf dieses wichtige Instrument verzichten, hat verschiedene Ursachen. Eine ist die bereits erwähnte personelle Kapazität der Entscheidungsträger in kleinen Unternehmen und Familienbetrieben. Der Liquiditätsplan ist dennoch – aufgrund seiner Relevanz für die unmittelbare Existenzsicherung – für eine aktive und zielorientierte Unternehmenssteuerung unabdingbar. Ein Unternehmen und die damit verbundenen Arbeitsplätze durch unzureichende Liquiditätsplanung in ihrer Existenz zu gefährden, ist höchste Verantwortungslosigkeit. Deshalb ist ein Instrumentarium zur Ein- und Auszahlungsplanung zu nutzen, das ein Minimum an Zeit für die Erstellung und Anwendung erfordert und zugleich den Aufgaben der Liquiditätssteuerung gerecht wird.

4.3.7.2.2 Verfahren der kurzfristigen Liquiditätsplanung

Die kurzfristige Liquiditätsplanung ist die Koordination von konkreten Zu- und Abflüssen liquider Mittel (Schwingenschlögl, 2005). Dies sind **Einzahlungen und Auszahlungen** innerhalb eines bestimmten Planungshorizontes. Dieser erstreckt sich über maximal 12 Monate und wird auf Perioden eines Quartals, eines Monats oder einer Woche heruntergebrochen. Ziel ist es, mit der Gegenüberstellung von Ein- und Auszahlungen eine fortlaufende Übersicht über mögliche Unterdeckungen (Zahlungsmittelbedarf) oder Überdeckungen (Zahlungsmittelüberschuss) zu erhalten, um kurzfristig Anpassungen der Finanzierung vornehmen zu können.

Die einfachste Form der kurzfristigen Liquiditätsplanung ist die Kontrolle und Vorschau der Kassen und der laufenden Konten. Ausgehend vom **Zahlungsmittelbestand** zu Beginn der Planungsperiode werden alle geplanten Zugänge liquider Mittel (Einzahlungen) und alle Abgänge liquider Mittel (Auszahlungen) in einen manuellen oder EDV-unterstützten Plan eingetragen. Der Saldo ergibt den geplanten Liquiditätsüberschuss oder -bedarf.

Zu den **planbaren Einzahlungen** sind alle tatsächlich zu erwartenden Erlöse aus dem Umsatzprozess, Prämienzahlungen, Umschichtungen von Geldvermögen (Auflösung von Geldanlagen oder Kreditaufnahme) sowie in Einzelunternehmen alle für den betrieblichen Zahlungsverkehr nutzbaren privaten Einzahlungen (Löhne aus beruflichen Tätigkeiten, Kindergeld, etc.) zu rechnen. **Planbare Auszahlungen** umfassen Löhne und Gehälter, Auszahlungen für Material der Produktion und des Vertriebs, Zinszahlungen und Tilgung, Versicherungen und Steuern, Auszahlungen im Zuge von Investitionen sowie private Auszahlungen in Einzelunternehmen.

	Kurzfristiger Liquiditätsplan									
		Quartal 1			Quartal 2			Quartal 3		...
		Jan	Feb	Mär	Apr	Mai	Jun	Jul	Aug	Sep	...
	Stand lfd. Konten Kasse, sonst. Guth.									
=	**vorhandene liquide Mittel**									
+	Verkaufserlöse Trauben / Wein / Sekt									
+	Verkaufserlöse Sonstiges									
+	Erlöse aus Dienstleistungen									
+	staatl. Prämien u. Ausgleichszahlungen									
+	Einzahlungen Nebenbetrieb, Zinsen									
+	private Einzahlungen									
+	Einzahlungen aus Geldumschichtung									
+	Einzahlungen aus Zinsen									
=	**Zugang an liquiden Mitteln**									
+	Auszahlungen Traubenerzeugung									
+	Auszahlungen Keller und Vermarktung									
+	sonst. betr. Auszahlungen, Beiträge									
+	Reparaturen Masch. u. Geb.									
+	Lohnarbeiten, Maschinenmiete									
+	Versicherungen									
+	Miet-, Pachtausgaben									
+	Steuern									
+	Zinsen, Darlehensraten									
+	Tilgungen									
+	sonstige Ausgaben									
+	Privatauszahlungen									
+	Auszahlungen für Investitionen									
=	**Abgang an liquiden Mitteln**									
	Vorhandene liquide Mittel									
+	Zugang an liquiden Mitteln									
-	Abgang an liquiden Mitteln									
=	**Zahlungsmittelüberschuss / -bedarf**									

Abb. 4-33: Struktur eines kurzfristige Liquiditätsplans (Schwingenschlögl, 2005)

Ein- und Auszahlungen kann man hinsichtlich ihrer **Planbarkeit** und ihrer Relevanz für die Liquiditätsplanung unterscheiden. Zahlungsflüsse, die in Umfang und Zeitpunkt ihrer Fälligkeit sicher zu bestimmen sind, treffen auf alle vertraglich festgelegten Zahlungen zu, wie Löhne aus unselbständiger Arbeit, Versicherungsprämien, Traubengeld sowie Zins- und Tilgungszahlungen. Andere Größen, wie z.b. Auszahlungen für Material oder Umsatzerlöse, sind absehbar, jedoch in Umfang oder Zeitpunkt nicht exakt zu bestimmen. Zahlungen, die sich einer Planung entziehen sind alle außerordentlichen Ein- und Auszahlungen, wie Reparaturen oder Garantieleistungen. Je umfangreicher die zu erwartenden Einzelzahlungen sind, umso wichtiger sind sie für die Liquiditätsplanung. Ein Liquiditätsplan muss deshalb gewährleisten, dass jederzeit ein ausreichender Finanzierungsspielraum erhalten bleibt, selbst wenn unvorhergesehene Auszahlungen anfallen. Außerdem muss erkennbar sein, welche Unsicherheit die Planung beinhaltet. Dies lässt Entscheidungen über Zahlungsmittelreserven zu, die kurzfristig aufrecht erhalten werden müssen.

Die Planungssicherheit sinkt mit zunehmendem zeitlichen Abstand vom **Planungszeitpunkt**. Ausnahme sind alle Positionen, die bereits über einen längeren Zeitraum feststehen, wie z.B. Zinsen, Tilgungen, Versicherungen, Steuern. Deshalb bietet sich an, den Liquiditätsplan fortlaufend zu führen, indem über den gesamten Zeitraum (z.B. die folgenden 12 Monate) alle bereits feststehenden und prognostizierten Ein- und Auszahlungen notiert und die Daten für den unmittelbar bevorstehenden Planungszeitraum (z.B. den laufenden Monat) aktualisiert werden. Die Aktualisierung und Konkretisierung der Liquiditätsplanung erfolgt, sobald neue Informationen vorliegen und umso häufiger, je kürzer der Planungshorizont ist. Die Gegenüberstellung der Planwerte mit den tatsächlich realisierten Werten führt zu einem persönlichen Lerneffekt, wenn die zurückliegenden Einschätzungen und Entscheidungen für das Training des eigenen Entscheidungsverhaltens genutzt werden.

Die einsetzbaren Verfahren reichen von einem manuell ausgefüllten Formblatt, über eine Tabellenkalkulation bis zu professionellen Finanzplanungsprogrammen. Erfahrungsgemäß führen die einfachsten Methoden am sichersten zum Ziel. Wichtiger als das maximal Machbare eines Instrumentariums ist dessen konsequente Anwendung. Das beste Verfahren ist eines, das sich ohne nennenswerten Zusatzaufwand in die betriebliche Planung integrieren lässt und eine fortlaufende Kontrolle ermöglicht. Die handschriftliche Übersicht mit wöchentlicher oder monatlicher Aktualisierung kann ebenso geeignet sein, wie ein EDV-unterstützter Liquiditätsstatus, der unter Einbeziehung des Online-Banking eine tagesgenaue und zinsoptimale Steuerung der Zahlungsmittel ermöglicht.

Angesichts der Tatsache, dass viele Unternehmen nach wie vor auf eine Liquiditätsplanung verzichten und lediglich auf eine Kontrolle der Konten zurückgreifen, muss zusammenfassend nochmals auf die Bedeutung der Ein- und Auszahlungsplanung für die Sicherung der Unternehmensexistenz hingewiesen werden. Dies gilt unabhängig von der Größe eines Unternehmens. Besonders wichtig wird die Liquiditätsplanung, wenn ein Unternehmen in Phasen der Konsolidierung oder umfangreicher Investitionen seinen Finanzierungsspielraum weitgehend ausschöpfen muss. Mängel in der Liquiditätsplanung werden dann sehr schnell zum existenzbedrohenden Faktor.

4.3.8 Kostenplanung

4.3.8.1 Die Kostenrechnung als Grundlage der Kostenplanung

Die **Aufgaben der Kostenrechnung** sind grundsätzlich die Kontrolle der Wirtschaftlichkeit und die Kalkulation der betrieblichen Prozesse und Leistungen. Gegenstand ist nur die betriebliche, auf die operativen Prozesse begrenzte Teilrechnung und keine unternehmerische Gesamtrechnung. Letztere bezieht sich auch auf externe Interessengruppen innerhalb umfangreicher gesetzlicher Vorschriften. Die Kostenrechnung (oder: Betriebsbuchhaltung) ist für interne Entscheidungsträger bestimmt und entsprechend der individuellen Informationsziele frei gestaltbar (Haberstock, 1987; Zdrowomyslaw, 2001).

Die Kostenrechnung analysiert die tatsächlich für den betrieblichen Leistungsprozess eingesetzten Produktionsfaktoren und deren Kombination. Die Kostenrechnung erfasst rechnerisch die Leistungserstellung und den damit einhergehenden Werteverzehr. Dieser Werteverzehr sind die Kosten. Die Analyse relevanter Kosten und Erlöse sind **Grundlage praktischer Entscheidungs-**

prozesse in Unternehmen, wie eine erfolgsoptimale Sortiments- und Vertriebspolitik, die zielorientierte Gestaltung von Produktionsprozessen sowie die Entscheidung über Eigenerzeugung oder Fremdbezug.

Der tatsächlich für eine Leistung notwendige Werteverzehr stimmt nicht unbedingt mit den in der Finanzbuchhaltung berücksichtigten Aufwendungen überein. Die Finanzbuchhaltung ist eine pagatorische Rechnung, d.h. jedem Werteverzehr und Ertrag stehen innerhalb einer Totalbetrachtung auch entsprechende Zahlungen gegenüber. Bei der Kostenrechnung existieren auch für den Werteverzehr sinnvolle Ansätze, denen entweder keine Zahlungen oder Zahlungen in anderer Höhe gegenüberstehen.

Ein Beispiel ist der Unternehmerlohn des Eigentümers eines Einzelunternehmens. Der Unternehmerlohn erscheint in der Finanzbuchhaltung eines Einzelunternehmens nicht, stellt jedoch im Sinne der Kostenrechnung einen Einsatz eines Produktionsfaktors dar und ist daher als Kostenposition zu berücksichtigen. Bilanzielle Abschreibungen sind mit Obergrenzen gesetzlich limitiert, dürfen nur auf die Anschaffungskosten bezogen werden und sind unter steuerpolitischen Gesichtspunkten anzusetzen. In der Kostenrechnung können Abschreibungen entsprechend des tatsächlichen Werteverzehrs von Gegenständen des Anlagevermögens vorgenommen und Wiederbeschaffungswerte als Basis herangezogen werden.

Die Ermittlung von Kosten und Leistungen bezieht sich im Wesentlichen nur auf die Prozesse der Leistungserstellung, die im Mittelpunkt der Analyse stehen. Alle übergeordneten, außerbetrieblichen Vorgänge und Einflussgrößen bleiben unberücksichtigt, sofern sie für die betriebliche Entscheidungsfindung und Kontrolle nicht von Belang sind.

4.3.8.2 Abgrenzung der Grundbegriffe der Kostenrechnung

Aus der Unterscheidung zwischen Betrieb (als dem technisch-produktionswirtschaftlichen Teilbereich) und dem Unternehmen insgesamt (als dem übergeordneten finanzwirtschaftlich-juristischen Bereich) resultieren die wesentlichen Unterschiede zwischen der Finanz- und Betriebsbuchhaltung sowie der begrifflichen Verwendung von **Aufwand und Kosten** bzw. **Ertrag und Leistung**.

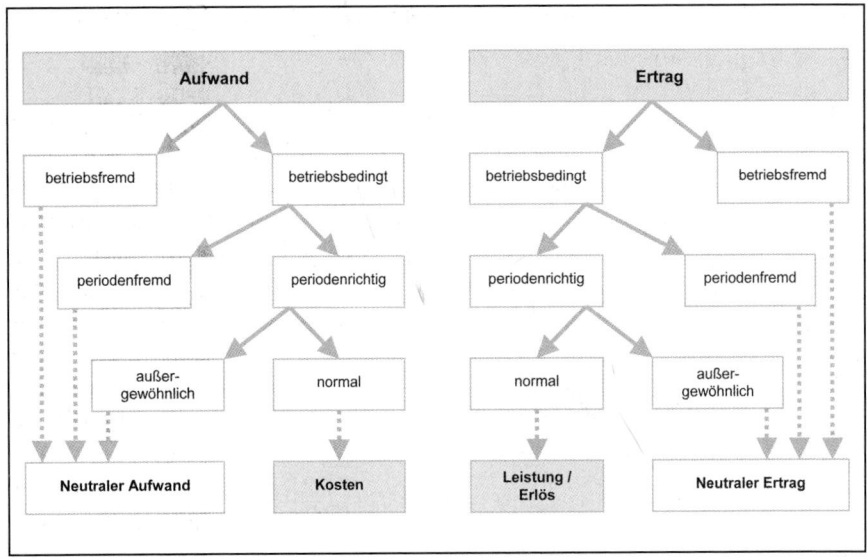

Abb. 4-34: Abgrenzung Aufwand / Kosten und Ertrag / Leistung

Die Analyse der Kosten und Leistungen soll die Entscheidungsfindung für Planung, Steuerung und Kontrolle des betrieblichen Produktionsprozesses unterstützen. Relevant für die Entscheidungen sind ausschließlich Größen, die in Zusammenhang mit dem betrieblichen Zweck stehen. Innerhalb der Kosten- und Leistungsrechnung wird deshalb nur der Werteverzehr berücksichtigt, der tatsächlich aus dem betrieblichen Leistungsverzehr resultiert. Betriebsfremde Aufwendungen, wie Abschreibungen auf Finanzanlagen oder Aufwendungen eines anderen Unternehmenszweiges bleiben außen vor. Entscheidungsrelevant sind außerdem nur Aufwendungen, die innerhalb der zu berücksichtigenden Periode angefallen sind. Werteverzehr aus den Vorjahren, der erst jetzt aufwandswirksam wird, und Steuernachzahlungen sind nicht den Kosten, sondern dem neutralen Aufwand zuzurechnen. Für die betriebliche Planung und Kalkulation von Produkten ist es nur sinnvoll, „normale" Werte anzusetzen. Würde man alle außergewöhnlich angefallenen Aufwendungen berücksichtigen, wie einmalige Reparaturen oder der Verkauf von Vermögensgegenständen mit einem Preis unter dem Buchwert, hätte dies eine Verfälschung der entscheidungsrelevanten Informationen zur Folge. Deshalb werden aus der Finanzbuchhaltung nur Aufwendungen als Kosten in die Betriebsbuchhaltung übernommen, die betriebsbedingt, periodenrichtig und nicht außergewöhnlich sind. Diese werden auch als **Zweckaufwand** bezeichnet, alle anderen Aufwendungen sind **neutraler Aufwand**.

Das gleiche gilt für die Erträge. **Neutrale Erträge**, d.h. betriebsfremde (z.B. Wertpapiergewinne), periodenfremde (z.B. unerwartete Zahlung bereits abgeschriebener Forderungen oder Steuerrückerstattungen) und außerordentliche Erträge (z.B. Verkaufserlöse bereits abgeschriebener Vermögensgegenstände) werden nicht als **Zweckerträge** in der Kosten- und Leistungsrechnung berücksichtigt. Die Zweckerträge lassen sich noch unterscheiden nach mit Kosten bewerteten innerbetrieblichen Leistungen oder nach mit Erlösen bewerteten Marktleistungen.

In vielen Positionen stimmen die Positionen der Finanz- und Betriebsbuchhaltung überein, beispielsweise bei den verarbeiteten Roh-, Hilfs- und Betriebsstoffen, Löhnen und Dienstleistungen. Man spricht in diesem Fall von den **Grundkosten**. Die Positionen der Finanz- und Betriebsbuchhaltung unterscheiden sich jedoch in drei Fällen.

Erstens, wenn neutrale (betriebsfremde, periodenfremde und außergewöhnliche) Zahlungsströme anfallen. Den **neutralen Aufwendungen** stehen dann keine Kosten gegenüber. Unterschiede resultieren zweitens, wenn unterschiedliche Bewertungsansätze über entstandenen Werteverzehr oder erbrachte Leistungen zum Ansatz kommen, wie bei der Abschreibung für Abnutzung. Dies geschieht in der Finanzbuchhaltung nach steuerlichen Gesichtspunkten und im Rahmen der gesetzlichen Regelungen. In der Kostenrechnung werden die tatsächlichen Wertminderungen bzw. die tatsächliche Nutzungsdauern angenommen, ebenso die Wiederbeschaffungskosten und nicht die Anschaffungskosten. Den Aufwendungen (z.B. bilanzieller Aufwand für Abschreibungen) stehen dann Kosten in anderer Höhe gegenüber (kostenrechnerische Abschreibungen), die sog. **aufwandsverschiedenen Kosten**.

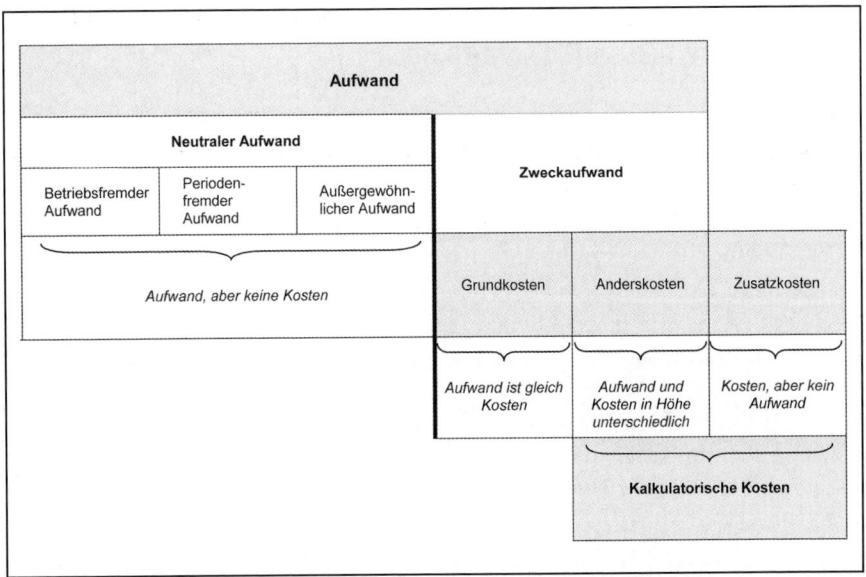

Abb. 4-35: Abgrenzung von Aufwand und Kosten (in Anlehnung an Haberstock, 1987)

Drittens gibt es entscheidungsrelevante Kosten, denen keine Aufwandspositionen gegenüber stehen. Dieses sind **Zusatzkosten**. Zusatzkosten berücksichtigen die Nutzung von Produktionsfaktoren, für die keine Zahlungsströme anfallen, die aber dennoch in den betrieblichen Leistungsprozess einfließen. Hierzu gehört die kalkulatorische Entlohnung der Familienarbeitskräfte oder Zinsen für das eingesetzte Eigenkapital. Dies sind genutzte Produktionsfaktoren, die für die Leistungserstellung notwendig sind, denen aber keine tatsächliche Entlohnung gegenübersteht. Würde man die Produktionsfaktoren „zukaufen", z.B. durch das Einstellen eines Mitarbeiters an Stelle der Familienarbeitskraft oder dem Einsatz von Fremdkapital an Stelle von Eigenkapital, stünden deren Nutzung konkrete Aufwendungen gegenüber. Für die Kalkulation der erstellten Leistungen und für die Wirtschaftlichkeitsanalyse des Betriebes ist es sinnvoll, diese Kosten zu berücksichtigen, auch wenn kein konkreter Aufwand gegenübersteht. Man spricht deshalb in diesem Zusammenhang von **kalkulatorischen Kosten**.

Nach der Übersicht über die wichtigsten Grundbegriffe der Kostenrechnung, deren Verständnis für die individuelle Gestaltung einer praktischen Betriebsbuchhaltung notwendig ist, werden in den nachfolgenden Kapiteln die Teilbereiche und die Systeme der Kostenrechnung erläutert.

4.3.8.3 Teilbereiche der Kostenrechnung und ihre Bedeutung für die betriebliche Praxis

Im Rahmen der unternehmerischen Kostenplanung ist von Belang, welche Kosten anfallen, in welchen Bereichen des Unternehmens sie entstehen und schließlich wie sie sich auf die Produkte bzw. Leistungen verteilen. Die Kostenrechnung gliedert sich dementsprechend ihn drei Teilbereiche (Haberstock, 1987).

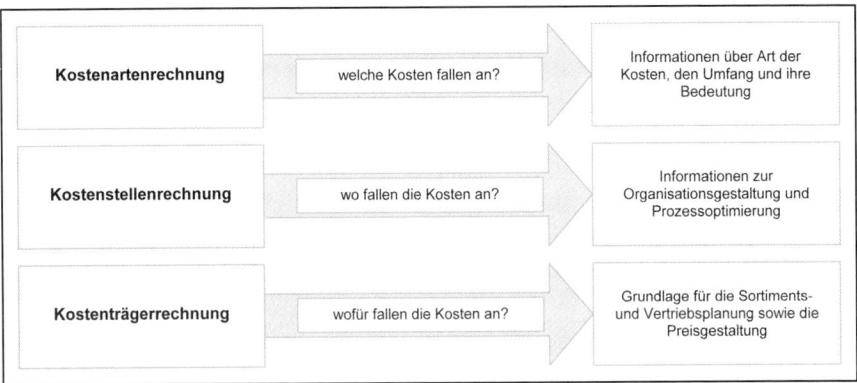

Abb. 4-36: Teilbereiche der Kostenrechnung

Die **Kostenartenrechnung** steht am Anfang der Kostenrechnung und stellt die Frage, welche Kosten in welcher Höhe angefallen sind, bzw. welche Kosten innerhalb eines Planungszeitraumes anfallen werden. Die Kenntnis über die relevanten Kostenarten ist Voraussetzung für deren Kontrolle und Steuerung im Rahmen der unternehmerischen Entscheidungen. Die **Kostenstellenrechnung** ist die Grundlage für eine Analyse nach dem Ort der Kostenentstehung. Die Kostenstellenrechnung ist Voraussetzung für die Wirtschaftlichkeitsanalyse von Betriebsbereichen und Produktionsprozessen. Eine Ermittlung von produktbezogenen Kosten (Stückkosten) wird erst möglich, wenn bekannt ist, welche Produktionsschritte und Betriebsbereiche in welchem Umfang zu den Selbstkosten beigetragen haben. Die Kostenstellenrechnung ist somit auch Basis für die **Kostenträgerrechnung**. Letztere dient dazu, für die erstellten Produkte bzw. Leistungen die stückbezogenen Kosten zu ermitteln (Kalkulation).

4.3.8.3.1 Die Kostenartenrechnung

Bei der Kostenartenrechnung handelt es sich im eigentlichen Sinne nicht um eine Rechnung, sondern um eine getrennte Erfassung von Kosten. Diese basiert auf den Daten der Finanzbuchhaltung, der Lohn- und Gehaltsabrechnung sowie der Material- und Anlagenabrechnung und korrigiert diese ggf. um neutrale und kalkulatorische Größen.

Eine **Einteilung der Kostenarten** (Haberstock, 1987) lässt sich vornehmen **nach den verbrauchten Produktionsfaktoren.** Hierunter fallen Personalkosten, Materialkosten- und Betriebsmittelkosten, Kapitalkosten und Dienstleistungskosten. Eine weitere Gliederungsmöglichkeit ist die **nach betrieblichen Funktionen.** Kosten werden dann geführt als Beschaffungs-, Produktions-, Vertriebs- und Verwaltungskosten. Eine tiefergehende Gliederung ist entsprechend der betrieblichen Struktur und Organisation z.B. nach Traubenerzeugungs-, Weinausbau-, Lager- und Füllkosten möglich.

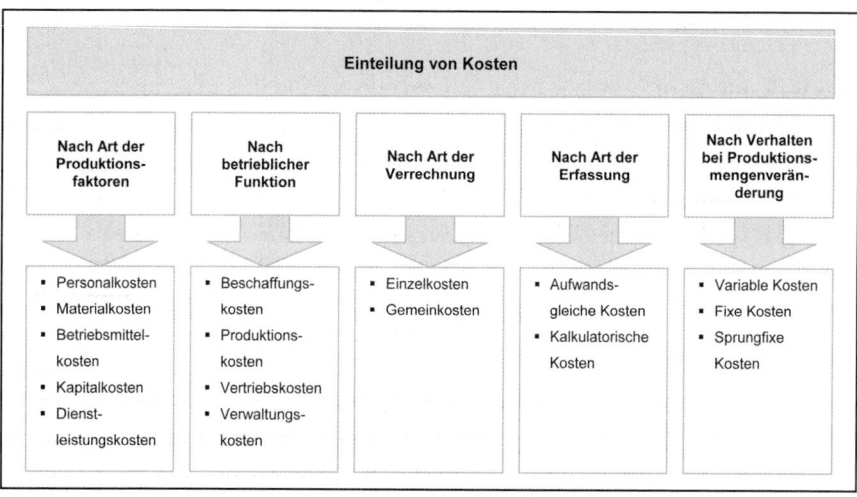

Abb. 4-37: Einteilungsmöglichkeiten von Kosten

Kosten lassen sich auch **nach Art ihrer Verrechnung** in Einzelkosten (direkte Kosten) und Gemeinkosten (indirekte Kosten) unterteilen. Einzelkosten lassen sich direkt einem Produkt bzw. einer Leistung zurechnen, d.h. sie gehen unmittelbar in die Kalkulation eines Produktes ein. Hierzu gehören beispielsweise die Einzelmaterialkosten (Flasche, Verschluss, Ausstattung, Verpackung etc.). Gemeinkosten kann man hingegen nicht oder nur schwer direkt zurechnen, weil sie nicht von einem Kostenträger alleine verursacht werden, sondern einem Betriebsbereich (einer Kostenstelle) zugeordnet werden müssen. Gemeinkosten können im Rahmen der Kalkulation nur mit einem geeigneten Umlage-System auf die Kostenstellen und schließlich auf die Kostenträger verteilt werden. Zu den Gemeinkosten zählen z.b. Energie- und Raumkosten, Gehälter der Führungskräfte und Versicherungen. Von unechten Gemeinkosten wird gesprochen, wenn Kosten zwar direkt zurechenbar wären, dies jedoch, z.b. bei Kleinmaterial, Betriebs- und Hilfsstoffen, im Hinblick auf eine einfachere Abrechnung unterbleibt und eine Umlage auf alle Produkte erfolgt.

Eine weitere Einteilung der Kosten ist **nach Art der Kostenerfassung** möglich. Man unterscheidet zwischen aufwandsgleichen und kalkulatorischen Kosten. Zu den kalkulatorischen Kostenarten zählen neben den kalkulatorischen Unternehmerlöhnen die kalkulatorischen Zinsen, die kalkulatorische Miete, die kalkulatorischen Wagnisse sowie die kalkulatorischen Abschreibungen.

Das im Unternehmen eingesetzte Kapital entspricht einem Werteverzehr, weil mit einer alternativen Anlage Zinserträge zu realisieren wären. Diesen durch eine alternative Anlage entgangenen Nutzen bezeichnet man als Opportunitätskosten. Zur Ermittlung der tatsächlich relevanten Kosten wird das gesamte gebundene betriebsnotwendige Kapital kalkulatorisch verzinst. Das gesamte Anlage- und Umlaufvermögen wird um die nicht betriebsnotwendigen Positionen (z.b. nichtgenutzte Grundstücke, Wertpapiere ohne Bezug zum Unternehmen, stillgelegte Gebäude etc.) bereinigt und mit einem kalkulatorischen Zinssatz multipliziert, der sich an den langfristigen Kapitalmarktzins anlehnen kann. Als Wertansatz für das zu verzinsende Umlaufvermögen sind die durchschnittlich innerhalb des Betrachtungszeitraumes gebundenen Beträge anzusetzen. Der Wertansatz für das Anlagevermögen kann sich entweder auf die kalkulatorischen Restwerte der Abrechnungsperiode (Restwertverzinsung), oder auf den durchschnittlich während der gesamten Nutzungsdauer gebundenen Wert beziehen (Durchschnittsmethode).

Für die kalkulatorische Miete gilt der gleiche Grundsatz. Werden private Räume durch den Eigentümer für betriebliche Zwecke zur Verfügung gestellt, verzichtet er auf eine alternative Nutzung in Form einer Vermietung. Dies ist ein Werteverzehr, der kostenrechnerisch berücksichtigt werden muss.

Kalkulatorische Wagnisse beziehen sich nicht auf das allgemeine Unternehmerrisiko, das durch den Gewinn abgegolten wird, sondern auf Einzelwagnisse, wie Vertriebs-, Bestands- und Produktionswagnisse. Hier werden durchschnittlich zu akzeptierende Forderungs- oder Währungsverluste bzw. Lager- und Produktionsverluste kalkulatorisch berücksichtigt. Ausgenommen sind Wagnisse, die durch Fremdversicherung abgedeckt sind.

Sehr bedeutend ist der Unterscheidung nach dem **Verhalten der Kosten bei Änderung der Ausbringungs- bzw. Produktionsmenge** (Beschäftigung). Entsprechend des Verlaufs von Gesamtkosten in Abhängigkeit von der Produktionsmenge kann man variable, fixe und sprungfixe Kosten unterscheiden.

Variable Kosten verändern sich entsprechend der Produktionsmenge in einem proportionalen, degressiven oder progressiven Verhältnis. Sie verlaufen mit steigender Ausbringungsmenge entweder linear (z.b. Akkordlöhne), unterproportional (z.b. Materialkosten bei größeren Abnahmemengen) oder überproportional (z.b. Energiekosten bei Überbeanspruchung einer Maschine). Die variablen Kosten sind für die Unternehmensführung von zentraler Bedeutung. Sie sind unmittelbar an die Produktion gebunden und können durch Entscheidungen über die herzustellenden Produkte, Mengen und Qualitäten sowie ihrer Vermarktung direkt beeinflusst werden. Variable Kosten sind v.a. für kurzfristige Entscheidungen der Unternehmensführung in hohem Maße relevant.

Fixe Kosten fallen unabhängig von der Ausbringungsmenge an (z.B. Gehälter, Versicherungen, Mieten, Abschreibungen). Die fixen Gesamtkosten verändern sich innerhalb einer Planungsperiode nicht. Sie werden innerhalb des Betrachtungszeitraumes nicht durch betriebliche Entscheidungen verändert. Bestehende Produktionseinrichtungen wie Maschinen und Gebäude, aber auch Gehälter und Löhne festangestellter Mitarbeiter sind nicht kurzfristig zu beeinflussen. Der Einsatz vieler Produktionsfaktoren wird längerfristig geplant. Fixe Kosten sind deshalb für kurzfristige unternehmerische Entscheidungen weniger relevant. Die Unternehmensplanung muss sicherstellen, dass langfristig auch der Block der fixen Kosten durch Leistungen bzw. Erlöse gedeckt wird.

Der Verlauf der **sprungfixen Kosten** ist typisch, wenn es bei Kapazitätserweiterungen zu einem sprunghaften Anstieg der fixen Kosten kommt, die dann wiederum bis zum nächsten Entwicklungsschritt konstant bleiben. Beispielsweise benötigt ein Außenbetrieb für die Bewirtschaftung von 8 bis 10 ha ERF nur einen Schlepper. Ein Wachstum der ERF auf 12 ha ändert daran noch nichts. Eine weitere Flächenerweiterung macht schließlich die Anschaffung eines weiteren Schleppers notwendig. Die mit der Anschaffung einhergehenden fixen Kosten steigen bei diesem Entwicklungsschritt an und bleiben unabhängig von der Nutzung der beiden Schlepper weitgehend auf gleichem Niveau.

Betriebswirtschaftlich interessant sind nicht alleine die Entwicklung der Gesamtkostenverläufe, sondern zusätzlich die Kosten bezogen auf eine Produktionseinheit (Durchschnittskosten bzw. durchschnittliche Stückkosten). Proportionale (variable) Kosten sind bezogen auf eine Produktionseinheit konstant. Fixe Kosten dagegen verteilen sich mit zunehmender Ausbringungsmenge auf eine größer werdende Zahl von Produktionseinheiten. Man spricht in diesem Zusammenhang von der **Fixkostendegression**, die einer der wesentlichen Aspekte im Hinblick auf das Wachstum von Unternehmen ist. Ein Großteil der Betriebseinrichtungen (Maschinen, Gebäude, Grundstücke) sowie die Betriebsleiter sind auch für ein kleines Unternehmen in einem Mindestumfang notwendig, der sich zunächst bei wachsender Produktionsmenge nicht ändert. So kann ein 8-ha-Betrieb weitgehend die gleichen fixen Kosten haben wie ein 12-ha-Betrieb. Diese verteilen sich jedoch im größeren Unternehmen auf eine größere produzierte Menge und führen bei gleichen mengenabhängigen variablen Kosten zu deutlich geringeren gesamten Stückkosten.

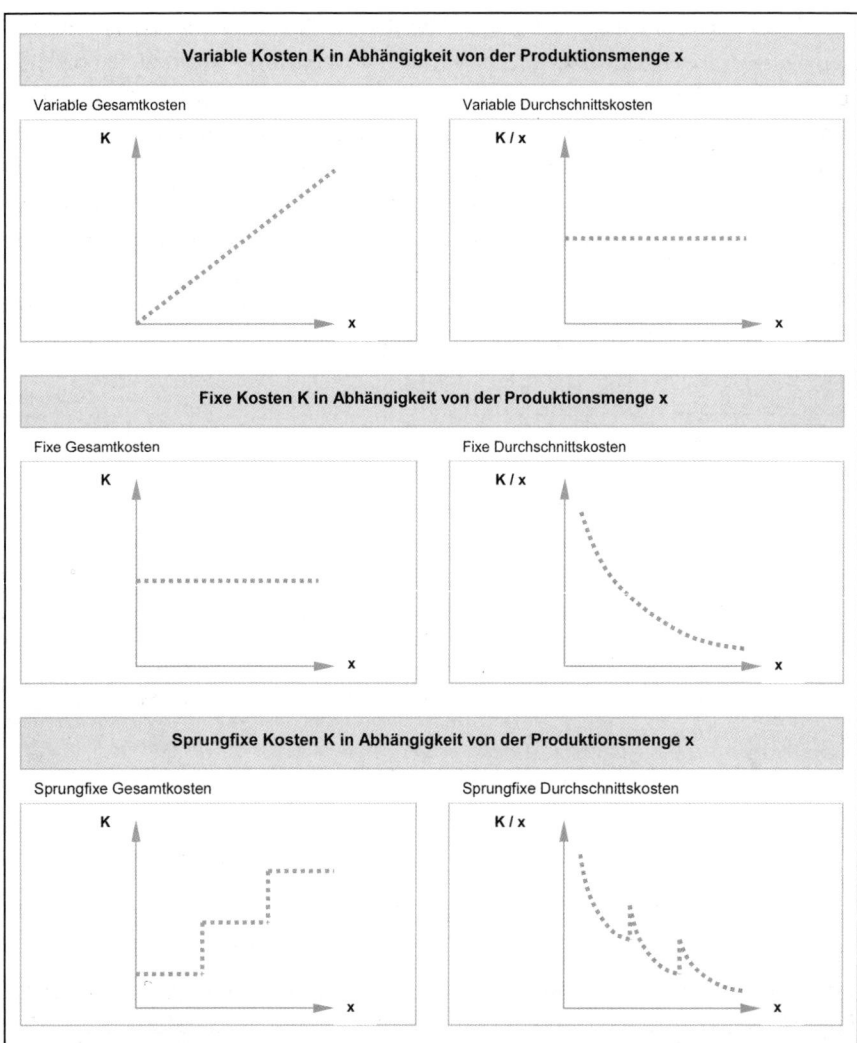

Abb. 4-38: Produktionsmengenabhängiger Verlauf von Kosten

Fixkostendegression setzt allerdings voraus, dass die fixen Kosten tatsächlich mengen- bzw. größenunabhängig sind. Dies ist der Fall, solange eine Erhöhung der Produktionsmenge ohne Kapazitätserweiterungen realisiert werden kann. Eine Flächen- und Produktionserweiterung von beispielsweise 8 ha auf 12 ha ist i.d.R. ohne zusätzliche maschinelle Ausstattung möglich. Bei weiterem Wachstum werden zu einem bestimmten Zeitpunkt ein weiterer Schlepper, eine Hallenerweiterung, zusätzliche Tankkapazität oder eine zusätzliche fest angestellte Arbeitskraft notwendig. Diese Kapazitätserhöhung führt zu einer sprunghaften Erhöhung der fixen Kosten. Besonders deutlich können diese „Sprünge" ausfallen, wenn die Grenze des typischen Familienbetriebes mit max. ein bis zwei Fremdarbeitskräften überschritten wird. Die Kapazitätserhöhung kann bis zu einer gewissen Grenze durch die überdurchschnittliche Leistung und Arbeitseffizienz der Familienarbeitskräfte ausgeglichen werden. Dies führt – insbesondere wenn die Familienarbeitsleistung nicht durch angemessene kalkulatorische Löhne bewertet wird – zu einer starken Fixkostendegression. Der Bedarf mehrerer festangestellter Fremdarbeitskräfte führt dann zu dem erläuterten sprunghaften Anstieg der fixen Lohnkosten.

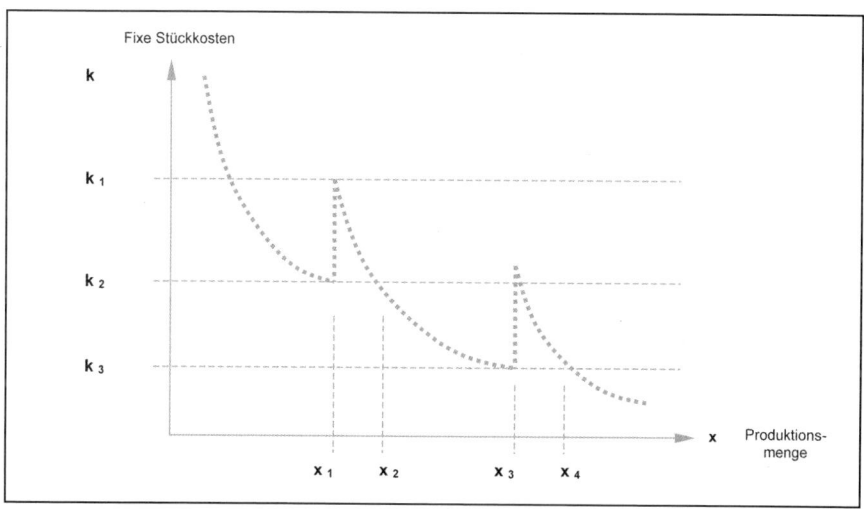

Abb. 4-39: Sprungfixe Stückkosten am Beispiel einer Kapazitätserweiterung

Abbildung 4-39 veranschaulicht den Verlauf der fixen Kosten im Zuge von Kapazitätserweiterungen. Im dargestellten Beispiel wird die Kapazität bei Erreichen einer Menge von x_1 erhöht. Die fixen Stückkosten steigen sprunghaft von einem Niveau k_2 auf von k_1 an. Erst ab einer Produktionsmenge von x_2 sinken die Stückkosten unter das mit der Menge x_1 erreichte Niveau. Die Kapazitätserweiterung im dargestellten Umfang macht aus Sicht der Stückkostendegression nur dann Sinn, wenn eine Menge zwischen x_2 und x_3 oder über x_4 produziert wird.

Ein praktisches und vergleichsweise einfach zu handhabendes Instrument zur Planung der Kosten ist die Darstellung und Planung von Kostenarten in einem kumulierten Kostenplan. Die **kumulierte Kostenplanung** ist das der kumulierten Umsatzplanung analoge Instrument zur **komprimierten Übersicht über die Kostensituation** eines Unternehmens. Die wichtigsten Kostenarten werden für das gesamte Unternehmen (oder differenziert nach Unternehmensbereichen) ausgehend von den zuletzt tatsächlich realisierten Kosten für den Planungszeitraum dargestellt. Auch die Kostenplanung soll als rollierende Planung jeweils am Ende eines Planungsabschnittes (Geschäftsjahres) aktualisiert werden, oder immer dann, wenn neue Informationen zur Kostenentwicklung eine vorzeitige Anpassung sinnvoll erscheinen lassen.

Die Werte aus der kumulierten Umsatzplanung sind **Orientierungswerte**, deren Genauigkeit nicht im Mittelpunkt steht, sondern die Plausibilität der Größenordnungen. Um die Wirkung zu erwartender Einfluss- bzw. Störgrößen abschätzen zu können, bietet sich bei der Kostenübersicht die Analyse unterschiedlicher Szenarien an. Die kumulierte Kostenplanung ist schließlich auch die **Datengrundlage**, die in den Businessplan **für die globale Unternehmensplanung** einfließt.

Bei der **Gliederung** der kumulierten Kostenplanung ist eine Aufteilung der Kosten nach ihrer Zuordenbarkeit zu den erstellten Leistungen vorzunehmen. Damit wird unterschieden zwischen Kosten, die einer aktiven Beeinflussbarkeit unterliegen und solchen, die kurzfristig eher fixen Charakter haben. Der erste Teil der kumulierten Kostenplanung umfasst Hauptkostengruppen, die tendenziell den Charakter von direkt zurechenbaren Kosten haben, wie die Material- und die Vertriebskosten. Der zweite Teil beinhaltet Personalkosten und sonstige Kosten mit Gemeinkostencharakter, wie Fremdkapitalzinsen, Energiekosten, Mieten, Gebühren und Abgaben sowie Abschreibungen.

Die Kostenplanung lässt damit eine Beurteilung der globalen Erfolgswirkung der geplanten Kosten zu. Es können zeitliche Entwicklungen einzelner Kostengruppen beurteilt werden und es wird, wenn auch nur auf sehr aggregiertem Niveau, eine Berechnung des Anteils variabler und fixer Kosten möglich.

Kumulierter kurzfristiger Kostenplan

Monat		Jan		Feb		Mär		April		Mai		Jun		Jul		Aug		Sep		Okt		Nov		Dez	
€ des Monats	€ des Jahres kumuliert	€	Σ	€	Σ	€	Σ	€	Σ	€	Σ	€	Σ	€	Σ	€	Σ	€	Σ	€	Σ	€	Σ	€	Σ
Materialkosten ges.																									
Mat. Weinbau																									
Mat. Keller																									
Mat. Sonstiges																									
Vertriebskosten																									
Kundenskonti																									
Provisionen																									
Verpackung																									
Fracht																									
Personalkosten																									
Gehälter																									
Löhne																									
Aushilfen																									
Sozialleistungen																									
Übrige Kosten																									
Fremdkapitalzinsen																									
Energie																									
Instandhaltung																									
Miete																									
Versicherung/Abgaben																									
Sonst. Gemeinkosten																									
Abschreibungen																									
Kosten gesamt																									

Abb. 4-40: Struktur eines kurzfristigen kumulierten Kostenplans

Langfristige Kostenplanung für die Jahre 02 bis 05 (in TEUR)

Produktgruppe		Ist 01		Soll 02			Soll 03			Soll 04			Soll 05		
		€	%	€	% von gesamt	% Kosten Vorjahr	€	% von gesamt	% Kosten Vorjahr	€	% von gesamt	% Kosten Vorjahr	€	% von gesamt	% Kosten Vorjahr
Kostenposition															
...															

Abb. 4-41: Struktur einer langfristigen Kostenplanung

Ein ebenfalls auf der Kostenartenanalyse aufbauendes Kontroll- und Planungsinstrument ist die Gewinnschwellen- oder **Break-Even-Point-Analyse**. Mit ihr wird die Mengen-Preis-Kombination ermittelt, bei der das Unternehmen erstmals Gewinn erzielt. Es gilt die Produktmenge zu bestimmen, die ein Unternehmen bei einem angenommenen Stück-Preis absetzen muss, damit die gesamten Kosten (variable und fixe Kosten) gedeckt werden.

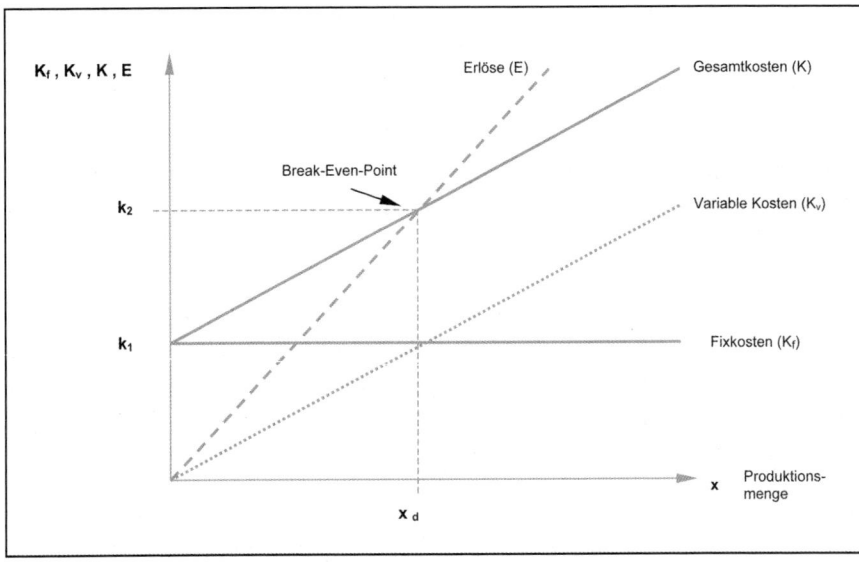

Abb. 4-42: Grafische Ermittlung des Break-Even-Point

Grafisch lässt sich der **Break-Even-Point** als Schnittpunkt der Erlöse und der Gesamtkosten ermitteln. Die Gesamtkosten K setzen sich aus den fixen Kosten Kf, die über den Betrachtungszeitraum konstant bleiben, und den variablen Kosten Kv zusammen. Die variablen Kosten wachsen proportional zur Produktionsmenge. Die Gewinnschwelle ist erreicht, wenn die Erlöse E der abgesetzten Menge xd die Gesamtkosten erreichen.

Rechnerisch wird der Break-Even-Point erreicht, wenn die Summe der Stückdeckungsbeiträge (Stückerlös p – variable Stückkosten k_v) den gesamten fixen Kosten entsprechen. Jedes weitere abgesetzte Produkt trägt dann mit seinem Deckungsbeitrag zum Gewinn des Unternehmens bei.

$$x_{BEP} \cdot (p - k_v) = K_f$$

$$x_{BEP} = \frac{K_f}{p - k_v}$$

x_{BEP} = Break-Even-Absatzmenge
K_f = Fixkosten der Periode
k_v = (proportionale) variable Stückkosten
p = Erlös pro Stück

Abb. 4-43: Rechnerische Ermittlung des Break-Even-Point

Der dargestellte Zusammenhang geht von einigen **Prämissen** aus, die zunächst gegen eine praktische Anwendung der Gewinnschwellenanalyse sprechen. Beispielsweise setzt diese Rechnung ein Ein-Produkt-Unternehmen voraus, es sei denn, alle Produkte hätten gleiche Deckungsbeiträge. Zum weiteren wird von fest vorgegebenen Kapazitäten, Preisen und variablen Kosten für den Betrachtungszeitraum ausgegangen. Es wird angenommen, dass die Deckungsbeiträge keinen Schwankungen unterliegen und die fixen Kosten von der Produktionsmenge vollständig unabhängig sind. Sprungfixe Kosten berücksichtigt diese Rechnung nicht.

Bei allen Schwächen dieses Verfahrens, lässt es sich dennoch für die **Gewinnung praktisch relevanter Informationen** einsetzen. In der Praxis ist eine produktbezogene Gewinnbeitragsrechnung so vielen Unwägbarkeiten unterworfen, dass es für die Unternehmenssteuerung ausreicht, wenn die Deckungsbeiträge bzw. Gewinnschwellen für Produktbereiche oder Produktgruppen näherungsweise bestimmt werden. Auch verlaufen Kosten und Erlöse nicht strikt linear. Dem ist zu begegnen, indem man für die Kostenverläufe innerhalb der Break-Even-Point-Analyse geplante Schwankungsintervalle definiert und diese Planvorgaben zur Kontrolle der tatsächlichen Entwicklung heranzieht (Reichmann, 2001).

Abb. 4-44 zeigt ein Beispiel, in dem der Break-Even-Point in den Monaten Juli oder August erreicht wird. Für die prognostizierten fixen und gesamten Kosten wurde jeweils ein Korridor definiert, der die Zielplanungen absteckt und die nicht absehbaren Schwankungen berücksichtigt. Mit einer solchen Vorschau sind neben einer Gewinnschwellabschätzung starke Abweichungen von den Sollwerten deutlich erkennbar und es ermöglicht den Entscheidungsträgern, frühzeitig auf Kosten- bzw. Erlösabweichungen zu reagieren. Ein weiteres Anwendungsgebiet der Break-Even-Point-Analyse ist die Beurteilung von Konzepten zur Einführung neuer Produkte, wenn im Vorfeld eine Produkt- bzw. Produktgruppenanalyse hinsichtlich der Erreichbarkeit der Gewinnschwelle durchgeführt wird. Gleiches gilt auch für die Gründung eines neuen Unternehmens, dem Aufbau einer Zweigniederlassung, der Investition in einen neuen Absatzmarkt oder einen neuen Betriebsbereich (z.B. Vinothek). Schließlich unterstützt die Gewinnschwellenanalyse in Situationen des Umsatzrückgangs die Entscheidungen zur Kosten- und Preisanpassung im Hinblick auf die Vermeidung von Verlusten.

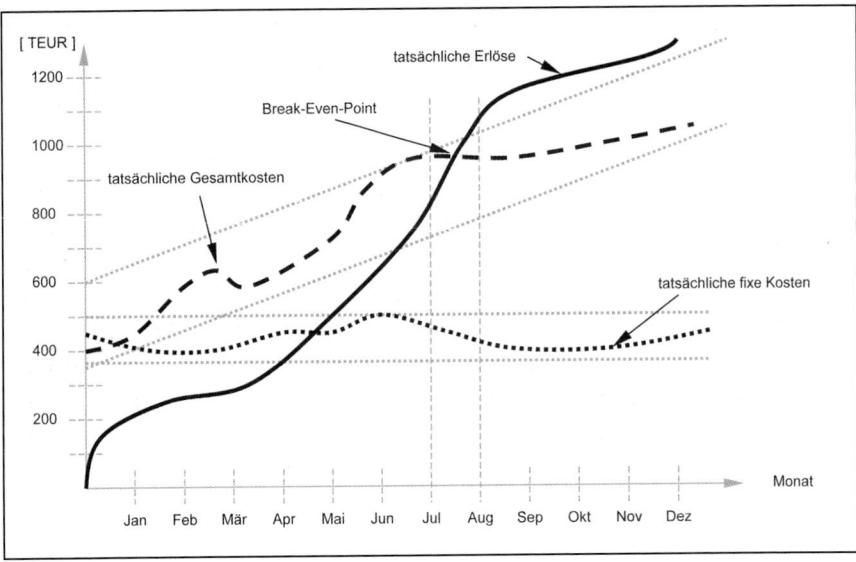

Abb. 4-44: Näherungsweise Planung und Kontrolle der Gewinnschwelle

4.3.8.3.2   Die Kostenstellenrechnung

Um ein Unternehmen zielorientiert und kontrolliert führen zu können, sind Informationen über den effizienten Einsatz der Produktionsfaktoren notwendig. Eine für die Unternehmensführung sehr relevante Informationsquelle ist die Kostenstellenrechnung.

Deren **Aufgabe** ist es, zum einen die **Wirtschaftlichkeit** direkt an den Stellen zu kontrollieren, die für den Einsatz der Produktionsfaktoren und die Kostenentstehung verantwortlich sind und diese beeinflussen können. Nur wenn bekannt ist, durch welche Prozesse die Kosten entstehen, kann die Organisation und Prozessgestaltung aktiv optimiert werden. Die Kontrolle der Wirtschaftlichkeit ist der eigenständige Bereich der Kostenstellenrechnung.

Zum anderen verbessert eine nach Kostenstellen gegliederte Kostenanalyse die **Aussagefähigkeit der Kalkulation.** In diesem Punkt dient die Kostenstellenrechnung der Vorbereitung für die Kostenträgerrechnung. Die kalkulierten Kosten eines Produktes setzen sich aus den direkt jedem Produkt zurechenbaren Einzelkosten und aus den an unterschiedlichen Stellen im Herstellungsprozess entstehenden Gemeinkosten zusammen. Die Herstellung unterschiedlicher Produkte bzw. Produktlinien beansprucht die Unternehmensbereiche und -funktionen i.d.R. nicht in gleichem Umfang. Sollen z.B. die Selbstkosten eines Weines kalkuliert werden, muss eine Kostenanalyse trennen können zwischen Kosten der Traubenerzeugung, des Weinausbaus, der Füllung, Ausstattung und Lagerung und schließlich des Vertriebs. Ohne Aufspaltung der Kosten nach dem Ort ihrer Entstehung ist weder eine Optimierung der Herstellungsprozesse noch eine Kalkulation der Produkte möglich. Ohne Zurechnung der Kosten zu unterschiedlichen Bereichen ihrer Verursachung ist eine differenzierte Betrachtung der Produkte nicht oder nur unzureichend möglich. Die Kalkulation muss sich in diesem Fall auf eine mehr oder weniger pauschale Verteilung der gesamten Gemeinkosten auf die produzierten Mengen beschränken. Dies liefert jedoch keine entscheidungsrelevanten Informationen, z.B. über den Erfolgsbeitrag einzelner Produktlinien.

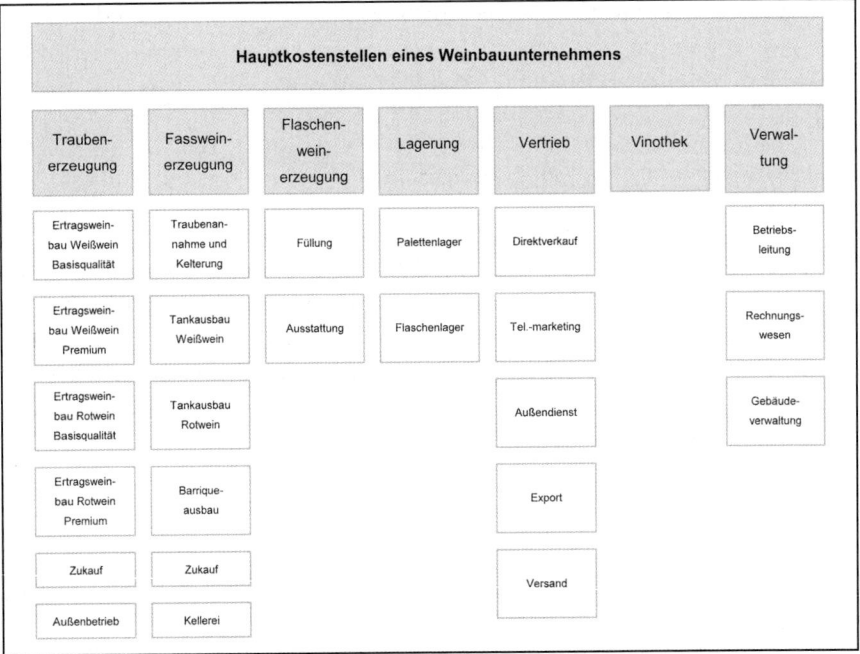

Abb. 4-45: Gliederungsmöglichkeiten von Hauptkostenstellen in Weinbauunternehmen

Voraussetzung für den Aufbau einer Kostenstellenrechnung ist die Gliederung des Betriebes in sinnvolle Kostenstellen. Dies sind betriebliche Teilbereiche, die kostenrechnerisch weitgehend selbständig abgerechnet werden können. Um diese getrennte Abrechnung zu gewährleisten, müssen bestimmte Grundsätze der **Kostenstellendefinition** berücksichtigt werden.

• Kostenstellen müssen die Kostenverursachung verantworten und auch kontrollieren können. Sie sind deshalb entsprechend der Verantwortungsbereiche erstens so abzugrenzen, dass Kompetenzüberschneidung vermieden und im Idealfall eine räumliche Einheit gebildet werden kann. Für den Weinbaubetrieb bietet sich je nach Größe eine Einteilung an in unterschiedliche Außenbetriebe, Weinbergseinheiten, einen getrennten Bereich für Weißwein- und Rotweinausbau, für die Füllung, Lagerung, den Vertrieb und andere organisatorische und funktionale Einheiten.

• Zusätzlich soll sich die Kostenentstehung an den jeweiligen Kostenstellen anhand einer möglichst genauen Maßgröße zurechnen lassen. In der

Traubenproduktion etwa die geerntete Menge, im Weinausbau die verarbeitete Menge und im Vertrieb die abgesetzte Flaschenzahl.

- Im Interesse einer wirtschaftlichen Kostenrechnung ist darauf zu achten, dass im Zuge der buchhalterischen Erfassung die Kontierung möglichst einfach und eindeutig den jeweiligen Kostenstellen entsprechend erfolgen kann.

Die genannten Grundsätze der Kostenstellengliederung sind in der Praxis nicht immer einzuhalten. Dennoch ist im Interesse einer realistischen Kostenermittlung, das Augenmerk auf die sinnvolle Gestaltung der Kostenstellen zu richten. Es erweist sich als vorteilhaft, von einer zu differenzierten Gliederung abzusehen und statt dessen die relevanten Kosten nach Bereichen mit großer Sorgfalt zu erfassen. Selbst in großen Betriebseinheiten kann man sich auf eine vergleichsweise kleine Zahl von Kostenstellen beschränken.

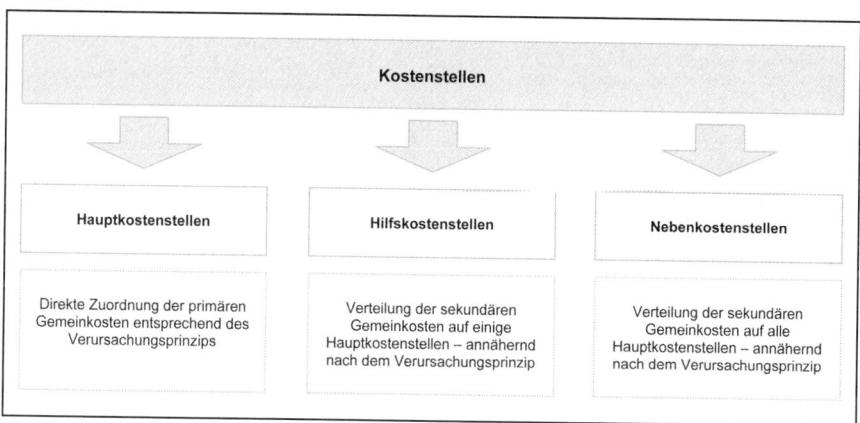

Abb. 4-46: Arten von Kostenstellen

Kostenstellen lassen sich nach Hauptkostenstellen, Hilfskostenstellen und Nebenkostenstellen gliedern. **Hauptkostenstellen** (Endkostenstellen) sind unmittelbarer Bestandteil der Fertigung absatzbestimmter Produkte. Hier werden alle (Gemein-) Kosten erfasst, die der Stelle direkt zurechenbar sind (**primäre Gemeinkosten**) und in der Kostenträgerrechnung auf die Kostenträger verteilt werden. Beispielsweise sind Aushilfslöhne für Lesehelfer direkt dem Bereich Traubenerzeugung zuzuordnen. Über **Hilfskostenstellen** (oder Vorkostenstellen) werden alle Kosten verrechnet, die nicht direkt einer Hauptkostenstelle zuzuordnen sind (**sekundäre Gemeinkosten**), weil sie aus bereichsübergreifenden oder den gesamten Betrieb unterstützenden Funktionen resultieren, wie Energiekosten oder das Gehalt des Betriebsleiters. Diese Kosten werden in einem weiteren Schritt auf einzelne oder alle Hauptkostenstellen verteilt. Werden Hilfskostenstellen auf alle anderen Kostenstellen verteilt, nennt man sie auch **Nebenkostenstellen**. Der Verteilungsschlüssel richtet sich nach der Inanspruchnahme der in den Hilfsstellen erfassten Kosten durch die Hauptkostenstellen. Das Betriebsleitergehalt wird z.B. entsprechend des zeitlichen Einsatzes des Betriebsleiters in den unterschiedlichen Betriebsbereichen verteilt. Eine exakte Zuordnung ist in diesem Fall nur möglich, wenn eine nach Aufgabenbereichen getrennte Arbeitszeiterfassung geführt wird. Im Normalfall ist man in vielen Fällen der Kostenzurechnung auf Schätzungen angewiesen. Die Aussagefähigkeit der Kalkulation hängt ganz entscheidend davon ab, wie realistisch diese Aufschlüsselung der Hilfskostenstellen vorgenommen wird.

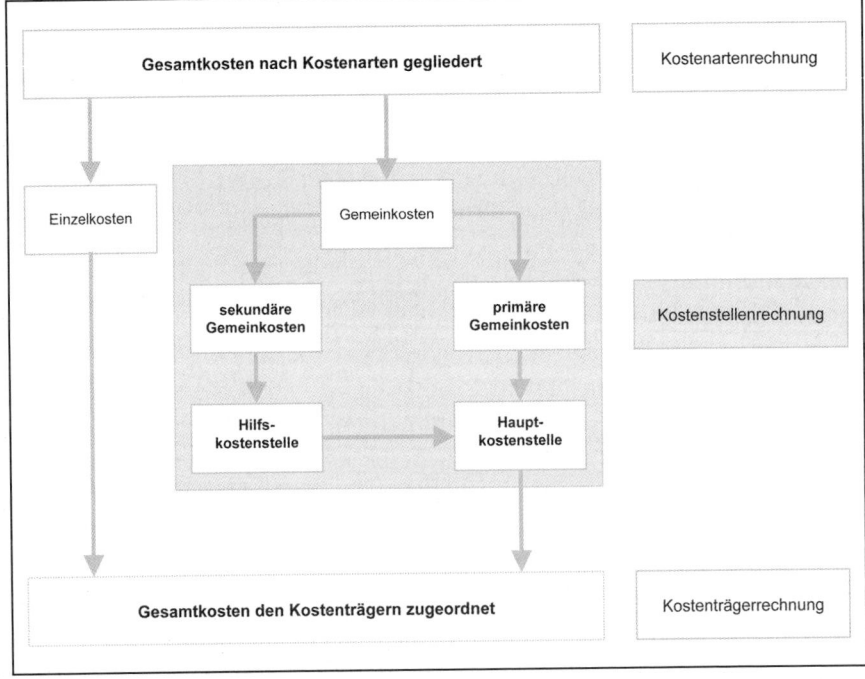

Abb. 4-47: Die Verrechnung der Kosten innerhalb der Teilbereiche der Kostenrechnung (verändert nach Haberstock, 1987)

Innerhalb der Kostenstellenrechnung sind drei Verrechnungsschritte zusammengefasst. Dies geschieht im sog. **Betriebsabrechnungsbogen (BAB)** (vgl. Abb. 4-48). Im ersten Schritt werden alle den Kostenstellen direkt zurechenbaren (primären) Gemeinkosten nach dem Verursachungsprinzip den Hauptkostenstellen zugeordnet. Alle nicht unmittelbar zuordenbaren (sekundären) Gemeinkosten werden in Hilfs- bzw. Nebenkostenstellen erfasst. Im zweiten Schritt – der innerbetrieblichen Leistungsverrechnung – werden diese sekundären Gemeinkosten mit Hilfe von Verteilungsschlüsseln auf die Hauptkostenstellen umgelegt. Der Verteilungsschlüssel orientiert sich– zumindest näherungsweise – am Verursachungsprinzip. Der dritte Schritt ist die Berechnung von Kalkulationssätzen. Diese sind notwendig, um die gesamten Gemeinkosten der Hauptkostenstellen bei der Stückkostenermittlung (Kalkulation) in dem Umfang auf die Kostenträger zu verteilen, wie sie beim Durchlauf durch die Kostenstellen im Zuge der Herstellung und des Vertriebs angefallen sind. Die Einzelkosten werden im Rahmen der Kalkulation (Kostenträgerrechnung) direkt den Kostenträgern zugerechnet.

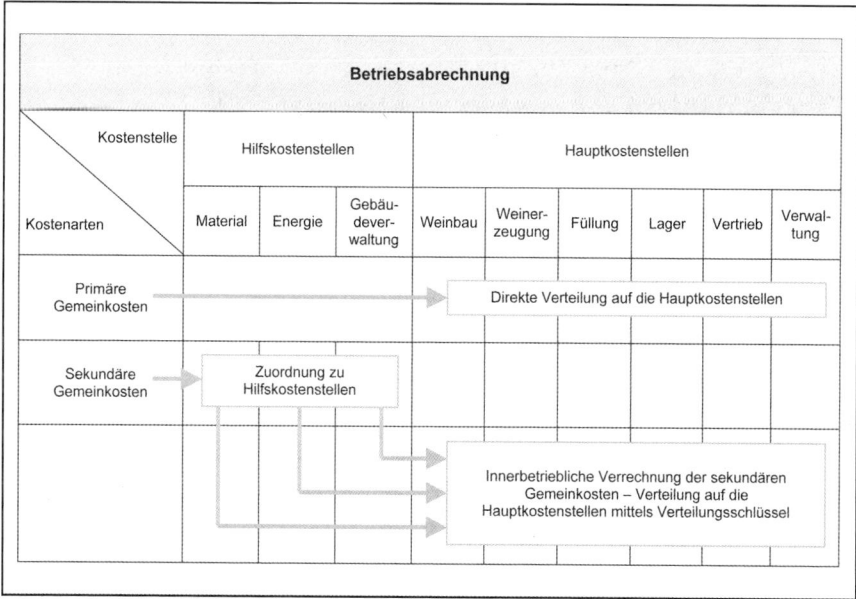

Abb. 4-48: Arbeitsschritte innerhalb der Betriebsabrechnung

Betriebsabrechnung (in TEUR)

Wirtschaftsjahr 01/02 01.07.01 - 30.06.02	Spalte 1 Gesamtkosten (Summe Spalte 2 und 3)	Spalte 2 Gemeinkosten	Spalte 3 Einzelkosten (Summe Spalte 4 bis 8)	Hauptkostenstellen				
				Spalte 4 Ertrags-weinberg	Spalte 5 Kelterung und Fasswein	Spalte 6 Füllung	Spalte 7 Vertrieb	Spalte 8 Verwal-tung
Kapitalkosten	85,1	17	68,1	31	22	5	8	2,1
davon Zinsanspruch	28,2	8	20,2	11	6	2	1	0,2
davon Abschreibungen	56,9	9	47,9	20	16	3	7	1,9
Arbeitskosten	161	4	157	65	12	20	56	4
Fixe Arbeitskosten	121,5	4	117,5	30	11	19	55	2,5
Variable Arbeitskosten	39,5	0	39,5	35	1	1	1	1,5
Materialkosten	136,7	3	133,7	13	20	75	25	0,7
Unterhaltungskosten	20,2	9	11,2	9	1	0	1	0,2
Sonstige Kosten	47	32	15	2	0	0	0	13
Variable sonstige Kosten	15	12	3	2	0	0	0	1
Fixe sonstige Kosten	32	20	12	0	0	0	0	12
Gesamtkosten des Betriebes	450	65	385	120	55	100	90	20
Umverteilung der Gemeinkosten				19,5	9,75	16,25	16,25	3,25
Prozentuale Verteilung der GK				30 %	15 %	25 %	25 %	5 %
Gesamtkosten ohne Zinsanspruch	450			139,5	64,75	116,25	106,25	23,25

Abb. 4-49: Beispiel einer vereinfachten Betriebsabrechnung

Zusammenfassend ist festzuhalten, dass die Kostenstellenrechnung zwei Aufgabenbereiche umfasst. Der erste ist, die Wirtschaftlichkeitsanalyse der kostenrechnerisch getrennt erfassten Betriebsbereiche (bzw. Kostenstellen) zu ermöglichen und die Grundlage für eine zielorientierte Prozess- und Betriebssteuerung zu schaffen.

Der zweite ist es, die Ausgangsbasis für die nachfolgend dargestellte Kostenträgerrechnung (Kalkulation) herzustellen. Produkte oder Produktlinien nehmen verschiedene Prozesse mit unterschiedlicher Intensität in Anspruch. Zur Kalkulation der Kosten und des Erfolgsbeitrages von Produkten muss bekannt sein, in welchen Bereichen die Kosten für deren Herstellung angefallen sind.

4.3.8.3.3 Die Kostenträgerrechnung und Deckungsbeitragsrechnung

Kostenträger sind die Leistungen (Absatzleistungen oder innerbetrieblich ver rechnete Leistungen), die die Kosten tragen müssen, die durch deren Erstellung entstanden sind. Kostenträger können ein Produkt, eine Produktgruppe oder auch ein Betriebsbereich sein. Das Wissen, welche Kosten in welchem Umfang auf die Kostenträger entfallen, ist für die Führung und Planung eines Unternehmens überaus wichtig.

Zu den **Aufgaben der Kostenträgerrechnung** gehört die Ermittlung von Herstell- und Selbstkosten. Diese sind Grundlage für die Bewertung der Bestände und die innerbetriebliche Preisverrechnung. Weitere Aufgaben sind die Berechnung von Angebotspreisen mit Preisuntergrenzen und die Unterstützung der Sortimentsplanung. Dies setzt voraus, dass entstandene Kosten den Leistungen zugeordnet werden können.

Die Kostenrechnung kennt drei **Grundprinzipien der Kostenzurechnung** auf die Kostenträger. Das dominierende **Verursachungsprinzip** besagt, dass jedem Kostenträger genau die Kosten zugerechnet werden, die er tatsächlich verursacht hat. Daraus folgt, dass nur variable Kosten verrechnet werden dürfen. Dies wiederum setzt voraus, dass eine Trennung in variable und fixe Kosten besteht. Eine Vollkostenrechnung (vgl. weiter unten) wird diesem Prinzip nicht gerecht. Zur Verrechnung der gesamten Kosten kann nur das **Durchschnittsprinzip** angewandt werden, das zeigt, welche Kosten im Durchschnitt auf die Kostenträger entfallen. Beim **Tragfähigkeits- oder Belastbarkeitsprinzip** werden ebenfalls nicht die verursachungsbedingten Kosten verrechnet, sondern die Kosten werden proportional zu den Absatzpreisen auf die Kostenträger verteilt. Produkte, die eine höhere Marktleistung erzielen, tragen dementsprechend höhere Anteile der Kosten. Dieses Vorgehen ist geeignet für die Bewertung von Beständen, nicht jedoch für die Erstellung entscheidungsrelevanter Informationen im Rahmen der Sortimentspolitik.

Welche Kostenbestandteile zur Kalkulation herangezogen werden, führt zu folgenden zwei unterschiedlichen Kostenrechnungssystemen. In der **Vollkostenrechnung** werden alle anfallenden Kosten auf die Kostenträger verteilt. Sie ist zu Recht der Kritik ausgesetzt, nicht dem Verursachungsprinzip zu entsprechen und damit für Unternehmer keine entscheidungsrelevanten Informationen zu liefern, weil in ihr auch die gesamten fixen Kosten willkürlich auf die Kostenträger verteilt werden. Vollkosten sind in den wenigsten

Fällen entscheidungsrelevant und können deshalb zu Fehlentscheidungen führen. Maßgebend sind bei kurzfristigen Entscheidungen lediglich die variablen Kosten, denn fixe Kosten bleiben – ihrer Definition entsprechend – bei Produktionsanpassungen unverändert. Lediglich auf längere Sicht werden alle Kostenbestandteile variabel.

Dies ist die Ausgangsbasis für die Entwicklung der **Teilkostenrechnung**, bei der den Kostenträgern nur die variablen Kostenbestandteile zugerechnet werden und die Fixkosten als Block separat in die Erfolgsrechnung übernommen werden.

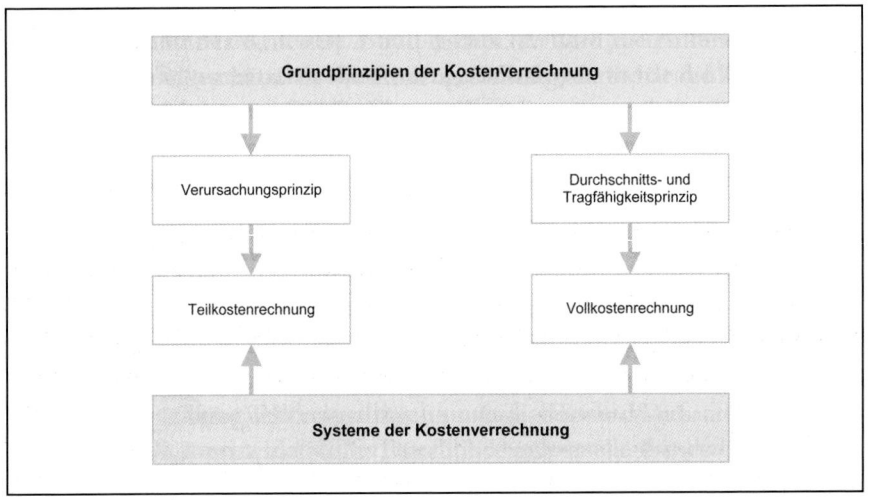

Abb. 4-50: Grundprinzipien und Systeme der Kostenrechnung (Haberstock, 1987)

Die variablen Kosten lassen sich durch unternehmerische Entscheidungen kurzfristig beeinflussen und sind maßgebend für die kurz- und mittelfristige Planung und Steuerung eines Unternehmens.

Bei der Betrachtung der variablen Kostenbestandteile, die einem Kostenträger – z.B. einer Produktlinie – zurechnet werden, ergibt die Differenz aus der Marktleistung (Erlöse) der Produktlinie und den für die Erstellung dieser Produktlinien notwendigen variablen Kosten den Betrag, mit dem die Produktlinie zur Deckung der fixen Kosten beiträgt. Dieser Beitrag zur Deckung der Fixkosten wird als **Deckungsbeitrag** bezeichnet.

Deckungsbeitrag = Erlös (Leistung) − var iable Kosten

Abb. 4-51: Deckungsbeitrag

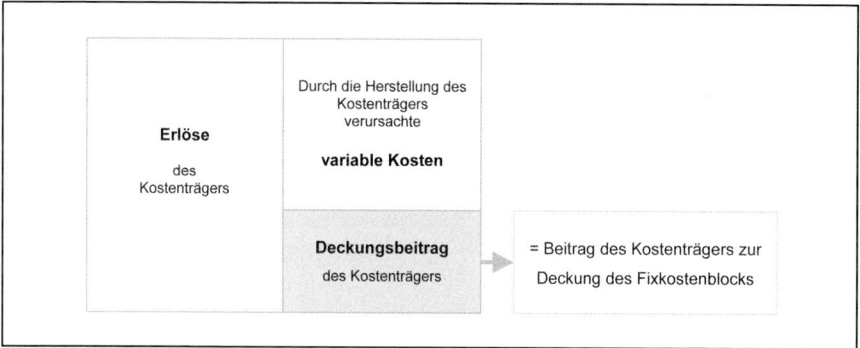

Abb. 4-52: Grafische Darstellung des Deckungsbeitrags

Der **Deckungsbeitrag ist eine der wichtigsten Steuerungsgrößen** innerhalb der Unternehmensplanung und -steuerung. Er ist der Beitrag eines Produktes, einer Produktlinie, eines Unternehmensbereiches oder einer Sparte zum Gesamterfolg und daher entscheidend für die Erfolgsplanung des Unternehmens. Bei Sortimentsentscheidungen ist zu prüfen, welche Produkte in welchem Umfang zum Erfolg beitragen. Es ist der Deckungsbeitrag, der den Erfolgsbeitrag eines Produktes beschreibt und nicht etwa der Umsatz. Bei gegebener Kapazität eines Unternehmens entscheidet der Deckungsbeitrag darüber, welches Produktionsverfahren aus Kostengesichtspunkten zu wählen ist. Das gleiche gilt bei der Entscheidung hinsichtlich der Eigenfertigung oder dem Zukauf von Leistungen. Schließlich ist der Deckungsbeitrag maßgebend für absatzpolitische Entscheidungen, z.B. welche Vertriebswege oder Kundengruppen für die Erfolgsoptimierung vorzuziehen sind.

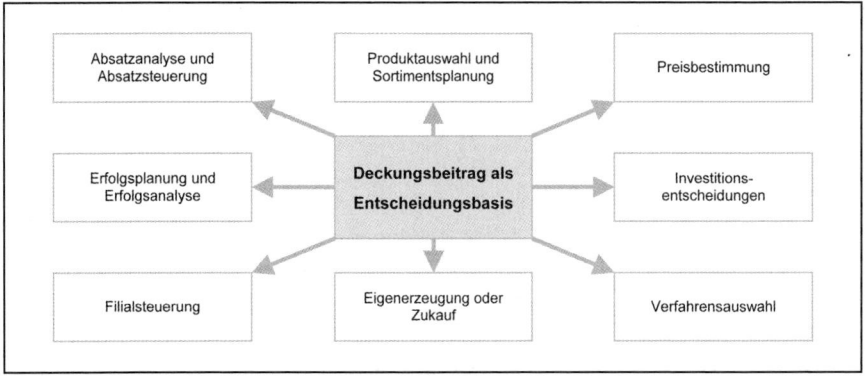

Abb. 4-53: Zielsetzungen der Deckungsbeitragsrechnung (Zdrowomyslaw, 2001)

Innerhalb der Deckungsbeitragsrechnung wird die einstufige von der mehrstufigen Deckungsbeitragsrechnung unterschieden. Die **einstufige Deckungsbeitragsrechnung (Direct Costing)** (Reichmann, 2001) trennt streng die (produktionsmengenabhängigen) variablen von den (produktionsmengenunabhängigen) fixen Kosten, die Periodenkosten und keine Stückkosten sind. Fixkosten werden deshalb bei der Verrechnung auf die Kostenträger grundsätzlich ausgeschlossen. Der Bruttoerfolg eines Produktes wird durch Gegenüberstellung von Erlös und variablen Kosten ermittelt. Bei einer das Produkt betreffenden Deckungsbeitragsanalyse spricht man von der Kostenträgerstückrechnung.

Der Gesamterfolg des Unternehmens ergibt sich durch Gegenüberstellung der aggregierten Deckungsbeiträge aller abgesetzten Leistungen bzw. Produkte und dem undifferenzierten Fixkostenblock. Ein Unternehmen erzielt dann ein positives Betriebsergebnis, wenn die Summe aller erzielten Deckungsbeiträge größer ist als die gesamten fixen Kosten des Unternehmens. Bei der das gesamte Betriebsergebnis betreffenden Deckungsbeitragsanalyse spricht man von der auf eine Periode bezogene Kostenträgerzeitrechnung.

$$D_B = f - k_V$$

Deckungsbeitragsrechnung (EUR)					
Kostenträgerstückrechnung				**Kostenträgerzeitrechnung**	
Produktgruppe	1,0 l	0,75 l	Fass-wein l	Betrieb (Wirtschaftsjahr 01)	
Umsatzerlöse	3,00	5,00	0,80	Bruttoumsatz des Betriebs	690.000,00
Variable Kosten / Stück	2,00	3,00	1,30	Summe der variablen Kosten	465.000,00
Deckungsbeitrag / Stück	1,00	2,00	-0,50	Gesamter Deckungsbeitrag	225.000,00
Abgesetzte Menge	50.000	100.000	50.000	Summe der fixen Kosten	175.000,00
Summe der Deckungsbeiträge	50.000	200.000	-25.000	Betriebsergebnis	50.000,00
Summe der Deckungsbeiträge		225.000			

Abb. 4-54: Beispiel für Kostenträgerstückrechnung und Kostenträgerzeitrechnung

Vorteil der einstufigen Deckungsbeitragsrechnung ist die klare Trennung in entscheidungsrelevante variable Kosten und fixe Kosten. Dies vermeidet die pauschale Verteilung des Fixkostenblocks auf die Kostenträger und verhindert so Informationsverzerrungen. Ein weiterer Vorteil ist die leichte Durchführbarkeit. Die einstufige Deckungsbeitragsrechnung lässt jedoch keine langfristigere, zukunftsorientierte Erfolgsplanung zu. Über einen längerfristigen Planungshorizont sind für die Unternehmensführung auch die Planung und Beeinflussung der fixen Kosten von Bedeutung. Die einstufige Deckungsbeitragsrechnung stellt jedoch keinerlei Informationen über die fixen Kosten zur Verfügung, weil diese als Block separat verrechnet werden.

Dieses Problem löst die **mehrstufige Deckungsbeitragsrechnung**, indem der Fixkostenblock unterteilt wird (Reichmann, 2001). Zum einen in produkt- und produktgruppenbezogene Fixkosten, die nur von Produkten oder Produktgruppen beansprucht werden, und zum anderen in bereichs- und betriebsbezogene Fixkosten. Letztere fallen auf Bereichs- oder Unternehmensebene an und lassen sich nicht auf Produkte- oder Produktgruppen zurechnen. Diese Aufspaltung des Fixkostenblocks erlaubt im Gegensatz zur einstufigen Deckungsbeitragsrechnung eine Fixkostenanalyse und eröffnet die Möglichkeit, innerhalb eines mittel- und langfristigen Planungshorizontes die Fixkosten erfolgsoptimal zu beeinflussen. Abbildung 4-55 fasst das **Beispiel** eines Betriebes zusammen, der in einen Bereich „Einzelhandel" und einen Bereich „Direktvermarktung" aufgeteilt ist.

Mehrstufige Deckungsbeitragsrechnung (in €)

		Betrieb						
		Bereich 1 (Handel)			Bereich 2 (Direktvertrieb)			
		Produktgruppe 1			Produktgruppe 2		Produktgruppe 3	
		Produkt 1	Produkt 2	Produkt 3	Produkt 4	Produkt 5	Produkt 6	Produkt 7	Produkt 8
	Brutto-Erlöse	120.000	400.000	50.000	30.000	50.000	100.000	10.000	4.000
-	Erlösschmälerung	50.000	100.000	30.000	0	0	0	0	0
=	Netto-Erlöse	70.000	300.000	20.000	30.000	50.000	100.000	10.000	4.000
-	Variable Kosten der Produkte	60.000	100.000	15.000	7.000	18.000	30.000	10.000	10.000
=	**Deckungsbeitrag I**	**10.000**	**200.000**	**5.000**	**23.000**	**32.000**	**70.000**	**0**	**-6.000**
-	Produktfixe Kosten	8.000	22.000	5.000	2.000	2.000	1.000	2.000	2.000
=	**Deckungsbeitrag II**	**2.000**	**178.000**	**0**	**21.000**	**30.000**	**69.000**	**-2.000**	**-8.000**
-	Produktgruppenfixe Kosten	10.000			10.000		2.000		
=	**Deckungsbeitrag III**	**170.000**			**110.000**		**-12.000**		
-	Bereichsfixe Kosten	50.000			100.000				
=	**Deckungsbeitrag IV**	**120.000**			**-2.000**				
-	Betriebsfixe Kosten	58.000							
=	**Erfolg**	**60.000**							

Abb. 4-55: Mehrstufige Deckungsbeitragsrechnung

Über den Einzelhandel werden drei Produkte, in der Direktvermarktung fünf
Produkte vertrieben. Der Netto-Erlös vermindert um die variablen Kosten
ergibt den Deckungsbeitrag I, mit dem jedes Produkt zur Deckung der gesamten fixen Kosten beiträgt. Werden vom Deckungsbeitrag I die fixen Kostenbestandteile abgezogen, die den Produkten direkt zurechenbar sind, ergibt sich
der Deckungsbeitrag II als Beitrag zum verbleibenden Fixkostenblock. Diese
verbleibenden Fixkosten werden in den weiteren Schritten aufgeschlüsselt
nach verursachenden Produktgruppen, Betriebsbereichen und dem gesamten
Betrieb. Das Endergebnis ist der Betriebserfolg. Dies ist der Betrag, um den
die Summe aller Deckungsbeiträge die gesamten Fixkosten übersteigt.

Die stufenweise Ermittlung der Deckungsbeiträge ermöglicht eine Analyse
der Erfolgsentstehung des Betriebes und liefert die Basis für kurz- und
langfristige Entscheidungen. Pauschal betrachtet verbleibt dem Betrieb ein
Ergebnis von € 60.000. Um zu untersuchen, ob und wo eine Ergebnis-

verbesserung zu erreichen ist, wird nun auf jeder Stufe der Erfolgsbeitrag analysiert.

Beispielsweise ist zu prüfen, wie sich die Betriebsfixen Kosten zusammensetzen und ob diese sich mittelfristig verringern lassen. Auf der Ebene des Deckungsbeitrag IV stellt sich heraus, dass der gesamte Betriebsbereich „Direktvermarktung" einen negativen Erfolgsbeitrag leistet. Die diesem Bereich zurechenbaren fixen Kosten (z.b. Mitarbeiter für die Kundenbetreuung, Auftragsbearbeitung und Kommissionierung) sind höher als die Summe der von den Produktgruppen 2 und 3 erwirtschafteten Deckungsbeiträge. Ursache hierfür ist der negative Deckungsbeitrag der Produktgruppe 3. Die für die Produktion der Produkte 7 und 8 anfallenden Kosten sind bereits genauso hoch, bei Produkt 8 sogar höher als die erzielten Erlöse. Der Verzicht auf diese Produkte würde das Gesamtergebnis verbessern, es sei denn, ohne diese Produkte würde durch Verbundwirkungen der Vertrieb anderer Produkte beeinträchtigt. Nur für diesen Fall ist ein negativer Produkt-Deckungsbeitrag akzeptabel. Andernfalls stellt sich der Betrieb durch die Aufgabe dieser Produkte besser.

Die mehrstufige Deckungsbeitragsrechnung liefert auch hilfreiche Entscheidungsunterstützung, wenn es um die Weiterentwicklung des Betriebes geht. Diese Analyse zeigt, in welchen Bereichen beispielsweise ein Wachstum sinnvoller Weise realisiert werden sollte. Die Intensivierung der Vermarktung des Produktes 1 würde sich nicht nennenswert auf den Erfolg des Betriebes auswirken. Produkt 3 würde keine Erfolgsverbesserung und die Produkte 7 und 8 eine Verschlechterung nach sich ziehen. Alle anderen Produkte liefern einen positiven Erfolgsbeitrag, wobei im dargestellten Beispiel der Bereich 1 deutlich bessere Effekte erwarten lässt als der Bereich 2.

Mit diesem Beispiel wird deutlich, dass eine zielgerichtete Planung und Kontrolle nur möglich ist, wenn entscheidungsrelevante Informationen über die Kostenarten vorliegen (besonders die Aufteilung in fixe und variable Bestandteile), wenn kostenstellenbezogene Informationen verfügbar sind und die Kosten den Kostenträgern verursachungsgerecht zugeordnet werden. Ohne diese Informationen fehlt den Erfolgs- bzw. Wirtschaftlichkeitsanalysen, Sortimentsentscheidungen sowie Entwicklungsplanungen von Unternehmen die notwendige Entscheidungsgrundlage.

Die mehrstufige Deckungsbeitragsrechnung ist auch für eine **kunden- bzw. vertriebsgruppenbezogene Analyse** anwendbar. Auf die einzelnen Kundengruppen und Vertriebswege entfallen unterschiedliche Kosten. Dies ist

265

z.B. im personellen Betreuungsaufwand und in den Losgrößen pro Auftrag begründet. Privatkunden nehmen eine hohe individuelle Beratungsleistung in Anspruch und geben nur verhältnismäßig kleine Mengen in Auftrag, die oft auch noch sortiert kommissioniert werden müssen. Der Direktverkauf ab Betrieb oder Vinothek erfüllt neben der Auftragsabwicklung auch das Bedürfnis nach Freizeitbeschäftigung und Fortbildung der Kunden. Der personelle Einsatz ist demzufolge ungleich höher, als für Firmenkunden oder Agenturen. Auf der anderen Seite ist den Wiederverkäufern ein Rabatt zu gewähren, wohingegen der Privatkunde den Endverbraucherpreis bezahlt. Der Erfolgsbeitrag eines Produktes muss unter Beachtung der Kundengruppe und der damit verbundenen Kosten und Erlöse ermittelt werden. Im Falle einer geplanten Umsatzsteigerung ist zu untersuchen, mit welchen Produkten man bei welchen Kunden den höchsten Deckungsbeitrag erzielen kann. Wiederum ist nicht der Umsatz die Zielgröße, sondern der Erfolgsbeitrag.

Um zu einer sinnvollen kunden- bzw. vertriebsspezifischen Gliederung der Deckungsbeitragsrechnung zu gelangen, gilt es zu analysieren, anhand welcher Merkmale sich die Kundengruppen kosten- und erlösseitig unterscheiden. Die Erlöse sind alleine durch die Rabattstruktur definiert und somit leicht zuzuordnen. Die Stückkosten werden von unterschiedlichen Parametern bestimmt. Zunächst von der gesamten Auftragsgröße pro Periode eines Kunden, aber ebenso von der Einzellosgröße, d.h. den Einheiten, in denen der gesamte Auftrag abgewickelt wird. Jeder Auftragsbearbeitungsvorgang, von der Entgegennahme der Bestellung über die Rechnungsstellung bis zur Kontrolle der Debitorenkonten verursacht auftragsbezogene Kosten. Je größer eine zu liefernde Losgröße, umso geringer sind die damit einhergehenden Stückkosten. Die kundenspezifischen Kosten sind zudem abhängig vom Aquisitions- und Beratungsaufwand im Innen- und Außendienst, der Anzahl der Kundenbesuche vor Ort und vom Reklamationsverhalten.

In den Weinbauunternehmen erfolgt üblicherweise eine Aufteilung nach Privatkunden, Firmen- bzw. Geschäftskunden, Fachhandel, Groß- und Einzelhandel, Agenturen und Gastronomie. Betriebsindividuell ist zu untersuchen, wie differenziert eine Gliederung vorgenommen werden muss. Beispielsweise unterscheiden sich Privat- und Firmenkunden im Betreuungsaufwand nur wenig. Ebenso sind der Fachhandel und die Gastronomie in der Vertriebskostenstruktur oft ähnlich und können in Einzelfällen kostenrechnerisch in einer Gruppe zusammengefasst werden.

4.3.9 Globale Erfolgsplanung

Bisher wurden die unternehmerischen Teilplanungen dargestellt und erläutert. Neben diesen Teilplänen bedarf es eines **zusammenfassenden und koordinierenden Instruments**, das alle relevanten Daten im Zusammenhang darstellt. Diese Übersicht ist einerseits notwendig, um die Teilpläne aufeinander abzustimmen und ggf. zu korrigieren. Andererseits braucht die Unternehmensführung eine Informationsgrundlage, die einen schnellen und umfassenden Überblick über die Unternehmensentwicklung erlaubt. Letzteres ist wichtig für die nach innen orientierte mittel- und langfristige Planung und in der Außendarstellung gegenüber am Unternehmen beteiligten Gesellschaftern und Gläubigern.

Die Zusammenführung der Teilpläne erfolgt in der Plan-Bilanz und Plan-Gewinn-und-Verlustrechnung, sowie schließlich in einem globalen Unternehmensplan, der die wichtigsten übergeordneten Zielwerte herausstellt und ggf. um Kennzahlen als Orientierungsmaßstab ergänzt.

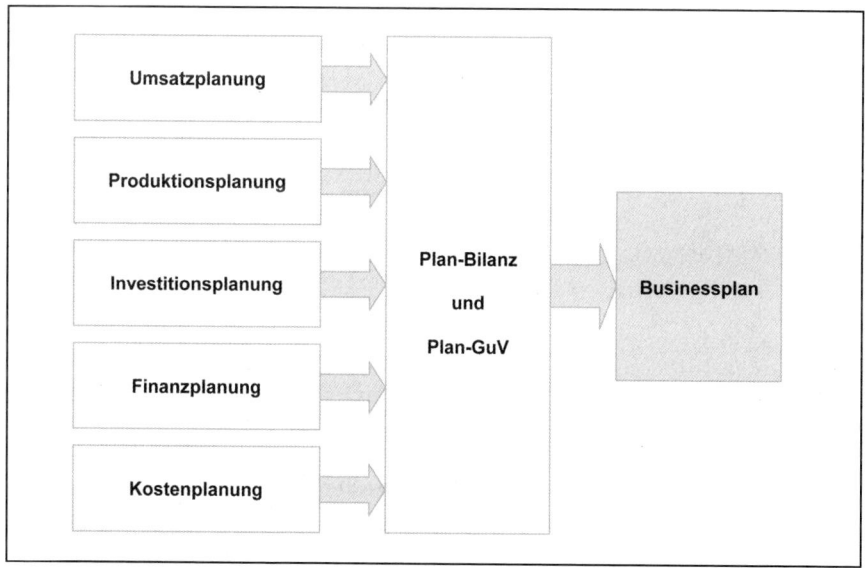

Abb. 4-56: Zusammenführung der Teilpläne in der unternehmerischen Globalplanung

4.3.9.1 Plan-Jahresabschluss

Die Erstellung des **Plan-Jahresabschlusses** erfolgt ausgehend von der letzten realisierten Bilanz bzw. Gewinn- und Verlustrechnung (Steinmann/Schreyögg, 2002). Es fließen die Ergebnisse der Investitions- und Finanzplanung ein, die resultierenden Veränderungen des Umlauf- und Anlagevermögens, der Vorräte, Forderungen und liquiden Mittel sowie des lang- und kurzfristigen Kapitals. Die **Plan-Bilanz** bildet die langfristige Vermögens- und Kapitalstruktur des Unternehmens zusammengefasst ab.

Plan-Bilanz für die Jahre 01 bis 05							
Datenquelle / Teilplan	Planungspositionen	Planungszeitraum					
		01	02	03	04	05	
Aus der Investitionsplanung	Immaterielles Vermögen						
	Sachanlagen						
	Beteiligungen						
	Summe Anlagevermögen						
Aus der Produktions- und Finanzplanung	Vorräte						
	Forderungen						
	Liquide Mittel						
	Sonstiges Umlaufvermögen						
	Summe Umlaufvermögen						
	Summe Vermögen						
Aus der Finanzplanung	Eigenkapital						
	Sonderposten						
	Rücklagen						
	Langfristiges Fremdkapital						
Aus der Finanzplanung	Summe langfristiges Kapital						
	Verbindlichkeiten aus L+L						
	Kurzfristiges Fremdkapital						
	Summe kurzfristiges Kapital						
Aus der Erfolgsrechnung	**Bilanzgewinn**						
	Summe Kapital						

Abb. 4-57: Struktur und Datenquellen der Plan-Bilanz

In der **Plan-Gewinn-und-Verlustrechnung** wird die langfristige Erfolgsentwicklung durch die Integration der Umsatz- und Produktionsplanung (unter Berücksichtigung der Beschaffungs- und Personalplanung) sowie der Ergebnisse aus der Investitions- und Finanzplanung abgebildet.

Plan-Gewinn-und-Verlustrechnung						
Datenquelle / Teilplan	Planungspositionen	Planungszeitraum				
		01	02	03	04	05
Aus Umsatz- und Produktionsplanung	Umsatzerlöse					
	Veränderung der Bestände					
	Sonstige Erträge					
	Summe Erträge					
Aus der Produktions- und Finanzplanung	Materialaufwendungen					
	Personalaufwendungen					
Aus der Investitions- und Finanzplanung	Abschreibungen					
	Zinsaufwendungen					
	Sonstige Aufwendungen					
	Steuern					
	Summe Aufwendungen					
Aus der Erfolgsrechnung	Bilanzgewinn					
	Rücklagenzuführung					
	Jahresüberschuss					

Abb. 4-58: Struktur und Datenquellen der Plan-Gewinn-und-Verlustrechnung

Plan-Bilanz und Plan-Gewinn-und-Verlustrechnung sind die Grundlage für die Berechnung von Plan-Kennzahlen wie der langfristigen Größe von Erfolg, Rentabilität, Finanzierungsstruktur und bilanzieller Liquidität. Die Berechnung geschieht analog zu den im Kap. 3 erläuterten Verfahren. Einziger Unterschied ist die zeitliche Perspektive. Während die Beurteilung der Ausgangssituation auf der Analyse realisierter Daten basiert, ist die Erstellung von Kennzahlen zum Zweck der Unternehmensplanung mit dem Ziel verbunden, die zukünftige wirtschaftliche Lage komprimiert darzustellen, und greift daher auf Plandaten zurück. Dies eröffnet die Möglichkeit, angestrebte – oder von Beteiligten bzw. Gläubigern vorgegebene – Erfolgs- und Finanzierungsziele zu planen, im Bezug auf sensible Einflussgrößen zu prüfen, Maßnahmen zur Korrektur vorzubereiten und die Entscheidungen gegenüber den am Unternehmen beteiligten Interessengruppen zu begründen. Im Mittelpunkt steht nicht die Genauigkeit der zugrundeliegenden Werte, sondern die Beurteilung der Gesamtsituation und der möglichen Handlungsspielräume. Finanzierungsbedarf und Ungleichgewichte innerhalb der Finanzierungsstruktur lassen sich mit Hilfe dieser Planungsinstrumente frühzeitiger erkennen. Sie verbessern die Kontrollmöglichkeiten der Entscheidungsträger und erhöhen die Finanzierungsbereitschaft von Gläubigern. Im Vordergrund steht jedoch die deutlich größere Planungssicherheit für die Unternehmer als Basis für eine hohe Reaktionsgeschwindigkeit, die strategischen Ausrichtung des Unternehmens und damit die Existenzsicherung.

4.3.9.2 Der Businessplan

Mit dem Ziel, den Entscheidungsträgern aus der Unternehmensplanung entscheidungsrelevante Informationen in komprimierter Form zur Verfügung zu stellen, werden die Plan-Bilanz und Plan-Gewinn-und-Verlustrechnung in Verbindung mit ergänzenden Kennzahlen zu einem Businessplan zusammengeführt. Dieser ist an den individuellen Informationsbedürfnissen eines Unternehmens ausgerichtet und entsprechend gegliedert. Die Erstellung beschränkt sich auf die unbedingt notwendigen Positionen, weil zunächst die komprimierte Darstellung der Informationen im Mittelpunkt steht. Im vorliegenden Beispiel ist der Businessplan analog zum Jahresabschluss in einen Teil der Erfolgsentstehung und einen Teil der Finanzierungs- und Kapitalstruktur unterteilt.

Besondere Bedeutung wird den Positionen beigemessen, die für die Steuerung des Erfolges entscheidend sind. Dies führt beispielsweise zu einer Aufteilung der Ergebnispositionen, weil Abschreibungen, Zinsen und Steuern nur bedingt zu beeinflussende Größen sind. Eine Aufteilung in Bilanzgewinn und Jahresüberschuss entfällt bei Einzelunternehmen und Personalgesellschaften.

Wird der Businessplan individuell erstellt, bietet es sich an, ausgewählte und für die Situation des Unternehmens besonders wichtige Orientierungskennzahlen in die Übersicht zu integrieren. Dies erlaubt ohne zusätzlichen Rechenaufwand die umgehende Beurteilung von zentralen Steuerungsgrößen im Zusammenhang mit der zeitlichen Entwicklung des Unternehmens.

Die Aussagefähigkeit des Businessplans ist von den zugrundeliegenden Teilplänen abhängig. Auf diese ist bei vertiefenden Analysen zurückzugreifen.

Businessplan für die Jahre 01 - 07									
			01	02	03	04	05	06	07
1	+	Umsatzerlöse							
	►	*Umsatzproduktivität*							
	►	*Absatzmenge*							
	►	*Ø Litererlös*							
2	+	Sonstige Erträge							
3	=	Summe der Erträge							
4	-	Sachaufwendungen							
5	-	Personalaufwendungen							
6	=	**Operatives Ergebnis (Pos. 1 bis 5)**							
7	-	Abschreibungen							
8	=	**Ergebnis nach Abschreibungen (Pos. 6 und 7)**							
	►	*ROI (Return on Investment)*							
	►	*Prozesseffizienz*							
9	-	Zinsen							
10	=	**Ergebnis nach Zinsen und Abschreibung (Pos. 8 und 9)**							
11	-	Steuern							
12	=	**Ergebnis nach Afa, Zinsen und Steuern (Pos. 10 und 11)**							
13		**Bilanzgewinn**							
	►	*Rentabilität*							
	►	*Cash-Flow*							
14		**Jahresüberschuss**							
15	+	Sachanlagen							
16	+	Immaterielles Vermögen und Beteiligungen							
17	=	**Summe Anlagevermögen (Pos. 15 und 16)**							
	►	*Anlagendeckung*							
18	+	Vorräte							
19	+	Sonstiges Umlaufvermögen							
20	=	**Summe Umlaufvermögen (Pos. 18 und 19)**							
21	=	**Bilanzsumme (Pos. 17 und 20)**							
22	+	Langfristiges Fremdkapital							
23	+	Kurzfristiges Fremdkapital							
24	+	Rückstellungen							
25	=	**Summe Fremdkapital (Pos. 22 bis 24)**							
	►	*Fremdkapitalquote*							
	►	*Kapitalstruktur*							

Abb. 4-59: Struktur eines Businessplans

Abschnitt 3: Organisation & Qualitätsmanagement

5 Aufbau- und Ablauforganisation

5.1 Ursprünge, Aufgaben und Ziele der Organisation

5.1.1 Ursprünge der Organisationsentwicklung

Organisieren bedeutet in erster Linie koordinieren. Die Notwendigkeit zur Organisation entsteht dann, wenn innerhalb eines Systems verschiedene Aufgaben durch mehrere Personen zu bewältigen sind, die mit gemeinsamen Zielsetzungen untereinander in Beziehung stehen. Die Organisation hat ihren Ursprung in der **Arbeitsteilung** in verschiedene Funktionen, durch deren Kombination sowie die Nutzung von Spezialisierungsvorteilen bestimmte Ziele effizienter erreicht werden sollen. Die Funktion des Organisierens ist kein Selbstzweck, sondern sie dient der Koordination im Interesse der Zielerreichung.

Nicht nur begrifflich, sondern auch vom Prinzip her ist eine Organisation mit dem **Organismus** eines Lebewesens vergleichbar. Ein Organismus ist das Gesamtsystem der Organe, eine Zusammensetzung verschiedener funktionaler Einheiten des Körpers, die – biologisch betrachtet – übergeordneten Zielen der Entwicklung, Erhaltung und Vermehrung des Lebens dienen. Dieses System funktioniert, wenn alle Einheiten ihren Aufgaben nachkommen. Störungen drücken sich in Krankheiten aus. Ursachen hierfür sind Überforderungen von Organen, aber auch Unterforderungen sowie Störungen der Kommunikation zwischen den Organen. Diese Störgrößen können von innen oder von außen einwirken. Sie werden entweder unbemerkt gemeistert, bedingen vorübergehende Einschränkungen oder führen im Extremfall zum Tod des gesamten Organismus.

Alle diese Prinzipien sind auch auf ein Unternehmen übertragbar und definieren zugleich die **Aufgaben der Organisation.** Organisation bezweckt die Koordination von Menschen, Maßnahmen und Mitteln in einer Weise, dass die Ziele des Unternehmens wie auch die individuellen Ziele der Beteiligten gleichzeitig und möglichst umfassend erreicht werden.

Wenn auch Unternehmen einfacher aufgebaut sind als lebendige Organismen, so sind die organisatorischen **Herausforderungen** dennoch anspruchsvoll und deren Nichtbewältigung in vielen Fällen – selbst in kleinen Unternehmen – Ursache für das Verfehlen übergeordneter Zielsetzungen. Gerade in KMU wird dem Thema Organisation nach wie vor eine untergeordnete Bedeutung beigemessen. Dies rührt daher, dass mit Organisation oft eine Formalisierung des Betriebsgeschehens verbunden wird und dass die Notwendigkeit zur systematischen Organisationsentwicklung alleine für Großunternehmen als relevant angesehen wird. Beides trifft nicht zu.

Die Entwicklung sinnvoller Organisationsstrukturen steht in engem Zusammenhang mit der **Unternehmenskultur.** Beides lebt von der Überzeugung, dass die Betonung der zwischenmenschlichen Beziehungen in einem Unternehmen dessen Leistungsfähigkeit erhöht und eine Grundlage für die Motivation aller Beteiligten ist. Eine kulturelle Basis kann in Leitbildern schriftlich festgehalten werden. Dies ist jedoch keine ausreichende Bedingung dafür, dass eine kulturelle Basis tatsächlich existiert. Auch die Organisationsentwicklung beginnt zuerst in den Köpfen der Führungskräfte bzw. Eigentümern und wird zuletzt formal fixiert. Unter Organisation wird oft noch alleine die formale Darstellung des hierarchischen Aufbaus eines Unternehmens, der eingebundenen Stellen und ihre Beschreibung verstanden. Organisation bezieht sich jedoch in viel stärkerem Maße direkt auf die Zielsetzungen der beteiligten Personen.

Nach wie vor sind in der Denkweise die Prinzipien der **klassischen Organisationstheorie** verankert. Diese hat ihren Ursprung zu Beginn des letzten Jahrhunderts und beinhaltet die Rationalisierung der Produktion durch arbeitsteilige Organisation der Herstellungsprozesse (Hummel/Zander, 2002). Der Mitarbeiter nimmt eine maschinenähnliche Funktion ein und ist durch eine Stellenbildung mit abgegrenzten und exakt definierten Aufgabenbereichen in ein strenges hierarchisches System eingebunden. Im Zentrum der klassischen Sichtweise steht die Hierarchiestruktur, die den Aufbau (Zuständigkeiten, Weisungsbefugnisse, Informationsbeziehungen) und den Ablauf der Prozesse (Verrichtung und Steuerung) beinhaltet. Bereits in den 30er Jahren des letzten Jahrhunderts hat man als Reaktion auf die **mechanistische Funktion der Mitarbeiter** die Bedeutung der sozialen und psychologischen Arbeitsbedingungen für die Leistungsfähigkeit erkannt. Moderne Organisationskonzeptionen versuchen, die Extreme dieser neoklassischen mit den Prinzipien der klassischen Organisationstheorie zu kombinieren. In der aktuellen Betriebswirtschaft und in der betrieblichen Praxis behaupten sich jedoch nach wie vor sehr mechanistische Bilder der Organisationsentwicklung, die der Komplexität der Interessensfelder nicht gerecht werden.

5.1.2 Zielkoordination und Motivation als Aufgabe der Organisation

Die Bedeutung der Organisation und die Anforderungen an eine optimale Gestaltung haben zunächst nichts mit der **Unternehmensgröße** zu tun. Die Komplexität dieser Aufgabe rührt nicht von der Größe eines Unternehmens her, sondern vom Zusammenspiel individueller Zielsetzungen. Die Herausforderung, den Menschen als die wichtigste Größe innerhalb der Organisationsstruktur zu betrachten und die individuellen Gegebenheiten bei der Organisationsentwicklung zu berücksichtigen, ist unabhängig von der Größe eines Systems. In Kleinunternehmen nehmen sowohl die positiven Konsequenzen erfolgreicher Organisationsgestaltung als auch die negativen Auswirkungen von Organisationsfehlern stärker und direkter auf den Gesamterfolg Einfluss als in großen Unternehmen. Zudem ist es gerade in KMU besonders wichtig, die Entscheidungsträger angesichts der begrenzten personellen Führungskapazitäten von zusätzlichen Koordinationsaufgaben zu befreien.

Die Koordinationsaufgabe ist jedoch nicht auf die Stellen bzw. Aufgabenbereiche zu begrenzen, sondern muss auf einer übergeordneten Ebene, v.a. im Zusammenhang mit den individuellen Zielsetzungen der Beteiligten angesiedelt werden.

Zunächst sind die übergeordneten unternehmerischen Zielsetzungen zu erreichen. Daneben verfolgen die **Eigentümer** individuelle Ziele, die nicht zwangsläufig unmittelbar mit den Interessen des Unternehmens verknüpft sind, wie Verwirklichung, Unabhängigkeit oder persönliches Image. In managergeführten Unternehmen – in Weinbauunternehmen auch bei eingesetzten Verwaltern – sind die aufeinandertreffenden individuellen Zielsysteme mitunter von völlig unterschiedlicher Struktur. **Manager** oder **Verwalter** sind eingesetzte Entscheidungsträger, von denen man erwartet, dass sie die Interessen aller Beteiligten wahren, insbesondere aber die definierten Unternehmensziele erreichen. Vom idealen Manager werden Idealismus und die Bereitschaft erwartet, sich mit dem Unternehmen so zu identifizieren, wie die Eigentümer selbst. Neben allem Idealismus ist es auch das Bestreben des Managers, seine Position zu erhalten um damit seine persönlichen materiellen und immateriellen Zielsetzungen zu verwirklichen. Idealerweise sind diese eng mit den Zielen des Unternehmens verknüpft. Dennoch wird der Manager letztlich die Kriterien in den Mittelpunkt stellen, an denen er selbst und seine Leistung gemessen werden. Der Erfolg eines managergeführten Unternehmens hängt ganz entscheidend davon ab, ob es gelingt, das Zielsystem des Managers mit den Zielen des Unternehmens organisatorisch und inhaltlich zu verknüpfen. Wird dies nicht erreicht, droht die Gefahr, dass der Manager im eigenen Interesse Zielgrößen anstrebt, die nicht im langfristigen Interesse des Unternehmens liegen. Beispielsweise kann die Gewinnmaximierung als Orientierungsgröße dazu führen, dass langfristige Investitionen zugunsten der kurz- und mittelfristigen Gewinnerhöhung unterlassen werden. Ebenso können überbetonte, alleine am Umsatz gemessene Wachstumsbestrebungen die Erfolgsentwicklung des Unternehmens negativ beeinflussen.

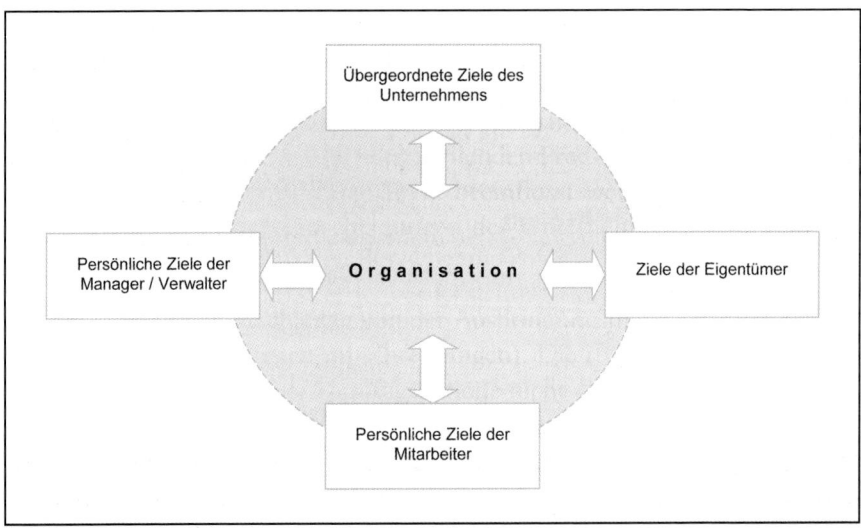

Abb. 5-1: Koordination individueller Zielsysteme innerhalb einer Organisation

Die Organisationsentwicklung hat die Aufgabe, die Ziele des Unternehmens mit denen der Eigentümer, der eingesetzten Manager bzw. Verwalter und denen der Mitarbeiter zu koordinieren. Die Leistungsfähigkeit eines Unternehmens hängt von der Fähigkeit ab, Strukturen zu schaffen, die eine nachhaltige Motivation der Mitarbeiter als Leistungsträger gewährleistet. Motivation mit dem Ziel der Leistungssteigerung ist die vorrangige und mit Abstand wichtigste Aufgabe der Führungskräfte. Die Wirksamkeit motivierender Führungsstile wird durch die organisationelle Einbindung der Mitarbeiter entscheidend beeinflusst. Führungsstil, Führungssystem und Organisationsstruktur sind untrennbar miteinander verbunden Elemente der Unternehmensführung. Die individuellen Zielsetzungen und Antriebe der Mitarbeiter spielen bei der Organisationsentwicklung eine tragende Rolle. Die Bedeutung der sozialen und psychologischen Bedürfnisse der Mitarbeiter ist seit der Entwicklung der neoklassischen Organisationstheorie in den 30er Jahren des letzten Jahrhunderts bekannt. Deren Berücksichtigung in Form konkreter organisationeller Strukturen ist in der Praxis jedoch nach wie vor völlig unzureichend. Mechanistische Menschenbilder und auf Kurzfristigkeit angelegte Zielkoordination sind Ursache dafür, dass in vielen Unternehmen nur ein Bruchteil der potenziell vorhandenen Leistungsfähigkeit entwickelt wird.

Wie die nachfolgenden Kapiteln verdeutlichen, resultiert das Festhalten an tradierten Organisations- und Führungssystemen aus deren vordergründigen Einfachheit. Systeme, die ein deutlich größeres Leistungspotenzial freisetzen, basieren auf Führungs- und Zielsystemen, die über eine kurzfristige Perspektive hinausgehen und höhere Anforderungen an die Qualifikation der Führungskräfte stellen. Die Entwicklung von Führungsstilen und -strukturen müssen mit der Organisationsentwicklung einhergehen. Beide setzten im Rahmen der Unternehmensführung an den gleichen Ausgangspunkten an.

5.1.3 Zusammenhang zwischen Organisationsstruktur und Führungssystem

Die Organisationsentwicklung gestaltet ein Unternehmen in seiner **Aufbauorganisation** so, dass die Koordination aller Stellen durch Kommunikations-, Kompetenz- und Weisungsbefugnisse erfolgt und zugleich übergeordnete Unternehmensziele und individuelle Ziele der Beteiligten zu erreichen sind. Daneben werden in der **Ablauforganisation** alle Prozesse in ihren Abläufen und Verflechtungen so entwickelt, dass die Leistungserstellung über alle beteiligten Stationen hinweg effizient und erfolgsoptimal realisiert wird. Auch die **Prozessorganisation** orientiert sich an definierten Zielen, die alle ihren Ursprung in der strategischen Planung des Unternehmens haben. Die Organisationsentwicklung basiert sowohl bei der Strukturierung des Unternehmens als auch bei der Gestaltung der Leistungsprozesse auf den strategischen Leitlinien des Unternehmens. Die Aufgabe der **Mitarbeiterführung** besteht darin, den Mitarbeitern die Leitlinien und Ziele zu vermitteln sowie Anregungen zu geben, sich damit zu identifizieren und die Ziele gemeinsam anzustreben. Die Führungsaufgabe ist erfüllt, wenn es gelingt, die Mitarbeiter für die gemeinsamen Ziele zu begeistern und so in die Organisation einzubinden, dass eine weitest gehende Koordination unternehmerischer und individueller Bedürfnisse gewährleistet ist.

Der strukturelle Rahmen eines Unternehmens ist in engem Zusammenhang mit dem Führungs- und Motivationssystem zu sehen. Im klassischen Organisationsschema wird jeder Mitarbeiter einer definierten Stelle mit den damit verbundenen Verantwortungsbereichen und Kompetenzen zugewiesen. Die Funktion der Stelle steht im Mittelpunkt. Moderne Mitarbeiterführung, mit einer vom Reifegrad des Mitarbeiters abhängigen Führungsstruktur und Leistungsmotivation misst den individuellen persönlichen Bedürfnissen und den zu erbringenden Leistungen größte Bedeutung bei. Dies geschieht vor dem Hintergrund, dass die Leistungsfähigkeit des Unternehmens vom Engagement und der Leistungsbereitschaft der Mitarbeiter abhängig ist. Die Mitarbeiter werden ihr individuelles Engagement nur dann langfristig zur Verfügung stellen, wenn es gelingt, deren persönliche Zielsetzungen mit denen des Unternehmens in Übereinstimmung zu bringen. Die Leistungserbringung kommt dem Unternehmen zu Gute und nutzt zugleich dem Mitarbeiter. Dieser wird nur dann nachhaltig aus eigenem Antrieb über Verbesserungsmöglichkeiten nachdenken und diese mitentwickeln, wenn er selbst einen Vorteil daraus erfährt und auch im eigenen Interesse handelt.

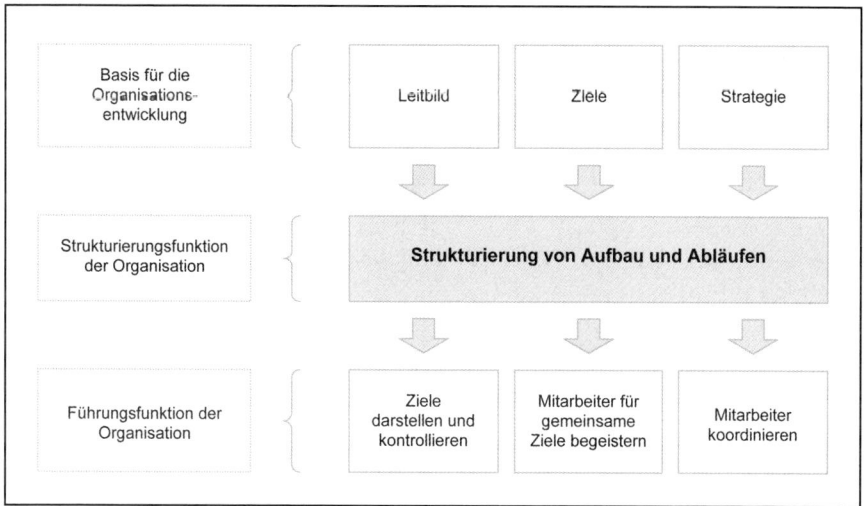

Abb. 5-2: Strukturierungs- und Führungsfunktion der Organisationsentwicklung

Wenn Unternehmen von einem modernen Führungssystem noch weit entfernt sind, dann liegt das zum einen an überkommenen, undifferenziert autoritären Führungsstilen der Führungskräfte bzw. Eigentümer. Zum anderen trägt auch das nach wie vor dominierende, klassische Verständnis der Organisationsentwicklung dazu bei.

Der Unternehmenserfolg wird positiv beeinflusst durch **situative und personenbezogene Führungsstile** (Hersey/Blanchard, 1988; Weinert, 1998) im Zusammenspiel mit **zielbezogenen Organisationsstrukturen**. Dies hat weitreichende Konsequenzen für die Organisationsstrukturen. Merkmal von ihnen ist die Kombination mit modernen Führungsstilen und deren Flexibilität. Diese ist notwendig durch die Anpassung der Aufgaben an die individuellen Fähigkeiten und Bedürfnisse der Stelleninhaber. Solch eine Anpassung bedeutet nicht, dass Anforderungsprofile von Mitarbeitern entbehrlich werden. Dennoch bringt es die Vielfalt menschlicher Persönlichkeiten mit sich, dass individuell besondere Fähigkeiten zur Verfügung stehen. Diese nicht zu fördern bedeutet individuelle Leistungspotenziale ungenutzt zu lassen und die eigendynamische Leistungsbereitschaft eines Mitarbeiters zu bremsen. Die individuelle Ausgestaltung der Aufgabenbereiche unter Berücksichtigung persönlicher Profile spielt insbesondere im Bereich anspruchs- bzw. verantwortungsvoller Tätigkeiten eine wichtige Rolle.

Um intelligente Organisations- und Führungsstrukturen zu entwickeln, stehen eine Reihe von Organisationsmodellen als Bausteine zur Verfügung. Ziel ist es, die Vorteile verschiedener Systeme so zu kombinieren, dass – gemessen an den gesteckten Zielen – ein optimales Ergebnis realisiert werden kann.

Im nachfolgenden Kapitel werden die Grundstrukturen der Aufbauorganisation dargestellt und bewertet. Dabei wird deutlich, dass es nicht nur ausschließlich ein richtiges System der Organisation gibt. Vielmehr ist die Nutzung der Vorteile und das Vermeiden der systembedingten Nachteile von der individuellen Umsetzung im Unternehmen abhängig.

5.2 Grundstrukturen der Aufbauorganisation

5.2.1 Die Stelle als Grundelement der Organisation

Das Grundelement der Aufbauorganisation ist die **Stelle**. Sie ist die kleinste organisatorische Einheit, in der bestimmte Aufgaben dauerhaft zusammengefasst und einem Stelleninhaber zugeordnet sind. Die Ausgestaltung einer Stelle wird üblicherweise in einer Stellenbeschreibung formalisiert. Im klassischen Sinne ist die Stellenstrukturierung für eine längere Zeit bestimmt und wird personenunabhängig definiert. Die Stellenbeschreibung beinhaltet die mit der Stelle verbundenen Kompetenzen, d.h. alle Rechte und Verantwortungen, die dem Stelleninhaber übertragen werden.

Motivation und Leistungsfähigkeit eines Stelleninhabers werden wesentlich dadurch beeinflusst, inwieweit **Aufgabe, Kompetenz und Verantwortung** übereinstimmen. Zur Vermeidung von Frustration müssen dem Stelleninhaber für alle übertragenen Verantwortungsbereiche die für Entscheidungen notwendigen Kompetenzen zugestanden werden. Müssen Ergebnisse verantwortet werden, ohne dass der Mitarbeiter sie durch entsprechende Entscheidungsbefugnisse beeinflussen kann, führt ihn das in eine äußerst unbefriedigende Situation, die sich zwangsläufig in Leistungsminderung niederschlägt. Ebenfalls negativ, wenn auch mit weniger direkten Konsequenzen für den betreffenden Mitarbeiter, ist eine Entscheidungsbefugnis, für die keine Verantwortung übernommen werden muss. Eine solche Konstellation führt zu einem wenig zielführenden Entscheidungsverhalten und belastet die Teammitglieder und den Erfolg des Unternehmens.

Aufgrund der zugewiesenen Kompetenzen werden verschiedene **Arten von Stellen** unterschieden. Ausführende Stellen sind mit einer auf den Handlungsbereich bezogenen Ausführungskompetenz ausgestattet und haben keine übergeordnete Entscheidungskompetenz. Die Entscheidungskompetenz auf übergeordneter Ebene beinhaltet bei Leitungsstellen auch die Kompetenz für Weisungen und Kontrollen. Daneben gibt es Stab- bzw. Assistenzstellen. Diese haben ausschließlich Informations- und Unterstützungsaufgaben zur Entlastung bzw. Leistungssteigerung übergeordneter Leistungsstellen.

Die **Bildung von Stellen** erfolgt aufgabenbezogen, d.h. durch Zusammenfassung von miteinander in Beziehung stehender Tätigkeiten. Der Aufgabenumfang ist so gewählt, dass er von einem Stelleninhaber bewältigt werden kann. Die Homogenität bzw. die Vielfalt der zusammengefassten Tätigkeiten hängt stark von der Unternehmensgröße ab. In KMU sind Stellen weiter gefasst.

Die Stellenbildung hat starken Einfluss auf das Führungs- und Motivationssystem eines Unternehmens. Die Tätigkeitsstruktur bzw. das Abwägen von Spezialisierungsvorteilen und der Nutzen abwechslungsreicher und fordernder Aufgaben sind wichtig zur Förderung und Aufrechterhaltung der Leistungsmotivation. Im Idealfall erfolgt die **Stellenbildung stelleninhaberbezogen**, d.h. die Tätigkeitsbereiche werden unter Berücksichtigung der Stärken und Schwächen, bzw. der Interessen der Mitarbeiter aufgeteilt. In der Praxis sind nicht alle Bedürfnisse in der Aufgabenstrukturierung zu erfüllen. Auch bei Neueinstellungen sind die Aufgabenbereiche der anderen Mitarbeiter nur bedingt zu verändern. Dennoch soll soweit wie möglich das klassische starre Organisationskonzept durch eine flexibilisierte Stellenbildung ersetzt werden.

Ein weiteres Prinzip der Stellenbildung, das ebenfalls eine Weiterentwicklung des klassischen Systems darstellt, ist eine **Orientierung an den Prozessstrukturen**. Hierbei werden die Stellen weniger nach hierarchischen Prinzipien gebildet, sondern entsprechend ihrer Beziehungen innerhalb der Prozesse in der Leistungserstellung. Dieses Prinzip ist eine weitgehende Abkehr von einer Hierarchie und spezifischen Stellen. Die Flexibilität einer prozessorientierten Organisation löst die traditionellen hierarchischen Beziehungen und fordert von allen Beteiligten ein großes Maß an Anpassungsbereitschaft. Diese Strukturen sind mit dem detaillierten Formulieren von Stellenbeschreibungen im herkömmlichen Stil nicht vereinbar.

Von einer richtigen oder optimalen Methode der Stellenbildung kann nicht gesprochen werden. Vielmehr muss es das Ziel sein, von übergreifenden starren Systemen abzukommen und die Organisationsstruktur sowie Stellendefinitionen von individuellen Gegebenheiten abhängig zu machen. Es spricht nichts dagegen, innerhalb eines Unternehmens auf mehrere System zurückzugreifen. Die Tätigkeitsfelder und Verantwortungsbereiche sind gerade in kleineren Unternehmen so vielfältig, dass eine einheitliche Struktur nicht allen Gegebenheiten gerecht werden kann. Organisations- und Führungssysteme erfordern deshalb eine Abkehr von den dominierenden Standardsystemen, um das zur Verfügung stehende Leistungspotenzial der Mitarbeiter zu nutzen.

An dieser Stelle wird der enge Bezug zwischen Organisationsstruktur und Führungsstil offensichtlich. Stellen sind Grundlage für die **Leistungskontrolle**. Deren Form orientiert sich am Reifegrad eines Beschäftigten. Mitarbeiter mit hohem Reifegrad, die keiner strengen aufgabenbezogenen oder personenorientierten Führung bedürfen, werden an der Erreichung der Ziele ihres Verantwortungsbereiches gemessen. Stellenbezogene Kontrollen, die bei einfach strukturierten Aufgabenbereichen mit geringer übergreifender Verantwortung angebracht sind, eignen sich hier nicht. Aufgabe der Organisationsentwicklung ist es daher, mitarbeiter- und tätigkeitsbezogen ein individuelles System zu implementieren. Einfach strukturierte und leicht zu kontrollierende Stellen mit geringer Verantwortung werden durch klare Beschreibungen definiert. Mit zunehmenden Befugnissen ausgestattete Aufgabenbereiche werden dem **Reifegrad der Mitarbeiter** entsprechend weniger durch Tätigkeitsbeschreibungen, als vielmehr durch Zielsetzungen und die Einbindung in das betriebliche Planungssystem abgesteckt. Reifegradbezogenen Führungsstile fordern folglich eine an den Reifegraden der Mitarbeiter ausgerichtete Stellenbildung. Nachdem Mitarbeiter in ihrer Entwicklung unterstützt werden sollten und sich der Führungsstil dieser Entwicklung anpassen muss, leitet sich als Konsequenz daraus die Forderung nach einer flexiblen Organisationsstruktur ab. Der Entwicklung eines solchen lebendigen Systems steht jede Form der übertriebenen Formalisierung im Wege. Nur ausgeprägte Führungskompetenzen mit minimalen bürokratischen Hindernissen ermöglichen die Nutzung der sich daraus ergebenden Erfolgspotenziale.

5.2.2 Formalisierung der Organisationsstruktur

Um die Organisationsstruktur für alle Beteiligten ersichtlich und nachvollziehbar zu machen, wird sie in Übersichten dargestellt. Diese veranschauli-
chen die organisatorischen Einheiten bis auf die unterste Ebene der Stellen
mit ihren Weisungs- und Kommunikationsbeziehungen. Die Darstellung erfolgt üblicherweise in Form eines Organigramms, das ggf. durch ein Funktionen-Diagramm ergänzt wird.

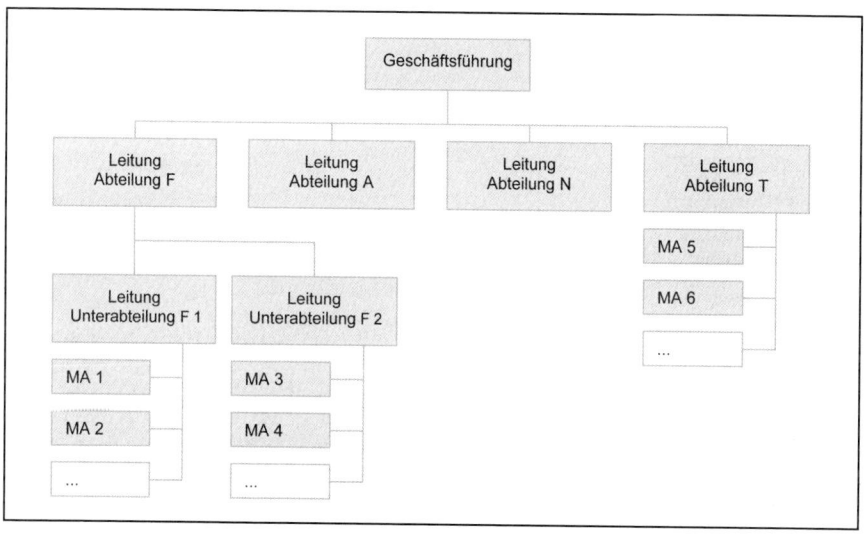

Abb. 5-3: Beispiel für die Struktur eines Organigramms

Das **Organigramm** ist eine grafische Übersicht der Leitungsstruktur eines
Unternehmens. Es beinhaltet die Verteilung der Abteilungen und Stellen sowie deren hierarchische Zuordnung. Im KMU können alle Stellen separat in
einer Übersicht abgebildet sein. Kompliziertere Strukturen werden aus einer
Kombination von Diagrammen mit unterschiedlichem Detaillierungsgrad
dargestellt. Ziel ist es, alle Regelungen der Zuständigkeiten abzubilden. Dies
ist i.d.R. nicht zu realisieren, sodass die Darstellung vereinfacht werden muss
und daher nicht geeignet ist, das tatsächliche System aus Kompetenzen, Verantwortungsbereichen und Weisungsrechten widerzuspiegeln. Insbesondere
die Abbildung eines flexiblen Systems sprengt den Rahmen eines herkömmlichen Organigramms.

Eine zweckmäßige Ergänzung stellt das **Funktionen-Diagramm** dar. Darin werden getrennt nach Aufgabenbereichen die Kompetenzen für Planung, Ausführung und Kontrolle auf die entsprechenden Stellen verteilt. So wird ersichtlich, welche Aufgaben durch welche beteiligten Stellen bearbeitet bzw. verantwortet werden. Die so dargestellte Aufgabendefinition kann auch als Grundlage für die Stellenbeschreibungen verwendet werden. Das Funktionen-Diagramm hilft, Kompetenzkonflikte zu vermeiden und Stellendefinitionen zu konkretisieren.

Funktionen-Diagramm

	Aufgabe 1	Aufgabe 2	Aufgabe 3	Aufgabe 4	Aufgabe 5
Stelle A	V	V	I	I	I
Stelle B	M	M	V	-	-
Stelle C	M	I	M	V	-
Stelle D	M	-	M	M	V
Stelle E	I	-	I	M	-
Stelle F	I	-	-	M	M

V = Verantwortlich   M = Mitarbeit   I = Information

Abb. 5-4: Schema eines Funktionen-Diagramms

Wie alle schematischen Darstellungen stößt auch diese Form der Visualisierung von Organisationsstrukturen an Grenzen. Individualität und Flexibilität der Organisationsentwicklung werden durch Formalisierung nicht gefördert. Als Konsequenz daraus sollen sich Abbildungen der Organisation **auf die prinzipiellen Zusammenhänge beschränken** und keine Hindernisse für die Weiterentwicklung darstellen. Grobe schematische Übersichten sind besser als detaillierte Abbildungen, die im Zuge der Weiterentwicklung nicht mehr aktualisiert werden und eine Genauigkeit vortäuschen, die nicht der Realität entspricht.

In den nachfolgenden Kapiteln werden mit schematischen Darstellungen die Grundformen der Organisation dargestellt und bewertet.

5.2.3 Grundformen der Organisation

Organisationsstrukturen sind die Definition der betrieblichen Weisungs und Kompetenzsysteme (Scheld, 2000; Steinmann/Schreyögg, 2002; Hummel/ Zander, 2002). Durch den Instanzenweg sind die über- und untergeordneten Stellen festgelegt, um Abstimmungsprobleme und Kompetenzkonflikte zu verhindern. Die drei grundsätzlichen Formen von Organisationssystemen (Einlinien-, Mehrlinien- und Matrixsysteme) unterscheiden sich durch verschiedene Varianten und lassen sich auch miteinander kombinieren. Das Matrixsystem lässt sich als Mehrliniensystem definieren. Aufgrund seiner grundlegend unterschiedlichen Struktur wird es im Folgenden als eigene Grundform behandelt.

Das Ziel einer Organisationsentwicklung ist das Finden einer situations- und personenabhängigen optimalen Struktur für das Unternehmen und seine Bereiche. Hierfür ist es notwendig, die Vor- und Nachteile der unterschiedlichen Systeme zu kennen, um im Rahmen der praktischen Umsetzung die angemessene Organisationsform wählen, anpassen bzw. kombinieren zu können.

5.2.3.1 Einliniensysteme

Einliniensysteme dominieren aufgrund ihrer Einfachheit nach wie vor. Sie sind dadurch gekennzeichnet, dass jede Stelle nur von einer übergeordneten Instanz Weisungen erhalten kann. Weisungs- und Kommunikationsbeziehungen bestehen nur zwischen zwei direkt aufeinander folgenden Stellen. Der Instanzenweg wird streng beibehalten. Diese Form der Organisation besteht überwiegend in KMU, im öffentlichen Dienst, in militärischen Einrichtungen und beispielsweise bei der Feuerwehr.

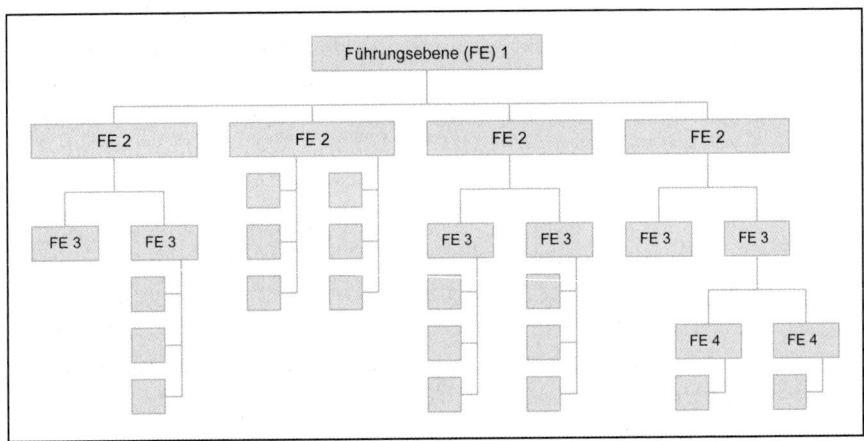

Abb. 5-5: Beispiel für Einliniensystem

Vorteile der Einliniensysteme sind zunächst deren einfach nachvollziehbare Struktur und Übersichtlichkeit. Die Entscheidungswege sind klar definiert und die Aufgaben, Kompetenzen und Verantwortlichkeiten sind genau abgegrenzt. Damit verbunden ist eine einfache Koordination sowie die genaue Kontrollmöglichkeit jeder Stelle. Die Vorteile kommen zum Tragen, wenn einfach strukturierte Aufgaben in genau definierter Art und Weise ausgeführt werden können und diese keine Anforderungen an situativ flexibles Entscheiden stellen. Klare Aufgabenstellungen und Tätigkeiten, die leicht und eindeutig zu bewertende Ergebnisse zum Ziel haben, sind einfach und objektiv zu kontrollieren und können gut in ein Einliniensystem integriert werden. Klare Entscheidungswege sind überall dort von Vorteil, wo zentrale Entscheidungen von der ausführenden Stelle schnell und ohne eigenen Entscheidungsspielraum ausgeführt werden sollen (vgl. Feuerwehr). Mitarbeiter mit durchschnittlichen Fähigkeiten und geringer Eigenmotivation, die aufgrund ihres niedrigen führungstechnischen Reifegrades mit einem ausgeprägt aufgaben-orientierten Stil geführt und kontrolliert werden, sind sinnvoller Weise in ein klares Einliniensystem einzubinden.

Im Einliniensystem werden alle Entscheidungen von den vorgesetzten Stellen getroffen. Die Leitungsstellen tragen die gesamte Verantwortung und sind für die Kontrolle der Umsetzung zuständig. Zu den **Nachteilen** dieses Systems zählt eine mögliche Überforderung der vorgesetzten Leitungsstellen. Verant-wortung wird bei Überforderung weitergegeben, ohne die Kompetenzen der dann verantwortlichen Stellen entsprechend anzupassen. Ein Nachteil sind die langen Entscheidungs- und Informationswege. Probleme und Handlungsbe-darf, die auf unterster Ebene einer ausführenden Stelle erkannt werden, brau-chen vor der Umsetzung die Zustimmung einer übergeordneten Leitungsstel-le. Dies führt zu schwerfälligen Entscheidungen, Informationsverlusten und Effizienzproblemen. Starre Liniensysteme mit hierarchischer Struktur kön-nen dazu führen, dass Detailwissen und Entscheidungskompetenzen der aus-führenden Stellen vernachlässigt werden und bei der Entscheidungsfindung unberücksichtigt bleiben. Dies schlägt sich in suboptimalen Entscheidungen nieder und mindert die Motivation untergeordneter Mitarbeiter, weil ihre In-formationen nicht berücksichtigt werden oder weil sie durch ihr Wissen nicht aktiv zur Problemlösung beitragen dürfen.

In Reinform sind Einliniensysteme nur dort sinnvoll, wo sehr einfach struk-turierte Tätigkeiten ohne Entscheidungsspielraum ausgeführt und kontrolliert werden können. In den meisten Fällen ist jedoch bereits auf der untersten Hierarchieebene eine Einbeziehung der ausführenden Stellen in die Entschei-dungsfindung und selbständige Problemlösung sinnvoll. Umso erschreckender stellt sich die aktuelle betriebliche Praxis dar, in der starre Einliniensysteme noch eine weite Verbreitung haben, zum Nachteil des unternehmerischen Er-folges. Ursache hierfür ist die vermeintliche Einfachheit des Systems. Ande-re Systeme erfordern eine intensivere Auseinandersetzung mit den Aufgaben einer Führungskraft. Die Einfachheit wird zum Nachteil, wenn zu Gunsten des vermeintlich schnelleren Weges auf umfangreiche Effizienzsteigerungen durch aktive und kooperative Führungsstrukturen verzichtet wird.

5.2.3.2 Mehrliniensysteme

Im Mehrliniensystem erhalten untergeordnete Stellen Weisungen von mehreren übergeordneten Instanzen. Dies ist sinnvoll, wenn Spezialwissen von vorgesetzten Leitungsstellen in mehreren untergeordneten Bereichen genutzt werden kann, oder wenn Mitarbeiter aufgabenbezogen unterschiedlich zugeordnet werden.

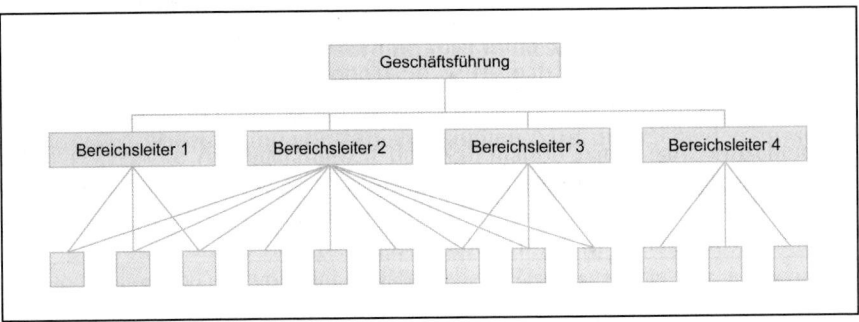

Abb. 5-6: Beispiel für Mehrliniensystem

Vorteile dieses Systems sind neben der vernetzten Nutzung von Spezialwissen die Abkürzung von Weisungs- und Informationswegen. Zu den **Nachteilen** gehören mögliche Kompetenzkonflikte, ein größerer Abstimmungs- und Kommunikationsbedarf zwischen den Vorgesetzten sowie eine schwierigere Kontrolle der Ergebnisse.

5.2.3.3 Stablinien- und Staborganisation

Die Stablinienorganisation entspricht prinzipiell dem Einliniensystem und wird um **Stabstellen** ergänzt, die Aufgaben der Entscheidungsvorbereitung sowie der Informationssammlung und -aufbereitung übernehmen. Stabstellen haben keine eigene Entscheidungskompetenz. Sie dienen ausschließlich der Unterstützung von Leitungsstellen, denen sie alleine und unmittelbar unterstellt sind. Typische Aufgabenfelder von Stabstellen sind die Assistenz der Geschäftsführung oder von Abteilungsleitern.

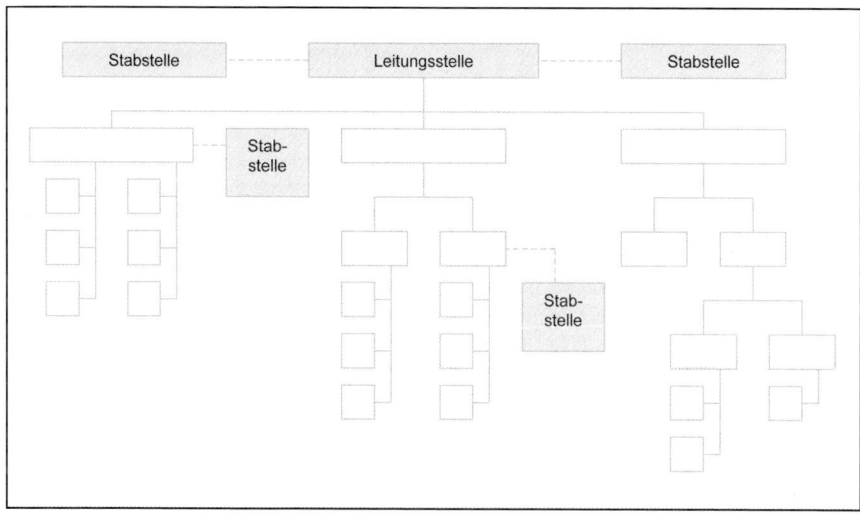

Abb. 5-7: Beispiel für ein Stabliniensystem

Die **Vorteile** sind mit denen der Liniensysteme zu vergleichen. Zusätzlich besteht das Potenzial, die Leistungsfähigkeit von Entscheidungsträgern zu erhöhen und Spezialwissen zu integrieren. Übergeordnete Führungskräfte müssen über generalistische Fähigkeiten verfügen. Mit spezialisierten Stabsmitarbeitern wird das notwendige Spezialwissen durch fachliche Entscheidungsvorbereitung ergänzt. Als **Probleme** der Stablinienstruktur kann sich beispielsweise eine Konkurrenzsituation zwischen Stab und Leitung herausbilden, oder der Stab kann sich zur dominierenden Stelle entwickeln. Vorbereitete Informationen können von der Leitungsstelle ignoriert werden oder es wird Verantwortung an die Stabstelle abgeschoben, obwohl diese keine Entscheidungsbefugnisse hat. Der Erfolg einer Stablinienorganisation hängt davon ab, inwieweit es gelingt, das Aufgabenfeld der Stabstelle genau zu definieren ohne ihren Gestaltungsspielraum und die Entwicklung kreativer Ideen einzuengen. Stabstellen sind für Nachwuchskräfte gut geeignet, einen Unternehmensbereich im direkten Umfeld eines verantwortlichen Entscheidungsträgers kennen zu lernen.

Die **Staborganisation** unterscheidet sich von der Stablinienorganisation dadurch, dass die Stabstellen nicht nur direkt übergeordnete Leitungsstellen entlasten, sondern daneben Weisungs- und Informationsrechte gegenüber weiteren, der Leitungsstelle untergeordneten Stellen haben.

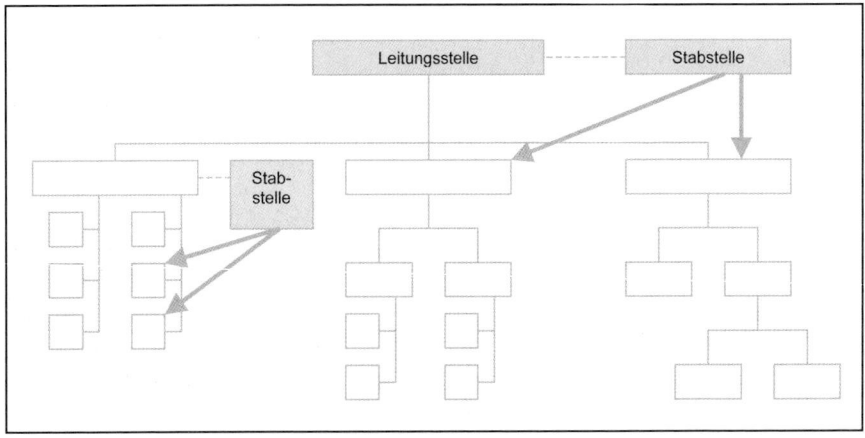

Abb. 5-8: Beispiel für ein Stabsystem

Mögliche **Vorteile** sind eine direkte und schnellere Informationsvermittlung sowie die Nutzung des Spezialwissens auch bei weiteren untergeordneten Stellen. **Problematisch** werden die weniger klaren Weisungswege, wenn sie in Zuständigkeitsproblemen und Kompetenzgerangel münden. Der Koordinierungsaufwand wird größer, wenn vermieden werden soll, dass Informationen an der Leitungsstelle vorbei direkt zu den untergeordneten Stellen gelangen. Wie bei allen Organisationsformen wächst mit steigender Flexibilität auch der Koordinierungsaufwand. Die Führungsfunktion der Leitungsstellen verlangt daher weniger fachliche, dafür aber zunehmend koordinierende Fähigkeiten.

5.2.3.4 Spartenorganisation

Die Spartenorganisation, auch divisionale Organisation oder Geschäftsbereichsorganisation genannt, ist überwiegend in großen Unternehmen zu finden. Die Gliederung erfolgt nach Objektbereichen, wie Produktbereiche, Kundengruppen oder Regionen. Die entstehenden Untereinheiten werden als Sparte, Division oder Geschäftsbereich bezeichnet. Jede Sparte erhält ein bestimmtes Maß an Autonomie und ist selbst wiederum durch ein Organisationssystem strukturiert.

Sparten können als selbständiger strategischer Geschäftsbereich angegliedert sein. Die Geschäftsleitung der Sparte hat dann Entscheidungsfreiheiten über Ausrichtung und Entwicklung ihres Unternehmensbereiches (Profit-Center), muss jedoch gegenüber dem Zentralbereich Rechenschaft über den Periodenerfolg und die Erfolgsplanung ablegen. Es gibt auch eine Spartenorganisation mit sehr begrenzter Autonomie der Sparte. Strategische Entscheidungen, Investitions- und Marketingentscheidungen werden dann überwiegend vom Zentralbereich getroffen. Die Spartenleitung hat die Aufgabe, unter den gegebenen Rahmenbedingungen die vorgegebenen Ziele unter optimalem Einsatz der Ressourcen zu erreichen (Cost-Center). In dieser Form ist die Spartenorganisation mit einer Linienorganisation zu vergleichen, in der die Abteilungsleiter große Entscheidungsspielräume haben und keine Überschneidungen zwischen den Instanzen der Abteilungen bestehen.

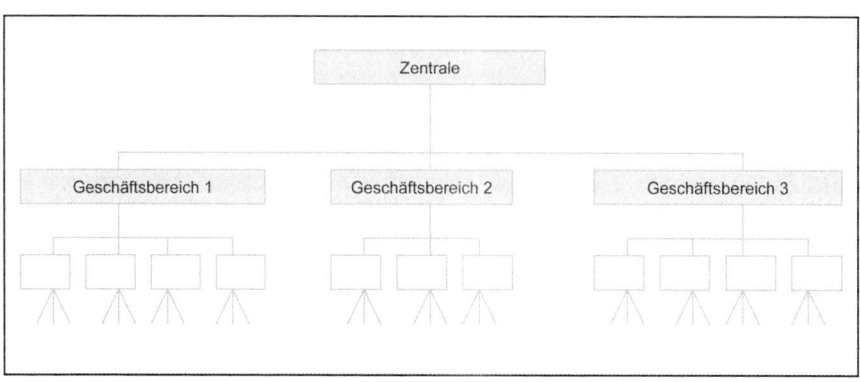

Abb. 5-9: Beispiel für eine Spartenorganisation

Die **Vorteile** dieser Organisationsform sind die Entflechtung von Unternehmenseinheiten, eine klare Entscheidungsverteilung und einfache Erfolgskontrollen. **Nachteile** entstehen, wenn übergeordnete Entscheidungen von den Spartenleitern nicht nachvollzogen werden können, wenn der Beitrag der Sparte zum Gesamterfolg nicht transparent dargestellt wird oder wenn der Gesamterfolg durch sog. Spartenegoismus beeinträchtigt wird.

Spartenorganisationen setzen selbständige Führungskräfte mit unternehmerischer Denkweise voraus. Die aufgaben- und personenorientierte Führung muss ersetzt werden durch Ziel- und Planungsorientierung. Die Definition von Zielsetzungen und die Ausgestaltung der Planungsinstrumente gewinnt mit zunehmender Dezentralisierung der Führungs- und Organisationsstrukturen eine überaus große Bedeutung.

5.2.3.5 Matrixsysteme

Die Matrixorganisation ist ein Organisationsprinzip, in dem zwei Leitungssysteme kombiniert werden. Sie ist eine Form der Mehrliniensysteme, wird hier jedoch als eigenständige Organisationsform dargestellt, weil sie sich zur Kombination mit anderen Systemen eignet.

Bei der Matrixorganisation wird eine Strukturierung in **funktionale Bereiche** (z.B. Produktentwicklung, Einkauf, Produktion, Vertrieb) und in **Objektbereiche** (z.B. nach Produktgruppen oder Regionen) vorgenommen. Durch die Verknüpfung der vertikalen Objektbereiche mit den horizontalen Funktionsbereichen entsteht die namensgebende Matrixstruktur.

Im klassischen Liniensystem erfolgt die Koordination der Funktionsbereiche durch die Abteilungsleiter. Beispielsweise koordiniert der Einkauf den Bedarf aller Abteilungen und organisiert die Beschaffung. In der Matrixstruktur ist die Einkaufsfunktion mit dem Produktmanagement verknüpft. Dieses umfasst die produkt- bzw. produktgruppenbezogene Organisation des gesamten Leistungsprozesses, von der Marktforschung bis zum Vertrieb. Die produkt- und kundenorientierte Organisationsgestaltung erhält von den Funktionsbereichen Unterstützung. Damit steht der marktbezogene Prozess im Mittelpunkt und nicht die funktionale Abteilung. Mitarbeiter unterstehen damit zwei Instanzen, zum einen dem Leiter der funktionalen Abteilung und zum anderen dem Produktmanager. Im angeführten Beispiel untersteht der Einkäufer dem Einkaufsleiter und zugleich dem Leiter des Produktmanagements. Die Entscheidungen werden im Idealfall durch die Stelleninhaber getroffen. Die Koordination auf Basis von Detailplänen erfolgt durch die vorgesetzten Leitungsstellen. Entscheidungen werden in direktem Zusammenhang mit den kundenbezogenen Kernprozessen getroffen. Wettbewerbs- und kundenrelevante Prozessschritte werden durch selbständige Koordination der betreffenden Stellen ohne Eingriff der übergeordneter Instanzen auf kürzestem Wege entschieden.

Die Matrixorganisation ist eine Übergangsform zu prozessorientierten Organisationssystemen. In der selbständigen Koordination von Funktions- und Objektbereichen mit direkter Orientierung an den kundenbezogenen Kernprozessen (vgl. hierzu Kapitel 6) ist der **Vorteil** der Matrixorganisation zu sehen. Weitgehend losgelöst von hierarchischen Belangen können Entscheidungen durch die unmittelbare Verknüpfung von Spezialwissen aus den Funktionsbereichen mit den produktbezogenen Objektbereichen getroffen werden. In einer extrem an den Belangen des Produktmanagements ausgerichteten Organisation übernehmen die Mitarbeiter in den Funktionsbereichen zunehmend Tätigkeiten, die dem Produktmanagement zuzurechnen sind. Der Übergang von funktionalen zu produktorientierten Tätigkeiten ist fließend. Konsequent umgesetzt bedeutet dies, dass jeder Mitarbeiter unmittelbaren Einblick in die kundenorientierten Abläufe hat und seinen Beitrag zur kundenbezogenen Leistungserstellung erkennen und steuern kann.

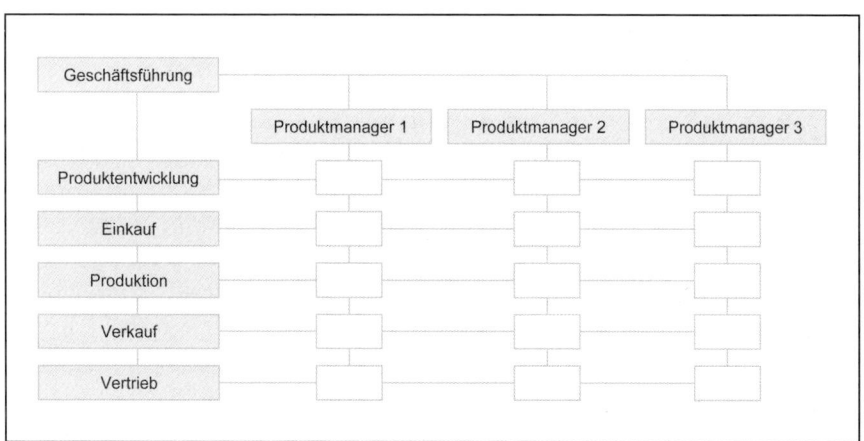

Abb. 5-10: Beispiel für die Struktur einer Matrixorganisation

Voraussetzung für das Funktionieren einer Matrixorganisation ist vorrangig die Teamfähigkeit aller Beteiligten. Zentrale Entscheidungen beschränken sich auf die mittel- und langfristige Ausrichtung des Unternehmens und die Formulierung der sich daraus abzuleitenden Zielsetzungen und Leitbilder. Alle strategischen und operativen Entscheidungen sind das Ergebnis der Koordination der leitenden Stellen unter Einbeziehung der ausführenden Stellen. Um Kompetenzgerangel und Stellendominanz zu verhindern, sowie die Koordination auf unterschiedlichen Ebenen zu gewährleisten, bedarf es einer ausgeprägten Führungs- und Kommunikationskultur. Die Anforderungen an Teamfähigkeit, Entscheidungs- und Verantwortungsfreude sowie soziale Kompetenz sind ungleich höher als in klassischen Organisationsformen.

5.2.4 Entwicklungs- und Kombinationsmöglichkeiten von Grundformen

Werden die Grundformen der Organisationsstrukturen zusammengefasst, sind grundsätzlich das Linien- vom Matrixsystem zu unterscheiden. Das Spartensystem ist eine Organisationsform auf übergeordneter Ebene und kann ebenfalls mit Linien- und Matrixsystemen auf Spartenebene realisiert werden.

Liniensysteme haben den Vorteil der Übersichtlichkeit und der klaren Zuordnung der Kompetenzen und Verantwortungen. Ein Liniensystem ist leicht zu steuern. Die Erfolgskontrolle ist stellenbezogen einfach durchzuführen. Die Verantwortung für die Zielerreichung liegt bei den Führungskräften. Die Vorteile des Liniensystems sind nur zu nutzen, wenn Führungskräfte mit hoher Entscheidungskompetenz zur Verfügung stehen. Diese sind angewiesen auf eine große Disziplin in Sachen hierarchischer Einordnung und Vertrauen. Flache Hierarchiestrukturen erleichtern die Kommunikation.

Das **Matrixsystem** basiert auf Eigenkoordination, Eigenverantwortlichkeit und Selbstkontrolle. Es stellt hohe Anforderungen an die Selbstlenkungsfähigkeit, die Motivation und die Kommunikationsfähigkeit aller Mitarbeiter. Wettbewerbs- und kundenrelevante Entscheidungen können flexibel getroffen werden. Die kundenorientierte Prozessgestaltung ist in dieses System ideal zu integrieren.

Das Liniensystem ist einfach in der Struktur und Kontrolle, jedoch starr und langsam in der Reaktion auf Veränderungen und Informationen. Das Matrixsystem erlaubt flexibles Handeln und schnelle Reaktionen, ist jedoch hinsichtlich der Mitarbeiter und ihrer Fähigkeiten äußerst anspruchsvoll. Dies legt eine Kombination mit dem Liniensystem nahe. Es ist anzustreben, die jeweiligen Vorteile unter Berücksichtigung der Anforderungen miteinander zu vernetzen.

Stellen mit **Routinearbeiten**, bei denen sich Aufgaben und Inhalte häufig wiederholen und die keiner flexiblen Anpassung bedürfen, sind in klar abgegrenzten Stellen mit eindeutiger Zuordnung zu einer Abteilung leichter zu führen und zu kontrollieren. Gleiches gilt für Abteilungen bzw. Stellen mit kontrollierenden oder unterstützenden Aufgabenbereichen. Diese können leichter in einen zentralen Verantwortungsbereich zusammengefasst werden. Mitarbeiter mit geringen Fähigkeiten und einer begrenzten Motivation leisten in eindeutig definierten Stellen mit klarer Einordnung in ein hierarchisches System mehr als in Bereichen mit weitreichender Selbstverantwortung.

Alle Aufgabenbereiche, die eine schnelle **Reaktion auf Veränderungen** erfordern und mit häufig wechselnden Inhalten oder der Kombination von Wissensbereichen aus unterschiedlichen Abteilungen konfrontiert sind, können in einer Matrixstruktur effektiver koordiniert werden. Prozessorientierte Organisationsformen, wie das Produktmanagement, sind nur zu realisieren, wenn die Funktionsbereiche in die produkt- bzw. kundenorientierte Ausrichtung integriert werden. Mitarbeiter mit einem hohen führungstechnischen Reifegrad und großer Eigendynamik erfahren durch die unmittelbare Einbindung in die Entscheidungen eine starke Motivation.

Zusammenfassend ist zu sagen, dass eine optimale Organisationsstruktur nur dann entsteht, wenn die individuellen Rahmenbedingungen in den Unternehmensbereichen berücksichtigt werden. Hierbei sind die Bedürfnisse, die Fähigkeiten und die Motivationsstruktur der Mitarbeiter die wichtigsten Orientierungspunkte. Organisationsstruktur und Führungskultur sind nicht voneinander losgelöst zu betrachten. Die Potenziale, die Kreativität und die Leistungsbereitschaft von Mitarbeitern werden nur dann im Interesse des Unternehmens eingebracht, wenn die Struktur des Unternehmens und die Gestaltung der Prozesse die Bedürfnisse der Leistungsträger berücksichtigt. Diese Strukturen entstehen nicht von alleine. Eine Führungskraft erfüllt dann ihre Aufgabe, wenn es ihr gelingt, durch Realisierung optimaler Strukturen die Leistungsfähigkeit der Mitarbeiter zu nutzen. In den meisten Unternehmen sind die Potenziale zur Effizienzsteigerung bei der Mitarbeitermotivation um ein Vielfaches größer als in den technischen Bereichen.

5.3 Ablauforientierte Organisation – Prozessorganisation

5.3.1 Ursprünge und Aufgaben des Prozessmanagements

Die Arbeitsteilung war der Ursprung zur Bildung von koordinierenden Organisationsstrukturen. Durch Spezialisierungseffekte konnte die Produktivität um ein Vielfaches gesteigert werden. Die Konsequenz war die Gliederung von Unternehmen in Verantwortungsbereiche und die hierarchische Einordnung von Leitungs- und Ausführungsstellen. Die Koordination durch Regelung der Informations- und Weisungsrechte sind Zweck der Aufbauorganisation. Das Hauptaugenmerk liegt auf der Effizienz von Produktions- und Leistungserstellung. Die klassische Aufbauorganisation ist ihrem Ursprung entsprechend produktionsorientiert. Dies widerspricht der Forderung nach einer marketingstrategischen Ausrichtung des gesamten Unternehmens.

Die Leistungserstellung im Unternehmen bzw. die Wertschöpfung entsteht durch Verknüpfung einzelner Tätigkeiten. Diese beziehen sich entweder unmittelbar auf die Erstellung einer Leistung bzw. eines Produktes oder fördern eine produktive Tätigkeit, indem sie unterstützende, planende oder kontrollierende Funktionen erfüllen. Die Produkte bzw. Leistungen, die den Kunden erreichen, sind das Ergebnis der Kombination aller Einzelschritte und Teiltätigkeiten im Gesamtunternehmen. Die Kombination von Aktivitäten, die ihrerseits auf Inputs angewiesen sind und zur Wertschöpfung beitragen, wird als **Unternehmensprozess** definiert (Hammer/Champy, 2003).

Die gesamte Unternehmensaktivität lässt sich in zahlreiche Prozesse unterteilen, die direkt oder indirekt zur Wertschöpfung beitragen. Für Prozessstrukturen und die Entwicklung eines **prozessorientierten Managements** ist von Bedeutung, dass Prozesse nicht vor Unternehmensbereichen und Abteilungen halt machen, sondern bereichsübergreifend ablaufen. Wertschöpfungsketten, z.B. von der Auftragserteilung über die Auftragsverarbeitung, die Produktion und die Auslieferung und Fakturierung, verlaufen entlang mehrerer Stellen unterschiedlicher Verantwortungsbereiche. Sie nehmen innerhalb der Organisationsstruktur nicht den „direkten" Weg, sondern durchlaufen das Unternehmen auf komplexen Umwegen. Diese werden durch die Abteilungs- und Bereichsgrenzen bzw. das Einhalten des hierarchischen Instanzenweges erzwungen. Dies gilt sowohl für Leistungsprozesse von der Auftragsannahme bis zur Auslieferung, wie auch für interne und externe Kommunikationsprozesse.

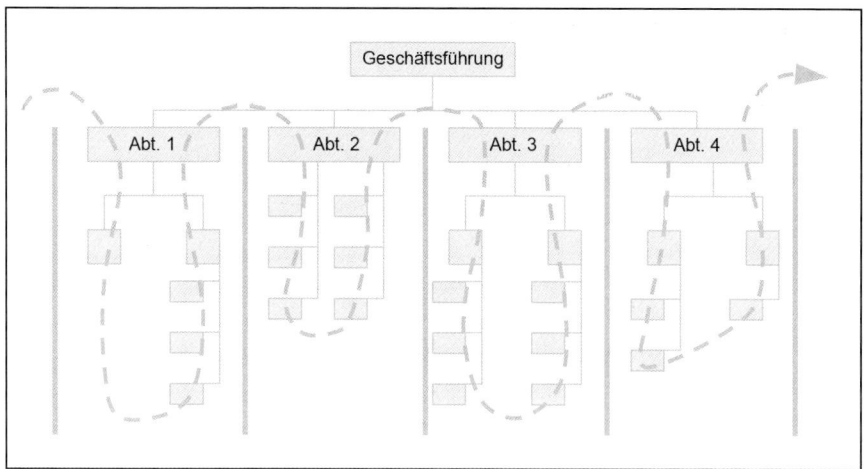

Abb. 5-11: Prozesswege in einer streng hierarchischen Aufbauorganisation

Dennoch zielen alle Aufgaben in jedem Unternehmensbereich darauf ab, eine den Erwartungen des Kunden entsprechende Leistung zu erstellen. Hierin liegt der wesentliche Unterschied zwischen der produktionsorientierten Perspektive der klassischen Aufbaustrukturierung und einer an den Markterwartungen ausgerichteten Gestaltung der Prozessabläufe eines Unternehmens.

In **marktorientierten Unternehmen** erhält die Erfüllung von Kundenbedürfnissen zentrale Bedeutung. Alle Bestrebungen der unternehmerischen Leistungserstellung laufen darauf hinaus, Kundenwünsche so umfassend wie möglich zu erfüllen. Die Produktion sowie alle begleitenden und unterstützenden Aktivitäten orientieren sich an den Maßgaben der strategischen Unternehmensplanung. Streng genommen dienen alle Prozesse des Unternehmens dazu, die strategisch bedeutenden Zielsetzungen zu erfüllen. Im Mittelpunkt stehen die zielgruppenspezifischen Erwartungen, die Profilierungs- und Differenzierungsansätze des Unternehmens sowie die eigentümer- und zweckbezogenen Zielsetzungen.

Zusammengefasst ist es **Aufgabe des Prozessmanagements**, alle Unternehmensprozesse so zu gestalten, dass sie mit größtmöglicher Effizienz zur Erreichung der strategischen Ziele beitragen. Voraussetzung hierfür ist die Orientierung jeder Produktionsstufe und jedes Prozessschrittes an den von Kunden nachgefragten Leistungen (Gaitanides et al., 1994). Die Matrixorganisation ist eine Struktur, in der das Produktmanagement und damit die strategisch

orientierte Vorgehensweise zu realisieren sind. Diese Organisationsform beinhaltet in unmittelbar produktbezogenen Unternehmensprozessen wesentliche Elemente der prozessorientierten Organisation.

5.3.2 Prinzipien der prozessorientierten Organisation

Aus der Forderung nach einer Fokussierung auf kundenorientierte Leistungen
leitet sich innerhalb des Prozessmanagements der Begriff des „internen
Kunden" ab (Helbig, 2003). Eine auf alle Prozessschritte übertragene marketingstrategische Ausrichtung ist nur möglich, wenn jeder Mitarbeiter in der
Leistungserstellung und Kommunikation seinen Beitrag zur Wertschöpfung
kennt und zur Leistungserstellung beiträgt (Eversheim, 1995). Dies ist nur
möglich, wenn er innerhalb der Wertschöpfungskette von den anderen beteiligten Prozessmitgliedern eine optimale Vorleistung bekommt. Für jede Stelle,
bzw. Prozessstufe, gibt es Lieferanten, die den notwendigen Input liefern, und
Abnehmer, durch die eine Leistungserstellung fortgesetzt wird. Die Zielerreichung an jeder Stelle ist von der Leistungserstellung und den Vorleistungen
abhängig. Fehler oder Qualitätseinbußen an einer Prozessstelle mindern den
Wertschöpfungsprozess an jeder weiteren Stelle. Zielerreichung mit geringst
möglichem Ressourceneinsatz ist nur möglich, wenn alle Aktivitäten reibungslos aufeinander abgestimmt sind. Daraus ergibt sich die Forderung, dass
eine **Lieferanten-Kunden-Beziehung** nicht nur gegenüber den externen
Kunden, sondern auch intern zwischen allen Stellen bestehen muss.

Die Notwendigkeit, starre, stellenbezogene Tätigkeiten zu einer prozessorientierten Struktur weiterzuentwickeln, ergibt sich auch aus der grundlegenden **Veränderung der unternehmerischen Zielsysteme**. Das übergeordnete Ziel der nachhaltigen Existenzsicherung bleibt bestehen. Jedoch sind
die Voraussetzungen zur Erreichung dieses Zieles wesentlich komplexer ge-
worden. Früher standen die optimale Nutzung der Ressourcen und die daraus
folgende Kostenminimierung bzw. Gewinnmaximierung als zentrale Zielgröße fest. In jüngerer Zeit hat sich die Überzeugung durchgesetzt, dass weitere
wichtige Bedingungen zur Existenzsicherung erfüllt sein müssen. Viele Forderungen leiten sich aus der großen Dynamik der Markt- und Wettbewerbs-

verhältnisse ab. Effizienter Ressourceneinsatz muss einhergehen mit der Fähigkeit, sich den gegebenen Forderungen von Seiten der Kunden und Konkurrenten flexibel anzupassen bzw. das Unternehmen dafür weiterzuentwickeln. **Diese Fortschrittsfähigkeit** ist nur mit engagierten und motivierten Mitarbeitern zu erbringen.

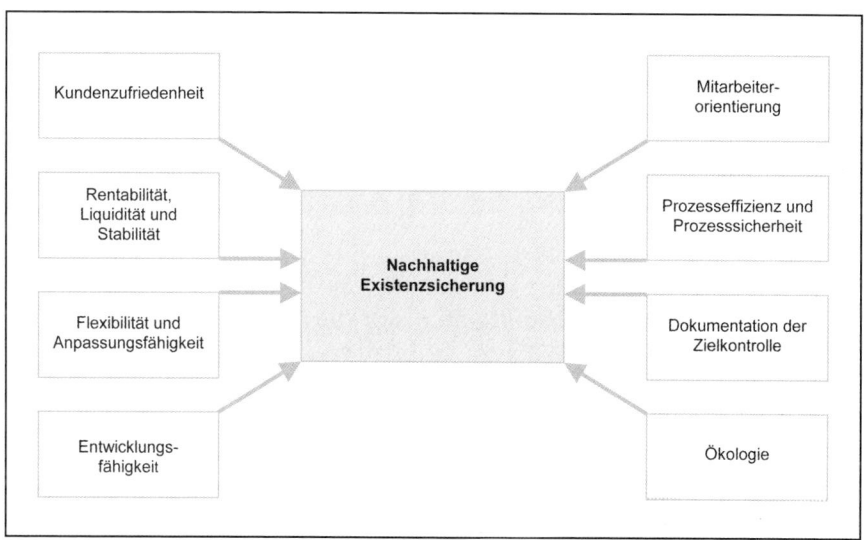

Abb. 5-12: Erweitertes Zielsystem zur nachhaltigen Existenzsicherung

Die Mitarbeiterorientierung und die Entwicklung zeitgemäßer Führungssysteme sind hierfür eine grundsätzliche Voraussetzung. Die Berücksichtigung individueller Bedürfnisse von Mitarbeitern ist für die interne Leistungsfähigkeit von ebenso großer Bedeutung wie die Erfüllung von Kundenbedürfnissen für den Absatzerfolg. Die Leistung und Kreativität der Mitarbeiter ist als wichtigster Baustein des unternehmerischen Erfolges in aller Munde, doch die praktische Umsetzung dieser vielerorts formulierten Überzeugung lässt oft zu wünschen übrig. Solange von Humankapital gesprochen wird, fehlt es an der Einsicht, dass nicht das rechnerische Verhältnis aus eingesetzter Zeit und messbarem Output die Leistungsfähigkeit eines Unternehmens ausmacht, sondern vielmehr die Identifizierung der Mitarbeiter mit den Zielen und Produkten des Unternehmens und schließlich mit dessen Kunden.

Die gesamten für den Erfolg einzusetzenden Leistungen sind viel stärker in direktem Bezug zu den angestrebten, kundenorientierten Zielen zu bewerten als in absoluten Werten. **Kostenoptimierung** und nicht Kostenminimierung ist das entscheidende Ziel. Nicht der Input alleine ist von Bedeutung, sondern der mit ihm erreichte Effekt für die Zielerreichung. Alle übergeordneten Ziele sind mittel- und langfristig angelegt und erfordern eine sog. Nachhaltigkeit. Deshalb ist auch die Gewinnmaximierung als Zieldefinition ungeeignet. Im Interesse einer nachhaltigen Existenzsicherung und aktiven Weiterentwicklung des Unternehmens ist von einer **Gewinnoptimierung** zu sprechen. Dieser Begriff beinhaltet das Erreichen der Ziele, in dem die Interessen aller Beteiligten berücksichtigt werden, die zur Leistungsfähigkeit beitragen. Dies gewährleistet das Erreichen unternehmerischer Ziele mit einer größeren Sicherheit als mit einer einseitigen Orientierung an absoluten Kapital- bzw. Unternehmenswerten. Dies wird an dieser Stelle besonders betont, weil der Grundgedanke des Prozessmanagements die Orientierung an den Kundenbedürfnissen und die hierfür notwendige kundenorientierte Denkweise aller Beteiligter beinhaltet. Das **Denken in prozessorientierten Strukturen** hat tiefgreifende Konsequenzen für die Steuerung und die Gestaltung eines Unternehmens, auch wenn die formalen Strukturen nicht zwangsläufig revolutioniert werden.

Ein weiterer zentraler Aspekt des Prozessmanagements ist die **Optimierung der Unternehmensprozesse**. In der Praxis ist zu erkennen, dass Unternehmen mit der Zeit eine fest gefügte Struktur annehmen. Abläufe verlaufen nach einem gewohnten Schema, Kompetenzen sind verhältnismäßig klar geregelt. Parallel dazu entwickelt sich jedes Unternehmen fortlaufend weiter. Dies geschieht i.d.R. durch einen Anpassungsdruck entweder durch interne Veränderungen, z.b. der Personalzusammensetzung, oder durch einen Wandel der externen Rahmenbedingungen, z.b. der Nachfrage. Am deutlichsten werden diese Veränderungen bei Wachstumsprozessen, Änderungen des Sortiments, Anpassungen der Produktionsstruktur oder Neustrukturierung der Organisation. In den meisten Fällen verläuft diese Anpassung in Form vieler kleiner aufeinanderfolgender Schritte. Mitunter wird der Abstand zu den angestrebten optimalen Strukturen so groß, dass ein tiefgreifender, radikaler Entwicklungsschritt notwendig wird. Solche Restrukturierungen sind ebenfalls Gegenstand des Prozessmanagements, dienen der Effizienzoptimierung und damit auch der Existenzsicherung des Unternehmens.

Das Prozessmanagement steht schließlich in unmittelbarem Zusammenhang zum **Qualitätsmanagement**. Dieses beschränkt sich im klassischen produktionsorientierten Betrieb auf die Funktion der Qualitätskontrolle, die fertige Produkte anhand definierter Kriterien prüft. Fehlerhafte Produkte werden aussortiert oder unter Duldung eines geringeren Qualitätsniveaus abverkauft. Qualitätsmanagement im modernen Sinne stellt die definierte Qualität über alle Schritte des Wertschöpfungsprozesses hinweg sicher und identifiziert Fehler bereits am Ort der Entstehung. Eine klare Verantwortungszuteilung und systematische Dokumentationen tragen dazu bei, Fehler zu erkennen und zu analysieren sowie Maßnahmen zu schaffen, die eine Wiederholung der Fehler vermeiden helfen. Ein Kennzeichen des Qualitätsmanagements ist die Zerlegung des Betriebsgeschehens in Prozessabläufe und die Definition von Dokumentations- und Prüfaufgaben für qualitätsrelevante Prozessschritte. Eine eingehende Erläuterung des Qualitätsmanagements erfolgt in Kapitel 6.

Eine weitere Zielgröße im prozessorientierten Denken ist die Schonung der **natürlichen Ressourcen**. Das Erreichen ökologischer Ziele darf sich nicht auf die gesetzlich vorgegebenen Grenzwerte oder Regelungen alleine beschränken. Ressourcenschonung ist in der unternehmerischen Verantwortung verankert und daher ein unverzichtbarer Bestandteil des Leitbildes. Strategische Gestaltung der Fortschrittsfähigkeit zeigt sich nicht nur durch Reaktionen auf Reglementierungen, sondern durch aktive Entwicklung individueller Maßnahmen zur Verbesserung der Umweltverträglichkeit des Unternehmens. Ökologische und ökonomische Zielsetzungen müssen sich nicht ausschließen, doch sind die ökonomisch positiven Konsequenzen ökologischer Maßnahmen nicht kurzfristig, sondern nur vor einem langfristigen Zeithorizont zu erkennen. Dies steht jedoch angesichts der auf Langfristigkeit angelegten Unternehmensführung nicht im Widerspruch zu den anderen unternehmerischen Zielsetzungen.

Zusammenfassend ist festzuhalten, dass für die moderne Unternehmensführung die Fokussierung auf Prozessstrukturen sehr wichtig ist. Sie ist das Ergebnis der Ausrichtung interner Strukturen auf die Bedürfnisse der Kunden und ein Beitrag zur Flexibilisierung und Anpassungsfähigkeit eines Unternehmens. Prozessmanagement steht in engem Zusammenhang zur Führungskultur, bildet sie Grundlage für die Prozessoptimierung und ist schließlich die Basis für die Implementierung von Qualitätsmanagementsystemen, die auch ressourcenschonendes Wirtschaften berücksichtigen.

5.3.3 Teilbereiche des Prozessmanagements

Die Notwendigkeit zur Einführung eines Qualitätsmanagementsystems ist in der Weinbranche oft der Anlass, sich konkret mit Prozessstrukturen auseinander zu setzen. Der Zwang zur Formalisierung und Dokumentation der Betriebsabläufe bildet dann den Ausgangspunkt zum prozessorientierten Denken. Sinnvoller ist es jedoch, zuerst eine prozessorientierte Führungs- und Kontrollstruktur zu entwickeln, die Effizienz- und Qualitätsziele dadurch sicher zu stellen und anschließend ein zu zertifizierendes System einzuführen.

Im Idealfall ist das Qualitätsmanagementsystem die Abbildung des Unternehmens hinsichtlich seiner Zielsetzungen und der daran ausgerichteten Prozessstrukturen. Ein Qualitätsmanagement als Absicherung eines konsequent entwickelten Unternehmenskonzeptes macht den oft befürchteten Formalisierungsaufwand überflüssig. Probleme entstehen, wenn einer fehlenden Struktur ein Qualitätsmanagement-Konzept gleichsam aufgesetzt wird, im Glauben, damit wesentlich zum Erfolg des Unternehmens beitragen zu können. In diesem Fall ist kein positiver Effekt von Seiten eines aktiven Prozessmanagements zu erwarten.

Das Prozessmanagement ist ein **Instrument zur effizienten Organisation und Steuerung** eines Unternehmens und bildet gleichzeitig die Grundlage für die Einführung eines zertifizierten Qualitätsmanagementsystems. In den folgenden Kapiteln wird die Funktion der Prozessorientierung im Rahmen der unternehmerischen Organisationsgestaltung behandelt. Das Prozessmanagement ist in **verschiedene Teilbereiche** zu untergliedern (Helbig, 2003).

Im ersten Schritt werden die relevanten bzw. für die Unternehmensführung wichtigen Strukturen und Abläufe identifiziert. Wirtschaftlich sinnvolles Vorgehen zwingt dazu, die bedeutenden Prozesse herauszufiltern bzw. auszuwählen. Im zweiten Schritt sind die Prozesse zu analysieren. Hierzu müssen sie zunächst abgebildet und schließlich einer Effizienzprüfung unterzogen werden. Der dritte Schritt umfasst die Prozessentwicklung. Dies erfordert den Entwurf von alternativen Prozessstrukturen mit dem Ziel, nach definierten Kriterien den optimalen Prozessablauf zu entwickeln.

Abb. 5-13: Teilbereiche des Prozessmanagements

Im vierten Schritt geht es schließlich um die konkrete Gestaltung der Prozesse durch Integration der entwickelten Alternativen in das Betriebsgeschehen. Je nachdem, ob es sich um schrittweise Anpassungen handelt, oder ob tiefgreifende Veränderungen in den strukturellen Aufbau des Unternehmens vorgenommen werden, müssen Voraussetzungen zur erfolgreichen Umsetzung von Restrukturierungsprozessen beachtet werden. Hierbei spielt die Integration der Mitarbeiter in alle vorbereitenden Maßnahmen und bei der Umsetzung eine zentrale Rolle.

5.3.3.1 Prozessidentifikation

Der gesamte Betriebsablauf setzt sich aus zahlreichen Prozessen zusammen. Sie unterscheiden sich durch ihre Komplexität, Vernetzung mit anderen Prozessen und ihre unmittelbare Bedeutung für den Unternehmenserfolg. Die begrenzte personelle Kapazität in KMU lässt es nicht zu, alle Prozesse zu analysieren und zu optimieren. Deshalb ist vorrangig, eine Auswahl besonders „wichtiger" Prozesse vorzunehmen. Im Mittelpunkt müssen die Prozesse mit unmittelbarem Einfluss auf den Erfolg bzw. die strategische Zielerreichung stehen. Diese bezeichnet man als **Kernprozesse** (Helbig, 2003). Sie stehen i.d.R. **in direktem Zusammenhang zur Bedürfnisbefriedigung der Kunden**.

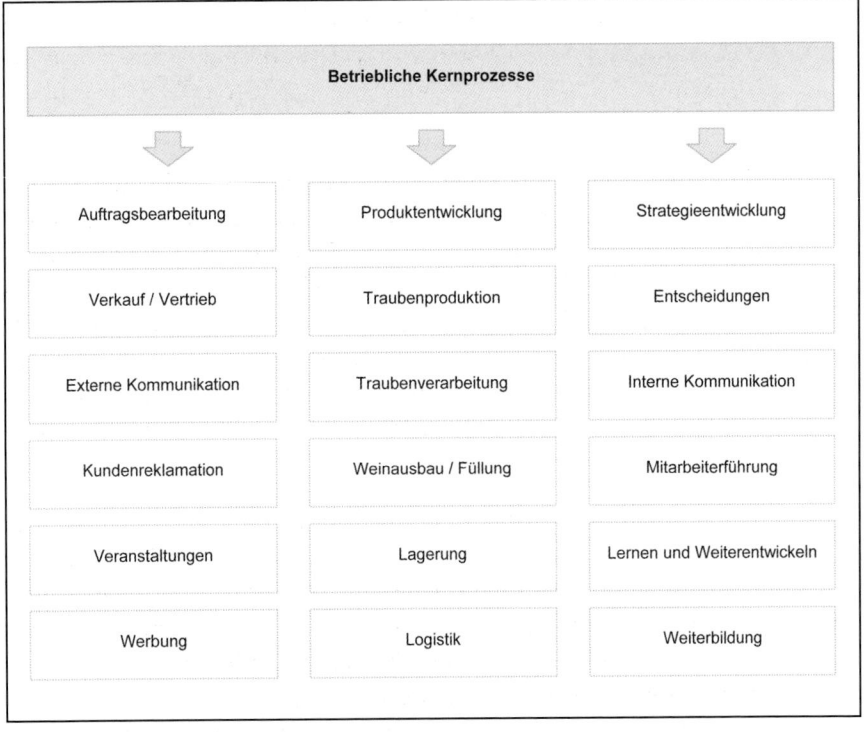

Abb. 5-14: Beispiele für betriebliche Kernprozesse

Zur Gruppe der Kernprozesse zählen zunächst alle betrieblichen Abläufe im Rahmen der Auftragsbearbeitung, des Verkaufs und Vertriebs, der Kommunikation mit Kunden, der Reklamationsbearbeitung, von Veranstaltungen und

Werbung. Ebenfalls Kernprozesse sind alle Abläufe der betrieblichen Leistungs-erstellung, wie Produktentwicklung, Produktion, Lagerung und Logistik. Hinzu kommen alle Aktivitäten, die zur Erhaltung und Weiterentwicklung der strategischen Position beitragen. In erster Linie sind die Führung der Mitar-beiter und ihre Weiterentwicklung zu nennen, aber auch Entscheidungspro-zesse zur Förderung der Lern- und Fortschrittsfähigkeit des Unternehmens. Kernprozesse mit großer Bedeutung sind zudem all jene, die zur Zielfindung, strategischen Ausrichtung und internen Kommunikation der strategischen Orientierungsvorgaben beitragen. Kernprozesse beschränken sich somit nicht nur auf Produktionsabläufe, sondern auch auf Kommunikations- und Ent-scheidungsverfahren für die kundenorientierte Leistungserstellung.

Daneben existieren **unterstützende Prozesse** der Verwaltung, des Control-lings oder der Instandsetzung. Auch diese Aktivitäten tragen zum Erhalt und zur Zielerreichung des Unternehmens bei, stehen aber nicht direkt im Zu-sammenhang mit kundenorientierten Prozessen.

Sind im Rahmen der Prozessoptimierung die wichtigsten Prozesse auszu-wählen, so ist prinzipiell nach dem **Kriterium der größten Verbesserungs-möglichkeit** zu entscheiden. Priorität haben Prozessen, die sich durch große Auswirkungen auf die Zufriedenheit der Kunden auszeichnen, hohe Ko-sten verursachen, lange Durchlaufzeiten in Anspruch nehmen, hohe Fehler-häufigkeiten provozieren, Engpässe darstellen und Anlass zur Unzufrieden-heit von Mitarbeitern geben. Es werden Prozesse zurückgestellt, die entweder wenig Optimierungspotenzial beinhalten oder weitreichende und nicht ab-sehbare Konsequenzen für andere Bereiche mit sich bringen.

Die Vielzahl der Prozesse und die Bandbreite der Variations- und Optimierungs-möglichkeiten machen das Prozessmanagement zu einer sehr komplexen Aufgabe. Es bietet sich deshalb in der Praxis an, einfache, komplexitätsver-ringernde und entscheidungsunterstützende Verfahren zur Identifikation von Unternehmensprozessen anzuwenden. Zur Auswahl relevanter Prozesse wer-den kurz drei **Methoden für deren Bewertung** vorgestellt. Sie dienen alle dazu, einen objektiven Rahmen für die Prozessbewertung zur Verfügung zu stellen (Helbig, 2003). Die Bewertung selbst bleibt eine subjektive Entschei-dung. Komplexe Verfahren haben in der Praxis von KMU keine Chance. Zu-dem ist zweifelhaft, ob detaillierte Analysemodelle wesentlich zur Zielerrei-chung beitragen.

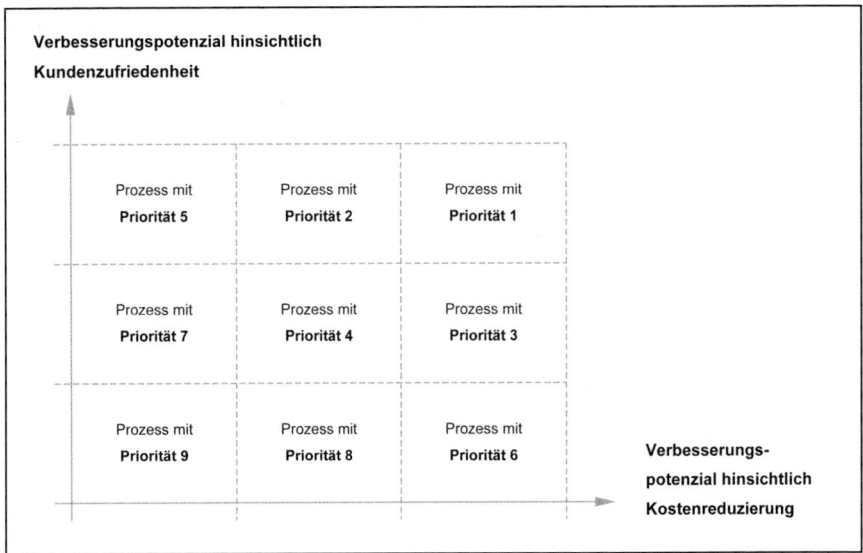

Abb. 5-15: Systematik von Unternehmensprozessen nach Verbesserungspotenzial

Das einfachste Verfahren ist die Anwendung und Auswertung einer gewichteten Checkliste. In ihr werden Prozesse anhand wichtiger Kriterien bewertet, indem diese mit ihrem Verbesserungspotenzial aufgelistet und anschließend mittels Gewichtungspunkten in eine Rangfolge gebracht werden. Eine weitere Möglichkeit besteht darin, Prozesse entsprechend ihres Verbesserungspotenzials in einem Koordinatensystem abzubilden. Abb. 5-15 veranschaulicht eine Systematik anhand des Verbesserungspotenzials, das sich aus der Steigerung der Kundenzufriedenheit und der möglichen Kosteneinsparungen ergibt. Es sind die Prozesse vorrangig zu bearbeiten, die in großem Maße zur Verbesserung der Kundenzufriedenheit beitragen und nennenswerte Kosteneinsparungspotenziale beinhalten. Die Reihenfolge ergibt sich aus der Gewichtung der beiden Kriterien.

Prozesse lassen sich auch innerhalb einer ABC-Analyse entsprechend ihrer Bedeutung bzw. ihres Verbesserungspotenzials ordnen. Die ABC-Analyse ist ein vielfach einsetzbares und einfach zu handhabendes Instrument. Sie kann beispielsweise auch im Beschaffungsmanagement, bei der Marketingsteuerung und in der Kostenkontrolle angewendet werden. Der ABC-Analyse liegt die Erfahrung zugrunde, dass der kleinste Teil eines Kundenstamms den größten Teil des Gesamtumsatzes tätigt bzw. nur eine kleine Zahl von Beschaffungsgütern in einem Unternehmen den Löwenanteil des gesamten Einkaufswertes ausmacht. Daraus haben sich die sog. 90-zu-10- oder 80-zu-20-Regeln abgeleitet. Bei den Prozessen in einem Unternehmen gilt vergleichbares.

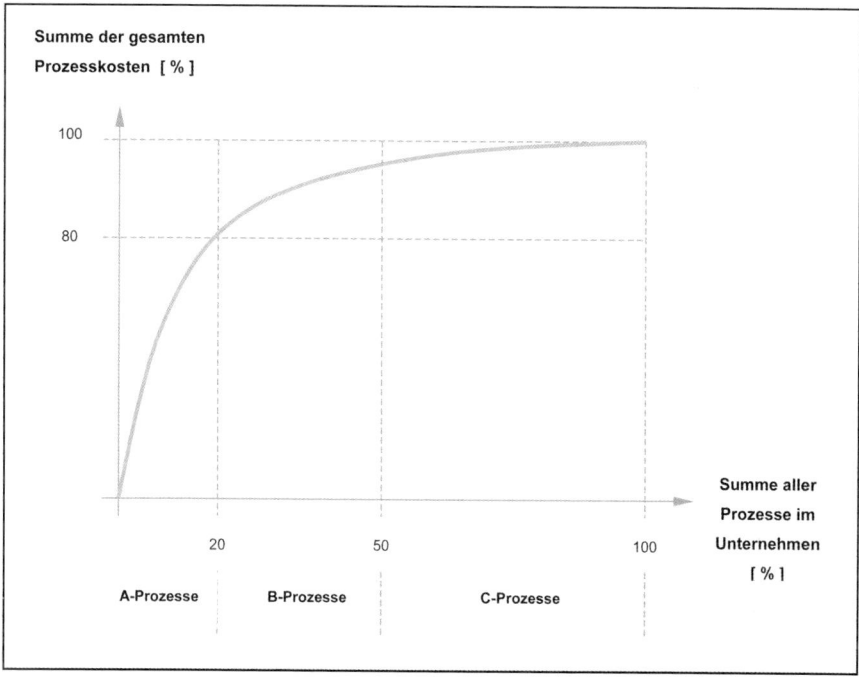

Abb. 5-16: Schema einer ABC-Analyse

In Abb. 5-16 ist unterstellt, dass nur 20% aller Prozesse über 80% der gesamten Prozesskosten verursachen. Diese 20% bezeichnet man als A-Prozesse. B-Prozesse sind jene, die weitere 30% der Kosten verursachen. Die größte Anzahl aller Prozesse zusammengenommen ist schließlich für den kleinsten Gesamtteil der Kosten verantwortlich. Im Marketing wird von A-, B- und C-Kunden und in der Beschaffung von A-, B- und C-Gütern gesprochen.

Angesichts begrenzter Kapazitäten wird das Hauptaugenmerk auf die A-Gruppe gelegt, denn der zu erwartende Effekt der Maßnahmen wird dort am größten sein. Dies gilt besonders für die drei zentralen und am leichtesten zu erfassenden Optimierungskriterien wie Prozesskosten, benötigte Zeit und Qualität. Diese drei Kriterien bedingen sich gegenseitig, sind zum Teil vereinbar oder schließen sich in bestimmten Situationen aus. Zur Definition von Kernprozessen ist es notwendig, die Optimierungskriterien zu benennen. Hierzu werden im Rahmen der Erläuterungen zur Prozessentwicklung weitere wichtige Kriterien dargestellt. Nachteil aller einfachen Verfahren zur Prozessbewertung ist ihre Begrenzung auf einzelne Kriterien. Dies macht bei der Beurteilung von betrieblichen Abläufen eine Fokussierung auf besonders wichtige notwendig. In der Praxis wird sich in vielen Fällen ein Kompromiss einstellen. Bei einigen Kernprozessen, die unmittelbar mit dem Kunden in Verbindung stehen, empfehlen sich jedoch klar definierte Optimierungsziele. Dies gilt besonders für die verschiedenen Parameter der Qualität (vgl. hierzu Kap. 2).

5.3.3.2 Prozessvisualisierung

Der zweite Teilbereich des Prozessmanagements ist die Prozessvisualisierung. Diese stellt komplexe Zusammenhänge und Abläufe übersichtlich und auf das Wesentliche reduziert dar und schafft die Grundlage für die eigentliche Umsetzung des Prozessmanagements.

Die Prozessdarstellung veranschaulicht inhaltliche und zeitliche Verknüpfungen der relevanten Tätigkeiten, den prozessbedingten Input und Output sowie die Verantwortlichkeiten. Jeder Beteiligte bekommt mit der Prozessabbildung einen Eindruck von seiner Einbindung in den Gesamtzusammenhang. Zugleich wird der Prozess in Einzelschritte zerlegt. Dies ist Voraussetzung für die Definition von Messpunkten, Messkriterien und Sollwerten im Rahmen der Effizienzanalyse und späteren Prozesskontrolle im Zuge des Qualitätsmanagements.

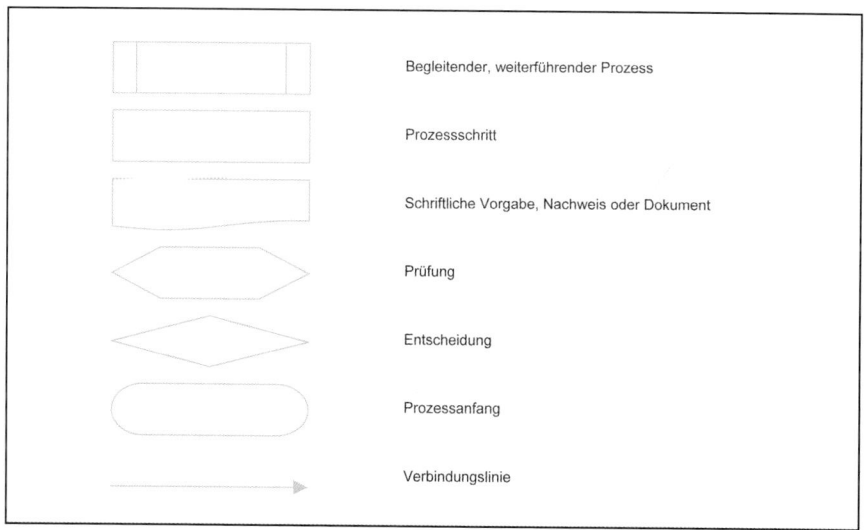

Abb. 5-17: Symbole zur Visualisierung von Prozessen (in Anlehnung an DIN 66001)

Zur Prozessvisualisierung kann auf unterschiedliche Techniken zurückgegriffen werden, die sich durch ihren Detaillierungsgrad und die dargestellten Ebenen unterscheiden. Überwiegend wird auf Flussdiagramme zurückgegriffen. Die Symbolik ist weitestgehend standardisiert. Die Abb. 5-17 zeigt diese im Überblick, in Kapitel 6 erfolgt deren Anwendung am Beispiel von Teilprozessen.

Komplexere Systeme sind um weitere Dimensionen ergänzt, die darüber Auskunft geben, welche Prozesse parallel ablaufen, wer für die Prozessabschnitte verantwortlich ist und welche Hilfsmittel verwendet werden. In der Praxis kleiner und mittlerer Unternehmen liegt das Hauptaugenmerk bei der Darstellung von Prozessen auf einer möglichst geringen Komplexität. Der Detaillierungsgrad ist auf ein sinnvolles Minimum zu beschränken. Die Formalisierung hat nur eine Berechtigung, solange sie die Transparenz und damit die Entscheidungs- und Verfahrenssicherheit erhöht. Die Transparenz der wichtigsten betrieblichen Abläufe herzustellen, ist in kleinen Unternehmen ebenso wichtig wie in großen. Es muss im Interesse der Entscheidungsträger sein, einen Überblick über alle für die Unternehmensführung relevanten Abläufe zu erhalten und zugleich ein Instrument in der Hand zu haben, das sie bei der Einbindung der Mitarbeiter unterstützt und das als Grundlage für die Weiterentwicklung der Prozesse mit allen Beteiligten dient.

5.3.3.3 Prozessentwicklung

Der Prozessdarstellung schließt sich als nächster konsequenter Schritt die Prozessentwicklung an. Diese umfasst die Suche nach idealisierten und optimierten alternativen Prozessstrukturen, um Schwachstellen zu erkennen und Verbesserungspotenziale zu nutzen. Die Entwicklungsschritte bestehen in der Gegenüberstellung und Bewertung von Alternativprozessen. Nachfolgend werden wichtige Beurteilungskriterien erläutert, bevor eine kurze Übersicht über die wichtigsten Methoden zur Alternativenbewertung vorgestellt wird.

Zentrale Voraussetzung für die Entwicklung von Optimierungsalternativen ist eine konkrete **Definition der Kriterien**, anhand derer eine Beurteilung der Prozesse vorgenommen wird (Helbig, 2003). Die relevanten Kriterien lassen sich zu Gruppen zusammenfassen, die untereinander in Zusammenhang stehen.

Unabhängig von der Art des Prozesses ist die **Transparenz** der betrieblichen Abläufe hinsichtlich ihrer Teilschritte, Einbindung in den Gesamtzusammenhang sowie ihrer Interdependenzen mit anderen Prozessen von grundlegender Bedeutung. Eine große Transparenz gestaltet die Abläufe nachvollziehbar, macht eine Rückverfolgbarkeit von Produkten möglich, erleichtert den Einblick für Dritte in die Zusammenhänge sowie die Kommunikation zwischen allen Beteiligten. Transparenz ist nicht immer im Interesse aller Beteiligten, denn sie legt auch individuelle Verhaltensweisen, Fehler und verteidigte Freiräume offen. Dem Streben der Führungskräfte nach Offenheit steht mitunter ein Widerstand entgegen, der sich in einer begrenzten Unterstützung prozessorientierter Strukturen ausdrückt. Das Ziel einer transparenten Struktur wird nur mit, nie gegen die Mitarbeiter erreicht werden. Ungeachtet der Kriterien, die im Rahmen der Neustrukturierung wichtig sind, muss der Schaffung einer größtmöglichen Transparenz grundsätzlich große Bedeutung beigemessen werden, weil sie die Basis für wichtige Optimierungskriterien ist.

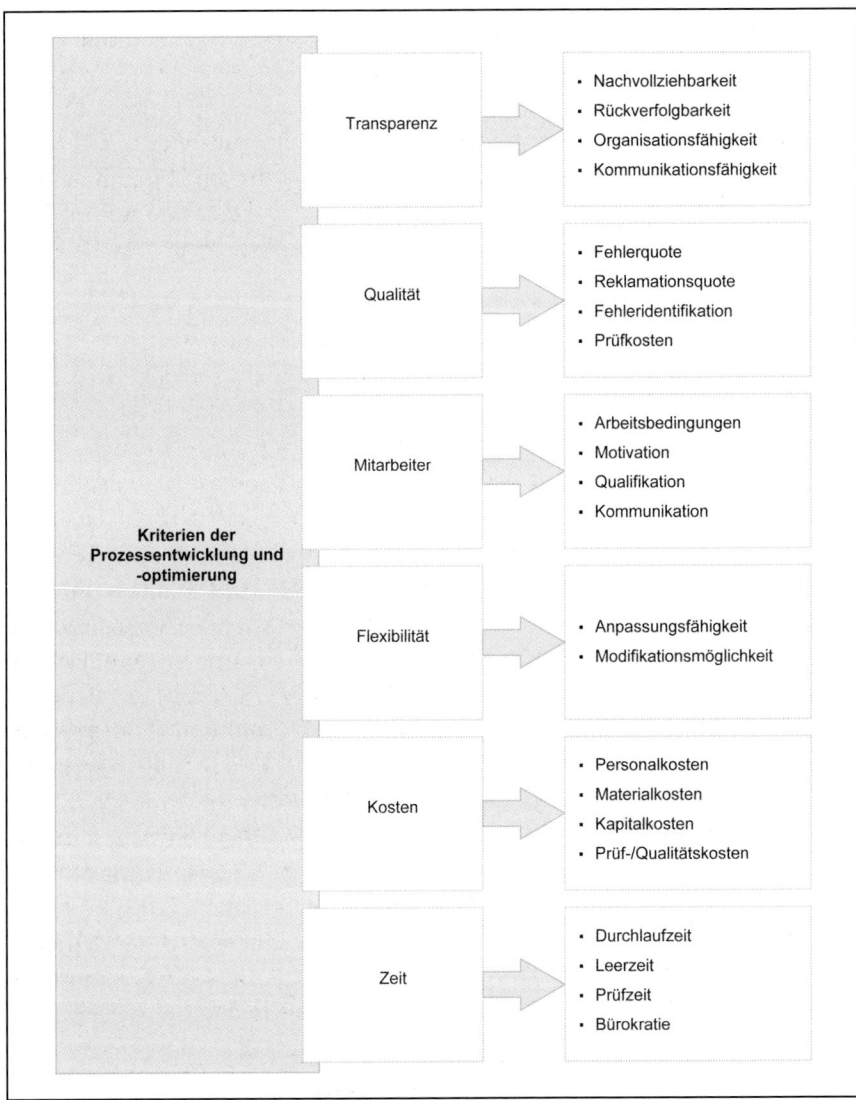

Abb. 5-18: Kriterien der Prozessentwicklung und -optimierung

Unter den Optimierungskriterien ist an erster Stelle die **Qualität** zu nennen. Es liegt im Interesse eines jeden Unternehmens, ein definiertes Qualitätsniveau zu erreichen und die Fehlerquote möglichst gering zu halten. Insbesondere die Reklamationsquote ist auf ein Minimum zu reduzieren. Die Erreichung der Qualitätsziele dient vorrangig der Maximierung der Kundenzufriedenheit. Daneben wird auch eine Reduzierung der Fehlerkosten erreicht, wenn Fehler bereits am Ort der Entstehung behoben werden. Fehler- und Prüfkosten werden durch Maßnahmen minimiert, die ein wiederholtes Auftreten von Fehlern vermeiden. Die Fehleridentifikation steht in unmittelbarem Zusammenhang mit der Transparenz von Prozessen, die somit zur Qualitätsverbesserung beiträgt. Daneben ist die Reduzierung von Fehler- und Prüfkosten ein Baustein zur Kostenoptimierung.

Qualität, Transparenz sowie die gesamte kreative Leistung werden im Zuge des Prozessmanagements durch das Mitarbeiterpotenzial erbracht. Die **Mitarbeiter** müssen daher im Rahmen der Prozessentwicklung als überaus wichtiges Kriterium besondere Beachtung finden. Die Prozessqualität hängt zunächst unmittelbar von den Bedingungen ab, unter denen gearbeitet wird. Das beginnt mit der Arbeitsplatzgestaltung, der zur Verfügung stehenden Hilfsmittel sowie der Möglichkeiten, die Rahmenbedingungen an die individuellen Bedürfnisse anpassen zu können. Eine reifegradabhängige Einbindung eines jeden Mitarbeiters in die Organisations- und Prozessstruktur ist die grundlegende Voraussetzung für eine adäquate Leistung. Prozessentwicklung soll unter Berücksichtigung der Motivation und Qualifikation der Beteiligten geschehen. Die Kommunikation und die Einbindung der Mitarbeiter in die Prozessgestaltung spielt ebenfalls eine wichtige Rolle. Transparenz und nachhaltige Verbesserungen sind von der Identifikation der Mitarbeiter mit den Entwicklungsschritten abhängig. Es muss angenommen werden, dass die weitreichendsten und häufigsten Fehler im Zuge von Entwicklungsprozessen auf einer mangelnden Einbeziehung der Mitarbeiter beruhen. Akzeptanz und Identifikation motiviert und regt zum kreativen Mitentwickeln und Mitentscheiden an. Fehlende Integration gibt Anlass zur Angst vor Veränderungen und unterstützt eine Haltung der Passivität und Ablehnung.

Die Einbeziehung aller Beteiligten in die Vorbereitungs-, Entscheidungs- und Umsetzungsaufgaben ist Basis für die **Flexibilität** von Prozessen. Diese ist Voraussetzung für die Anpassungs- und Entwicklungsfähigkeit des ganzen Unternehmens. Prozesse müssen auch danach beurteilt werden, inwieweit sie veränderten Rahmenbedingungen angepasst werden können. Diese Veränderungen können externer Art sein, wie Nachfrageveränderungen, die strategische Reaktionen erfordern. Die Prozesse, insbesondere die Gestaltung einzelner Aufgabenbereiche, orientieren sich an den individuellen Stärken

der Stelleninhaber. Prozessstrukturen und Aufgabeninhalte sollten bei perso-
nellem Wechsel durch eine flexible Anpassung an die neuen Persönlichkeitsstrukturen angepasst werden. Verbesserungsansätze wirken darauf hin, dass
eine solche Flexibilisierung realisierbar wird.

Ein weiteres zentrales Kriterium der Prozessentwicklung ist die **Kostenoptimierung**, d.h. das Erreichen der strategischen Qualitätsziele mit einem
geringst möglichen Einsatz an Mitteln, wie Personal-, Material- und Kapitalkosten. Alle Kostenbestandteile sind dahingehend zu analysieren und gegen-
überzustellen, inwieweit sie notwendig sind, das definierte Prozessziel zu erreichen. Eine Vernetzung mit dem Optimierungskriterium „Qualität" gibt es
bei den Prüf- und Fehlerkosten. Die Transparenz ist wiederum eine Voraussetzung für die Analyse und Optimierung der Prozesskosten.

In der Weinbranche mit ihren überwiegend personalintensiven Prozessen
sind die **Zeit** und damit die einhergehenden Personalkosten überaus wichtige
Kriterien. Optimierungsmaßstäbe hierfür sind Durchlaufzeiten, Leerzeiten
sowie Prüf- und Kontrollzeiten. Ein Minimierungskriterium stellt der bürokratische Aufwand dar. Effizienzsteigerungen sind nicht mit der Stoppuhr zu
erreichen, die allenfalls die Motivation der Betreffenden reduziert. Ein weitaus
größeres Hindernis für die Arbeitsproduktivität ist die Bürokratie. Hierunter
fallen nicht nur die formellen und rechtlichen Vorgaben, deren Einhaltung
lästig aber meist nicht zu umgehen ist. Schwerwiegender, aber beeinflussbar
ist die „informelle Bürokratie". Dazu zählt v.a. die Regelung der internen Information und Kommunikation. Die moderne Technik der Kommunikation
und Datenverarbeitung eröffnet einen beinahe grenzenlosen Raum des Mach-
baren. Dennoch sollen die einfachsten und zum Teil uralten Methoden der
Kommunikation nicht außer acht gelassen werden. Niemand zweifelt an den
Fortschritten, die durch Internet und E-mail erreicht wurden. Problematisch
wird es, wenn darunter der kurze Weg zum persönlichen Gespräch und damit die Kommunikation leidet. Der Weg zum persönlichen Gespräch und der
vermeintlich große zeitliche Aufwand dafür, z.B. wegen einer Kleinigkeit das
Stockwerk zu wechseln oder über den Hof zu laufen, ist in vielen Fällen nach
wie vor die effizienteste Kommunikationsform mit der größten Produktivität.
Daneben sind alle Prozesse auf den sie begleitenden Dokumentationsaufwand
zu prüfen. Eine Dokumentation ist in vielen Fällen obligatorisch. Die Gestaltung und Komplexität der Vorgänge muss besonders dann auf minimalen bü-

rokratischen Aufwand reduziert werden, wenn sie sich regelmäßig und häufig wiederholen.

Nach der Definition der Entwicklungskriterien und deren Analyse, sind die entwickelten Alternativen zu bewerten und die optimale auszuwählen. Die Alternativenbewertung ist eine komplexe Aufgabe, denn es sind mehrere gegeneinander abzuwägen. Nur in den seltensten Fällen wird ein einziges Kriterium (Maximierungsziel) als Entscheidungsmaßstab heranzuziehen sein. Die Entscheidungen werden immer subjektiv sein. Um v.a. in Gruppen Fehlentscheidungen zu vermeiden, bietet sich die Anwendung objektivierender Bewertungsinstrumente an.

In einem **überbetrieblichen Vergleich** werden Prozessentwürfe den bestehenden Abläufen in anderen Unternehmen gegenübergestellt. Dies bietet den Vorteil, dass Prozesse vor Ort nachvollzogen und diskutiert werden können. Anregungen aus den Erfahrungen anderer führen zu weiteren Verbesserungen. In der Regel schließen jedoch individuelle Rahmenbedingungen eine unveränderte Übernahme von Prozessen aus. Diese Methode ist deshalb besonders bei Teilprozessen zur Bewertung und vergleichenden Analyse geeignet. In der Praxis ist der betriebliche Vergleich fast ausschließlich auf technische Prozesse, wie Traubenannahme, Fassweinausbau o.ä. beschränkt. In den Prozessen der Auftragsbearbeitung, Logistik und Führung wird der zwischenbetriebliche Vergleich zu wenig genutzt. Kooperationen von Unternehmen profitieren auch in diesem Bereich von intensivem Informationsaustausch.

Als weiteres Beurteilungsinstrument ist die **Prozesskostenrechnung** heranzuziehen. Hierbei werden die relevanten Kosten von Prozessalternativen nach verschiedenen Kostenarten aufgegliedert. Anschließend erfolgt die Bewertung anhand einer Kostenvergleichsrechnung. Die Prozesskostenrechnung ist ein wichtiges Instrument zur Beurteilung von betrieblichen Abläufen und setzt detaillierte kostenrechnerische Daten innerhalb der Prozessstruktur voraus. Die Ergebnisse sind sehr von der Qualität der Erhebung und der Aufbereitung der Informationen abhängig. Für viele Unternehmen der Weinbranche ist die Kostenplanung und -kontrolle noch keine Selbstverständlichkeit, und umso weniger sind sie in der Lage, eine Kostenanalyse der Prozesse zu realisieren. Die Kostenrechnung spielt bei der Optimierung der Unternehmensstruktur eine ebenso bedeutende Rolle wie bei der erfolgsoptimalen Steuerung der Marketingaktivitäten.

Problematisch ist die Integration von Kriterien in die Bewertung, die nicht monetär erfassbar sind. Motivations-, Qualitäts- und Flexibilitätsziele sind kostenrechnerisch nur sehr schwierig zu erfassen. Entsprechend der Beurteilung von Investitionsvorhaben kann bei der Bewertung von Prozessen auf die **Nutzwertanalyse** zurückgegriffen werden (vgl. Kap. 4). Dieses Verfahren ist geeignet, qualitative Kriterien in die Beurteilung zu integrieren. Komplexe Kernprozesse werden idealerweise durch eine Kombination der zur Verfügung stehenden Methoden bewertet.

5.3.3.4 Prozessgestaltung

Der vierte Teilbereich des Prozessmanagements umfasst die eigentliche **Umsetzung**. Hier werden die innerhalb der Prozessentwicklung getroffenen Entscheidungen über die Weiterentwicklung betrieblicher Abläufe realisiert. Nennenswerte Effizienzverbesserungen werden erreicht, wenn es gelingt, die konkretisierten Optimierungskriterien entsprechend ihrer Bedeutung umzusetzen.

Die Prozessgestaltung vollzieht sich grundsätzlich in zwei **verschiedenen Formen**, entweder als kontinuierlicher Prozess oder als radikale Umgestaltungsmaßnahme. Die Umstrukturierung kann sich auf betriebliche Teilprozesse beschränken oder umfassend die gesamte Unternehmensstruktur betreffen. Schließlich ist auch eine Kombination dieser Grundformen möglich.

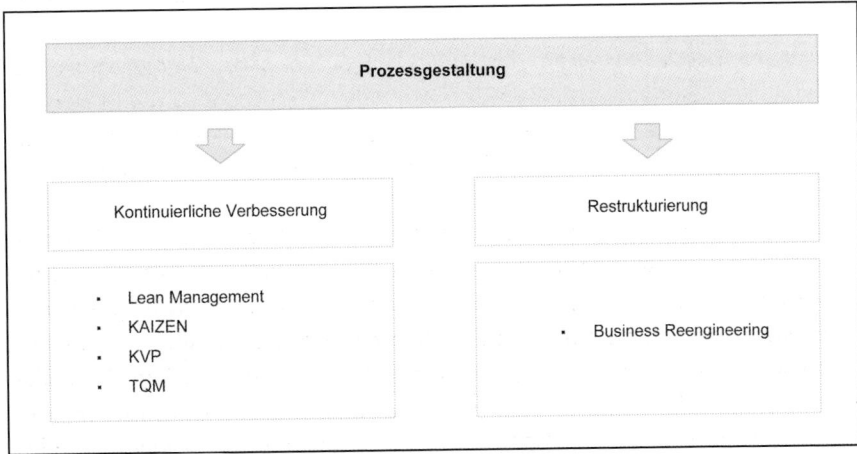

Abb. 5-19: Grundformen der Prozessgestaltung mit Beispielkonzepten

Auf diesen Grundformen bauen eine Reihe von **Managementkonzepten** auf (Helbig, 2003), die oft als Ansätze zur erfolgreichen Unternehmensführung angewendet und noch häufiger diskutiert werden, wie das „Lean Management", das „KAIZEN", der Kontinuierliche Verbesserungsprozess „KVP" oder das Total Quality Management „TQM". Diese Konzepte streben eine **kontinuierliche Verbesserung** aller bürokratischen und produktionstechnischen Prozesse an, um letztlich die Kundenzufriedenheit zu erhöhen und eine optimale Nutzung der Ressourcen zu gewährleisten. Ansatzpunkt ist die Einbindung aller Mitarbeiter und die Optimierung der Leistungsqualität an jeder Stelle des Unternehmens. Der Gedanke des internen Kunden soll für jeden Einzelnen die Perspektive für alle vorausgehenden und nachfolgenden Prozessschritte erweitern, immer vor dem Hintergrund eines möglichst reibungslosen Ablaufes und der Erreichung eines an den Bedürfnissen der Kunden orientierten Qualitätsziels.

Alle diese Konzepte beruhen auf der Tatsache, dass Unternehmen einem ständigen Wandel ausgesetzt sind. Die Organisation an diese Veränderungen anzupassen kann nur durch einen kontinuierlichen Verbesserungsprozess gelingen, der nicht „von oben" diktiert, sondern von allen in ihren Verantwortungsbereichen getragen wird. Die Erkenntnis, dass sich trotz kontinuierlicher Anpassungs- und Veränderungsschritte eine Kluft zwischen dem denkbaren Optimum und der tatsächlichen Ist-Situation auftun kann, führte zur Entwicklung von Konzepten, die eine **radikale Umstellung und Anpassung** von Organisationen zum Inhalt haben. Diese Konzepte werden unter dem Begriff des „Business Reengineering" zusammengefasst. Dessen Merkmale sind tiefgehende, das gesamte Unternehmen betreffende Einschnitte in die Strukturen der Aufbau- und Ablauforganisation. Während die zuvor genannten kontinuierlichen Verbesserungsprozesse mit einer Evolution vergleichbar sind, bedeuten Reengineering-Maßnahmen einen revolutionären Eingriff.

Radikale Umstellungen sind ein Anzeichen dafür, dass vorangehende Umstellungen unterlassen wurden oder veränderte Rahmenbedingungen eine **grundlegende Sanierung** des Unternehmens notwendig machen. Schritte dieser Form sind mit einem nicht zu unterschätzenden Risiko verbunden, denn sowohl innen wie nach außen werden Brücken abgebrochen. Restrukturierungsmaßnahmen sind mit erheblichen Kosten verbunden und es werden hohe Ansprüche an die Veränderungsbereitschaft der Mitarbeiter gestellt. Dennoch sind radikale Umstellungen betrieblicher Strukturen, die meist mit einer umfassenden strategischen Neuausrichtung einhergehen, oft die einzige Chance, Unternehmen zurück auf den Erfolgspfad zu führen. Nur Unternehmen mit konsequenter strategischer Positionierung und daraus abgeleiteter effizienter Organisationsstruktur sind in der Lage, ihren Erfolg trotz steigenden Wettbewerbsdrucks und dynamischer Veränderungen des Marktumfeldes zu gewährleisten. Mittelmaß ist keine Basis für Existenzsicherung. Reengineering-Maßnahmen sind für Unternehmen, die einen Entwicklungsrückstand haben, die geeignete und oft einzige Möglichkeit, das Unternehmen langfristig in seiner Existenz zu sichern. Die zukünftige Entwicklung der Weinbranche wird viele solcher Entscheidungen notwendig machen. Nach wie vor hat ein großer Teil der Weinbauunternehmen nicht die notwendige strategische Entwicklungsarbeit geleistet, um die Existenz nachhaltig zu sichern. Erfolgreich sind Restrukturierungsprozesse nur, wenn die Umstellungen ohne Festhalten an überholten Strukturen und konsequent an den aktuellen und zukünftigen Anforderungen ausgerichtet durchgezogen werden.

Es sind nicht technischen Problemfelder, die zu Umstrukturierungsschwierigkeiten führen, sondern die Integration der Mitarbeiter und Führungskräfte. Die **wichtigste Voraussetzung** für den Erfolg von Umstrukturierungen ist deren kommunikative Gestaltung. Prozessorientierte Organisationsentwicklung bedeutet nicht nur eine Veränderung der Arbeitsinhalte, sondern auch einen tiefen Eingriff in das traditionelle hierarchische Führungs- und Entscheidungsgefüge. Die Einbindung aller an dem Prozess beteiligten Mitarbeiter in die Weiterentwicklung lässt die Bedeutung von funktionalen Abteilungen in den Hintergrund treten. Die Konsequenzen, die sich daraus ergeben, sind veränderte Aufgabenfelder der ausführenden Mitarbeiter, mehr Entscheidungs- und Qualitätsverantwortung eines jeden, größere Anforderungen an Flexibilität und Veränderungsbereitschaft, weniger Macht für die Abteilungsleiter, aber höhere Anforderungen an ihre Führungsqualitäten. Die Veränderungen können für die Führungskräfte von größerer Bedeutung sein als für die Mitarbeiter in ausführenden bzw. untergeordneten Stellen. Widerstände sind daher nicht nur von „unten", sondern auch von den Führungspositionen aus zu erwarten.

Bei vielen kann sich die Angst vor dem Verlust angestammter Rechte und Freiräume einstellen. Befürchtungen dieser Art abzubauen und Widerstände bei der Umsetzung zu vermeiden, ist Aufgabe einer internen **Informations- und Kommunikationskultur**, die alle Beteiligten von Beginn an in die Entscheidungen einbezieht. Je nach Erfolg dieser Integration sind unterschiedliche Kategorien innerer Einstellungen zu unterscheiden. Im Idealfall wird eine Umstrukturierung von den Beteiligten aktiv unterstützt, weil die Notwendigkeit akzeptiert und die Zielsetzungen als erstrebenswert angesehen, zumindest toleriert werden. Problematisch für die erfolgreiche Realisierung aller Entwicklungsschritte ist ein passiver oder sogar aktiver Widerstand von Mitarbeitern. Dieser kann entweder aus vorangehenden Fehlern der Mitarbeiterführung und -entwicklung resultieren oder aus einer unzureichenden Kommunikation der geplanten Ziele und Maßnahmen. In der Praxis zeigt sich, dass technische Probleme immer lösbar sind. Dagegen sind menschliche Konflikte die eigentlichen Hürden innerhalb von unternehmerischen Entwicklungsprozessen. Dennoch wird den technischen und funktionellen Problemfeldern deutlich mehr Aufmerksamkeit gewidmet als den sozioökonomischen und psychologischen.

Deshalb müssen die Persönlichkeiten, deren Bedürfnisse und Befindlichkeiten sowie die **zwischenmenschlichen Problemfelder** mehr Beachtung finden, weil sie auch die Ursache für das Entstehen ökonomischer Probleme von Unternehmen sein können. Vor allem in kleinen Familienunternehmen, in denen ein personeller Wechsel in den Führungspositionen schwieriger ist als in managergeführten Unternehmen, spielt die Orientierung an den Persönlichkeiten und der Kommunikation die zentrale Rolle. Restrukturierung bedeutet deshalb, zuerst die menschlichen Beziehungen auf eine tragfähige Basis zu stellen, um anschließend die strategischen, technischen und organisatorischen Zielsetzungen anzugehen, und nicht umgekehrt.

6 Qualitätsmanagement

6.1 Zu den Begriffen Qualitätspolitik, Qualitätsmanagement und Qualitätsstandards

Der Begriff der „Qualität" wird in der Weinbranche unterschiedlichst verwendet und oft missverständlich interpretiert. Er ist in wichtigen Bereichen der Unternehmensführung zu finden und hat je nach Sprachgebrauch und Kontext eine sehr unterschiedliche Bedeutung. Eine **klare Begriffsdefinition** im Zusammenhang mit der marketingstrategischen Bedeutung ist Gegenstand von Kapitel 2. In diesem Kapitel soll dieser auf den Bereich des Qualitätsmanagements erweitert werden. Dies ist wichtig, um die große Bedeutung der Qualität als wichtige Ziel- und Messgröße hervorzuheben und die Qualitätsmanagementinstrumente in ihrer praktischen Umsetzbarkeit darzustellen.

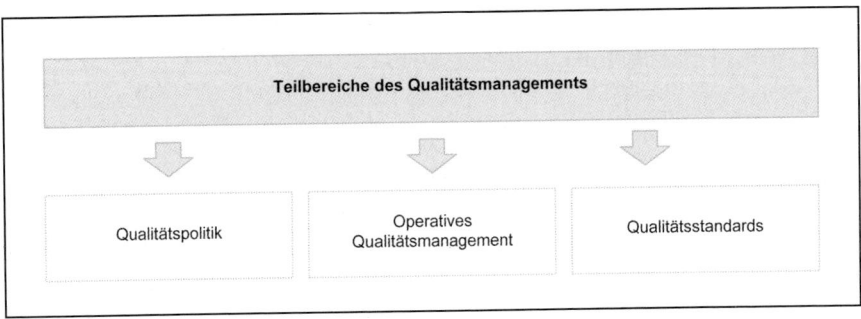

Abb. 6-1: Teilbereiche des Qualitätsmanagements

Qualitätspolitik umfasst sämtliche Aktionsfelder eines Unternehmens zur Erlangung von Kundenzufriedenheit. Die Qualitätspolitik ist das Ergebnis der Summe aller strategischer Maßnahmen, die an Zielsegmenten orientierte Qualitätskriterien optimieren. Die Elemente des strategischen Marketings umfassen die Festlegung unternehmerischer und persönlicher Zielsetzungen sowie die Ausgestaltung der strategischen Instrumente. Hierzu gehören die strategische Unternehmensplanung mit Sortimentsstrukturierung und die strategische Absatz- und Produktionsplanung. Diese Elemente tragen in ihrer Gesamtheit zur konkreten Umsetzung der Qualitätspolitik bei. Die Qualitätsoptimierung beschränkt sich nicht alleine auf den Produktkern, sondern

umfasst alle für den Kunden relevanten Kriterien der empfundenen Gesamt-
qualität. Dazu gehören neben der wahrgenommenen Weinqualität in gleichem
Maße die Produktoptik sowie alle im Zusammenhang mit dem Einkauf, Kon-
sum und Wiederkauf empfundenen Eindrücke der Konsumenten. Die Qualitätspolitik eines Unternehmens umfasst alle Bereiche, die zur Realisierung einer maximalen Kundenzufriedenheit beitragen. Hierzu sind alle verfügbaren
Elemente des strategischen Marketings aufeinander abzustimmen, umzusetzen und zu kommunizieren. Dies dient dem Aufbau, der Profilierung und
der Aufladung einer Marke und damit der Bildung einer Einstellung, die von
Seiten der Kunden mit der Marke verbunden wird.

Ein Managementsystem ist die Summe aller Instrumente, die in einem Unternehmen zur Steuerung, Planung, Organisation und Kontrolle von Lei-
stungsprozessen eingesetzt werden. Dementsprechend umfasst das **operative
Qualitätsmanagement** alle Instrumente, die qualitätsrelevante Prozesse
entwickeln, steuern und optimieren. Das Qualitätsmanagement ist ein Teilbereich des funktionalen Managements, wobei die Grenzen fließend sind. Bei
prozessorientiertem Organisieren und der Einbindung aller Beteiligten in eine
kunden- und qualitätsorientierte Unternehmensausrichtung ist die Funktion des Managements von dem des Qualitätsmanagements nicht zu trennen
(Hummel/Zander, 2002).

Qualitätsmanagement wird oft mit der Anwendung gängiger Qualitätsstandards gleichgesetzt. Während das Qualitätsmanagement Maßnahmen zur
Steuerung qualitätsrelevanter Prozesse umfasst, sind **Qualitätsstandards**
Normen, die Mindestanforderungen an die Gestaltung eines Qualitätsmanagementsystems festlegen (DGQ, 2001). Für die Weinbranche relevante Standards sind die Normenreihe DIN EN ISO 9000ff und der International Food
Standard (IFS). Hinzukommen eine Reihe von gesetzlichen Vorschriften auf
nationaler und europäischer Ebene. Qualitätsstandards sollen sicherstellen,
dass bei Umsetzung der Mindestanforderungen die „Qualitätsfähigkeit" eines
Unternehmens gewährleistet ist. Dies bedeutet, dass ein Unternehmen nach-
weislich in der Lage ist, ein definiertes Qualitätsniveau einzuhalten und im
Falle von Abweichungen geeignete Gegenmaßnahmen zu treffen, um Fehler
zu identifizieren und deren Wiederholung zu vermeiden. Die Einhaltung bestimmter Normen wird den Weinbauunternehmen vor dem Hintergrund des
Verbraucher- und Naturschutzes gesetzlich vorgeschrieben. Zudem fordern
Handelsunternehmen von ihren Lieferanten zur lückenlosen Nachvollzieh-

barkeit der Herstellungs- und Vermarktungsprozesse den Nachweis der Qualitätsfähigkeit. Schließlich sind Zertifikate als Nachweis der Qualitätsfähigkeit auch im Marketing einsetzbar.

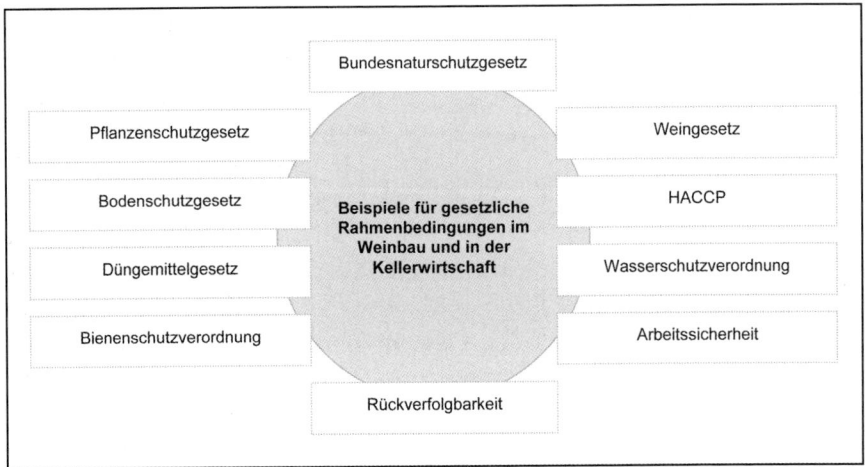

Abb. 6-2: Beispiele für gesetzliche Rahmenbedingungen im Weinbau (in Anlehnung an DLG, 2003)

Qualitätsstandards beziehen sich nicht auf Produkte, sondern auf Unternehmen und ihre Organisation. Die Qualität eines Managementsystems beschreibt nur die Fähigkeit, Prozesse zu beherrschen. Mit der Zertifizierung eines Qualitätsmanagementsystems ist keineswegs zwangsläufig eine hohe Produktqualität gewährleistet, weil keinerlei Aussage über das Qualitätsniveau der Leistungen bzw. Produkte getroffen werden muss. Letzteres liegt alleine an der individuellen Ausgestaltung innerhalb der Unternehmen und richtet sich nach deren strategischer Ausrichtung. Qualitätsstandards legen ausschließlich die Regelungen eines Qualitätsmanagementsystems fest, nicht aber die praktische Umsetzung.

Zusammenfassend ist festzustellen, dass **Qualitätsmanagement aus drei Teilbereichen besteht.** Erstens in der Qualitätspolitik des Unternehmens, die Grundlagen der Qualitätsorientierung schafft, indem sie Ausprägung und Niveau der Qualität ausgehend von den Zielen und der strategischen Ausrichtung definiert. Der zweite Teilbereich umfasst das operative Qualitätsmanagement. Dieses ist das Organisations- und Führungssystems, das die Planung, Umsetzung und Kontrolle aller qualitätsrelevanten Unternehmensprozesse beinhaltet. Die Qualitätsstandards sind der dritte Teilbereich. Sie setzten sich aus Normen zusammen, mit denen eine objektive Vergleichbarkeit von Regelungen des Qualitätsmanagements in einem Unternehmen hergestellt und durch Zertifizierungen belegt werden kann.

Ein **konsistentes System** entsteht, wenn die sich ergänzenden und aufeinander aufbauenden Teilbereiche kombiniert und konsequent realisiert werden. Die Qualitätspolitik ist das Ergebnis der strategischen Orientierung und der Kundenzufriedenheit als Basisvoraussetzung. Das Qualitätsmanagementsystem stellt praktische Instrumente der Unternehmensführung zur Verfügung, um die Qualitäts- und Erfolgsziele betrieblich umsetzen zu können. Managementsysteme dienen der Entwicklung prozess- bzw. qualitätsorientierter Strukturen innerhalb der Aufbau- und Ablauforganisation eines Unternehmens. Prozessorientiertes Denken und Organisieren beinhalten die Prinzipien der Kundenorientierung sowie des „Internen Kunden" und sind grundlegende Basis für die lückenlose und fließende Integration von Qualitätsmanagementsystemen. Qualitätsstandards sind schließlich Maßstäbe, mit denen intern die Konsistenz des Qualitätsmanagements geprüft und in der Außendarstellung die Fähigkeit zur Steuerung und Kontrolle eines Qualitätsniveaus belegt werden können.

Die **praktische Umsetzung** vollzieht sich jedoch bei weitem nicht so reibungslos, wie es die Logik eigentlich erwarten ließe. Die Ursachen liegen zum einen in der Unternehmensführung und zum anderen in der Anwendung der Qualitätsstandards.

Die strategische Planung ist Ausgangspunkt aller zielgerichteten Qualitätsbemühungen. Ebenso ist die qualitätsorientierte Gestaltung eines Unternehmens abhängig von den angestrebten Unternehmer- und Unternehmenszielen. Viele Unternehmen der Weinbranche haben noch kein strategisches Konzept entwickelt, auf dem sich sinnvoll aufbauen ließe. Konkrete Vorstellungen über die eigenen persönlichen Zielsetzungen gehen im Alltagsgeschäft ebenso unter wie eine konsequente Unternehmensplanung. Sortiments- und Produktionsplanungen sind manchmal Zufallsprodukte. Organisations- und Führungsstrukturen werden von kleinen Unternehmen als unbedeutend eingeschätzt. **Führungs- und Organisationskultur**, die Voraussetzung für die Umsetzung konsistenter Qualitätssysteme ist, sind oft noch nicht entwickelt. Wenn nachvollziehbare und ausreichend dokumentierte Strukturen in einem Unternehmen fehlen, kann es den Anforderungen eines Qualitätsstandards nicht genügen. Jede Forderung nach einer Regelung der Verantwortung oder Dokumentation führt dann zu einem unüberwindlichen bürokratischen Hindernis.

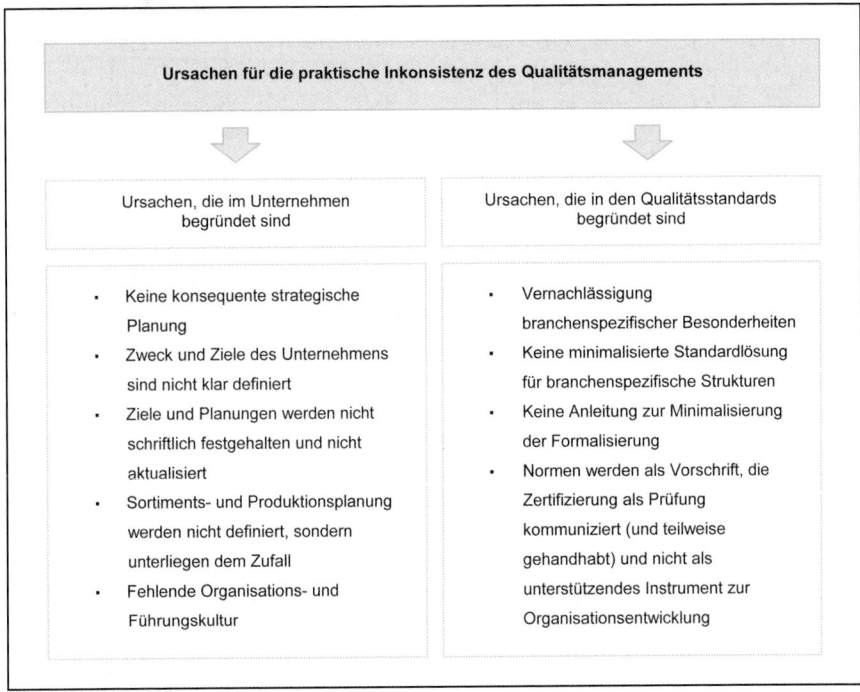

Abb. 6-3: Ursachen für praktische Inkonsistenz des Qualitätsmanagements

Auch von Seiten der Qualitätsstandards und ihrer Darstellung werden Hürden für eine reibungslose Realisierung aufgebaut. Z.B. werden in vielen Fällen branchenspezifische Besonderheiten nach wie vor nicht berücksichtigt. Zwar obliegt die Interpretation und Umsetzung den Unternehmen, bzw. den Auditoren, doch es ist für einen Praktiker zum Teil sehr schwer nachvollziehbar, welche Regelungen für sein Unternehmen relevant sind und welche nicht, bzw. in welcher Weise sie sinnvoll umzusetzen sind. Es existiert auch **keine branchenspezifische Minimallösung**, mit der eine praktische Umsetzung erleichtert würde. Statt dessen muss sich jeder mit den Normen in vollem Umfang auseinandersetzen und versuchen, sie entsprechend der individuellen Gegebenheiten zu interpretieren. Die Einführung eines Qualitätsmanagementsystems erfordert die Dokumentation von Prozessen und Tätigkeiten. Dies ist in fast allen Fällen sinnvoll und begründet. Der Umfang und die Form der Dokumentation kann auf ein notwendiges und praktisch handhabbares Minimum reduziert werden. Hierfür gibt es ebenfalls keine Anleitungen. Zu kritisieren ist auch die Art und Weise, wie das Thema kommuniziert wird. Nach wie vor wird ein Bild von zu bewältigenden Vorschriften, einer umfangreichen Dokumentation und der Prüfung durch Auditoren suggeriert. Wie bereits dargestellt, handelt es sich ganz im Gegenteil um einen Baustein zur erfolgreichen Führung eines Unternehmens. Im Idealfall ist die Zertifizierung eines Systems eine Möglichkeit, Lücken im Steuerungs- und Kontrollsystems zu identifizieren und zu eliminieren.

Für Unternehmen besteht die **Lösung der dargestellten Probleme** zusammengefasst darin, konsequente strategische Führungs- und Organisationsstrukturen zu realisieren und Instrumente der Zieldefinition, Planung und Kontrolle praktisch einzusetzen. Die Darstellung dieser Instrumente ist Gegenstand der Kapitel 1 bis 5 dieses Buches. Das folgende Kapitel stellt diese Instrumente zusammengefasst dar, wie sie sich mit den prinzipiellen Anforderungen von Qualitätsstandards verknüpfen lassen.

6.2   Grundlegende Forderungen der Qualitätsstandards

Seit Beginn der 90er Jahre setzt sich branchenübergreifend die Zertifizierung von Qualitätsmanagementsystemen durch. Vorreiter und populäre Beispiele für die Einführung konsistenter Qualitätsmanagementsysteme waren die Automobilindustrie und ihre Zulieferanten. In der Weinbranche setzt sich seit einigen Jahren ebenfalls die Forderung nach zertifizierten Qualitätsmanagementsystemen durch. Umgesetzt wurden diese zunächst in Großunternehmen. Viele kleinere Unternehmen haben diese Aufgabe bislang zurückgestellt. Die zunehmende Internationalisierung und die starke Position des Lebensmitteleinzelhandels als Abnehmer von Wein führt dazu, dass sich zukünftig kein Unternehmen der Branche der **Notwendigkeit zur Zertifizierung** entziehen werden kann, zumal europäische Verordnungen verbindliche und branchenspezifische Verfahren vorschreiben. Dies geschieht unabhängig von der Zertifizierung von Qualitätsmanagementsystemen. Wenn schon wesentliche Inhalte der Qualitätsnormen gesetzlich verpflichtend sind, ist es empfehlenswert, ein umfassendes System zur Qualitätspolitik umzusetzen und dafür eine Zertifizierung anzustreben.

Branchenübergreifend hat sich der international genormte Standard **DIN EN ISO 9000** etabliert. Dies steht für Deutsches Institut für Normung, Europäische Norm, International Organization of Standardization. Zielsetzung ist die internationale Vereinheitlichung existierender Qualitätssicherungsnormen. Diese soll den internationalen Handel und die Vereinbarungen über Qualitätssicherungsforderungen zwischen Vertragspartnern vereinfachen (DIN, 2000).

Der DIN EN ISO 9000 Standard gliedert sich im Wesentlichen in die drei **ISO-Normen** ISO 9000, 9001 und 9004. Die ISO 9000 beschreibt den Anwendungsbereich der Normenreihe, die Grundlagen für die Qualitätsmanagementsysteme und legt die Terminologie dieser Systeme fest. Innerhalb der ISO 9001 sind die Forderungen an ein Qualitätsmanagementsystem von der Planung und Realisierung eines Produktes bis hin zur Kundenorientierung formuliert. Die ISO 9004 enthält schließlich Empfehlungen für die Anwendung des Qualitätsmanagements, ohne dass diese verpflichtend für eine Zertifizierung sind.

Die ISO 9001 stellt einen Rahmen zur Verfügung, innerhalb dessen eine prozessorientierte Unternehmensstruktur realisiert werden kann, die den Kunden in dem Mittelpunkt des Interesses stellt. Kundenbezogene Prozesse sind ausdrücklicher Bestandteil dieser Norm.

Die wichtigsten **Forderungen** der DIN EN ISO 9001 umfassen fünf Bereiche. Sie betreffen zunächst die Einführung und Aufrechterhaltung einer Aufbau- und Ablauforganisation und in engem Zusammenhang dazu die Pflege eines Systems zur Dokumentation sowie der Dokumentenlenkung im Unternehmen.

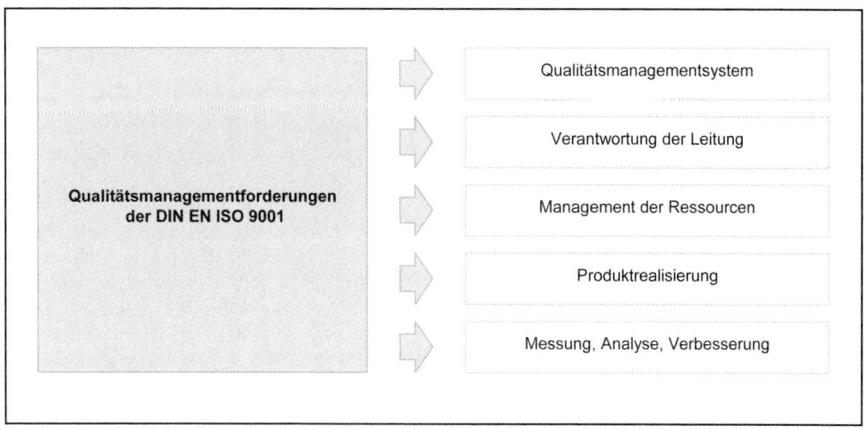

Abb. 6-4: Qualitätsmanagementforderungen der DIN EN ISO 9001

Die Dokumentation erfolgt auf drei Ebenen. Die übergeordnete **Beschreibung des realisierten Qualitätsmanagementsystems**, der Qualitätspolitik, der qualitätsrelevanten Prozesse sowie der Befugnisse und Verantwortungsbereiche der leitenden und ausführenden Mitarbeiter erfolgt im sog. Qualitätsmanagement-Handbuch. Dieses dient der Aufrechterhaltung und Überprüfung der Funktionsfähigkeit des Qualitätsmanagementsystems und ist Grundlage für die Zertifizierung des Systems. Auf der zweiten Ebene werden in Verfahrensanweisungen die Abläufe in den Teilbereichen des Unternehmens sowie deren Schnittstellen abteilungsübergreifend festlegt. Wichtig ist hierbei die klare Regelung der Kompetenzen. Der Umfang der Verfahrensanweisungen ist unternehmensindividuell und richtet sich nach der Komplexität der Produktion und des Sortiments. Grundlegende Verfahrensanweisungen sind dagegen verpflichtend. Diese beziehen sich auf die Lenkung der Dokumente (Vorgaben), die Lenkung von Aufzeichnungen (Nachweise), die Durchführung interner Audits zur Kontrolle der Funktionsfähigkeit des Qualitätsmanagementsystems, die Behandlung fehlerhafter Produkte und der entsprechenden Korrekturmaßnahmen sowie die Regelung von Vorbeugemaßnahmen in einer Risikoanalyse (HACCP-Konzept). Auf der dritten Ebene werden schließlich Arbeitsanweisungen angefertigt. Diese regeln konkrete Tätigkeiten und werden in Zusammenarbeit mit den Mitarbeitern überall dort erstellt, wo eine eindeutige Betriebsanweisung für die sichere Einhaltung von qualitätsrelevanten Vorgaben notwendig ist.

Eine weitere zentrale Forderung der DIN EN ISO 9000 betrifft die **Verantwortung der Unternehmensleitung**. Hierzu gehören die Festlegung der grundsätzlichen Ziele, der Qualitätspolitik, der Strategien sowie das grundsätzliche unternehmerische Handeln im Zusammenhang mit der Erstellung von Produkten und Leistungen. Eines der wichtigsten Zertifizierungskriterien ist, festzustellen, ob die Leitung eines Unternehmens diesen übergeordneten Aufgaben sowie der Ausrichtung und Zieldefinition nachkommt, ob diese Ziele intern kommuniziert werden und die Verantwortlichkeiten zur Organisation der Zielerreichung klar geregelt sind.

Die dritte Forderung bezieht sich auf die Sicherstellung der für die Zielerreichung notwendigen **Ressourcen**. Hierunter fallen auch der Nachweis ausreichender Qualifikation der Mitarbeiter, deren Schulung sowie die Verfügbarkeit ausreichender Räumlichkeiten und Ausstattung.

Die DIN EN ISO 9000 fordert viertens eine **Ableitung der Qualitätsziele aus den Anforderungen der Kunden** heraus. Dies entspricht dem Vorgehen im Rahmen des strategischen Marketings, wonach die Definition von Zielkunden und die Analyse ihrer Erwartungen und Präferenzen den Ausgangspunkt der Produkt- und Produktionsentwicklung bilden. Diesen Prozess zu organisieren und zu dokumentieren, ist eine wesentliche Voraussetzung für den Erfolg und dementsprechend auch eine zentrale Forderung der Qualitätsnorm.

Die fünfte übergeordnete Forderung von Seiten der Norm ist die lückenlose Überwachung des Qualitätsmanagementsystems mit geeigneten Maßnahmen zur **Messung, Analyse und Verbesserung der Prozesse** und ihrer Ergebnisse. Dies zielt zum einen auf eine Verbesserung der Prozesseffizienz, zum anderen wird die Rückverfolgbarkeit der Produkte gewährleistet und schließlich ein System zur Fehlervorbeugung unterstützt.

Aus diesen Forderungen leiten sich die wichtigsten **Voraussetzungen zur Einführung** eines Qualitätsmanagementsystems ab. Zuerst ist hier die Identifikation der Eigentümer und Führungskräfte mit den Zielen und Strategien des Unternehmens zu nennen. Nur durch eine Vorgehensweise mit klarer und konsequenter Orientierung an den strategischen Leitlinien ist ein konsistentes Qualitätsmanagementsystem überhaupt zu realisieren. Diese Überzeugungen müssen im Unternehmen kommuniziert und vorgelebt werden. Die Formalisierung einer Strategie mit vielen Worten und wenig Taten hat keine Erfolgsbasis. In manchen Unternehmen wird eine sehr konsequente und glaubhafte Qualitätspolitik verfolgt, ohne dass diese entsprechend der Forderung der Norm ausreichend dokumentiert wird. In diesen Fällen besteht das Problem nicht in der Realisierung von Prozessen, sondern in der Dokumentation. Die Erfahrung in der Zusammenarbeit mit Unternehmen zeigt, dass der Zwang, sich mit Prozessen auseinander zu setzen, zu Verbesserungen der Qualitätssicherung geführt hat. Die Kunst besteht darin, die Dokumentation auf das geringste erforderliche Maß zu reduzieren. Eine weitere wichtige Voraussetzung für die erfolgreiche Einführung eines Qualitätsmanagementsystems ist die engagierte Übernahme des Projekts durch verantwortliche Mitarbeiter mit der notwendigen Durchsetzungskraft. Im Interesse eines objektiven und zügigen Vorgehens ist auf einen externen Auditor zurückzugreifen. Dieser kann notwendige Informationen beisteuern und den Realisierungsdruck erhöhen.

Eine weitere, für die Weinbranche relevant Norm, ist der **International Food Standard (IFS)** (HDE, 2004). Er wurde zur Auditierung von Lebensmittelherstellern und einheitlichen Zertifizierung von Eigenmarkenherstellern auf der Basis von Erfahrungen des Lebensmitteleinzelhandels entwickelt. Die Inhalte decken sich in weiten Bereichen mit der DIN EN ISO 9000. Einen gesonderten Schwerpunkt legt der IFS auf die Bereiche Produktsicherheit und Hygiene. Produktsicherheit bedeutet für Nahrungsmittel, dass durch diese keine Gefährdung für Konsumenten entstehen darf.

Daraus leiten sich die **wichtigsten Forderungen des IFS** ab. In Übereinstimmung mit der DIN EN ISO 9000 muss sich die Unternehmensleitung mit den Zielsetzungen identifizieren und diese in einer Weise kommunizieren und dokumentieren, dass sich alle führenden und ausführenden Mitarbeiter über die Befugnisse und Verantwortungen im Klaren sind. Alle bereichsübergreifenden Prozesse müssen in Ablauf und Koordination geregelt und nachvollziehbar sein.

Eigentlicher Gegenstand des IFS ist die Forderung nach Hygienestandards und die Herstellung sicherer Produkte. Durch geeignete organisatorische Maßnahmen ist sicherzustellen, dass an keiner Stelle des Herstellungsprozesses Gefahr besteht, die Produkte in einer für den Menschen gefährlichen Art und Weise zu beeinträchtigen. Um dies zu gewährleisten, ist ein **HACCP-System** zu implementieren. Dieses stellt eine systematische Gefahrenanalyse aller Prozessschritte dar und ist somit ein Vorbeugesystem.

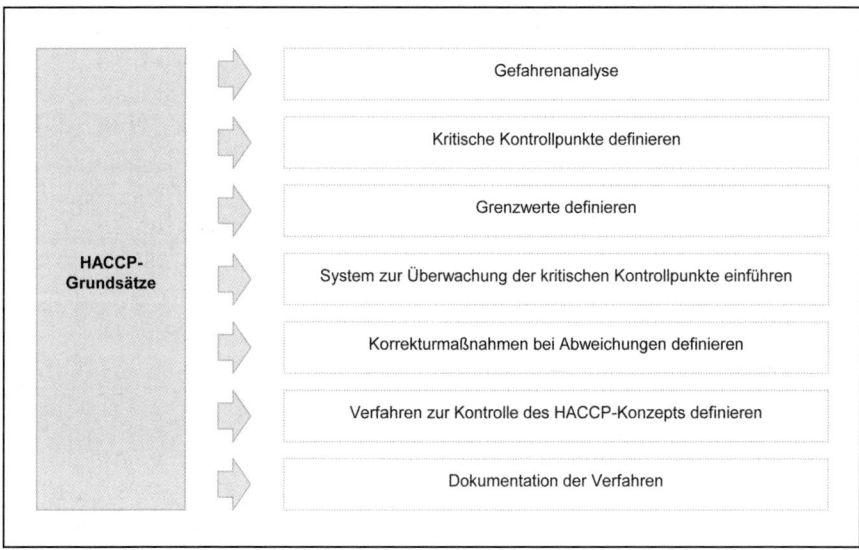

Abb. 6-5: HACCP-Grundsätze

Die Grundsätze eines HACCP-Konzepts sind:

- die Ermittlung von Gefahren,

- die Bestimmung von kritischen Kontrollpunkten,

- die Festlegung von Grenzwerten,

- die Definition von Verfahren zu deren Überwachung,

- sowie die Festlegung von Korrekturmaßnahmen.

Mit dem Schwerpunkt auf Fehlervermeidung ist ein solches System auch Bestandteil der DIN EN ISO 9000. Ein **Vorbeugesystem** entsprechend des HACCP-Konzepts war bislang nur für Unternehmen verpflichtend, die eine Zertifizierung nach dem IFS anstrebten. Diese forderte der Lebensmitteleinzelhandel für die Hersteller von Eigenmarken. Mit der Anfang 2006 in Kraft getretenen Verordnung (EG) Nr. 852/2004 über Lebensmittelhygiene wird ein HACCP-konformes Konzept **für alle Unternehmen verpflichtend**, die Lebensmittel herstellen. Hierunter fällt auch die Weinerzeugung, wobei die Primärproduktion zunächst gesondert gehandhabt wird. Doch auch für diese gilt das Ziel, Gesundheitsgefahren zu identifizieren und durch geeignete Vorbeugemaßnahmen zu vermeiden.

Eine weitere Forderung, die sich ebenfalls aus europäischem Recht ableitet, ist die **Rückverfolgbarkeit** von Lebensmitteln über alle Produktions-, Verarbeitungs- und Vertriebsstufen (Verordnung (EG) 178/2002). Für weinerzeugende Unternehmen bedeutet dies zum einen die Rückverfolgbarkeit bis zurück zum Traubenlieferanten und zum anderen bis zum Händler. Damit sollen aufgetretene Fehler auf einen Prozessschritt bezogen und Vorbeugemaßnahmen und Rückrufaktionen ermöglicht werden können.

Zusammengefasst bedeutet dies, dass weinerzeugende Unternehmen auf gesetzlicher Basis gezwungen werden, Maßnahmen zu ergreifen, die Bestandteil eines Qualitätsmanagementsystems sind. Unternehmen mit einem konsistenten Qualitätsmanagementsystem decken in eigenem Interesse weitgehend alle Bereiche ab, die durch Qualitätsstandards gefordert werden. Problematisch werden die gesetzlichen Vorstöße dann, wenn Unternehmen die wichtigsten Qualitätsmanagementbausteine nicht oder inkonsequent umsetzen oder wenn der gesetzlich geforderte bürokratische Aufwand für die kleinen und mittleren Unternehmen nicht mehr zu bewältigen ist.

Insgesamt ist zu empfehlen, die Einführung eines Qualitätsmanagementsystems zunächst völlig losgelöst von den gesetzlichen Gegebenheiten zu betrachten. Wichtiger ist, sich als Unternehmer oder Mitarbeiter seiner Zielsetzungen und Wertvorstellungen bewusst zu werden und darauf aufbauend gemeinsam ein System zu entwickeln, mit dem sich alle identifizieren können. Normen, wie die DIN EN ISO 9000 können als Leitfaden herangezogen werden, um sich Anregungen zur Struktur geben zu lassen. Ein strategisch entwickeltes Unternehmen mit prozessorientiertem Denken wird den größten Teil aller Normforderungen erfüllen.

Wenn Unternehmen mit traditionellen Strukturen mit den gesetzlichen Forderungen konfrontiert werden, bietet sich ihnen die Chance, die Normen als Anlass zu nehmen, eine prozessorientierte Struktur einzuführen und diese an strategischen Zielen zu orientieren. Unterstützung bieten z.B. die „Leitlinien für die gute Herstellpraxis von Wein" (DLG). Sie erleichtern den Entwicklungsprozess durch Gliederung der Gesamtaufgabe in handhabbare Teilschritte.

In den folgenden Kapiteln werden die wichtigsten Bausteine eines Qualitätsmanagementsystems exemplarisch veranschaulicht.

6.3 Bausteine eines praktischen Qualitätsmanagementsystems unter Berücksichtigung der Forderungen von Qualitätsstandards

In den vorangehenden Kapiteln wurden die verschiedenen Teilbereiche des Qualitätsmanagements erläutert sowie die Forderungen der Qualitätsstandards zusammengefasst dargestellt. Zudem wurde gezeigt, weshalb ein konsistentes System in vielen Unternehmen nicht realisiert wird, bzw. die Zertifizierung mit der Überwindung großer Hürden verbunden ist. Es wird im Folgenden jedoch weiter verdeutlicht, dass sich die **Bestrebungen einer ziel- und erfolgsorientierten Unternehmensführung mit den Forderungen der gängigen Qualitätsstandards weitestgehend decken**.

Ohne Zweifel sind die Normen dieser Standards bisweilen schwer verständlich und die Anforderungen an Formalisierung und Dokumentation erscheinen aufwendig oder übertrieben. Die Forderungen, die formal von Seiten der Normen gestellt werden, machen eine angestrebte Zertifizierung zur lästigen Arbeit, wenn alle Entwicklungsschritte im Zuge des Auditierungs- und Zertifizierungsverfahrens umzusetzen sind. Dagegen gestaltet sich dieser Prozess fließend, wenn im eigenen Interesse eine **systematische Entwicklung der Instrumente** der Unternehmensführung vorgenommen und dieser Entwicklungsprozess mit Hilfe der Zertifizierungsbemühungen auf seine Konsistenz überprüft wird.

In den folgenden Kapiteln werden grundlegende **Bausteine zur Entwicklung eines Qualitätsmanagementsystems** anhand ausgewählter Beispiele dargestellt. Diese beziehen sich auf die bisherigen Abschnitte dieses Buches, ergänzt durch Inhalte, die sich aus den Forderungen an das Qualitätsmanagement ergeben.

6.3.1 Darstellung der Zieldefinition und der strategischen Orientierung

Innerhalb der Qualitätsstandards nimmt die Verantwortung der Unternehmensleitung eine zentrale Stellung ein. Sind die Verantwortlichkeiten in einem Unternehmen nicht klar geregelt und die Mitarbeiter sich ihrer Verantwortung in ihren Bereichen nicht bewusst, so wird dies im Rahmen einer Auditierung als K.O.-Kriterium bewertet. Verantwortung ist fest an die gestellten Aufgaben gekoppelt, die sich an den gesetzten Zielen orientieren.

Die Regelung der Verantwortung setzt voraus, dass die **Ziele eines Unternehmens** nachvollziehbar definiert sind und dass sich die Mitarbeiter innerhalb ihres Aufgabengebietes mit ihnen identifizieren können. Zur Definition der Ziele gehören erstens die Formulierung der persönlichen Unternehmerziele, bzw. des Unternehmenszwecks, zweitens eine Erläuterung der Wertvorstellungen und Grundhaltungen im Rahmen einer Unternehmensphilosophie, drittens eine Übersicht über die konkreten ökonomischen Unternehmensziele sowie viertens die Darstellung der marketingstrategischen Zielsetzungen.

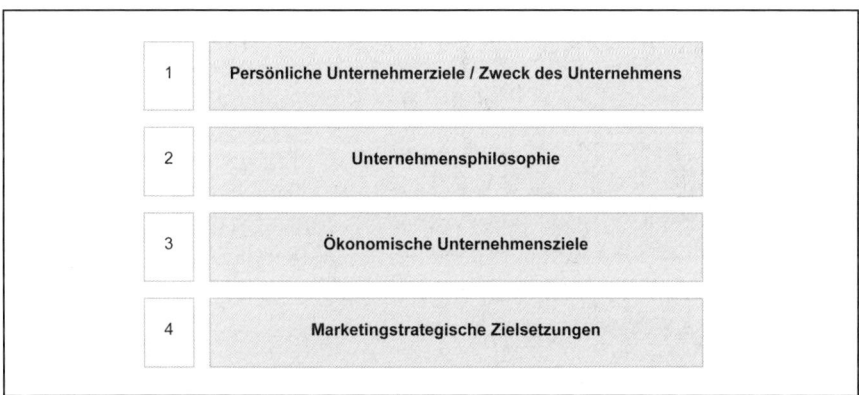

1	Persönliche Unternehmerziele / Zweck des Unternehmens
2	Unternehmensphilosophie
3	Ökonomische Unternehmensziele
4	Marketingstrategische Zielsetzungen

Abb. 6-6: Teilbereiche zur Definition der Unternehmerziele im weiteren Sinne

Erste und grundlegende Aufgabe der Unternehmensleitung ist eine Darstellung der **Unternehmerziele**. Diese orientieren sich am Zweck, der mit dem Unternehmen verfolgt wird (vgl. hierzu Kap. 1). Diese Zielvorstellungen müssen schriftlich fixiert werden, nicht um eine Norm zu erfüllen, sondern im Interesse der eigenen Orientierung und zur Vermittlung gegenüber den Mitarbeitern.

Formulierung der Unternehmerziele

Beispiele für immaterielle persönliche Ziele:	**Beispiele für materielle** persönliche Ziele:
• Verwirklichung der eigenen Kreativität	• Einkommensgrundlage für die Familie
• Unabhängigkeit als Unternehmer	• Altersvorsorge
• Unternehmen als Imageträger	• Basis schaffen für nachfolgende
• Prestige	Generation
• Zeit für Freizeitgestaltung	• Erfolgsbeitrag für verbundene
• ...	Unternehmen
	• Investitionsobjekt
	• ...

Abb. 6-7: Formulierung der Unternehmerziele – Übersicht mit Beispielen

Die schriftliche Fixierung kann knapp und formlos erfolgen. Die Kunst der Dokumentation liegt nicht in ausführlichen Schilderungen, sondern in der Reduzierung auf das Notwendige und Sinnvolle. Im Folgenden werden die wichtigsten zu beantwortenden Fragen aufgeführt und mit Beispielen veranschaulicht.

Die Unternehmensentwicklung und damit auch die Definition von Qualitätszielen ist von persönlichen Wertvorstellungen bzw. einer übergreifenden **Unternehmensphilosophie** abhängig. Diese zu konkretisieren und gegenüber allen im Unternehmen Beteiligten zu vermitteln ist für eine konsequente und glaubhafte Umsetzung des Qualitätsmanagements sehr wichtig.

Formulierung der Unternehmensphilosophie

• Persönliche Grundsätze	• Grundsätzliche Positionierung des
• Wertvorstellungen	Unternehmens im Markt
• Geschichte und Werte der Familie, des	• Die Bedeutung der Mitarbeiter im
Unternehmens	Unternehmen
• ...	• Soziale Orientierung
	• ...

Abb. 6-8: Formulierung einer Unternehmensphilosophie – Übersicht mit Beispielen

Aus den persönlichen Zielen leiten sich die **Unternehmensziele** ab. Sie werden im Rahmen der Unternehmensplanung als Sollwerte definiert. Wird die Unternehmensentwicklung auf Basis einer konsequenten Planung aufgebaut, stehen alle Unterlagen zur Dokumentation der Unternehmensziele zur Verfügung. Der Businessplan zeigt bereits umfassend die konkreten ökonomischen Zielsetzungen des Unternehmens. An dieser Stelle wird deutlich, dass die Instrumente zur Unternehmensführung auch die Forderungen eines Qualitätsmanagementsystems abdecken.

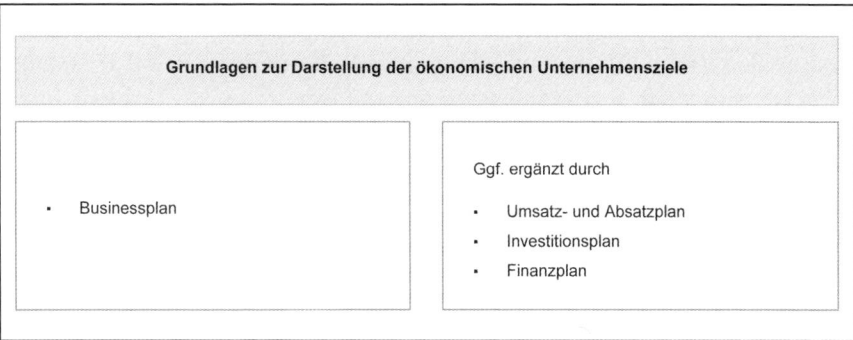

Abb. 6-9: Grundlagen zur Darstellung der ökonomischen Unternehmensziele

Als vierter Teil der Zielformulierung ist die **marketingstrategische Orientierung** des Unternehmens zu nennen. Die geplante Ausrichtung des Unternehmens ergibt sich aus der Analyse der Ist-Situation und beschreibt die Zielkunden, ihre Erwartungen und Präferenzen an alle wichtigen Qualitätsmerkmale. Dies kann, wie in Kap. 3.4.5 veranschaulicht, mit einer Einordnung der Ist- und **Zielpositionierung** innerhalb des Rasters der Sinus-Milieus erfolgen. Sinnvollerweise wird diese Darstellung durch konkrete **Beschreibungen der Zielkunden,** ihrer Wertvorstellungen sowie Präferenzen bezüglich Weinstil und Produktoptik ergänzt. Anregungen hierfür liefern ebenfalls die Sinus-Milieus und ihre Charakterisierung (vgl. Kap. 2).

Neben der Marktsegmentierung muss zur Vervollständigung der Strategieentwicklung noch die **Definition der Profilierungsmerkmale** sowie der Wettbewerbsstile erfolgen (vgl. Kap. 2). Beide lassen sich zum Teil aus den Inhalten der Unternehmensphilosophie ableiten und werden um wirksame Merkmale ergänzt. Diese im Rahmen der Zieldefinition festzuhalten, bedeutet eine Vereinfachung und Unterstützung der Produktentwicklung.

Fasst man die vier Schritte der Zieldefinition zusammen und konkretisiert diese in knapper schriftlicher Form, dann sind darin alle wichtigen Grundlagen einer individuellen Qualitätspolitik enthalten und bilden den Ausgangspunkt aller qualitätsorientierten Maßnahmen. An den definierten Zielen richten sich alle weiterführenden planenden, organisierenden und kontrollierenden Tätigkeiten aus.

Das Qualitätsmanagementsystem trägt dazu bei, diese Zielvorstellungen zu realisieren. Qualitätsstandards legen zu recht ein großes Gewicht auf die Konkretisierung dieser Ziele, denn ohne sie bleiben alle Managementsysteme formale und hohle Gebilde. Die schriftliche Fixierung birgt für manches Unternehmen einen Stolperstein. Hierbei ist zu unterscheiden zwischen Unternehmen, die sehr konkrete Vorstellungen haben und diese umsetzen, und solchen, für die eine Auseinandersetzung mit den persönlichen, unternehmerischen und strategischen Zielen noch nicht stattgefunden hat. Die schriftliche Fixierung ist in jedem Fall sinnvoll, wenn Mitarbeiter für ein Unternehmen begeistert werden sollen, mit dem Ziel einer ernsthaften Identifikation.

6.3.2 Darstellung der Aufbauorganisation

Wichtiger noch als die Darstellung der Ziele gegenüber den Beteiligten ist die Einbindung aller Mitarbeiter in den Prozess der Zielfindung, der Entscheidungen und der Umsetzung. Wie in Kapitel 5 erläutert, ist die Organisationskultur in einem Unternehmen die zentrale Voraussetzung für den unternehmerischen Erfolg.

Im Rahmen der Entwicklung und Zertifizierung eines Qualitätsmanagementsystems ist es notwendig, eine Struktur zu entwickeln, die für alle Führungskräfte und Mitarbeiter Klarheit über Verantwortlichkeiten, Kompetenzen sowie der Koordination untereinander schafft. Hierfür sind als unerlässliche Informationsgrundlagen ein Organigramm sowie Stellenbeschreibungen für alle Mitarbeiter notwendig.

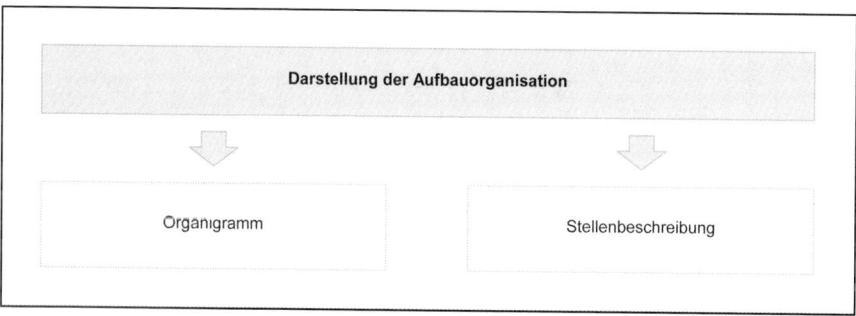

Abb. 6-10: Elemente zur Darstellung der Aufbauorganisation

Das **Organigramm** kann auf die wesentlichsten Strukturen reduziert sein und muss ausschließlich über die Weisungsbefugnisse Auskunft geben. Die **Stellenbeschreibungen** umfassen den Tätigkeitsbereich, die Weisungsbefugnisse, die Zielsetzungen des Tätigkeitsbereiches sowie eine Zusammenfassung der Aufgabenfelder dieses Bereiches. Im Interesse der Flexibilität ist eine zu detaillierte Definition der Aufgaben nicht zu empfehlen. In Absprache mit dem Mitarbeiter, und unter Berücksichtigung seines individuellen führungstechnischen Reifegrades, ist anzustreben, weniger die konkreten Tätigkeiten, als vielmehr die von ihm zu verantwortenden Zielsetzungen zu formulieren.

6.3.3 Visualisierung und Dokumentation von Prozessen

In marktorientierten Unternehmen muss dem prozessorientierten Denken große Bedeutung beigemessen werden. Mit der Einführung eines Prozessmanagements wird bereits eine große Zahl der in Qualitätsstandards geforderten Regelungen realisiert. Bei deren praktischen Umsetzung empfiehlt es sich, die in Kapitel 5 dargestellten Schritte des Prozessmanagements systematisch anzuwenden.

Zunächst werden die im Unternehmen **relevanten Prozesse ausgewählt** und **visualisiert**. Im Folgenden wird **beispielhaft** auf die Darstellung

* des Prozesses der strategischen Produktionsplanung,

* des Prozesses der Weinproduktion,

* sowie eines HACCP-Konzepts

eingegangen. Dabei geht es darum, auf die wichtigsten Vorgehensweisen und Ansatzpunkte im Rahmen der Entwicklung des Qualitätsmanagements darzustellen.

6.3.3.1 Visualisierung und Dokumentation am Beispiel der strategischen Produktionsplanung

Die strategische Produktionsplanung hat ihren Ursprung in der Absatzplanung des Unternehmens. Der geplante Absatz – als Ergebnis der deckungsbeitragsgestützten Umsatzplanung – definiert jedes Produkt durch Produktbeschreibung und geplante Absatzmenge. Diese Absatzplanung erstreckt sich auf alle im folgenden Jahr angebotenen Produkte.

Die Definition der Produkte in Mengen und Eigenschaften muss in einem produzierenden Unternehmen der Weinbranche zu einem Zeitpunkt erfolgen, an dem die Produkte noch in vollem Umfang beeinflussbar sind. Die vorläufige Absatzplanung muss abgeschlossen sein, wenn der Rebschnitt beginnt. Dieser nimmt wesentlichen Einfluss auf die Beschaffenheit und die Menge der zu produzierenden Weine. Die vorläufige Absatzplanung für das Jahr 02 muss bereits im Januar des Jahres 01 vorliegen.

Das wichtigste Dokument innerhalb dieses Prozesses ist der „**Produktpass**", der Produkteigenschaften für die kellerwirtschaftliche und weinbauliche Produktion für jedes einzelne Produkt vorgibt. Den Ursprung hat der Produktpass in der Definition des Sortiments. Das Sortiment ist, wie in Kap. 2 erläutert, die unmittelbare Verknüpfung der marketingstrategischen Ausrichtung mit der strategischen Produktionsplanung. Die marktsegmentspezifischen Erwartungen und die unternehmensindividuellen Profilierungsmerkmale werden im Sortiment in Produktkern und optischer Gestaltung umgesetzt. Der Produktpass überträgt diese Merkmale als Zielvorgaben für jedes Produkt auf die Produktionsseite.

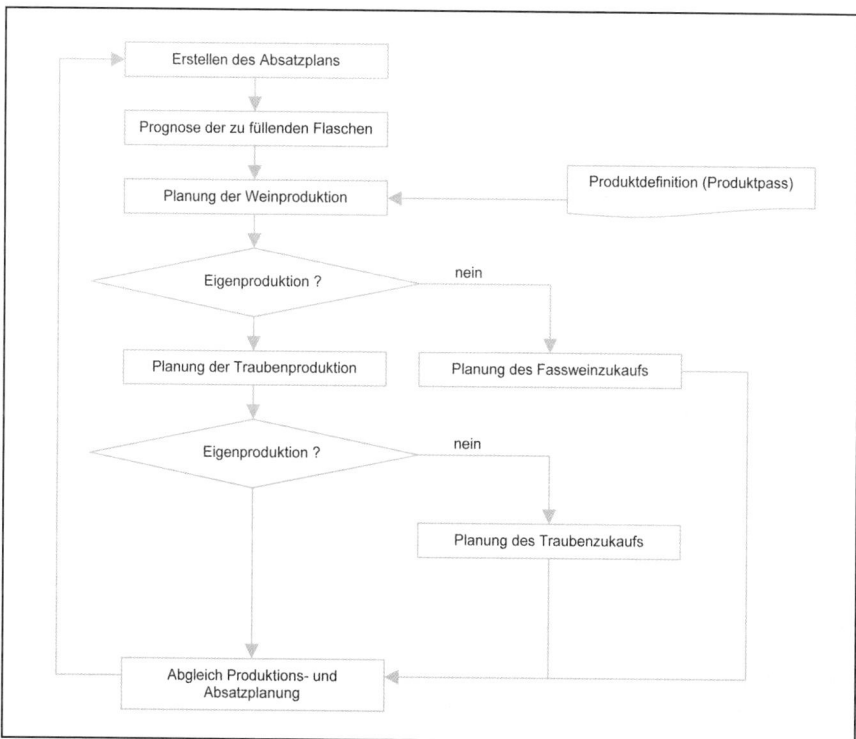

Abb. 6-11: Prozessvisualisierung am Beispiel der strategischen Produktionsplanung

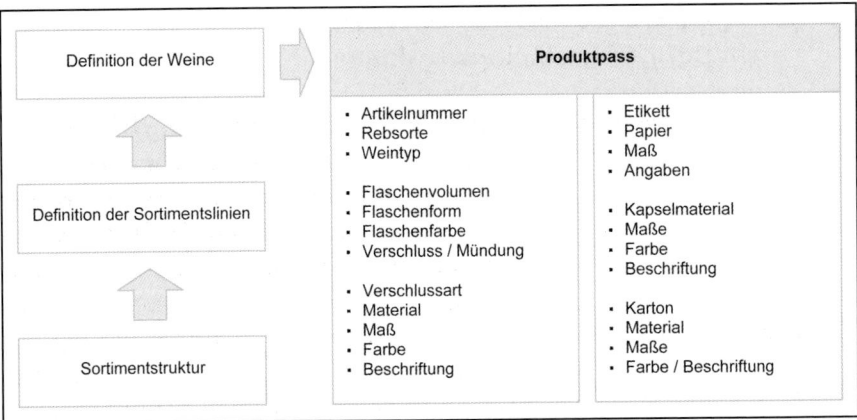

Abb. 6-12: Produktdefinition mittels des Produktpasses

Weitere Dokumente der strategischen Produktionsplanung sind die „Bestell-listen" vom Verkauf an den Keller und die vom Keller an den Außenbe-trieb. Der Verantwortungsbereich Verkauf teilt damit dem Verantwortungsbe-reich Keller mit, welcher Wein bzw. welche Produkte in welchen Mengen für den Absatz geplant sind. Die Herstellung, Füllung und Lagerung unterliegt nun dem Bereich der Kellerwirtschaft. Die Planungen zur Weinproduktion sind wiederum Grundlage für die Bestellung der notwendigen Rohwaren wie Trauben. Die Dokumentation kann entweder als offizielles Formblatt oder über Handzettel erfolgen. Nicht das Papier, sondern die fehlerfreie Kommu-nikation zwischen den Verantwortungsbereichen ist von Bedeutung. Es ver-bleiben bei bester Organisation immer Unsicherheiten in der Planung und Kontrolle. Deshalb sind die Vorgänge, die einer eindeutigen Führung unter-liegen können, möglichst fehler- und konfliktfrei zu halten. Die dargestellte Form der strategischen Produktionsplanung ist umso wichtiger, je größer ein Unternehmen ist und je mehr eigenverantwortliche Mitarbeiter an den Pro-zessen beteiligt sind.

6.3.3.2 Visualisierung und Dokumentation am Beispiel der Weinproduktion

Ebenso wie der Planungsprozess vom Verkauf in die Traubenproduktion müssen auch alle wesentlichen Abläufe von der Produktion bis zum Verkauf lückenlos nachvollziehbar sein. Erstens sind die **Prozesse zielorientiert und effizient zu steuern**, zweitens soll **die Entstehung von Fehler nachvollziehbar** werden und drittens muss die **Rückverfolgbarkeit** eines Produktes vom Regal bis zurück zur Rohwarenproduktion gewährleistet sein. Ein vierter Punkt, auf den weiter unten im Rahmen der **Risikokontrolle** eingegangen wird, ist der Nachweis, dass bei Fehlern durch geeignete Gegenmaßnahmen eine Wiederholung auszuschließen ist. Dies ist insbesondere für die Effizienzverbesserungen von Prozessen und zur Vermeidung von Qualitätsminderungen wichtig.

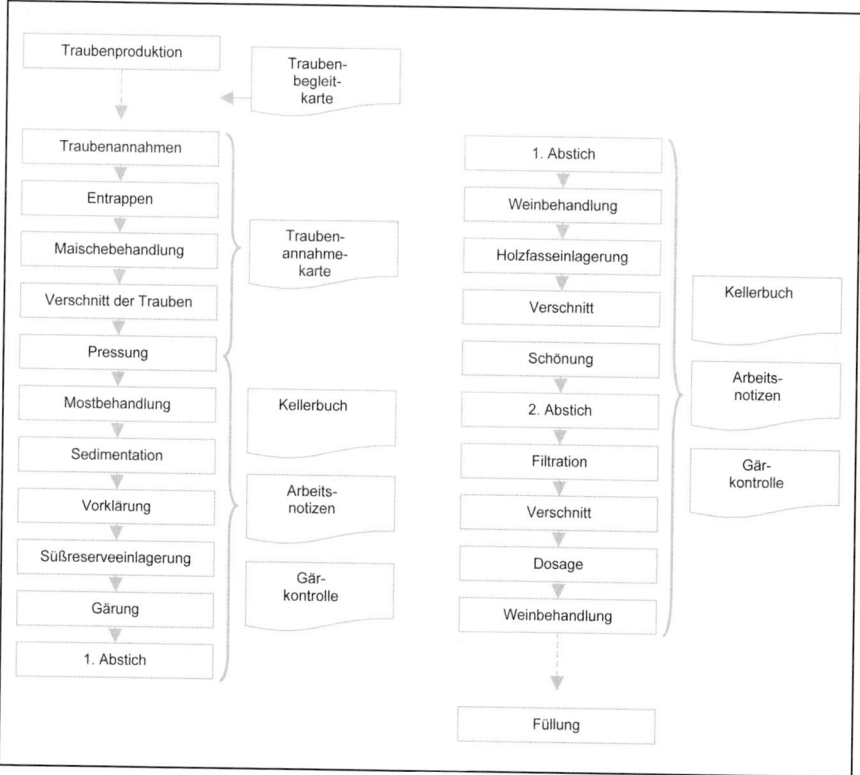

Abb. 6-13: Beispiel für Prozessablauf Weißweinproduktion

Die Dokumentation von Produktionsprozessen in der Weinwirtschaft gestaltet sich gegenüber anderen Branchen vergleichsweise einfach, denn die bestehenden gesetzlichen Vorschriften decken die im Rahmen von Qualitätsmanagementsystemen geforderten Maßnahmen weitestgehend ab. Es reicht deshalb aus, die zentralen Prozesse abzubilden und auf die relevanten Dokumentationspflichten hinzuweisen (vgl. Abb. 6-13). Dies ist beispielhaft für die Weißweinproduktion dargestellt.

Um eine lückenlose Rückverfolgbarkeit sicherzustellen, müssen auch die Produktionsprozesse dokumentiert werden. In der Weinproduktion ist dies durch Traubenbegleitkarten bis zur Mostbehandlung möglich.

Traubenbegleitkarte			
Name		Mitgliedsnummer	
Lesedatum	Rebsorte		Leseart
Lage	Flur-Nr.	Lesetemperatur	Behälter - Nr.
Besonderheiten		Unterschrift	

Abb. 6-14: Beispiel für Inhalte einer Traubenbegleitkarte

Traubenannahmekarte		
Behälter - Nr.	Rebsorte	Pressdauer
Maische kg	Mostgewicht	Most Ltr.
Maischebehandlung		Mostbehandlung
Anreicherung kg	Alkohol	Gärtank
Zielwein		Hefe
Besonderheiten		Unterschrift

Abb. 6-15: Beispiel für Inhalte einer Traubenannahmekarte

Arbeitsnotiz					
Wein - Nr.		Weinbezeichnung		Arbeitsvorgang	
Von Tank - Nr.	Liter	Datum		In Tank - Nr.	Liter
Süßreserve					
Hefe / Schwund / Trub / Bruch					
Bemerkung			Unterschrift		

Abb. 6-16: Beispiel für Inhalte einer Arbeitsnotiz

Auf der Traubenbegleitkarte müssen die wichtigsten Leseinformationen vermerkt sein, die Aufschluss über Zeitpunkt und Ort, das gelesene Traubengut und den Transportbehälter geben. Für diese Dokumentation ist der verantwortliche Außenbetriebsleiter bzw. der abliefernde Winzer zuständig. Mit der Traubenannahme geht die Dokumentationspflicht an den Verantwortlichen des Kellerbereichs über. Alle wichtigen Informationen zur Traubenannahme, über die Maische- und Mostbehandlung sowie die Pressung müssen festgehalten werden. Mit der Pressung erfolgen alle Aufzeichnungen im Kellerbuch. Ergänzend können die kellertechnischen Tätigkeiten jeweils mit „Arbeitsnotizen" zeitnah erfasst und anschließend zusammengefasst im Kellerbuch notiert werden.

6.3.3.3 Darstellung eines HACCP - Konzepts am Beispiel der Weißweinproduktion

Mit Inkrafttreten der europäischen Verordnung zur Lebensmittelhygiene wird die Dokumentation eines HACCP-Systems von allen Unternehmen gefordert. Die systematische Gefahrenanalyse stellt ein Vorbeugesystem zur Qualitätskontrolle dar und stimmt vom Grundsatz mit den Forderungen der DIN EN ISO 9000 überein. Die Grundsätze des HACCP sind in Kapitel 6.2 dargestellt, mit Schwerpunkten bei der Vermeidung menschlicher Gesundheitsgefährdung.

Ein HACCP-System dient der Untersuchung des Herstellungsprozesses auf mögliche Gefahren über alle Verarbeitungsschritte hinweg. In der Praxis bedeutet dies, dass der gesamte Produktionsverlauf auf mögliche chemische, physikalische und mikrobiologische Gefährdungen hin analysiert werden muss. Besonders wichtig sind die Punkte des Verarbeitungsprozesses, an denen eine identifizierte Gefahr nicht durch einen späteren Prozessschritt beseitigt oder auf ein akzeptables Minimum reduziert werden kann. Diese Punkte werden als **kritische Kontrollpunkte** (Critical Control Point = **CCP**) bezeichnet. Für diese CCP sind Grenzwerte zu definieren sowie Korrekturmaßnahmen, für den Fall, dass die Grenzwerte überschritten werden.

Die Erstellung eines HACCP-Konzepts für die Weinbranche zeigt, dass **Wein ein sehr sicheres Produkt** ist. Die Feinfiltration vor der Füllung schließt physikalische Gefährdungen weitgehend aus, der Einsatz von Schwefel reduziert mikrobiologische Probleme. Regelmäßige Weinanalysen, die im Rahmen der guten fachlichen Praxis obligatorisch sind, und zusätzliche verpflichtende Analysen, beispielsweise zur Anmeldung der Qualitätsweinprüfung, reduzieren Gefahren auf ein Minimum.

Es gibt jedoch auch bei der Weinherstellung **Gefahrenpotenziale**, die nicht unterschätzt werden dürfen oder noch nicht entgültig geklärt sind. Einen kritischen Kontrollpunkt stellt die mögliche Beschädigung der Flasche beim Verschließen dar. Glasbruch, und damit **Glassplitter** in der Flaschen, können auch durch vorbeugende Maßnahmen nicht vollständig ausgeschlossen werden. Während des Füll- und Verpackungsprozesses besteht die letzte Möglichkeit, das Produkt zu prüfen, bevor es an Kunden übergeben wird. Gesundheitliche Gefährdungen durch Glassplitter können durch nachfolgende Maßnahmen nicht festgestellt werden. Deshalb muss durch geeignete Überwachungsmaßnahmen sichergestellt werden, dass die Gefahr von Glasresten in gefüllten und verschlossenen Flaschen auf ein Minimum reduziert wird. Dies kann durch Stichproben oder durch den Einsatz eines elektronischen Flascheninspektors sichergestellt werden.

Noch nicht endgültig zu beurteilen sind die Gefährdungspotenziale, die z.B. durch den Eintrag von **Pflanzenschutzmitteln** in den Wein entstehen können. In jedem Fall sind die bereits heute gesetzlich vorgeschriebenen Zeiträume zwischen letzter Anwendung von Pflanzenschutzmitteln und der Lese einzuhalten und zu kontrollieren.

Gesundheitliche Risiken, die sich aus Inhaltsstoffen des Weins ergeben können, werden ebenfalls diskutiert. Im Hinblick auf die von **Allergenen** ausgehenden Gefahren ist eine Deklarationspflicht, wie sie für Sulfite bereits besteht, für weitere Inhaltsstoffe nicht auszuschließen.

Um die kritischen Punkte bei der Weinherstellung in einem **praktischen HACCP-System** darstellen zu können, müssen die relevanten Prozesse abgebildet werden. In Form einer Tabelle werden die möglichen Gefahren aufgelistet, eine Bewertung des Gefahrenpotenzials vorgenommen, und vorbeugende Maßnahmen zur Vermeidung der Gefahr sowie Kontrollpunkte definiert. Die Übersicht zeigt auf, ob ein kritischer Kontrollpunkt tatsächlich vorliegt und welche Grenzwerte akzeptiert werden können. Schließlich ist festzulegen, welche Korrekturmaßnahmen bei Überschreitung der Grenzwerte getroffen werden.

HACCP-System

Prozessschritte der Traubenverarbeitung

Prozess-schritt	Gefahr	Gefahren-bewertung	Vorbeugende Maßnahmen	Kontrollpunkt	CCP Ja / Nein	Grenzwert	Korrektur-maßnahme
Trauben-annahme	Metallteile, Steine, Holzreste	Hoch	Aussortieren, Traubenan-nahme, Pressung, Sedimentation, Filtration	Trauben-annahme	Nein		
	Verdreckter Traubenwagen	Gering	Optische Kontrolle, Sedimentation, Filtration	Trauben-annahme	Nein		
	Mycotoxine	Gering	Keine Süßreserve aus faulem Lesegut, Gärung	Trauben-annahme	Nein		
	Hefe, Bakterien	Hoch	Schnelle Verarbeitung, Reinzucht-hefen, Sensorische und analytische Kontrollen	Labor	Nein	Flüchtige Säure > 0,8 g/l	Sperre, Freigabe für Essig-produktion
Entrappen	Metallteile, Steine, Holzreste	Gering	Aussortieren, Traubenan-nahme, Pressung, Sedimentation. Filtration	Traubenwaage	Nein		
	Hefe, Bakterien	Hoch	Schnelle Verarbeitung, Reinzucht-hefen, Sensorische und analytische Kontrollen	Labor	Nein	Flüchtige Säure > 0,8 g/l	Sperre, Freigabe für Essig-produktion

Prozessschritte des Maische-, Most- und Weinstadiums

Prozess-schritt	Gefahr	Gefahren-bewertung	Vorbeugende Maßnahmen	Kontrollpunkt	CCP Ja / Nein	Grenzwert	Korrektur-maßnahme
-	Hefen, Schimmelpilze, Bakterien	Gering	Schnelle Verarbeitung, Reinzucht-hefen, Sensorische und analytische Kontrollen	Labor	Nein	Flüchtige Säure > 0,8 g/l	Sperre

Prozessschritte Füllung, Verpackung und Verkauf

Prozess-schritt	Gefahr	Gefahren-bewertung	Vorbeugende Maßnahmen	Kontrollpunkt	CCP Ja / Nein	Grenzwert	Korrektur-maßnahme
Flaschen von der Palette nehmen	Glassplitter in der Flasche	Gering	Garantie Hersteller, Sichtkontrolle, Tauchbad-sterilisator	Flaschen-entnahmen	Nein	Glassplitter	Aussortieren
	Glasbruch	Gering	Wareneingangs kontrolle, Verwendung Neuglas, Tauchbad-sterilisator	Flaschen-entnahmen	Nein	Glassplitter	Aussortieren, ggf. einer ganzen Palettenschicht

Fortsetzung auf folgender Seite

Abb. 6-17: Beispiel für die Darstellung eines HACCP-Systems

HACCP-System

Prozessschritte der Traubenverarbeitung

Prozess-schritt	Gefahr	Gefahren-bewertung	Vorbeugende Maßnahmen	Kontrollpunkt	CCP Ja / Nein	Grenzwert	Korrektur-maßnahme
Tauchbad-sterilisator	Bakterien im Tauchbad-sterilisator	Gering	Schwefelhal-tiges Wasser, Labor	Tauchbad-sterilisator	Nein	Flüchtige Säure > 0,8 g/l	Sperre
	Glasbruch	Gering	Verwendung Neuglas, Sichtkontrolle vor Füller und am Ver-schließer	Flaschen-ausgabe	Nein	Glasbruch, Glassplitter	Ausmusterung Flasche, Reinigung Sterilisator
Sterilfiltration	Hefe, Bakterien	Gering	Füllvorbe-reitung, Labor	Kerzenfilter	Nein	Druckabfall nach 5 min.	Austauschen der Kerzen, Sperren der Füllung
Füllung	Glasbruch	Gering	Kontrolle am Verschließer	Flaschen-ausgabe	Nein	Glasbruch, Glassplitter	Ausmusterung Flaschen
Verschließer	Glasbruch	Gering	Verwendung Neuglas, Sichtkontrolle nach Verschließer	Flaschenhals	Ja	Glasbruch, Glassplitter	Regelmäßige Stichproben, elektronischer Inspektor, Füllstopp, Sperrung der Füllung
Trockner	Verschluss beschädigen durch Hitze	Gering	Bei Füllunter-brechung Trockentunnel leeren	Trockner	Nein		
Etikettierung	Falsche Etiketten	Gering	Produktpass, Füllauftrag	Etikettierte Flasche	Nein		
Verpackung	Fremdkörper	Gering	Optische Kontrolle am Verpacker	Packmaschine	Nein		
Lagerung, Auslagerung	Glasbruch	Gering	Sorgfaltspflicht Staplerfahrer, Packer, Einschweißer	Karton, Flaschen	Nein	Beschädigter Karton	Ausmusterung der betroffenen Flaschen, Kartons

Abb. 6-17: (Fortsetzung) Beispiel für die Darstellung eines HACCP-Systems

7   Zusammenfassung

Das vorliegende Buch ermöglicht es, sich mit den wichtigsten Themen einer erfolgreichen Unternehmensführung eingehend auseinander zu setzen und damit eine Grundlage für ihre praktische Umsetzung im Unternehmen zu schaffen. Folgende Kernpunkte sind von besonderer Bedeutung:

- Auseinandersetzen mit seinen eigenen persönlichen Zielen und Wertvorstellungen und sich seiner Stärken und Schwächen bewusst werden.

- Den Zweck des Unternehmens nicht aus den Augen verlieren und es mit den gesteckten Zielen vor Augen aktiv steuern.

- Einfühlen in die Bedürfnisse und Vorstellungen der Beteiligten und Mitarbeiter sowie das Entwickeln einer Führungs- und Organisationskultur. Überdurchschnittliche Leistungen werden nur erbracht, wenn die individuellen persönlichen Ziele aller Leistungsträger mit denen des Unternehmens harmonieren.

- Intensive Auseinandersetzung mit den Bedürfnissen und Lebensstilen von Kunden. Nur eine umfassende Qualität kann deren Erwartungen in allen Bereichen erfüllen.

- Nachvollziehbare und positive Profilierung des Unternehmens mit dem Ziel, im Vorstellungsbild der Kunden den Eindruck der Einzigartigkeit zu hinterlassen.

- Die ökonomischen Zielsetzungen mit Instrumenten der Planung konkretisieren und jederzeit über ein realistisches Bild von der betriebswirtschaftlichen Situation des Unternehmens verfügen.

- Planungen konsequent umsetzen und die Zielerreichung kontrollieren.

Literaturhinweise

Asendorpf, J. / Wilpers, S.:
Die Persönlichkeit als Bollwerk? In: DFG Forschung 2/2000, S. 20-21.

Bailom, F. / Hinterhuber, H. / Matzler, K. / Sauerwein, E.:
Das Kano-Modell der Kundenzufriedenheit. In: Marketing Zeitschrift für Forschung und Praxis, Heft 2, 1996, S. 117-126.

Becker, J.:
Der Strategietrend im Marketing, München 2000.

Blankenhorn, D.:
Konsumentenerwartung und -verhalten II. In: Geisenheimer Forum Wein, 1.-3. Sept. 1997, Praktische Anbau-, Ausbau- und Vermarktungsstrategien auf dem Prüfstand, S. 9-17.

Bussiek, J.:
Anwendungsorientierte Betriebswirtschaftslehre für Klein- und Mittelunternehmen, München/Wien 1994.

Deutsche Gesellschaft für Qualität:
Qualitätsmanagementsysteme und Internes Audit, 10. Ausgabe, Frankfurt 2001.

Deutsches Institut für Normung:
DIN EN ISO 9000: Qualitätsmanagementsysteme – Grundlagen und Begriffe, Berlin 2000.

Deutsches Institut für Normung:
DIN EN ISO 9001: Qualitätsmanagementsysteme – Anforderungen, Berlin 2000.

Deutsches Institut für Normung:
DIN EN ISO 9004: Qualitätsmanagementsysteme – Leitfaden zur Leistungsverbesserung, Berlin 2000.

Deutsches Institut für Normung:
DIN EN ISO 66001, Berlin 1983.
Deutsche Landwirtschafts-Gesellschaft e.V. (DLG e.V.)
DLG-Leitlinien für die gute Herstellpraxis für Wein (Stand Januar 2005)

Eschenbach, R. (Hrsg.):
Controlling, 2. Auflage, Stuttgart 1996.

Eversheim, W.:
Prozessorientierte Unternehmensorganisation, Berlin 1995.

Gaitanides, M. / Scholz, R. / Vrohlings, A.:
Prozessmanagement – Grundlagen und Zielsetzungen. In: Gaitanides, M./Scholz, R./Vrohlings, A./Raster, M. (Hrsg.): Prozessmanagement – Konzepte, Umsetzungen und Erfahrungen des Reengineering, München 1994, S. 1-18.

Geiss, W.:
Betriebswirtschaftliche Kennzahlen – Theoretische Grundlagen einer problematischen Kennzahlenanwendung. In: Reichmann, T. (Hrsg.): Schriften zum Controlling, Band 1, Frankfurt a. M. 1986.

Gigerenzer, G. / Todd, P.:
Simple Heuristics That Make Us Smart. New York 1999.

349

Göbel, R.:
Marketingstrategische Ausrichtung und Veränderungsfähigkeit als Ursachen des wirtschaftlichen Erfolges – analysiert am Beispiel direktvermarktender Weingüter, Geisenheimer Berichte Band 49, Geisenheim 2003 (a).

Göbel, R.:
Entwicklung einer Unternehmens- und Marketingstrategie – Leitfaden zur praktischen und individuellen Umsetzung in Unternehmen der Weinbranche, Geisenheimer Berichte Band 50, Geisenheim 2003(b).

Göbel, R.:
Praktische Umsetzung einer strategischen Unternehmensplanung.
In: Deutsches Weinbau-Jahrbuch 2005, S. 157-163.

Füser, K./Heidusch, M.:
Rating, München 2003.

Haberstock, L.:
Kostenrechnung, Band 1, Einführung, 8. Auflage, Hamburg 1987.

Hammer, R. M.:
Unternehmensführung, 7. Auflage, München/Wien 1998.

Hammer, M./Champy, J.:
Business Reengineering, 7. Auflage, Frankfurt 2003.

Haupt, D.:
Unternehmensanalyse für Weingüter, Konzeption und Implementierung eines standardisierten Datenerfassungs- und Kennzahlenauswertungssystems für die Wirtschaftlichkeitsanalyse von Weingütern, Geisenheimer Berichte Band 29, Geisenheim 1997.

Hauptverband des Deutschen Einzelhandels:
International Food Standard, Version 4, 2004.

Heinen, E.:
Grundlagen betriebswirtschaftlicher Entscheidungen. Das Zielsystem der Unternehmung, 2. Auflage, Wiesbaden 1971.

Helbig, R.:
Prozessorientierte Unternehmensführung, Heidelberg 2003.

Hersey, P./Blanchard, K.H.:
Management of organizational behavior, 5. Auflage, Englewood Cliffs, N.Y. 1988.

Hoffmann, V.:
Motivation, Managerverhalten und Geschäftserfolg, Berlin 1980.

Hoffmann, D.:
Konsumentenerwartung und -verhalten I. In: Geisenheimer Forum Wein, 1.–3. Sept. 1997(a), Praktische Anbau-, Ausbau- und Vermarktungsstrategien auf dem Prüfstand, S. 1–8.

Hoffmann, D.:
Terroir oder Marke? Vortrag anlässlich der 38. Geisenheimer Betriebsleitertagung Weinbau, 3. Sept. 2002.

Hoffmann, D. / Blankenhorn, D. / Seidemann, J.:
Entwicklung einer Methode zur Messung der Konsumenten Geschmackspräferenzen bei Weißwein. In: Deutsches Weinbau-Jahrbuch 2003, S. 27-38.

Homburg, C. / Schäfer, H.:
Strategische Markenführung in dynamischer Umwelt. In: Köhler, R. / Majer, W. / Wiezorek, H. (Hrsg.): Erfolgsfaktor Marke. Neue Strategien des Markenmanagements, München 2001, S. 157-173.

Hummel, T. R. / Zander, E.:
Unternehmensführung, Stuttgart 2002.

Hungenberg, H.:
Strategisches Management in Unternehmen, Wiesbaden 2000.

Jaeger, F.:
Globalisierung – Krise oder Chance für die KMU. In: Brauchlin, E. / Pichler, J. H. (Hrsg.): Unternehmer und Unternehmensperspektiven für Klein- und Mittelunternehmen, Berlin 2000, S. 25-34.

Jenner, T.:
Zur Bedeutung des Wettbewerbs im Rahmen der strategischen Marketingplanung, Jahrbuch der Absatz- und Verbraucherforschung 1/2001, Berlin 2001.

Klose, W.:
Ökonomische Analyse von Entscheidungsanomalien, Frankfurt a. M. 1994.

Kotler, P. / Bliemel, F.:
Marketing-Management. Analyse, Planung, Umsetzung und Steuerung, 8. Auflage, Stuttgart 1995.

Kreilkamp, E. / Nöthel, T.:
Zielgruppenfragmentierung durch Szene-Positionierung. In: Tomczak, T. / Rudolph, T. / Roosdorp, A. (Hrsg.): Positionierung: Kernentscheidung des Marketing, St. Gallen 1996, S. 134-144.

Kuß, A. / Tomczak, T.:
Marketingplanung. Einführung in die marktorientierte Unternehmens- und Geschäftsfeldplanung, 2. Auflage, Wiesbaden 2001.

Leker, J.:
Die Neuausrichtung der Unternehmensstrategie, Tübingen 2000.

Manthey, R.:
Betriebswirtschaftliche Begriffe für die landwirtschaftliche Buchführung und Beratung, 7. Auflage. In: Schriftenreihe des Hauptverbandes der landwirtschaftlichen Buchstellen und Sachverständigen, Heft 14, St. Augustin 1996.

Matzler, K.:
Die Opponent-Prozess-Theorie als Erklärungsansatz einer Mehr-Faktor-Struktur der Kundenzufriedenheit. In: Marketing Zeitschrift für Forschung und Praxis, Heft 1, 2000, S. 5–24.

Meffert, H.:
Marketing-Management: Analyse, Strategie, Implementierung, Wiesbaden 1994

Mintzberg, H.:
Strategie als Handwerk. In: Montgomery, C. (Hrsg.).: Strategie, Wien, Frankfurt 2001, S. 459-476.

Olfert, K.:
Investition, 7. Auflage, Kiel, 1998

Olfert, K.:
Finanzierung, 9. Auflage, Kiel, 1997

Porter, M. E.:
Wettbewerb und Strategie, München 1999.

Reichmann, T.:
Controlling mit Kennzahlen und Managementberichten: Grundlagen einer systemgestützten Controlling-Konzeption, 6. Auflage, München 2001.

Scheld, G.:
Controlling, Büren 2000.

Schreyögg, G.:
Organisation: Grundlagen moderner Organisationsgestaltung, 3. Auflage, Wiesbaden 1999.

Schwingenschlögl, P.,
Fachschule für Agrarwirtschaft an der Bayerischen Landesanstalt für Weinbau und Gartenbau, Veitshöchheim 2005.

Simon. H. / Homburg, C.:
Kundenzufriedenheit als strategischer Erfolgsfaktor. In: Kundenzufriedenheit. Konzepte – Methoden – Erfahrungen, 3. Auflage, Wiesbaden 1998, S. 17-31.

Sinus:
Deutscher Wein: Image und Zielgruppenforschung. Abschlussbericht zur Repräsentativbefragung, Band 2, Heidelberg 1994.

Staehle, W.:
Kennzahlen und Kennzahlensysteme als Mittel der Organisation und Führung von Unternehmen, Wiesbaden 1969.

Stauss, B.:
Kundenzufriedenheit. In: Marketing Zeitschrift für Forschung und Praxis, Heft 1, 1999, S. 5-24.

Steinmann H. / Schreyögg G.:
Management – Grundlagen der Unternehmensführung, 5. Auflage, Wiesbaden 2002.

Timmermann, M.:
Globaler Strukturwandel und KMU. In: Brauchlin, E./Pichler, J. H. (Hrsg.): Unternehmer und Unternehmensperspektiven für Klein- und Mittelunternehmen, Berlin 2000, S. 17–24.

Watzlawick, P.:
Management oder – Konstruieren von Wirklichkeiten. In: Probst, G./Siegwart, H. (Hrsg.): Integriertes Management, Bern, Stuttgart 1985.

Weinert, A.:
Organisationspsychologie, 4. Auflage, Weinheim 1998.

Zdrowomyslaw, N.:
Kosten-, Leistungs- und Erlösrechnung, 2. Auflage, München/Wien 2001.